AF544639

EUL
VERLAG

EINZELSCHRIFTEN

Anne Böttcher
Der Einfluss des Wettbewerbs unter deutschen Banken auf den zyklischen Verlauf des Kreditangebotes
Lohmar – Köln 2014 • 192 S. • € 49,- (D) • ISBN 978-3-8441-0324-3

Regine Merz
Künstlerische Therapien zur Burnout-Prävention in Unternehmen – Einsatzmöglichkeiten und ökonomischer Nutzen
Lohmar – Köln 2014 • 84 S. • € 37,- (D) • ISBN 978-3-8441-0330-4

Abdelhakim Azaouagh
Finanzwirtschaftliche Effekte der Bilanzierung Strukturierter Produkte – Erfolgsneutrale Fair Value-Bilanzierung als alternatives Konzept?
Lohmar – Köln 2014 • 240 S. • € 56,- (D) • ISBN 978-3-8441-0333-5

Matias Bronnenmayer
Erfolgsfaktoren von Unternehmensberatung – Eine Zweiperspektivenbetrachtung
Lohmar – Köln 2014 • 364 S. • € 64,- (D) • ISBN 978-3-8441-0348-9

Philipp Nitzsche
Inbound Open Innovation – Eine empirische Analyse ihrer Erfolgswirkung auf Basis des Dynamic Capabilities View
Lohmar – Köln 2014 • 364 S. • € 64,- (D) • ISBN 978-3-8441-0349-6

Klaus Frank und Marco Patrizi
Nachhaltigkeitsaspekte im Marketing-Mix der Automobilindustrie
Lohmar – Köln 2014 • 156 S. • € 47,- (D) • ISBN 978-3-8441-0350-2

Daniel Gavranović
Strategisches Controlling auf Basis quantifizierender Kalküle im Projekt- und Bereichsbezug – Produktprojekte und Standortalternativen als Objekte der Prognose und Vorteilhaftigkeitsanalyse
Lohmar – Köln 2014 • 368 S. • € 64,- (D) • ISBN 978-3-8441-0353-3

JOSEF EUL VERLAG

Dr. Daniel Gavranović

Strategisches Controlling auf Basis quantifizierender Kalküle im Projekt- und Bereichsbezug

Produktprojekte und Standortalternativen als Objekte der Prognose und Vorteilhaftigkeitsanalyse

Mit einem Geleitwort von Prof. Dr. Hans Dirrigl, Ruhr-Universität Bochum

Bibliografische Information der Deutschen Nationalbibliothek

Die Deutsche Nationalbibliothek verzeichnet diese Publikation in der Deutschen Nationalbibliografie; detaillierte bibliografische Daten sind im Internet über <http://dnb.d-nb.de> abrufbar.

Dissertation, Ruhr-Universität Bochum, 2013

ISBN 978-3-8441-0353-3
1. Auflage September 2014

JOSEF EUL VERLAG GmbH
Brandsberg 6
53797 Lohmar
Tel.: 0 22 05 / 90 10 6-6
Fax: 0 22 05 / 90 10 6-88
E-Mail: info@eul-verlag.de
http://www.eul-verlag.de

Bei der Herstellung unserer Bücher möchten wir die Umwelt schonen. Dieses Buch ist daher auf säurefreiem, 100% chlorfrei gebleichtem, alterungsbeständigem Papier nach DIN 6738 gedruckt.

Geleitwort

Dem strategischen Controlling wird in Umfragen zur künftigen Ausrichtung des Controllings regelmäßig ein sehr hoher Stellenwert und großes „Zukunftspotential" attestiert. Vergleicht man dieses „Soll" mit dem gegenwärtigen „Ist" in der Literatur, so werden eklatante Defizite erkennbar: Die eher wenigen Beiträge zum strategischen Controlling sind überwiegend durch einen verbal-qualitativen Charakter gekennzeichnet, weshalb das Wesen des Controllings als „Betriebswirtschaft(slehre) mit Zahlen" kaum erkennbar wird. Mit der von Herrn Gavranović vorgelegten Dissertationsschrift wird ein wichtiger Beitrag zur Weiterentwicklung eines strategischen Controllings geleistet, dessen Profilierung mit quantifizierenden Aufgaben und der Durchführung von Vorteilhaftigkeitskalkülen sowohl theoretisch-konzeptionell, als auch praktisch-instrumentell umgesetzt wird.

Die Arbeit bietet zunächst eine umfassende Bestandsaufnahme zum quantitativ orientierten strategischen Controlling. Bei der Untersuchung wird danach differenziert, ob das Objekt des Controllings einen Projekt- oder Bereichsbezug aufweist. In der Literatur zum projektbezogenen „Investitions-Controlling" und bereichsbezogenen „Akquisitions-Controlling" können Defizite identifiziert werden, welche damit zusammenhängen, dass es im strategischen Kontext, wegen der hier zu berücksichtigenden Mehrperiodigkeit („Dynamisierung") und Mehrwertigkeit von Zuständen („Stochastifizierung"), im Vergleich zu operativen Fragestellungen unvergleichlich schwieriger ist, dem Management auf quantitativ-fundierter Basis Handlungsempfehlungen für die Auswahl von Alternativen mit oft existenziellem Charakter zu geben.

Für die Wirtschaftlichkeitsanalyse von neuen Produkten oder deren Weiterentwicklung hat sich das Konzept der Lebenszyklusrechnung etabliert, welches mit der Prozesskostenrechnung und dem Target Costing zur Kategorie des Strategic Cost Accounting zusammengefasst wird. Am Beispiel des „Target Costing" lässt sich zeigen, wie man ein „dynamisches Target Costing" im Rahmen einer spezifischen Ausgestaltung der Lebenszyklusrechnung entwickeln kann, bei dem – wie bei der Frage nach den „maximal erlaubten Kosten" – der Typus von Kalkülen mit Mindest- bzw. Maximum-Charakter bei strategischen Problemstellungen verwendet wird.

Solche Konzepte können als Ergänzungen zu den auf die Wertschöpfungsstruktur bezogenen Quantifizierungskalkülen mit Optimierungscharakter verstanden werden. Hierbei ist ein Schwerpunkt bei der Gestaltung der sog. intertemporalen Kostenstruktur gelegt worden, also der Analyse des trade-offs zwischen (fixen) Investitionskosten in der Vorlaufphase und (produktmengenabhängigen) Kosten in der Marktphase des Produktlebenszyklus.

Im Problemfeld der bereichsbezogenen Quantifizierungskalküle liegt der Fokus auf der Analyse von adäquaten Wertschöpfungsstrukturen mit Standorten im In- und Ausland. An eine systematische Aufarbeitung der Motive von internationalen Standortinvestitionen anknüpfend werden Prognosekalküle entwickelt, welche die Grundlage für Vorteilhaftigkeitsvergleiche zwischen verschiedenen Standort-Alternativen bilden. Für die Standort-bezogene Erfolgsprognose nutzt Herr Gavranović dabei ein leistungswirtschaftlich-basiertes, integriertes Unternehmensplanungsmodell, wobei er notwendige Modifizierungen und Erweiterungen bezüglich der Auslandssachverhalte, insbesondere der steuerlichen Konsequenzen, vornimmt.

Sowohl im Projekt- als auch Bereichsbezug bildet die explizite Berücksichtigung der Risiko-Situation einen Schwerpunkt der Arbeit, so dass unter Nutzung der Monte-Carlo-Risikosimulation für die mit grundlegender Unsicherheit behafteten strategischen Entscheidungen eine umfassende Methodik zur Risikoanalyse und -bewertung konzipiert wurde.

Zusammenfassend hat Herr Gavranović mit der vorgelegten Arbeit die Entwicklung des strategischen Controllings um einen großen Schritt vorangebracht. Für die zur Quantifizierung und Kalkülisierung entwickelten Konzepte werden detaillierte Beispielsrechnungen, beginnend mit den absatzmarktbezogenen Prognoseansätzen, die Kosten integrierend bis zur Erfolgsprognose im Rahmen der Lebenszyklusrechnung, durchgeführt. Somit ist eine Arbeit entstanden, die nicht nur von der theoretischen Seite her anspruchsvolle Erwartungen erfüllt, sondern auch einen Beitrag für die praktische Problembewältigung leisten kann, weshalb ihr eine umfassende Kenntnisnahme und weite Verbreitung sehr zu wünschen ist.

Bochum, im September 2014 *Prof. Dr. Hans Dirrigl*

Vorwort

Die vorliegende Arbeit entstand während meiner Tätigkeit als wissenschaftlicher Mitarbeiter am Lehrstuhl für Controlling der Ruhr-Universität Bochum. Sie wurde im Frühjahr 2013 von der Fakultät für Wirtschaftswissenschaft als Dissertation angenommen. An dieser Stelle möchte ich die Gelegenheit nutzen, mich bei allen Personen zu bedanken, die bei der Erstellung dieser Arbeit in vielfältiger Weise einen Beitrag geleistet haben.

Zuallererst gilt mein ganz besonderer Dank meinem Doktorvater, Herrn Prof. Dr. Hans Dirrigl. Durch seine kritische Herangehensweise an viele Thematiken und hohen analytischen Fähigkeiten hat er einen großen Anteil an dem Gelingen dieser Arbeit. Die langjährige Zusammenarbeit und die vielen Diskussionen waren für mich eine persönliche und fachliche Bereicherung und werden mir in überaus positiver Erinnerung bleiben. Herrn Prof. Dr. Heiko Müller danke ich für die Übernahme des Zweitgutachtens und hilfreichen Anmerkungen zu den steuerrechtlichen Themen dieser Arbeit. Des Weiteren möchte ich mich bei Herrn Prof. Dr. Bernhard Pellens für die Moderation meiner Disputation bedanken.

Ohne meine Kollegen am Lehrstuhl, die mich in kritischen Phasen von meinen Lehrstuhlaufgaben entlastet und jederzeit freundschaftlich unterstützt haben, würde ich jetzt nicht hier sitzen und das Vorwort schreiben. Dr. Christina Große-Frericks danke ich für die langjährige Zusammenarbeit und gegenseitige Motivation. Marius Alfs danke ich für viele wertvolle Hinweise und Anmerkungen, die zum inhaltlichen Gelingen dieser Arbeit beigetragen haben. Heiko Koepke gilt mein Dank insbesondere für die unkomplizierte Übernahme von Lehrstuhlaufgaben, wodurch ich mich in der Endphase überwiegend auf die Dissertation konzentrieren konnte. Alexandra Feykes für die zwar kurze aber angenehme Zusammenarbeit. Darüber hinaus habe ich meinen Kollegen am Lehrstuhl für die kritische Durchsicht des Manuskripts zu danken. Außerdem möchte ich mich bei unseren studentischen Hilfskräften Tim Rolke und insbesondere Kevin Schimanski für die wertvolle Unterstützung bei der Verzeichniserstellung bedanken.

Bei den Kollegen vom Lehrstuhl für Unternehmensforschung und Rechnungswesen habe ich mich für die Zurverfügungstellung der für die Optimierungssoftware benötigten Hardware zu bedanken.

Luisa Erarslan und Frank Rosenkranz gilt mein Dank für das sorgfältige und sehr hilfreiche Korrekturlesen großer Teile meines Manuskripts.

Zu danken habe ich auch Melanie Gläser, die mich in der Promotionszeit unterstützt hat. Außerdem möchte ich mich bei Kemal Erarslan und Ralf Morisse bedanken, die auf indirekte Weise ihren Beitrag geleistet haben, indem sie mich immer motiviert haben und auch für die nötige Ablenkung sorgten.

Mein größter Dank gebührt allerdings meiner Familie. Meinem Bruder, Kristian Gavranović, der mich schon zu Studienzeiten in jeder Hinsicht unterstützt hat und meinen Eltern, Nada & Luka Gavranović, die es nicht immer leicht mit mir hatten, aber jederzeit für mich da waren und mir Halt gegeben haben. Ohne die Unterstützung meiner Familie wäre der erfolgreiche Abschluss der Promotion nie möglich gewesen. Daher ist die Arbeit ihnen gewidmet.

Bochum, im September 2014 *Daniel Gavranović*

Inhaltsübersicht

1 Einleitung ... 1
1.1 Problemstellung ... 1
1.2 Gang der Untersuchung ... 5
2 Quantifizierende Aufgabenstellungen des strategischen Controlling im Projekt- und Bereichsbezug ... 9
2.1 Projekt- und Bereichsbezug im strategischen Controlling ... 9
2.2 Dynamisierung der Erfolgsprognose ... 16
2.3 Stochastifizierung und Risikobewertung ... 22
2.4 Bewertungskalkül zur Bestimmung von Grenzpreisen ... 37
3 Quantitativ-fundierte Handlungsempfehlungen im Projektbezug ... 45
3.1 Überblick ... 45
3.2 Lebenszykluskonzept als Fundament einer projektbezogenen Bewertung ... 46
3.3 Absatzmarkt-bezogene Quantifizierung ... 51
3.4 Wertschöpfungsstruktur-bezogene Quantifizierung ... 76
3.5 Risikoberücksichtigung bei der Ableitung quantitativ-fundierter Handlungsempfehlungen ... 119
4 Quantitativ-fundierte Handlungsempfehlungen im Bereichsbezug ... 139
4.1 Problemstellung ... 139
4.2 Motive von internationalen Standortinvestitionen ... 151
4.3 Standort-bezogene Erfolgsprognose ... 182
4.4 Risikobezogene Standortbewertung und -performance ... 214
4.5 Funktionsverlagerung als kostenorientierte Standortentscheidung: Besteuerung und steuerorientierte Unternehmensbewertung ... 258
5 Zusammenfassung ... 281
Literaturverzeichnis ... 307

Inhaltsverzeichnis

Inhaltsübersicht .... **IX**

Inhaltsverzeichnis .... **XI**

Abbildungsverzeichnis .... **XVII**

Tabellenverzeichnis .... **XIX**

Abkürzungsverzeichnis .... **XXV**

Symbolverzeichnis .... **XXIX**

1 Einleitung **1**

1.1 Problemstellung **1**

1.2 Gang der Untersuchung **5**

2 Quantifizierende Aufgabenstellungen des strategischen Controlling im Projekt- und Bereichsbezug **9**

2.1 Projekt- und Bereichsbezug im strategischen Controlling **9**

2.1.1 Begriffsdefinition strategisches Controlling 9

2.1.2 Charakterisierung und Differenzierung der Aufgabenstellung 12

2.1.3 Quantifizierungs- , Optimierungs- und Mindestniveaukalküle 14

2.2 Dynamisierung der Erfolgsprognose **16**

2.2.1 Werttreibermodell von *Rappaport* 17

2.2.2 Integrierte Unternehmensplanung 20

2.3 Stochastifizierung und Risikobewertung **22**

2.3.1 Offenlegung der Risikostruktur 22

2.3.1.1 Szenariotechnik 24

2.3.1.2 Risikosimulation 26

2.3.2 Methoden der Risikobewertung 32

2.3.2.1 Sicherheitsäquivalentmethode 32

2.3.2.2 Risikozuschlagsmethode 36

2.4 Bewertungskalkül zur Bestimmung von Grenzpreisen **37**

2.4.1 Bewertungskalkül zur Ermittlung von Grenzpreisen unter Sicherheit 37

2.4.2 Berücksichtigung des Risikos im Bewertungskalkül 42

2.4.2.1 Berücksichtigung der Risikounterschiede zwischen Bewertungs- und Alternativobjekt ... 42

2.4.2.2 Bewertungskalkül zur Ermittlung von Grenzpreisen unter Risiko ... 43

3 Quantitativ-fundierte Handlungsempfehlungen im Projektbezug ... 45

3.1 Überblick ... 45

3.2 Lebenszykluskonzept als Fundament einer projektbezogenen Bewertung ... 46

3.2.1 Das Konzept des Lebenszyklus ... 46

3.2.2 Grundlage für die Lebenszyklusrechnung ... 47

3.2.3 Lebenszykluskosten- vs. –zahlungsrechnung ... 50

3.3 Absatzmarkt-bezogene Quantifizierung ... 51

3.3.1 Marktpotenzial ... 51

3.3.1.1 Exponentielles Modell ... 53

3.3.1.2 Logistisches Modell ... 53

3.3.1.3 *Bass*-Modell ... 54

3.3.2 Absatzprognose ... 57

3.3.2.1 Werbewirkungsfunktionen zur Prognose der Absatzmenge ... 58

3.3.2.1.1 Lineare Funktion ... 60

3.3.2.1.2 Multiplikative Funktion ... 61

3.3.2.1.3 Semi-logarithmische Funktion ... 62

3.3.2.1.4 Modifiziert-exponentielle Funktion ... 62

3.3.2.1.5 S-förmige Funktion ... 63

3.3.2.1.6 Vergleich ... 64

3.3.2.2 Optimierung der Werbewirkungsfunktionen ... 67

3.3.2.3 Marktreaktionsfunktionen mit mehreren Marketinginstrumenten ... 69

3.4 Wertschöpfungsstruktur-bezogene Quantifizierung ... 76

3.4.1 Optimierung von Kapazitäts- und Produktionskosten ... 79

3.4.1.1 Ansatz von Schild/Bauerdorf ... 84

3.4.1.2 Alternativer Optimierungsansatz ... 90

3.4.1.2.1 Statische Modellstruktur ... 90

3.4.1.2.2 Dynamische Modellstruktur ... 92

3.4.2 Target Costing ... 97

3.4.2.1 Statischer Ansatz ... 97

3.4.2.2 Dynamisierung des Target Costing ... 100
3.4.2.2.1 Allgemeines Modell ... 103
3.4.2.2.2 Szenarienabhängige Anwendung des Kalküls (Beispielsrechnung) ... 110

3.5 Risikoberücksichtigung bei der Ableitung quantitativ-fundierter Handlungsempfehlungen ... 119

3.5.1 Grundstruktur des projektbezogenen Optimierungskalküls ... 121
3.5.2 Bewertung eines Produktprojekts unter Sicherheit ... 122
3.5.3 Bewertung des Produktprojekts unter Risiko ... 126
3.5.4 Berücksichtigung des Risikos im Rahmen des dynamischen Target Costing-Ansatzes ... 132

4 Quantitativ-fundierte Handlungsempfehlungen im Bereichsbezug ... 139

4.1 Problemstellung ... 139

4.1.1 Abgrenzung des Standortbegriffs ... 144
4.1.2 Entscheidungsprozess der Standortwahl ... 147

4.2 Motive von internationalen Standortinvestitionen ... 151

4.2.1 Ausgewählte Erklärungsansätze in der Literatur ... 151
4.2.1.1 Monopolistische Theorie der internationalen Direktinvestition ... 151
4.2.1.2 Produktlebenszyklustheorie ... 153
4.2.1.3 Eklektische Theorie ... 156
4.2.1.4 Diamant-Ansatz von Porter ... 158
4.2.1.5 Resümee ... 162
4.2.2 Strategische Motive internationaler Standortentscheidungen ... 163
4.2.2.1 Kosteneinsparung ... 163
4.2.2.2 Markterschließung ... 166
4.2.2.3 Following Customer ... 169
4.2.2.4 Sonstige Einflussfaktoren, insbesondere Steuersysteme und staatliche Investitionsförderung ... 172
4.2.3 Abstimmung der Unternehmens- und Internationalisierungsstrategie ... 176
4.2.4 Ziele der Standortentscheidung im Kontext der wertorientierten Unternehmensführung ... 177
4.2.5 Notwendigkeit eines wertorientierten Standortcontrolling im internationalen Kontext ... 180

4.3 Standort-bezogene Erfolgsprognose ... 182

4.3.1 Überblick ... 182

4.3.2 Identifikation standortspezifischer Werttreiber 182

4.3.3 Erfolgsprognose für eine Auslandsinvestition im Kontext einer Wachstumsstrategie 184

4.3.3.1 Grundlegende Struktur und Aufbau des Modells 184

4.3.3.2 Prognose des Wechselkurses 185

4.3.3.3 IUP-Modell nach *Dirrigl* 190

4.3.3.3.1 Leistungswirtschaftlicher Bereich 190

4.3.3.3.1.1 Absatzbereich 190

4.3.3.3.1.2 Materialbereich 192

4.3.3.3.1.3 Anlagenbereich 198

4.3.3.3.1.4 Personalbereich 200

4.3.3.3.1.5 Bewertung des Bestands an fertigen Erzeugnissen 201

4.3.3.3.2 Finanzbereich 202

4.3.3.3.2.1 Finanzielle Konsequenzen des leistungswirtschaftlichen Bereichs und aufgrund von Besteuerung und Gewinnverwendung 203

4.3.3.3.2.2 Herstellung des finanziellen Gleichgewichts 206

4.3.3.3.2.3 Dreiteilige Planungsrechnung des IUP-Modells 209

4.3.3.3.3 Bestimmung der Ausschüttung an die Muttergesellschaft 212

4.3.3.4 Erweiterungsmöglichkeiten des Modells 212

4.4 Risikobezogene Standortbewertung und -performance 214

4.4.1 Bewertung der X AG unter Sicherheit 215

4.4.1.1 Bewertung der X AG in der status quo-Situation 215

4.4.1.2 Bewertung der X AG (Alternative: Auslandsinvestition) 217

4.4.1.3 Bewertung der X AG (Alternative: Inlandsinvestition) 220

4.4.1.4 Alternativenbeurteilung 225

4.4.2 Risikoberücksichtigung bei der Vorteilhaftigkeitsanalyse der Alternativen 225

4.4.2.1 Alternative: Auslandsinvestition 226

4.4.2.1.1 Offenlegung mittels Szenariotechnik 226

4.4.2.1.2 Risikobewertung auf Basis der Szenariostruktur 230

4.4.2.1.3 Offenlegung mittels Risikosimulation 234

4.4.2.1.4 Risikobewertung auf Basis der Risikosimulation 238

4.4.2.2 Alternative: Inlandsinvestition 239

4.4.2.2.1 Offenlegung mittels Szenariotechnik 239

4.4.2.2.2 Risikobewertung auf Basis der Szenariostruktur 240

4.4.2.2.3 Offenlegung mittels Risikosimulation 242

4.4.2.2.4 Risikobewertung auf Basis der Risikosimulation 245

4.4.2.3 Vergleich der Alternativen 245

4.4.3 Standort-bezogene Performanceanalyse auf Basis einer strategischen Abweichungsanalyse 246

4.4.3.1 Grundstruktur der Erfolgspotenzialrechnung 247

4.4.3.2 Standortcontrolling auf Basis der Erfolgspotenzialrechnung 251

4.5 Funktionsverlagerung als kostenorientierte Standortentscheidung: Besteuerung und steuerorientierte Unternehmensbewertung 258

4.5.1 Überblick 258

4.5.2 Tatbestand der Funktionsverlagerung 259

4.5.2.1 Steuerliche Voraussetzungen und Konsequenzen 259

4.5.2.2 Grenzpreisermittlung im Rahmen des hypothetischen Fremdvergleichs 262

4.5.2.2.1 Verrechnungspreisermittlung nach den Vorgaben der Finanzverwaltung 263

4.5.2.2.1.1 Bestimmung des Mindestpreises 263

4.5.2.2.1.2 Bestimmung des Höchstpreises und des Einigungsbereichs 265

4.5.2.2.1.3 Kritische Analyse 268

4.5.2.2.2 Grenzpreisermittlung auf Basis der (Standard-) Ertragswertmethode 272

4.5.2.2.3 Risikobewertung auf Basis von Risikozuschlägen 276

5 Zusammenfassung 281

Anhang 287

Literaturverzeichnis.. 307

Abbildungsverzeichnis

Abbildung 1-1: *Gang der Untersuchung* 7

Abbildung 2-1: *Maßnahmen gegliedert nach Strategie und Werttreiber* 19

Abbildung 2-2: *Dreidimensionale Erfolgsprognose* 23

Abbildung 2-3: *Wahrscheinlichkeitsverteilung für die Zielgröße Kapitalwert* 30

Abbildung 2-4: *Häufigkeitsverteilung für die Zielgröße Cashflow der ersten Periode* 31

Abbildung 2-5: *Risikoprofil des Cashflows der ersten Periode* 32

Abbildung 3-1: *Phasenspezifische Zahlungsströme* 47

Abbildung 3-2: *Zusammenhang zwischen Wachstumsmodellen und Produktlebenszykluskonzept* 52

Abbildung 3-3: *Lebenszyklusverlauf der Marktabsatzmenge nach dem Bass-Modell* 57

Abbildung 3-4: *Fünf verschiedene Funktionsverläufe von Marktreaktionsfunktionen* 59

Abbildung 3-5: *Verschiedene Funktionsverläufe für Werbewirkungsfunktionen* 67

Abbildung 3-6: *Zusammenhang zwischen Kapazitäts- und Produktionsauszahlungen* 82

Abbildung 3-7: *Optimierung der intertemporalen Kostenstruktur* 83

Abbildung 3-8: *Wahrscheinlichkeitsverteilung für die stückbezogenen Auszahlungen der dritten Periode* 138

Abbildung 4-1: *Abstimmung des Standort- und Unternehmensziels* 143

Abbildung 4-2: *Internationale Markteintrittsformen* 144

Abbildung 4-3: *Faktoren der nationalen Wettbewerbsvorteile im Diamant-Ansatz von* 159

Abbildung 4-4: *Aufgaben des Controlling in den Phasen des Standortinvestitionsprozesses* 180

Abbildung 4-5: *Wahrscheinlichkeitsverteilung der Ausschüttung der AS AG in* GE^{Invl} *an die X AG* 237

Abbildung 4-6: *Wahrscheinlichkeitsverteilung der Netto-Ausschüttung der X AG an die Anteilseigner (Auslandsinvestition)* 238

Abbildung 4-7: *Wahrscheinlichkeitsverteilung der Netto-Ausschüttung der X AG an die Anteilseigner (Inlandsinvestition)* 244

Abbildung 4-8: *Grundstruktur der erfolgspotenzialbasierten Abweichungsanalyse* 250

Tabellenverzeichnis

Tabelle 2-1: *Wahrscheinlichkeitsverteilungen der Eingangsgrößen* 29

Tabelle 2-2: *Exponentieller Effekt des Risikomaßes Varianz* 35

Tabelle 3-1: *Ausgangsgrößen Bass-Modell* 55

Tabelle 3-2: *Absatzprognose mittels des Bass-Modells* 56

Tabelle 3-3: *Auswertung der Datenpunkte für verschiedene Funktionsformen* 65

Tabelle 3-4: *Absatzmengen bei unterschiedlich hohen Werbeauszahlungen* 65

Tabelle 3-5: *Grenzabsatz bei unterschiedlich hohen Werbeauszahlungen* 66

Tabelle 3-6: *Elastizitäten bei unterschiedlich hohen Werbeauszahlungen* 66

Tabelle 3-7: *Optimale Höhe der Werbeauszahlung im Einperiodenfall* 69

Tabelle 3-8: *Optimale Höhe des Absatzpreises und der Werbeauszahlungen im Einperiodenfall* 71

Tabelle 3-9: *Optimaler Absatzpreis und optimale Werbeauszahlung im modifizierten multiplikativen Modell* 73

Tabelle 3-10: *Kapitalwertberechnung mithilfe der Optimierungssoftware Evolver* 75

Tabelle 3-11: *Zahlenbeispiel nach Schild/Bauerdorf* 87

Tabelle 3-12: *Kostensenkungsfaktoren in der Marktphase* 87

Tabelle 3-13: *Intertemporales Kostenminimum nach Schild/Bauerdorf* 88

Tabelle 3-14: *Dynamische Stückkosten für den Fall 1* 95

Tabelle 3-15: *Dynamische Stückkosten für den Fall 2* 95

Tabelle 3-16: *Intertemporales Kostenminimum* 96

Tabelle 3-17: *Auszahlungen der Vorlaufphase* 110

Tabelle 3-18: *Ein- und Auszahlungen der Nachlaufphase* 111

Tabelle 3-19: *Erwartete Absatzmengen in der Marktphase* 111

Tabelle 3-20: *Ausgangssituation auf Produktebene* 112

Tabelle 3-21: *Periodenbezogene Zielauszahlungen (Szenario 1)* 113

Tabelle 3-22: *Nutzenteilgewichte der Produktkomponenten* 114

Tabelle 3-23: *Benötigte Anzahl der Produktkomponenten* 114

Tabelle 3-24: *Periodenbezogene Zielauszahlungen auf Komponentenebene (Szenario 1)* 115

Tabelle 3-25: *Senkungsfaktoren für die stückbezogenen Auszahlungen* ... 115

Tabelle 3-26: *Periodenbezogene Zielauszahlungen (Szenario 2)* ... 116

Tabelle 3-27: *Periodenbezogene Zielauszahlungen auf Komponentenebene (Szenario 2)* ... 116

Tabelle 3-28: *Periodenbezogene Zielauszahlungen (Szenario 3)* ... 117

Tabelle 3-29: *Barwert der modifizierten Menge (Szenario 4)* ... 118

Tabelle 3-30: *Periodenbezogene Auszahlungen (Szenario 4)* ... 119

Tabelle 3-31: *Prognose der Marktabsatzmengen nach dem Bass-Modell* ... 123

Tabelle 3-32: *Absatzmenge bei optimalen Marketing-Mix* ... 125

Tabelle 3-33: *Erwartete Einzahlungsüberschüsse in der Marktphase* ... 125

Tabelle 3-34: *Ein- und Auszahlungen der Vor- und Nachlaufphase* ... 126

Tabelle 3-35: *Wahrscheinlichkeitsverteilungen der Eingangsgrößen* ... 128

Tabelle 3-36: *Basisstruktur des Modells für die Risikosimulation (opt. Werbeauszahlungen)* ... 130

Tabelle 3-37: *Optimale Werbeauszahlungen unter Risikoberücksichtigung* ... 131

Tabelle 3-38: *Sicherheitsäquivalente der Einzahlungsüberschüsse* ... 131

Tabelle 3-39: *Wahrscheinlichkeitsverteilungen der Eingangsgrößen (dyn. Target Costing)* ... 134

Tabelle 3-40: *Basisstruktur des Modells für die Risikosimulation (dyn. Target Costing)* ... 136

Tabelle 3-41: *Berechnung der Sicherheitsäquivalente (dyn. Target-Costing)* ... 137

Tabelle 4-1: *Prognose des Wechselkurses zwischen Heimat- und Investitionsland* ... 189

Tabelle 4-2: *Prognose des Wechselkurses zwischen Investitions- und Drittland* ... 190

Tabelle 4-3: *Prognose des Wechselkurses zwischen Heimat- und Drittland* ... 190

Tabelle 4-4: *Prognostizierte Absatzmengen* ... 190

Tabelle 4-5: *Berechnung der Umsatzerlöse* ... 191

Tabelle 4-6: *Zahlungsgrößen und Wechselkurserträge im Absatzbereich* ... 192

Tabelle 4-7: *Einsatzverhältnis und Beschaffungsland der Materialarten* ... 193

Tabelle 4-8: *Mengen- und Wertgrößen für den Materialbereich* ... 197

Tabelle 4-9: *Faktoren Anlagenbereich* ... 199

Tabelle 4-10: *Ermittlung der Anlageinvestitionen und -abschreibungen* ... 199

Tabelle 4-11: *Faktoren Gebäude* ... 200

Tabelle 4-12: *Berechnung finanzieller und bilanzieller Konsequenzen für die Posten Grundstücke und Gebäude* ... 200

Tabelle 4-13: *Ermittlung der Lohn- und Gehaltsauszahlungen* ... 201

Tabelle 4-14: *Bestimmung der Herstellungskosten* ... 202

Tabelle 4-15: *Wert des Bestands an fertigen Erzeugnissen und Bestandsveränderungen* ... 202

Tabelle 4-16: *Finanzierungsdaten* ... 203

Tabelle 4-17: *Zahlungssaldo des leistungswirtschaftlichen Bereichs* ... 203

Tabelle 4-18: *Verwaltungskosten* ... 204

Tabelle 4-19: *Anfallende Kosten im Vertriebsbereich* ... 204

Tabelle 4-20: *Ermittlung des Ergebnisses vor Zinsen und Steuern* ... 205

Tabelle 4-21: *Vorläufiger Zahlungssaldo I für Periode 1* ... 206

Tabelle 4-22: *Herstellung des finanziellen Gleichgewichts für die Periode 1* ... 209

Tabelle 4-23: *Plan-Gewinn- und Verlustrechnungen für die Perioden 1 bis 6 ff.* ... 210

Tabelle 4-24: *Finanzpläne der AS AG für die Perioden 1 bis 6 ff.* ... 211

Tabelle 4-25: *Planbilanzen der AS AG für die Perioden 0 bis 6 ff.* ... 211

Tabelle 4-26: *Berechnung der Quellensteuer* ... 212

Tabelle 4-27: *Plan-Gewinn- und Verlustrechnungen der X AG* ... 215

Tabelle 4-28: *Finanzpläne der X AG* ... 216

Tabelle 4-29: *Bewertung der X AG* ... 216

Tabelle 4-30: *Währungsumrechnung der Ausschüttung an die X AG* ... 217

Tabelle 4-31: *Gewinn nach Unternehmenssteuern der X AG (Auslandsinvestition)* ... 219

Tabelle 4-32: *Netto-Ausschüttungen an die Anteilseigner der X-AG (Auslandsinvestition)* ... 220

Tabelle 4-33: *Einsatzverhältnis und Beschaffungsland des benötigten Materials* ... 221

Tabelle 4-34: *Berechnung der Lohn- und Gehaltsauszahlungen* ... 222

Tabelle 4-35: *Plan-Gewinn- und Verlustrechnungen der Z GmbH* ... 222

Tabelle 4-36: *Finanzpläne der Z GmbH* ... 223

Tabelle 4-37: *Gewinn nach Unternehmenssteuern der X AG (Inlandsinvestition)* ... 224

Tabelle 4-38: *Netto-Ausschüttungen an die Anteilseigner der X AG (Inlandsinvestition)* ... 224

Tabelle 4-39: *Wertvergleich der Alternativen* ... 225
Tabelle 4-40: *Prämissen für das worst-case-Szenario der AS AG (1. Teil)* ... 226
Tabelle 4-41: *Prämissen für das worst-case-Szenario der AS AG (2. Teil)* ... 227
Tabelle 4-42: *Prämissen für das best-case-Szenario der AS AG* ... 228
Tabelle 4-43: *Plan-Gewinn- und Verlustrechnungen des worst-case-Szenarios* ... 229
Tabelle 4-44: *Plan-Gewinn- und Verlustrechnungen des best-case-Szenarios* ... 229
Tabelle 4-45: *Wahrscheinlichkeitsverteilung der Ausschüttungen der AS AG an die X AG* ... 230
Tabelle 4-46: *Gewinn vor Steuern der X AG ohne Beteiligungsertrag der AS AG in der Szenariostruktur* ... 231
Tabelle 4-47: *Gewinn der X AG nach Steuern mit Beteiligungsertrag der AS AG in der Szenariostruktur* ... 232
Tabelle 4-48: *Nettoausschüttungen an die Anteilseigner der X AG in der Szenariostruktur (Auslandsinvestition)* ... 232
Tabelle 4-49: *Risikobewertung gemäß dem μσ-Prinzip (Auslandsinvestition)* ... 233
Tabelle 4-50: *Ausprägungen und Wahrscheinlichkeitsverteilungen der Inputgrößen (Auslandsinvestition)* ... 235
Tabelle 4-51: *Wahrscheinlichkeitsverteilung der Koordinationskosten (Auslandsinvestition)* ... 237
Tabelle 4-52: *Ermittlung periodenspezifischer Sicherheitsäquivalente (Auslandsinvestition)* ... 238
Tabelle 4-53: *Prämissen für das worst-case-Szenario der Z GmbH* ... 239
Tabelle 4-54: *Prämissen für das best-case-Szenario der Z GmbH* ... 240
Tabelle 4-55: *Wahrscheinlichkeitsverteilung der Ausschüttungen der Z GmbH an die X AG* ... 240
Tabelle 4-56: *Gewinn vor Steuern der X AG ohne Beteiligungsertrag der Z GmbH in der Szenariostruktur* ... 241
Tabelle 4-57: *Gewinn der X AG nach Steuern mit Beteiligungsertrag der Z GmbH in der Szenariostruktur* ... 241
Tabelle 4-58: *Netto-Ausschüttungen an die Anteilseigner der X AG in der Szenariostruktur (Inlandsinvestition)* ... 242
Tabelle 4-59: *Risikobewertung gemäß dem μσ-Prinzip (Inlandsinvestition)* ... 242
Tabelle 4-60: *Ausprägungen und Wahrscheinlichkeitsverteilungen der Inputgrößen (Inlandsinvestition) (Teil 1)* ... 243
Tabelle 4-61: *Ausprägungen und Wahrscheinlichkeitsverteilungen der Inputgrößen (Inlandsinvestition) (Teil 2)* ... 244

Tabelle 4-62: *Wahrscheinlichkeitsverteilung der Koordinationskosten (Inlandsinvestition)* ... 244

Tabelle 4-63: *Ermittlung periodenspezifischer Sicherheitsäquivalente (Inlandsinvestition)* ... 245

Tabelle 4-64: *Alternativenvergleich* ... 245

Tabelle 4-65: *Ist-Größen und Erwartungsrevisionen in der Trägheitsprojektion* ... 253

Tabelle 4-66: *Erwartete Koordinatoren in der Trägheitsprojektion* ... 254

Tabelle 4-67: *Planungsdaten aus der ex post-Perspektive* ... 254

Tabelle 4-68: *Risikobewertung im Rahmen der Erfolgspotenzialrechnung* ... 255

Tabelle 4-69: *Erwartete Zahlungsströme der Funktion aus der Sicht der X AG* ... 264

Tabelle 4-70: *Ermittlung des relevanten Zahlungsüberschusses aus der Sicht der X AG* ... 264

Tabelle 4-71: *Erwartete Zahlungsströme der Funktion aus der Sicht der AS AG* ... 266

Tabelle 4-72: *Ermittlung des relevanten Zahlungsüberschusses aus der Sicht der AS AG* ... 266

Tabelle 4-73: *Bestimmung des Barwerts der Steuerersparnis* ... 269

Tabelle 4-74: *Gegenüberstellung der Ergebnisse* ... 271

Tabelle 4-75: *Sicherheitsäquivalente der Funktion aus der Sicht der X AG* ... 273

Tabelle 4-76: *Sicherheitsäquivalente der Alternativinvestition aus der Sicht der X AG* ... 273

Tabelle 4-77: *Sicherheitsäquivalente der Funktion aus Sicht der AS AG* ... 274

Tabelle 4-78: *Sicherheitsäquivalente der Alternativinvestition aus der Sicht der AS AG* ... 275

Tabelle 4-79: *Höchstpreis der ersten Stufe aus der Sicht der AS AG nach risikozuschlagsorientierter Variante* ... 277

Tabelle 4-80: *Frei gegriffene vs. entscheidungstheoretisch fundierte Risikozuschläge* ... 278

Abkürzungsverzeichnis

Abs.	Absatz
ADBUDG	Advertising Budgeting
AE	Aktionseffekt
AG	Aktiengesellschaft
AO	Abgabenordnung
Art.	Artikel
AStG	Außensteuergesetz
ausl.	ausländische
Ausl.inv.	Auslandsinvestition
Ausz.	Auszahlungen
AV	Anlagevermögen
BERI	Business Environmental Risk Index
BMF	Bundesministerium für Finanzen
BMGL	Bemessungsgrundlage
BR	Bundesrat
bspw.	beispielsweise
BW	Buchwert
bzgl.	bezüglich
bzw.	beziehungsweise
ca.	circa
CF	Cashflow
Co.	Corporation
DBA	Doppelbesteuerungsabkommen
Desinv.	Desinvestitionen
Drittl.	Drittland
durchschnittl.	durchschnittlich
dyn.	Dynamisch
E	Erfolg
EDV	elektronische Datenverarbeitung
Einz.	Einzahlungen
EK	Eigenkapital

EPR	Erfolgspotenzialrechnung
EStG	Einkommenssteuergesetz
et al.	et alii
etc.	et cetera
evtl.	eventuell
EZÜ	Einzahlungsüberschuss
f.	folgende
FA	Finanzanlagen
FCF	Free Cashflow
Fert. Erz.	Fertige Erzeugnisse
ff.	fortfolgende
FK	Fixkosten
FK	Fremdkapital
Fn.	Fußnote
Ford.	Forderungen
FuE	Forschung und Entwicklung
FVerlV	Funktionsverlagerungsverordnung
GE	Geldeinheiten
gem.	gemäß
GewSt	Gewerbesteuer
GewStG	Gewerbesteuergesetz
ggf.	gegebenenfalls
GmbH	Gesellschaft mit beschränkter Haftung
Heiml.	Heimatland
i. d. R.	in der Regel
i. H. v.	in Höhe von
ICRG	International Country Risk Guide Index
Inv.	Investitionen
Invl.	Investitionsland
IUP	integrierte Unternehmensplanung
Kap.	Kapitel
KK	Kapazitätskosten
KMU	Kleine und mittlere Unternehmen
Komp.	Komponente

KSt	Körperschaftssteuer
KStG	Körperschaftssteuergesetz
kurzfr.	kurzfristig
KW	Kapitalwert
langfr.	langfristig
LuL	Lieferungen und Leistungen
LZR	Lebenszyklusrechnung
m. w. N.	mit weiteren Nachweisen
m. w. V.	mit weiteren Verweisen
max.	maximal
ME	Mengeneinheiten
Mio.	Millionen
mod-exp	modifiziert-exponentiell
OECD	Organisation for Economic Co-operation and Development
OECD-MA	OECD-Musterabkommen
OLI	Ownership-, Location- and Internalization Advantages
opt.	optimal
PE	ökonomischer Periodenerfolg
pers.	persönliche
PERT	Program Evaluation and Review Technique
PERT	Program Evaluation and Review Technique
PPP	Purchasing power parity (Kaufkraftparität)
QSt	Quellensteuer
rak	Risikoaversionskoeffizient
RBF	Rentenbarwertfaktor
RE	Risikopräferenzänderungseffekt
RPE	Residualer ökonomischer Periodenerfolg
S.	Seite
SÄ	Sicherheitsäquivalent
semi-log	semi-logarithmisch
sog.	sogenannter
sonst.	sonstige
Sp.	Spalte

St.	Steuern
Std.Abw.	Standardabweichung
Sz.	Szenario
Tsd.	Tausend
Tz.	Textziffer
u.	und
u. a.	unter anderem
UNCTAD	United Nations Conference on Trade and Development
US	United States
v.	vor
var.	variabel
Vert.	Verteilung
VG	Verschuldungsgrad
vgl.	vergleiche
Vj.	Vorjahr
VLL	Verbindlichkeiten aus Lieferungen und Leistungen
vorl.	vorläufig
vs.	versus
VW	Volkswagen AG
z. B.	zum Beispiel
ZÄE	Zinsänderungseffekt
ZE	Zeiteffekt
Zi.	Zinsen
Zinsausz.	Zinsauszahlungen
Zinseinz.	Zinseinzahlungen
ZS	Zahlungssaldo

Symbolverzeichnis

a	minimale Merkmalsausprägung einer Wahrscheinlichkeitsverteilung
A_0	Anschaffungsauszahlung
a^{ERF}	Stückkosten der ersten Produktionseinheit für das Erfahrungskurvenkonzept
ANL^{min}	benötigte Anzahl an Anlagen
$ANLZ_t$	Anlagenzugang in der Periode t
anz_j	Anzahl der Produktkomponente j, die in das Endprodukt eingehen
AZ^{GEB}	Auszahlungen für die Erhaltung oder Erweiterung für Gebäude
AZ^{Fix}	fixe Auszahlungen
AZ_t^{NP}	Auszahlungen in der Periode t, die in der Nachlaufphase entstehen
AZ_t^{PF}	produktferne Auszahlungen in der Periode t
AZ_t^{PN}	produktnahe Auszahlungen in der Periode t
az^{var}	variable Stückauszahlungen
AZ_t^{VP}	Vorlaufauszahlungen in der Periode t
$\alpha 1$	Formparameter für die allgemeine Betaverteilung
$\alpha 2$	Formparameter für die allgemeine Betaverteilung
α_{DM}	Innovationsrate in den Diffusionsmodellen
α_{LF}	Lageparameter für die lineare Werbewirkungsfunktion
α_{MEF}	benötigter Parameter für die modifiziert-exponentielle Werbewirkungsfunktion, der die Sättigungsgrenze darstellt
α_{MF}	Skalierungsparameter für die multiplikative Werbewirkungsfunktion
α_{MRF}	Skalierungsparameter für die Marktreaktionsfunktion
α_S	Benötigter Parameter für die S-förmige Webewirkungsfunktion, der die Sättigungsgrenze darstellt
α_{SF}	Lageparameter der semi-logarithmischen Werbewirkungsfunktion

b	maximale Merkmalsausprägung einer Wahrscheinlichkeitsverteilung
b^{ERF}	Degressionsfaktor im Erfahrungskurvenkonzept
BV^{fix}	durchschnittliche Bruttovergütung für produktionsunabhängige Anzahl des Personals
BV^{var}	durchschnittliche Bruttovergütung für produktionsabhängige Anzahl des Personals
BW	Buchwert der Wirtschaftsgüter des Transferpakets im Kontext der Funktionsverlagerung
$BWAZ$	Barwert der aus dem Produktprojekt resultierenden Auszahlungen
$BWAZ_j$	Barwert der Zielauszahlungen für die Komponente j
$BWAZ^{MP}$	Barwert der Auszahlungen der Marktphase
$BWAZ^{NP}$	Barwert der Auszahlungen der Nachlaufphase
$BWAZ^{PF}$	Barwert der produktfernen Auszahlungen
$BWAZ^{PN}$	Barwert der produktnahen Auszahlungen
$BWAZ^{VP}$	Barwert der Auszahlungen der Vorlaufphase
$BWEZ$	Barwert der aus dem Produktprojekt resultierenden Einzahlungen
$BWEZ^{MP}$	Barwert der Einzahlungen der Marktphase
$BWEZ^{NP}$	Barwert der Einzahlungen der Nachlaufphase
$BWEZÜ^{NP}$	Barwert der Einzahlungsüberschüsse in der Nachlaufphase
$BWZK$	Barwert der gesamten Zielkosten
$BWZEK^{v}$	Barwert der Zielentwicklungskosten der Vorlaufphase
$BWZEK^{v,opt}$	optimaler Barwert der Zielentwicklungskosten der Vorlaufphase
$BWZPK^{m}$	Barwert der Zielproduktionskosten in der Marktphase
β_{DM}	Imitationsrate in den Diffusionsmodellen
β_{LF}	Steigungsparameter für die lineare Webewirkungsfunktion
β_{MEF}	benötigter Parameter für die modifiziert-exponentielle Funktion
β_{MF}	benötigter Parameter für die multiplikative Webewirkungsfunktion (entspricht der Werbeelastizität der multiplikativen Funktion)

β_{MRF}	benötigter Parameter für die Marktreaktionsfunktion
$\beta_{S,1}$	benötigter Parameter für die S-förmige Funktion, durch den ein Mindestabsatz berücksichtigt wird
$\beta_{S,2}$	benötigter Parameter für die S-förmige Funktion
$\beta_{S,3}$	benötigter Parameter für die S-förmige Funktion
β_{SF}	Parameter für die semi-logarithmische Webewirkungsfunktion
c	Barwert der Kosten der Vorlaufphase vor der Optimierung
CF	Cashflow
CF_t^{Alt}	Cashflow des Alternativobjekts in der Periode t
d	Betrag, um den die Kosten der Vorlaufphase in einem Alternativszenario erhöht werden
DEF	Finanzmitteldefizit
$Div_{AS}^{GE^{Heiml}}$	Ausschüttungen der AS AG an die X AG in Geldeinheiten des Heimatlandes
dp_t	periodischer Durchschnittspreis
$dzpk$	dynamische Stückkosten
$dzpk^{opt}$	optimale dynamische Stückkosten
δ	Parameter zur Modellierung des funktionalen Zusammenhangs zwischen den Kosten der Vorlaufphase und den durchschnittlichen Stückkosten der ersten Periode der Marktphase
ΔEW	Ertragswertabweichung
ΔEW^{AE}	Ertragswertabweichung durch den Aktionseffekt
ΔEW^{IE}	Ertragswertabweichung durch den Informationseffekt
ΔEW^{RE}	Ertragswertabweichung durch den Risikopräferenzänderungseffekt
$\Delta EW^{ZÄE}$	Ertragswertabweichung durch den Zinsänderungseffekt
ΔEW^{ZE}	Ertragswertabweichung durch den Zeiteffekt
EA^{GEB}	Erhaltungsaufwand für Gebäude
$EW(A)_0$	Ertragswert aus der ex ante-Perspektive zum Zeitpunkt t = 0

$EW(A)_t^{[0,0]}$	Ertragswert aus der ex ante-Perspektive zum Zeitpunkt t bei ursprünglichem Kalkulationszins und Risikoaversionskoeffizienten
$EW(A)_t^{[1,1]}$	Ertragswert aus der ex ante-Perspektive zum Zeitpunkt t bei revidiertem Kalkulationszins und Risikoaversionskoeffizienten
$EW(B)_1$	Ertragswert bei Beharrung zum Zeitpunkt t = 1
$EW(B)_t^{[1,1]}$	Ertragswert bei Beharrung zum Zeitpunkt t bei revidiertem Kalkulationszins und Risikoaversionskoeffizienten
$EW(P)_1$	Ertragswert aus der ex post-Perspektive zum Zeitpunkt t – 1
$EW(P)_t^{[1,1]}$	Ertragswert aus der ex post-Perspektive zum Zeitpunkt t bei revidiertem Kalkulationszins und Risikoaversionskoeffizienten
EW_B	Ertragswert des Bewertungsobjekts
EZ_t^{NP}	Einzahlungen in einer Periode t, die in der Nachlaufphase entstehen
$EZÜ_t$	Einzahlungsüberschuss in der Periode t
$EZÜ(W)$	Einzahlungsüberschuss in Abhängigkeit von den Werbeauszahlungen
ε_p	Preiselastizität
ε_W	Werbeelastizität
f	Betrag, um den die durchschnittlichen Stückkosten der ersten Periode der Marktphase gesenkt werden können, wenn die Kosten der Vorlaufphase um einen Betrag *d* erhöht werden
f^{AfA}	Abschreibungsfaktor für Anlagen
f^{AFG}	Abschreibungsfaktor für Gebäude
f^{FP}	Lagerbestandsquote
f^{GEB}	Faktor für Gebäudeauszahlungen
f^{GEB1}	Aufteilungsfaktor der Gebäudekosten in Herstellungs- und Erhaltungskosten
f^{KP}	Kapazitätskoeffizient
f^{MV}	Materialverbrauchskoeffizient
f^{P}	Personalbeanspruchungskoeffizient

f^{PANL}	Preissteigerungsrate der Anlage
faz^{PF}	Faktor in Prozent des Umsatzes für produktferne Auszahlungen
FCF_t	Free Cashflow in der Periode t
FK	Fixkosten
FK^{opt}	optimale Fixkosten
g	abnehmende Grenzersparnis im Kontext der intertemporalen Kostenstruktur
GE^{Drittl}	Geldeinheiten in der Währung des Drittlandes
GE^{Heiml}	Geldeinheiten in der Währung des Heimatlandes
GE^{Invl}	Geldeinheiten in der Währung des Investitionslandes
GEB	Gebäudebestand
γ	Parameter zur Modellierung des funktionalen Zusammenhangs zwischen den Kosten der Vorlaufphase und den durchschnittlichen Stückkosten der ersten Periode der Marktphase
h	durchschnittlichen Stückkosten der ersten Periode der Marktphase vor der Optimierung
H	Modalwert
HA^{GEB}	Herstellungsaufwand für Gebäude
$HP^{1,FV}$	Höchstpreis der ersten Stufe nach den Vorgaben der Finanzverwaltung
$HP^{2,FV}$	Höchstpreis der zweiten Stufe nach den Vorgaben der Finanzverwaltung
i	Kalkulationszinssatz
$i^{FV,Heiml}$	Kapitalisierungszinssatz im Heimatland im Kontext der Funktionsverlagerung
$i^{FV,Invl}$	Kapitalisierungszinssatz im Investitionsland im Kontext der Funktionsverlagerung
i^{Heiml}	Zinsniveau des Heimatlandes
i^{Invl}	Zinsniveau des Inlands
I^{AV}	Erweiterungsinvestitionen ins Anlagevermögen
I^{UV}	Erweiterungsinvestitionen ins Working Capital
INV_t	Investitionsauszahlungen in der Periode t
j	Produktkomponente
k	Stückkosten

k^{I}	Stückkosten der Alternative I
k^{II}	Stückkosten der Alternative II
k^{N}	Stückkosten der Alternative N
$KAnn^{m}$	Annuität des Barwerts der Kosten der Marktphase
KAS_t	Kassenbestand in der Periode t
KK	Kapazitätskosten
KK^{opt}	optimale Kapazitätskosten
KP	Kapazität einer Anlage
ks_t	Kostensenkungsfaktor in der Periode t
KW	Kapitalwert
KW_0^{Alt}	Kapitalwert des Alternativobjekts
KW^{I}	Kapitalwert der Alternative I
KW^{II}	Kapitalwert der Alternative II
KW^{N}	Kapitalwert der Alternative N
kwr	Kapitalwertrate
l	Lernrate für das Erfahrungskurvenkonzept
LF	lineare Werbewirkungsfunktion
λ_{MRF}	benötigter Parameter für die Marktreaktionsfunktion
m	Marktphase bzw. Dauer der Marktphase
M_0	Mittelausstattung zum Betrachtungszeitpunkt t=0
ma	Marktanteil
$max\ VG$	maximaler Verschuldungsgrad
MAZ_t	Materialauszahlung in der Periode t
MEB_t	Materialendbestand in Geldeinheiten
MEB_t^{ME}	Materialendbestand in Mengeneinheiten
MEF	modifiziert-exponentielle Werbewirkungsfunktion
MF	Multiplikative Werbewirkungsfunktion
mp_t	Materialpreis in der Periode t
$MP^{1,FV}$	Mindestpreis der ersten Stufe nach den Vorgaben der Finanzverwaltung
$MP^{2,FV}$	Mindestpreis der zweiten Stufe nach den Vorgaben der Finanzverwaltung
MRF	Marktreaktionsfunktion

MV_t^{GE}	Materialverbrauch in Geldeinheiten
MV_t^{ME}	Materialverbrauch in Mengeneinheiten
MZ_t	Materialzugang
MZ_t^{GE}	Gesamt-Verbindlichkeit aus dem Materialzugang
n	Nutzungsdauer
n^{Invl}	Abschreibungszeitraum der Wirtschaftsgüter des Transferpaktes im Investitionsland
$\overline{N}$	Marktpotenzial
N_0	Mindestabsatz im logistischen Modell
N_t	Marktabsatzmenge in der Periode t nach dem *Bass*-Modell
$Netto-AS_t$	Netto-Ausschüttungen an die Anteilseigner in der Periode t
$N(t)$	Kumulierter Marktabsatz bis einschließlich der Periode t
$N(t-1)$	Kumulierter Marktabsatz bis einschließlich der Periode t - 1
NTG_j	Nutzenteilgewicht für die Produktkomponente j
μ	Erwartungswert
$\mu(\tilde{C}F_t)$	Erwartungswert des unsicheren Cashflows des Bewertungsobjekts in der Periode t
$\mu(\tilde{C}F_t^{Alt})$	Erwartungswert des unsicheren Cashflows des Alternativobjekts in der Periode t
$\mu(\tilde{X})$	Erwartungswert der unsicheren Zahlung $\tilde{X}$
p	Absatzpreis
p^*	optimaler Absatzpreis
p^{ANL}	Anschaffungspreis pro Anlage
P^{fix}	Anzahl des Personals, die unabhängig von der Produktionsmenge ist
p^{GEB}	Preissteigerungsrate für Gebäudekosten
P^{var}	Anzahl des Personals, die abhängig von der Produktionsmenge ist
p^I	Absatzpreis der Alternative I
p^{II}	Absatzpreis der Alternative II

p^{N}	Absatzpreis der Alternative N
$pär$	Preisänderungsrate
PE	ökonomischer Periodenerfolg
PE^{mod}	modifizierter ökonomischer Periodenerfolg
π^{Heiml}	Inflationsrate des Heimatlandes
π^{Invl}	Inflationsrate des Investitionslandes
q	Diskontierungsfaktor
RA	Risikoabschlag
$RA(\sigma)$	Risikoabschlag auf Basis der Standardabweichung
$RA(\sigma^2)$	Risikoabschlag auf Basis der Varianz
r^{Alt}	interne Rendite des Alternativobjekts
$r^{Alt,ASAG}$	quasi-sichere interne Rendite der Alternativinvestition der AS AG
$r^{Alt,XAG}$	quasi-sichere interne Rendite der Alternativinvestition der X AG
r^{B}	interne Rendite des Bewertungsobjekts
rak	Risikoaversionskoeffizient
RPE	residualer ökonomischer Periodenerfolg
ρ_{MRF}	benötigter Parameter für die Marktreaktionsfunktion
S	S-förmige Werbewirkungsfunktion
s_{CF}	Cashlfow-Gewinnsteuersatz
s_{ge}	Gewerbesteuersatz
s^{Heiml}	Ertragssteuersatz der Unternehmen im Heimatland
s^{Invl}	Unternehmenssteuersatz im Investitionsland
s_{k}	Körperschaftsteuersatz
s_{q}	Quellensteuersatz
S_{X}	Steuerbelastung der X AG
$SÄ(\tilde{CF}_t)$	Sicherheitsäquivalent des unsicheren Cashflows des Bewertungsobjekts in der Periode t
$SÄ(\tilde{CF}_t^{Alt})$	Sicherheitsäquivalent des unsicheren Cashflows des Alternativobjekts in der Periode t
$SÄ(\sigma)$	Sicherheitsäquivalent auf Basis der Standardabweichung

$SÄ(\sigma^2)$	Sicherheitsäquivalent auf Basis der Varianz
$SÄ(\tilde{X})$	Sicherheitsäquivalent der unsicheren Zahlung $\tilde{X}$
SF	semi-logarithmische Werbewirkungsfunktion
$SolZ$	Solidaritätszuschlag
σ	Standardabweichung
$\sigma(\tilde{CF}_t)$	Standardabweichung des unsicheren Cashflows des Bewertungsobjekts in der Periode t
$\sigma(\tilde{CF}_t^{Alt})$	Standardabweichung des unsicheren Cashflows des Alternativobjekts in der Periode t
$\sigma(\tilde{X})$	Standardabweichung der unsicheren Zahlung $\tilde{X}$
σ^2	Varianz
t	Periode
u	konstante Anzahl an Lieferungen in einer Periode
$u1$	Anzahl der Lieferungen zum Materialpreis der Periode t - 1
$u2$	Anzahl der Lieferungen zum Materialpreis der Periode t
UE	Umsatzerlöse
$üs$	Umsatzüberschussrate
v	Vorlaufphase bzw. Dauer der Vorlaufphase
$v + 1$	erste Periode der Marktphase
VEW_n^{Alt}	Vermögensendwert des Alternativobjekts
VEW_n^B	Vermögensendwert des Bewertungsobjekts
VLL	Verbindlichkeiten aus Lieferungen und Leistungen
VP^{FV}	Verrechnungspreis für das Transferpaket nach den Vorgaben der Finanzverwaltung
w	Wahrscheinlichkeit für die Merkmalsausprägung einer unsicheren Größe
W	Werbeauszahlungen
W^*	optimale Werbeauszahlungen
Wi^*	optimale Werbeintensität
wk_t	Wechselkurs in der Periode t
wk^{KKP}	Wechselkurs gemäß der Kaufkraftparitätentheorie
wr^U	Umsatzwachstumsrate
wrp_t	Preiswachstumsrate in der Periode t

x	Absatzmenge
$\overline{x}$	durchschnittliche Menge
$\tilde{X}$	unsichere Zahlung
x_1	relativer Anteil der Eigenkapitalaufnahme
x_2	relativer Anteil der Fremdkapitalaufnahme
x^I	Absatzmenge der Alternative I
x^{II}	Absatzmenge der Alternative II
x^N	Absatzmenge der Alternative III
x_t^{FP}	Lagerbestand an Fertigprodukten
x_t^{Heiml}	Absatzmenge im Heimatland in der Periode t
x_t^{AS}	Absatzmenge des Auslandsstandorts in der Periode t
$XAnn$	Annuität des Barwerts der Menge
xp_t^{AS}	Produktionsmenge am Auslandsstandort
zaz_t^{PN}	produktnahe stückbezogene Zielauszahlungen in einer Periode t
zaz_{v+1}^{PN}	produktnahe stückbezogene Zielauszahlungen in der ersten Periode der Marktphase
$zaz_{j,v+1}^{PN}$	produktnahe stückbezogene Zielauszahlungen der Komponente j in der ersten Periode der Marktphase
ZKW	Zielkapitalwert
zp_t	Zielpreis in einer Periode t
zp_{v+1}	Zielpreis in der ersten Periode der Marktphase
zpk_t	durchschnittliche Zielproduktkosten je Stück in der Periode t
zpk_{v+1}	durchschnittliche Zielproduktkosten je Stück in der ersten Periode der Marktphase
$\overline{zpk}$	durchschnittliche Stückkosten
$ZÜ^{FV}$	relevanter Zahlungsüberschuss im Kontext der Funktionsverlagerung
$ZÜ^{FV,Invl}$	relevanter Zahlungsüberschuss im Kontext der Funktionsverlagerung aus der Sicht der AS AG
zx_j	Zielmenge der Produktkomponente j
zx_t	Zielmenge in der Periode t

ZX_t	kumulierte Produktionsmenge in der Periode t

1 Einleitung

1.1 Problemstellung

Viele Unternehmen werden durch komplexe und dynamische Rahmenbedingungen vor neue Herausforderungen gestellt. Höherer Wettbewerb auf den Märkten führt dazu, dass die Lebenszyklen der Produkte kürzer werden und Unternehmen weniger Zeit für die Entwicklung neuer Produkte bleibt.[1] Dazu kommt, dass bspw. die Automobilhersteller im Vergleich zu früheren Jahrzehnten ein Vielfaches an Modellen auf dem Absatzmarkt anbieten.[2] Aufgrund dieser Entwicklungen, der steigenden Modellvielfalt und der kürzer werdenden Lebenszyklen, müssen Unternehmen in kürzeren Zeitabständen über die Vorteilhaftigkeit von Projekten bzw. Strategiealternativen entscheiden, so dass die Beurteilung dieser anhand von Entscheidungskalkülen an Bedeutung gewinnt. In der Regel haben Unternehmen die Wahl zwischen mehreren Strategiealternativen, wobei die Strategiealternative auszuwählen ist, die den höchsten Erfolg verspricht. Hierzu kann das strategische Controlling mithilfe verschiedener Instrumente seinen Beitrag leisten und die Entscheidungsträger unterstützen. Dabei ist mit der Verbreitung der wertorientierten Unternehmensführung, die sich „heute weitestgehend durchgesetzt"[3] hat, der Erfolg von Projekten bzw. Strategiealternativen daran zu messen, ob sie zu einer Steigerung des Unternehmenswerts führen.[4] Somit werden im Zusammenhang mit der wertorientierten Unternehmensführung quantitativ-orientierte Anforderungen an das Bewertungskalkül für Strategiealternativen gestellt.

Allerdings wird in der Literatur auch die Meinung vertreten, dass die mit der wertorientierten Unternehmensführung verbundene Shareholder Value-Ausrichtung „die schädlichste und gefährlichste Entwicklung der letzten zehn bis fünfzehn Jahre [ist], und zwar in jeder Dimension: für das Unternehmen selbst,

---

1 So hat sich in der Automobilbranche die Entwicklung und Produktion in den vergangenen Jahren grundlegend geändert. Während bspw. der Lebenszyklus des Golf I-Modells noch 10 Jahre betrug, hat sich im Vergleich dazu der Lebenszyklus des Golf VI-Modells auf 5 Jahre halbiert; vgl. *Fasse* (2013).

2 So planen allein VW für das Jahr 2013 60 neue Modelle auf den Markt zu bringen, vgl. *Schneider/Herz/Fasse* (2013).

3 *Coenenberg/Salfeld* (2007), S. 3. Vgl. hierzu auch die Umfrage von *Pellens/Tomaszewski/Weber* (2000), S. 1825, bei denen 83,3% der befragten DAX-Unternehmen die Orientierung am Unternehmenswert als primäre Zielsetzung angaben.

4 Vgl. bspw. *Arbeitskreis „Finanzierung" der Schmalenbach-Gesellschaft* (1996), S. 545. Vgl. zum Begriffsverständnis der Wertorientierung in der Unternehmensrechnung *Dirrigl* (1998b), S. 540 ff.

für seine Gesellschafter und für die Wirtschaft als Ganzes."[5] Diese Meinung hängt mit folgendem Verständnis der Wertorientierung zusammen: „[...] Gewinnmaximierung, Shareholder-Value und Wertsteigerung [sind] die obersten Kriterien der Unternehmensführung"[6]. Ein solches an kurzfristigen Zielen ausgerichtetes Verständnis der wertorientierten Unternehmensführung ist in der Tat abzulehnen. Allerdings wird hier von einer langfristig ausgerichteten wertorientierten Unternehmensführung ausgegangen, bei dem die Zielgröße des Unternehmens durch einen nachhaltigen Unternehmenswert wiedergegeben wird.[7]

Aus diesem unterschiedlichen Verständnis ergeben sich auch Konsequenzen in Bezug auf die Ausrichtung des strategischen Controlling. So wird in der Literatur strategisches Controlling dahingehend definiert, dass „auf quantitative Vorgaben [verzichtet] und [...] überwiegend mit qualitativen Zielgrößen [gearbeitet]"[8] wird. Diese Auffassung führt dazu, dass auf „mathematische [...] Modelle, die zukünftige Wertentwicklungen unter spezifischen Bedingungen der Nutzung von Erfolgspotenzialen bestimmen"[9], verzichtet wird und daher auch keine quantitativ-fundierten Handlungsempfehlungen durch das Controlling ermittelt werden. Bei einem solchen Verständnis stellt sich aber die Frage, welche Existenzberechtigung das strategische Controlling überhaupt hat. Gerade die quantitative Orientierung des Controlling, mit einer Vielzahl von Quantifizierungs- und Optimierungskalkülen, stellt ein wesentliches Abgrenzungsmerkmal zu dem in der Literatur breit beachteten strategischen Management dar,[10] so dass durch eine ausschließliche Ausrichtung auf qualitative Größen die Abgrenzung zwischen strategischem Management und Controlling zum Teil aufgehoben wird.

---

5 *Malik* (2005), S. 15 f.

6 Ebenda, S. 15.

7 Mit der Orientierung an einem nachhaltigen Unternehmenswert soll klargestellt werden, dass die Unternehmensführung auf die langfristigen Ziele der Anteilseigner ausgerichtet ist. Nach *Dreher* (2010), S. 38 f. wird, „[s]ofern eine adäquate Befriedigung der Ansprüche der Stakeholder vorausgesetzt werden kann, [...] die Steigerung des nachhaltigen Unternehmenswerts damit zur obersten Maxime aller strategischer Entscheidungen im Unternehmen."

8 *Buchholz* (2009), S. 45.

9 Ebenda, S. 238.

10 Vgl. hierzu u.a. *Bea/Haas* (2013); *Welge/Al-Laham* (2012); *Müller-Stewens/ Lechner* (2011); *Hungenberg* (2008); *Grant-Nippa* (2006).

In dieser Arbeit stellt die Ableitung quantitativ-basierter Handlungsempfehlungen für Strategiealternativen das zentrale Ziel dar, so dass insbesondere quantitative Modelle im Vordergrund stehen, durch die unternehmerische Entscheidungen methodisch fundiert werden sollen, wodurch sich das zugrunde gelegte Verständnis des strategischen Controlling klar von der Ausrichtung des strategischen Managements abgrenzen lässt. Auch wenn die Modelle auf vereinfachenden Annahmen beruhen, was häufig als Kritik gegenüber der Anwendung von Quantifizierungskalkülen vorgebracht wird, so können diese wesentliche Erkenntnisse bei der Problemlösung liefern.

Die Aufgabenstellungen des strategischen Controlling können in einen Projekt- und Bereichsbezug gebracht werden. Im Projektbezug übernimmt das Controlling insbesondere Aufgaben der Planung und Kontrolle eines Produktprojekts, für das charakteristisch ist, dass es einen lebenszyklusähnlichen Verlauf hat. Insbesondere die Vorlaufphase gewinnt dabei an Bedeutung, da auf den Unternehmen aufgrund der kürzeren Lebenszyklen ein höherer Innovationsdruck lastet. Dabei orientiert sich der in dieser Phase aufzubringende Kapitaleinsatz, der für den Erfolg des Produktprojekts entscheidend ist, an dem erwarteten Absatzpotenzial des Produkts, so dass es dieses zu prognostizieren gilt. Der Erfolg des Produktprojekts wird anhand des Kapitalwertmodells beurteilt, das als ein Optimierungskalkül klassifiziert werden kann. Daneben lassen sich durch die Anwendung von Mindestniveaukalkülen[11] wichtige Erkenntnisse gewinnen.

Gegenstand der bereichsbezogenen Betrachtung sind im Rahmen dieser Arbeit Standortalternativen. Die Auswirkungen der Globalisierung führen dazu, dass sich immer mehr Unternehmen mit der Frage beschäftigen, ob sie ihr Produkt auch im Ausland fertigen und vertreiben sollen. Hierfür kann ein Unternehmen im Ausland einen neuen Standort aufbauen, ein ausländisches Unternehmen akquirieren, das Kapital im Inland investieren und den Auslandsmarkt durch Exporte bedienen oder einen Teil der Wertschöpfung ins Ausland verlagern.[12]

---

[11] Vgl. hierzu Kap. 2.1.3.

[12] Auf die Möglichkeit der Akquisition von Unternehmen im ausländischen Zielmarkt wird im weiteren Verlauf der Arbeit nicht näher eingegangen.

Da in der Realität eine Zunahme von Rückverlagerungen zu beobachten ist,[13] stellt sich die Frage nach den Gründen. Ein möglicher Grund für die fehlgeschlagene Auslandsinvestition kann in dem verwendeten Entscheidungskalkül gesehen werden, wobei hierfür die Frage zu beantworten ist, welche Standortfaktoren in das Kalkül einzubeziehen sind.

Sowohl im Projekt- als auch Bereichsbezug ergibt sich aufgrund der dynamischen Rahmenbedingungen bei der Betrachtung von Produktprojekten und Standortalternativen das Problem, die damit verbundenen Risiken adäquat zu berücksichtigen. Die Nicht-Berücksichtigung von Risiken kann für Unternehmen mit schwerwiegenden Konsequenzen verbunden sein, so dass geeignete Methoden zur Offenlegung und Bewertung der Risikostruktur bei der Entscheidungsfindung benötigt werden, was dem Aufgabenbereich des Controlling zuzuordnen ist. Allerdings lässt sich in dieser Hinsicht in der Literatur ein Defizit konstatieren, wie eine Quantifizierung der Risiken bei der Beurteilung von Produktprojekten und Standortalternativen erfolgen und damit zu methodisch fundierten Entscheidungen führen kann.

In der Arbeit werden insbesondere die mit Produktprojekten und Standortalternativen verbundenen Planungsaufgaben des Controlling betrachtet. Es wird das Ziel verfolgt, quantitativ-fundierte Handlungsempfehlungen in Bezug auf projekt- und bereichsbezogene Aufgabenstellungen des strategischen Controlling zu formulieren. Dabei liegen die Schwerpunkte einerseits auf der Erfolgsprognose, da sowohl im Projekt- als auch Bereichsbezug eine dynamische Modellstruktur gewählt wird, um die Mehrperiodigkeit der Untersuchungsgegenstände zu gewährleisten, und andererseits auf der Berücksichtigung der damit verbundenen Risiken.

Außerdem sind im Rahmen von Auslandsinvestitionen steuerliche Regelungen des In- und Investitionslandes zu berücksichtigen und es ist zusätzlich zu prüfen, ob der Tatbestand einer Funktionsverlagerung erfüllt ist. Hierfür wird gezeigt, wie eine nach betriebswirtschaftlichen Grundsätzen als sinnvoll an-

13 Vgl. hierzu *Kinkel/Zanker* (2007), S. 19 ff.

gesehene Berechnung von Grenzpreisen mithilfe des Standard-Ertragswertverfahrens durchgeführt werden kann.

1.2 Gang der Untersuchung

Zur Erreichung der Zielsetzung der Arbeit ist die Arbeit in fünf Kapitel strukturiert. Nach der Erläuterung der Problemstellung und dem Gang der Untersuchung werden im Kapitel 2 zunächst die Aufgaben des strategischen Controlling konkretisiert, bevor im nächsten Schritt die projekt- und bereichsbezogenen Aufgabenstellungen abgegrenzt werden. In diesem Zusammenhang wird eine Strukturierung der Planungsrechnung in Erfolgsfaktorisierung, Dynamisierung und Stochastifizierung sowohl im Projekt- als auch Bereichsbezug vorgenommen. Darauf bezogen wird in allgemeiner Form auf Modelle zur Erfolgsprognose sowie Methoden zur Offenlegung der Risikostruktur und Risikobewertung eingegangen. Abschließend wird das Bewertungskalkül des Standard-Ertragswertverfahrens dargestellt.

In Kapitel 3 werden Quantifizierungs-, Optimierungs- und Mindestniveaukalküle im Projektbezug vorgestellt. Zuerst wird auf das Lebenszykluskonzept eingegangen, das die konzeptionelle Basis für die projektbezogenen Aufgaben bildet. Im Anschluss daran können die Kalküle in Absatzmarkt- und Wertschöpfungsstruktur-bezogene Kalküle unterteilt werden. Das Ziel der Absatzmarkt-bezogenen Kalküle stellt die Prognose der Absatzmengen des Produktprojekts dar, für die Informationen über die Höhe der Marktabsatzmengen benötigt werden, die daher ebenfalls zu prognostizieren sind. Dabei wird auf die Möglichkeit der Unternehmen, durch absatzpolitische Instrumente Einfluss zu nehmen, eingegangen und dargelegt, wie auf Basis eines Optimierungskalküls die optimale Marketing-Mix-Kombination bestimmt werden kann.
Bei den Wertschöpfungsstruktur-bezogenen Kalkülen wird zunächst auf die Optimierung der intertemporalen Kostenstruktur eingegangen. Hierbei steht der Kapitaleinsatz in der Vorlaufphase im Mittelpunkt und es wird mithilfe von quantitativen Ansätzen gezeigt, wie dieser optimiert werden kann. Einen weiteren

Schwerpunkt bildet die Bestimmung von Zielauszahlungen mithilfe eines Mindestniveaukalküls, das auf einer dynamischen Modellstruktur basiert.[14]
Zum Abschluss wird die Annahme sicherer Erwartungen aufgehoben und dargelegt, wie das Risiko in den vorgestellten Kalkülen berücksichtigt werden kann.

Der Bereichsbezug wird durch die Bewertung von Standortalternativen hergestellt und bildet den Inhalt des 4. Kapitels. Nach der Erläuterung der Motive von internationalen Standortinvestitionen wird gemäß der Strukturierung der Planungsrechnung zunächst auf die Standort-bezogene Erfolgsprognose eingegangen, die anhand eines Planungsmodells durchgeführt wird, das leistungs- und finanzwirtschaftliche Unternehmensprozesse berücksichtigt und dazu durch ein Mengengerüst fundiert ist. Dabei wird das Planungsmodell um problemspezifische Aspekte, wie bspw. die Prognose des Wechselkurses, erweitert.
Es wird eine Situation betrachtet, in der ein Unternehmen vor der Entscheidung steht, einen Standort im In- oder Ausland aufzubauen, so dass es beide Alternativen zu bewerten gilt. Dementsprechend wird ausführlich auf die Offenlegung der Risikostruktur der beiden Alternativen und die nachfolgende Risikobewertung eingegangen. Im Anschluss daran wird dargelegt, wie eine Standort-bezogene Performanceanalyse aus der ex post-Sicht erfolgen kann.
Abschließend wird auf die steuerlichen Voraussetzungen und Konsequenzen der Funktionsverlagerung eingegangen. Dabei werden die Probleme bei der Ermittlung der Grenzpreise nach den Vorgaben der Finanzverwaltung dargelegt und als Lösung eine Grenzpreisermittlung im Rahmen des Standard-Ertragswertverfahrens aufgezeigt.

Die Ausführungen werden dabei durch Beispielrechnungen veranschaulicht. In der Abbildung 1-1 wird der Untersuchungsaufbau zusammengefasst wiedergegeben.

---

[14] Siehe hierzu das Kap. 3.4.2.2.

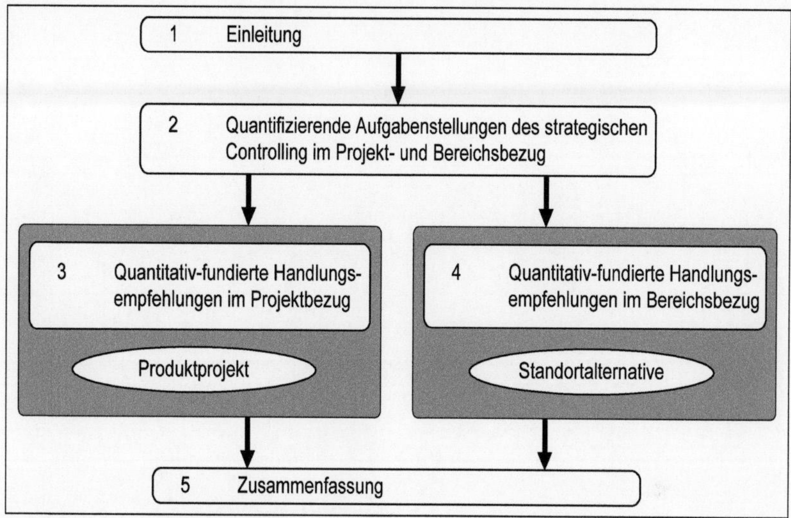

Abbildung 1-1: ***Gang der Untersuchung***

2 Quantifizierende Aufgabenstellungen des strategischen Controlling im Projekt- und Bereichsbezug

2.1 Projekt- und Bereichsbezug im strategischen Controlling

2.1.1 Begriffsdefinition strategisches Controlling

In der Literatur ist eine unübersichtliche Vielzahl von Definitionen[15] des Controllingbegriffs vorhanden, die sich teilweise erheblich unterscheiden[16] und nur wenige, die allgemein akzeptiert werden. Daher ist eine für die vorliegende Arbeit geeignete Begriffsdefinition des strategischen Controlling zu finden, so dass zunächst allgemein der Controllingbegriff erläutert und im nächsten Schritt mit dem Strategiebegriff verknüpft werden soll.

Es ist erkennbar, dass trotz der Definitionsvielfalt Controlling zumeist mit Planungs- und Kontrollprozessen verbunden wird, welche das Controlling miteinander verknüpft, um etwaige Abweichungen feststellen und analysieren zu können, wofür insbesondere das bewährte Instrument der Abweichungsanalyse in Betracht kommt, das die Ursachen der Abweichungen ex post ermittelt und auf dessen Grundlage Gegensteuerungsmaßnahmen ergriffen werden können. Anhand dieser Verknüpfung ist es möglich, die Zielerreichung des Projekts oder Unternehmensbereiches festzustellen, wodurch der Bezug zur Kontrolle erkennbar wird. Allerdings ist ein solches vergangenheitsbezogenes Verständnis des Controllingbegriffs zu eng und muss daher um Planungs-, Steuerungs- und Koordinationsprozesse erweitert werden.

Ein Planungsprozess ist durch „zweckbewußtes Handeln"[17] gekennzeichnet und setzt voraus, dass gedankliche Vorüberlegungen hinsichtlich zukünftiger Entscheidungen erfolgen. Dabei müssen die Planungsprozesse an einem bestimmten Zweck bzw. Ziel ausgerichtet sein, wofür Informationen über zukünftige Entwicklungen beschafft und ausgewertet werden müssen.
Die Steuerung von Unternehmensbereichen oder einzelnen Investitionsprojekten gehört zum Aufgabenbereich der Unternehmensführung und wird insbesondere auf der Grundlage von laufenden Planungs- und Kontrollprozessen

---

15 Zu einem Überblick über Definitionen und Aufgaben des Controlling vgl. bspw. *Horvath* (2011), S. 57-60 und *Littkemann* (2006), S. 6 f.

16 Vgl. dazu *Ahn* (1999), S. 109-114.

17 *Schneider* (1987), S. 195.

durchgeführt, wobei dem Controller bzw. Controlling eine management-unterstützende Aufgabe zukommt.

Unter Koordinationsprozessen versteht man „das Abstimmen einzelner Entscheidungen auf ein gemeinsames Ziel hin“[18] unter Berücksichtigung der Interdependenzen zwischen den einzelnen Führungsteilsystemen Planung, Kontrolle und Informationsversorgung. Es werden sachliche und personelle Koordinationsprozesse unterschieden, wobei die Berücksichtigung leistungswirtschaftlicher Interdependenz- und Verbundbeziehungen zwischen Projekten oder Unternehmensbereichen als sachliche und die Abstimmung der vielfältigen Zieldivergenzen und asymmetrischen Informationsverteilung der beteiligten Personen bei einer Entscheidungsfindung im Unternehmen als personelle Koordination bezeichnet wird.[19]

Als nächstes soll nun eine Verknüpfung mit dem Strategiebegriff erfolgen, so dass daraus eine geeignete Definition für den Begriff des strategischen Controlling hergeleitet werden kann. Zunächst kann das strategische und operative Controlling hinsichtlich des Zeithorizonts unterschieden werden.
Während das operative Controlling kurzfristig orientiert und auf einen Zeitraum von ca. einem Jahr ausgerichtet ist, befasst sich das strategische Controlling vor allem mit langfristigen Chancen und Risiken des Unternehmens.[20] Durch die langfristige Ausrichtung des strategischen Controlling sind auch die Ressourcen und Kapazitäten des Unternehmens - im Gegensatz zum operativen Controlling - als variabel zu betrachten, da insbesondere die Erweiterung bzw. Verringerung der Kapazitäten nur über einen längeren Zeitraum realisierbar ist. In diesem Rahmen ergeben sich die Aufgaben des operativen Controlling, indem die langfristig orientierten Planungen und Entscheidungen in konkrete operative Maßnahmen umgesetzt werden.[21]
Des Weiteren muss eine Abgrenzung zum strategischen Management vorgenommen werden, welches vor allem früher das Ziel verfolgte, „für strategi-

---

18 *Horvath* (2011), S. 100.
19 Vgl. *Dirrigl* (1995), S. 136 f.; *Küpper* (2013), S. 152 ff.; *Bärtl/Pfaff* (1997), S. 371 f.; *Ewert/Wagenhofer* (2008), S. 395-407.
20 Vgl. *Günther* (1991), S. 37-39.
21 Vgl. *Peemöller* (2005), S. 119 f. Nach *Asenkerschbaumer* (2012), S. 340 können „[n]ur durch eine enge Verzahnung von operativem und strategischem Controlling […] Langfristplanungen auf ein solides operatives Fundament gestellt werden.“

sche Geschäftseinheiten in Abhängigkeit von Erfolgsdimensionen [...] eine ‚Normstrategie' festzulegen"[22], wobei hier vorherrschend qualitative Instrumente zum Einsatz kamen. Das wohl bekannteste Instrument ist das Portfoliokonzept der Boston Consulting Group, in dem die Dimensionen der Marktattraktivität und der Wettbewerbsposition bzw. -vorteile, durch die Marktwachstumsrate und den relativen Marktanteil abgebildet werden, so dass eine Matrix mit vier Feldern entsteht.[23] Als Zielsetzung dieser Portfoliokonzepte war eine Verteilung begrenzter finanzieller Ressourcen auf die strategischen Geschäftsfelder eines Unternehmens sowie ein ausgewogenes Verhältnis der Risikopositionen unter den Geschäftsfeldern intendiert.[24] Das dadurch implizit empfohlene Strategieziel der Risikodiversifizierung und der damit unter Umständen verbundene suboptimale Finanzmitteleinsatz „kann verantwortlich gemacht werden für Wertvernichtungen größten Ausmaßes".[25]

In Abgrenzung hierzu stehen im strategischen Controlling Instrumente und Konzepte im Fokus, aus denen quantitativ-fundierte Handlungsempfehlungen abgeleitet werden können. Daher werden im weiteren Verlauf der Arbeit hauptsächlich Modelle dargestellt und analysiert, die dazu beitragen, potenzielle oder bereits verfolgte Strategiealternativen hinsichtlich ihrer Eignung zur Wertsteigerung zu überprüfen. In diesem Kontext wird die Wertorientierung im strategischen Controlling deutlich, durch die oben angesprochene Wertvernichtungen ausgeschlossen werden sollen.

Dementsprechend kann der Begriff des strategischen Controlling definiert werden, als die Planung, Steuerung und Kontrolle monetärer Konsequenzen potenzieller oder bereits realisierter Strategiealternativen und die damit verbundene Erfolgsziel-orientierte Koordination der Teilbereiche, mit dem Ziel der Unterstützung des (strategischen) Managements durch die Bereitstellung von Informationen und quantifizierender Kalküle für Prognosen und Vorteilhaftigkeitsanalysen.

---

22 *Dirrigl* (2004b), S. 115.

23 Vgl. zu diesem und weiteren Portfoliokonzepten *Grant/Nippa* (2006), S. 599-605; *Baum/Coenenberg/Günther* (2007), S. 185-216; *Hungenberg* (2008), S. 469-554.

24 Vgl. *Hungenberg* (2008), S. 474.

25 *Dirrigl* (2004b), S.115.

2.1.2 Charakterisierung und Differenzierung der Aufgabenstellung

Im Rahmen dieser Arbeit steht die Planungsaufgabe im Fokus, die als zentrale Teilaufgabe des strategischen Controlling charakterisiert werden kann. Insbesondere die in der Planungsphase anfallenden Aufgaben der Erfolgsprognose und Bewertung werden behandelt, wobei das Controlling die Aufgabe hat, geeignete Quantifizierungs-, Optimierungs- und Mindestniveaukalküle bereitzustellen. Diese Kalküle können in einen Projekt- und Bereichsbezug gebracht werden. Im Projektbezug wird insbesondere die Bewertung eines Produktprojekts betrachtet, das auf den Annahmen des Lebenszykluskonzepts basiert. Im Unterschied zu klassischen Investitionsprojekten hat bei Produktprojekten die Entwicklung des Produkts einen besonderen Stellenwert, wobei es für Produktprojekte charakteristisch ist, dass bereits vor der Produktion Auszahlungen anfallen.[26] Der Zeitraum vor der Produktion wird als Vorlaufphase bezeichnet. Die in dieser Phase anfallenden Auszahlungen (Vorlaufauszahlungen) stellen den Kapitaleinsatz dar und sind ein wichtiger Einflussfaktor für den Erfolg des Produktprojekts. Des Weiteren ist das Produktprojekt mit Ablauf der Produktion nicht beendet, da noch weitere Zahlungsströme in der sogenannten Nachlaufphase zu berücksichtigen sind. Erst mit Ablauf der Nachlaufphase endet der Lebenszyklus. Dabei erfolgt die Bewertung von Produktprojekten auf Basis des Kapitalwertmodells, in welchem das Risiko der Einflussgrößen zu berücksichtigen ist.

Dagegen sind im Bereichsbezug ganze Unternehmen bzw. Unternehmensbereiche zu bewerten. Im Unterschied zur Bewertung von Produktprojekten geht man für Unternehmen von einer unendlichen Lebensdauer aus, was im Kalkül zu berücksichtigen ist. Während die Bewertung von Produktprojekten aus der internen Management-Perspektive erfolgt, ist der zu bestimmende Wert von Unternehmen vom jeweiligen Zweck der Bewertung abhängig.[27] Gemäß

[26] Vgl. *Bea/Scheurer/Hesselmann* (2008), S. 216.

[27] Es gilt heute als unbestritten, dass es „nicht den schlechthin richtigen Unternehmenswert [gibt]: Da Unternehmenswertermittlungen sehr unterschiedlichen Zwecken dienen können, ist der richtige Unternehmenswert der jeweils zweckadäquate"; *Moxter* (1983), S. 6. Auch die Beziehung zwischen dem Bewertungssubjekt, aus dessen Sicht die Bewertung erfolgt, und Bewertungsobjekt, das durch das zu bewertende Unternehmen dargestellt wird, ist von besonderer Bedeutung; vgl. *Matschke/Brösel* (2013), S. 3. So können unterschiedliche Werte für ein Bewertungsobjekt resultieren, das von verschiedenen Bewertungssubjekten bewertet wird, wodurch der Unternehmenswert maßgeblich vom Bewertungssubjekt abhängt, so dass Unternehmenswerte stets subjektiv geprägt sind; vgl. u. a. *Ballwieser/ Leuthier*

Schumann kann von einer Dreiteilung der potenziellen Bewertungsaufgaben ausgegangen werden:[28]

(1) normfreie, entscheidungsorientierte Bewertungen

(2) vermittelnde Bewertungen

(3) gesetzlich-normierte Bewertungen

In der Bewertungsaufgabe (1) dient die Unternehmensbewertung der Entscheidungsunterstützung, so dass hierzu Unternehmensbewertungen im Zusammenhang mit der wertorientierten Unternehmensführung zu zählen sind.[29] Ziel der Bewertungsaufgabe (2) ist die Vermittlung zwischen mehreren Konfliktparteien, indem ein Arbitriumwert bestimmt wird. Unternehmensbewertungen im Sinne der Bewertungsaufgabe (3) sind unter Berücksichtigung der gesetzlichen Regelungen vorzunehmen.[30]
Der Bereichsbezug schlägt sich im weiteren Verlauf der Arbeit in der Bewertung von Standortalternativen nieder. Im Vergleich zur Bewertung von bereits bestehenden Unternehmen stellt die Bewertung von Standortalternativen, die neu errichtet werden, eine Schnittstelle zwischen der projekt- und bereichsbezogenen Bewertung dar, da in diesem Fall der Kapitaleinsatz, wie bei Produktprojekten, hinreichend genau prognostizierbar ist. Demnach ist für die Vorteilhaftigkeitsanalyse der Standortalternativen wiederum der Kapitalwert heranzuziehen. Im Zusammenhang mit der Funktionsverlagerung[31], die der Bewertungsaufgabe (3) zuzuordnen ist, sind dagegen für die zu verlagernde Funktion Grenzpreise zu bestimmen.

Als nächstes wird auf die für die projekt- und bereichsbezogene Bewertung benötigten Quantifizierungs-, Optimierungs- sowie Mindestniveaukalküle näher eingegangen.

(1986), S. 548 f.; *Münstermann* (1970), S 21 ff.; *Peemöller* (2012), S. 14; *Matschke/Brösel* (2013), S. 18; *Dreher* (2010), S. 51.

28 Vgl. *Schumann* (2008), S. 11. Vgl. zu einer ähnlichen Strukturierung bereits *Dirrigl* (1988), S. 10.

29 Bei der wertorientierten Unternehmensführung orientiert sich das Management an den Zielen der Anteilseigner, so dass das Oberziel die Steigerung des Unternehmenswerts ist, weshalb die Unternehmensbewertung die methodische Grundlage für die wertorientierte Unternehmensführung bildet.

30 Vgl. *Dirrigl* (1988), S. 12 f.

31 Vgl. Kap. 4.5.

2.1.3 Quantifizierungs- , Optimierungs- und Mindestniveaukalküle

Wie im vorherigen Abschnitt aufgezeigt wurde, unterscheiden sich projekt- und bereichsbezogene Bewertungen in einigen Aspekten, wobei die Struktur ihrer Planungsrechnung miteinander verglichen werden kann. Die Struktur der Planungsrechnung kann in drei Dimensionen untergliedert werden:[32]

1. Erfolgsfaktorisierung
2. Dynamisierung
3. Stochastifizierung

Im Rahmen der Erfolgsfaktorisierung ist die bewertungsrelevante Überschussgröße einer Periode zu bestimmen. Diese Überschussgröße ist im Zeitverlauf nicht konstant, so dass die beeinflussenden Größen für die einzelnen Perioden prognostiziert werden müssen, wodurch eine Dynamisierung der Modellstruktur erfolgt. Neben der Dynamisierung ist auch eine Stochastifizierung der Modellstruktur vorzunehmen. Dabei gehen die Einflussgrößen nicht ein-, sondern mehrwertig in das Erfolgsprognosemodell ein, so dass den zustandsabhängigen Ausprägungen der relevanten Überschussgröße Rechnung getragen wird.[33]

In den Quantifizierungskalkülen müssen im Projekt- und Bereichsbezug, die unterschiedlichen Überschussgrößen im Zeitverlauf (Dynamisierung) und deren möglichen Ausprägungen (Stochastifizierung) berücksichtigt werden. Die projektbezogenen Quantifizierungskalküle können in Absatzmarkt- und Wertschöpfungsstruktur-bezogene Kalküle klassifiziert werden. Während die Absatzmarkt-bezogenen Quantifizierungskalküle ausschließlich die Erlösdimension eines Unternehmens betrachten, wird mit den Wertschöpfungsstrukturbezogenen Kalkülen die Kostendimension des Unternehmens einbezogen. Diese Kalküle beziehen sich auf einzelne Produktprojekte, so dass der Aggregationsgrad der benötigten Daten für die Anwendung der Kalküle niedrig ist.

Da im Bereichsbezug Unternehmen bzw. Unternehmensbereiche betrachtet werden, die i. d. R. mehrere Produktprojekte gleichzeitig am Markt haben, ist die Prognose der Erfolgsgrößen auf Unternehmensebene anhand eines Unternehmensgesamtmodells durchzuführen, dessen Daten allerdings auf den Er-

---

[32] Vgl. *Dirrigl* (2009), S. 26 f., weshalb diese auch als integrierte, drei-dimensionale Erfolgsprognose bezeichnet wird.

[33] Vgl. ebenda.

gebnissen der Absatzmarkt- und Wertschöpfungsstruktur-bezogenen Quantifizierungskalküle für die einzelnen Produktprojekte basieren. So werden bspw. im Unternehmensgesamtmodell die prognostizierten Absatzmengen der Perioden extern vorgegeben, die allerdings durch die projektbezogenen Quantifizierungskalküle für die einzelnen Produktprojekte methodisch fundiert ermittelt wurden.

Die Optimierungs- und Mindestniveaukalküle haben bestimmte Auswertungsziele. So kann bspw. das Ziel verfolgt werden, den Kapitalwert eines Produktprojekts zu maximieren, wobei dafür die optimale Marketing-Mix-Kombination[34] oder intertemporale Kostenstruktur[35] zu ermitteln ist. Dem Bereich der Optimierung kann auch das Kalkül zur Bestimmung der Vorteilhaftigkeit von Standortalternativen zugeordnet werden, bei dem die Standortalternative optimal ist, die den höchsten Kapitalwert aufweist. Ein anderer Zweck wird mit der Ermittlung von Mindestniveaus unter der Vorgabe eines bestimmten Zielwerts verfolgt.

Allgemein kann ein Zielwert als Funktion mehrerer Einflussgrößen dargestellt werden. Wird als Zielwert der Erfolg (*E*) herangezogen, lässt sich dieser bspw. als Funktion des Preises (*p*), der Absatzmenge (*x*) und der Stückkosten (*k*) darstellen:

$$E = f(p, x, k) \tag{2-1}$$

Die Basis für die Optimierungskalküle stellt der Vergleich mehrerer Alternativen dar, die sich hinsichtlich der Einflussgrößen unterscheiden:

$$\begin{array}{l} Alternative\ I: p^{I}, x^{I}, k^{I} \rightarrow E^{I} \\ Alternative\ II: p^{II}, x^{II}, k^{II} \rightarrow E^{II} \\ \quad \vdots \qquad\qquad \vdots \qquad\qquad \vdots \\ Alternative\ N: p^{N}, x^{N}, k^{N} \rightarrow E^{N} \end{array} \tag{2-2}$$

Daraus ergibt sich für jede Alternative eine unterschiedlich hohe Erfolgsgröße. Bezieht man in die Betrachtungen den Kalkulationszinssatz (*i*) ein, um der dynamischen Modellstruktur Rechnung zu tragen, ist (2-1) wie folgt anzupassen:

$$KW = f(p, x, k, i) \tag{2-3}$$

In einer dynamischen Modellstruktur stellt der Kapitalwert den Zielwert dar. Für jede Alternative ergibt sich ein unterschiedlich hoher Kapitalwert, wobei die Al-

34 Vgl. Kap. 3.3.2.2 und 3.3.2.3.
35 Vgl. Kap. 3.4.1.

ternative mit dem höchsten Kapitalwert auszuwählen ist. Hierfür werden Optimierungskalküle benötigt, mit denen der Kapitalwert bestimmt und eine Vorteilhaftigkeitsrangfolge für die Alternativen erstellt werden kann.

Eine weitere Untersuchungsmöglichkeit kann hinsichtlich der Einflussgrößen erfolgen. Während bei den Optimierungskalkülen die Alternative mit dem höchsten Kapitalwert gesucht wird, könnte andererseits das Mindestniveau einer Einflussgröße aus bestimmten Bedingungen für den Kapitalwert abgeleitet werden. So könnte bspw. der Kalkulationszinssatz gesucht werden, bei dem der Kapitalwert = 0 ist. Hierbei handelt es sich um die aus der Investitionstheorie bekannte Methode des internen Zinsfußes. Alternativ kann die dahinter stehende Methodik auch auf andere Einflussgrößen, wie bspw. den Preis oder die Stückkosten, angewendet werden. Dabei stellt es aber keine Voraussetzung dar, dass der *KW* der Alternative dem Nullniveau entsprechen muss, sondern es können auch andere Werte bspw. im Sinn einer Minimalgrenze für den Kapitalwert unterstellt werden. Die ermittelten Einflussgrößen, bei denen ein bestimmter Kapitalwert erreicht wird, können als Mindestgrößen bezeichnet werden.[36] Dabei stehen in dieser Arbeit insbesondere die Stückkosten im Fokus.[37]

Außerdem gilt es, die durch die Stochastifizierung der Erfolgsprognose offengelegte Risikostruktur mit geeigneten Methoden zu bewerten, die durch das Controlling zur Verfügung gestellt werden.
Im Folgenden wird zunächst auf die Dynamisierung der Erfolgsprognose eingegangen.

2.2 Dynamisierung der Erfolgsprognose

In der Literatur gilt seit langem als unbestritten, dass im Bereichsbezug bei der Bestimmung des Unternehmenswerts die zukünftigen Erfolgsgrößen des Unternehmens zu prognostizieren sind.[38] Demnach stellt der Unternehmenswert eine

[36] In Bezug auf Kosten bzw. Auszahlungen ist der Begriff Mindestgröße missverständlich, da diese Größen eher als Höchstgrenzen zur Erreichung eines bestimmten Kapitalwerts zu interpretieren sind.

[37] Vgl. hierzu Kap. 3.4.2.2.

[38] Vgl. *Moxter* (1983), S. 102. Bereits *Münstermann* (1970), S. 21 stellte die zukunftsorientierte Ausrichtung mit folgender Aussage der Unternehmensbewertung fest:„Für das Gewesene gibt der Kaufmann nichts!"

zukunftsbezogene Größe dar, wodurch eine Prognose der erwarteten Erfolgsgrößen notwendig wird. Bei der restriktiven Prämisse sicherer Erwartungen stellt dies keine weitere Schwierigkeit dar, da davon ausgegangen wird, dass der in Zukunft eintretende Umweltzustand bekannt ist. Ungleich komplizierter wird es, wenn die Prämisse sicherer Erwartungen aufgehoben wird. Die zukünftigen Erfolgsgrößen müssen durch die Berücksichtigung und Analyse aller gegenwärtig verfügbaren Informationen bezüglich der Einflussfaktoren prognostiziert werden. Basierend darauf erfolgt die Planung der vom Unternehmen beeinflussbaren Variablen.[39] Der ermittelte Wert eines Unternehmens hängt damit aufgrund der zukunftsorientierten Ausrichtung maßgeblich von der Güte der Erfolgsprognose ab.

Daher werden als nächstes Modelle zur Erfolgsprognose im Rahmen der Unternehmensbewertung betrachtet.

2.2.1 Werttreibermodell von *Rappaport*

Ein in der Literatur weit verbreitetes Modell zur Bestimmung der zukünftigen Cashflows ist das Werttreibermodell von *Rappaport*[40] (Shareholder-Value-Ansatz), das sich an den Zielen der Eigentümer orientiert – also die Maximierung des Shareholder Value in den Vordergrund stellt.[41] Die im Unternehmen zu treffenden Entscheidungen werden danach bewertet, ob sie den Nutzen der Eigentümer erhöhen oder nicht.[42] Die zu bestimmende Zielgröße stellt der Shareholder Value dar, der in folgendem Zusammenhang zum Unternehmenswert steht:

Shareholder Value = Unternehmenswert – Fremdkapital

Dieses Konzept lässt sich als Bruttomethode charakterisieren, da zunächst der Unternehmenswert bestimmt werden muss, um anschließend von diesem den Marktwert des Fremdkapitals abzuziehen. Der Unternehmenswert ergibt sich

---

39 Vgl. *Dirrigl* (1988), S. 154.
40 Vgl. *Rappaport* (1998); *Rappaport* (1999).
41 Vgl. im Folgenden *Rappaport* (1998), S. 32-58 und *Rappaport* (1999), S. 39-70.
42 Vgl. *Dirrigl* (1994), S. 415 f.

durch die Diskontierung der Free Cashflows (FCF)[43] mit dem gewichteten durchschnittlichen Eigen- und Fremdkapitalkostensatz.[44] Bei der Prognose des FCF wird der Prognosezeitraum in zwei Phasen unterteilt. In der ersten Phase, der sog. Detailprognosephase, wird periodenspezifisch eine detaillierte Schätzung der zukünftigen FCF vorgenommen, während in der zweiten Phase, der sog. Restwertphase, von konstanten FCF ausgegangen wird. Die Prognose der FCF erfolgt dabei auf Grundlage von Werttreibern, die einen Einfluss auf den Unternehmenswert haben und Aussagen über den Erfolg strategischer Maßnahmen ermöglichen.[45] Folgende Werttreiber werden verwendet:[46]

- Umsatzwachstumsrate (wr^U)
- Umsatzüberschussrate ($üs$)
- Erweiterungsinvestitionen ins Anlagevermögen (I^{AV})
- Erweiterungsinvestitionen ins Working Capital (I^{UV})
- Cashflow-Gewinnsteuersatz (s_{CF})
- Zeitdauer der Detailprognosephase bzw. des Planungshorizonts
- Kapitalkostensatz

Ist die Höhe der Werttreiber bekannt, ergeben sich die FCF der einzelnen Perioden t in der Detailprognosephase durch die rechnerische Verknüpfung der Werttreiber:

$$FCF_t = UE_{t-1} \cdot \left(1 + wr_t^U\right) \cdot üs_t \cdot \left(1 - s_{CF}\right) - I_t^{AV} - I_t^{UV} \qquad (2\text{-}4)$$

Ausgehend vom Umsatz der Vorperiode UE_{t-1} ergibt sich durch Multiplikation mit dem Umsatzwachstumsfaktor $(1 + wr_t^U)$ und der Umsatzüberschussrate $üs_t$ eine betriebliche Gewinngröße vor Steuern.[47] Nach Abzug der Steuern[48] und

---

43 Hierunter wird „eine Bruttoüberschussgröße verstanden, in der neben den Zahlungen an die Eigenkapitalgeber auch die Zahlungen an die Fremdkapitalgeber enthalten sind"; *Dirrigl* (1994), S. 418 f.

44 Dabei zeigt *Rappaport* (1999), S. 15-38, Unzulänglichkeiten buchhalterischer Erfolgsgrößen auf, weshalb er in seinem Modell auf Zahlungsgrößen abstellt.

45 Vgl. *Unzeitig/Köthner* (1995), S. 115.

46 Auch als „Value Drivers" oder „Wertgeneratoren" bezeichnet. Vgl. neben *Rappaport* (1999), S. 41 ff. auch *Fickert* (1992), S. 60; *Dirrigl* (1994), S. 416; *Klien* (1995), S. 59; *Unzeitig/Köthner* (1995), S. 115; *Mandl/Rabel* (1997), S. 335. Die beiden letztgenannten Werttreiber sind für die Bestimmung des Unternehmenswerts und weniger der FCF notwendig.

47 In der Umsatzüberschussrate werden die Herstellungskosten der verkauften Produkte, die Verwaltungs- und Vertriebskosten sowie die Abschreibungen in Höhe der Ersatzinvestitionen berücksichtigt; vgl. neben *Rappaport* (1999), S. 42 auch *Klien* (1995), S. 60 und *Stüker* (2008), S. 90.

48 Hierbei handelt es sich nicht um die tatsächliche Steuerzahlung, sondern in den Worten von *Klien* (1995), S. 60, um ein „gedankliches Konstrukt, das der Logik der Wertsteigerungs-

den Erweiterungsinvestitionen ins Anlagevermögen I^{AV} und Working Capital I^{UV}, auf denen das Umsatzwachstum in der Detailprognosephase basiert, ergibt sich der FCF einer Periode. Für die Restwertphase wird von konstanten FCF ausgegangen, so dass in dieser Bewertungsphase keine Erweiterungsinvestitionen mehr berücksichtigt werden müssen.[49]

Werttreiber	Kostenführerschaft	Differenzierung
Umsatzwachstum	• konkurrenzfähige Preise • Chancen zur Erweiterung der Marktanteile nutzen	• hohe Preise (Preisprämie) • Auswahl von Märkten mit Differenzierungsmöglichkeiten
Umsatzüberschussrate	• Economies of Scale • Kostensenkungspotenziale nutzen	• kostengünstige Differenzierung, Erhöhung der Leistung
Investitionen in das Working Capital	• Umlaufvermögen reduzieren • Cash Management	• optimale Lagerpolitik • Debitoren-/Kreditorenpolitik • Cash Management
Investitionen in das Anlagevermögen	• Produktivität verbessern • Desinvestition nicht betriebsnotwendiger Anlagen	• Investition in Anlagen, die für Differenzierungsstrategie geeignet sind • Desinvestition nicht betriebsnotwendiger Anlagen
Kapitalkosten	• optimale Kapitalstruktur • Auswahl günstiger Finanzierungsinstrumente	• optimale Kapitalstruktur • Auswahl günstiger Finanzierungsinstrumente

Abbildung 2-1: ***Maßnahmen gegliedert nach Strategie und Werttreiber***[50]

Anhand des Werttreibermodells von *Rappaport* kann untersucht werden, welche Werttreiber kritisch für den Erfolg einer Strategie sind.[51] Sind die kritischen Werttreiber bekannt, können des Weiteren durch eine Verknüpfung mit Instrumenten der strategischen Planung Maßnahmen entwickelt werden, diese Werttreiber dahingehend zu beeinflussen, Wertsteigerungen herbeizuführen. In Abbildung 2-1 sind Maßnahmen für Strategien der Kostenführerschaft und Differenzierung dargestellt, jeweils gegliedert nach ihrem Einfluss auf die Werttreiber.

analyse entspringt [...]. Denn die steuerliche Bemessungsgrundlage knüpft an den bilanziellen Erfolg an, der durch die Wahrnehmung von Bilanzierungs- und Bewertungswahlrechten gezielt beeinflußt werden kann."

49 Dies bedeutet nicht, dass in der Restwertphase keine Erweiterungsinvestitionen mehr durchgeführt werden, allerdings wird angenommen, dass diese Investitionen lediglich die Kapitalkosten erwirtschaften und somit den Unternehmenswert unverändert lassen. Folglich kann auf eine explizite Berücksichtigung der Erweiterungsinvestitionen verzichtet werden.

50 In Anlehnung an *Fickert* (1992), S. 51.

51 Vgl. *Herter* (1994), S. 62 ff.; *Peemöller* (2005), S. 179.

Stehen die Maßnahmen einer Strategie fest, müssen diese dahingehend untersucht werden, ob sie zu einer Steigerung des Shareholder Value führen. Für den Fall, dass der Shareholder Value erhöht wird, liegt eine empfehlenswerte Strategie vor. Die Beurteilung der Strategie erfolgt durch den Vergleich des Shareholder Value nach Strategiedurchführung mit dem Shareholder Value vor Strategiedurchführung.[52] Das Werttreibermodell von *Rappaport* dient somit der Prognose zukünftiger Cashflows und der damit verbundenen Bewertung von Strategiealternativen.

Die in der Literatur und Praxis weite Verbreitung des Werttreibermodells kann insbesondere auf die im Rahmen der Strategiebewertung verbundene Komplexitätsreduktion zurückgeführt werden.[53] Allerdings gehen mit Vereinfachungen auch Probleme einher,[54] wie bspw. ein Informationsverlust bzgl. relevanter Werttreiber und eine ungenaue Ermittlung der Steuerbelastung. Eine genauere Prognose der Steuerbelastung ist nur durch die Aufstellung zukünftiger Gewinn- und Verlustrechnungen möglich.[55] Daher wird als nächstes die integrierte Unternehmensplanung als Modell zur Prognose der zukünftigen Ausschüttungen betrachtet.

2.2.2 Integrierte Unternehmensplanung

Das Modell der integrierten Unternehmensplanung (IUP)[56] hat den Charakter eines Unternehmensgesamtmodells. In einem Unternehmensgesamtmodell[57] werden alle Bereiche des Unternehmens für die Zwecke der Planung berücksichtigt:

> *„Unter Gesamtunternehmungsmodellen [können] […] mathematische Modelle [verstanden werden], mit denen das gesamte Unternehmungsgeschehen mit einem gewählten Abstraktionsgrad ab-*

---

52 Der Shareholder Value vor Strategiedurchführung wird von *Rappaport* (1986), S. 68, als „prestrategy shareholder value“ bezeichnet. Der „prestrategy shareholder value“ stellt den gegenwärtigen Wert dar, bei dem unveränderte zukünftige Werttreiber angenommen werden.

53 Vgl. *Dirrigl* (1994), S. 416.

54 Vgl. zu weiteren Nachteilen *Unzeitig/Köthner* (1995), S. 116 f.; *Herter* (1994), S. 56 f.

55 Vgl. *Herter* (1994), S. 58 f.; *Dolny* (2003), S. 158 ff.; *Dirrigl* (2004b), S. 103; *Stüker* (2008), S. 99.

56 Vgl. zu einem umfassenden Unternehmensgesamtmodell *Dirrigl* (1988), S. 174-228.

57 Auch als Corporate Model bezeichnet.

gebildet und die Entwicklung bzw. das Verhalten der Unternehmung bei Veränderung von externen und/oder internen Einflußgrößen untersucht und ggf. zielorientiert gestaltet werden kann.“[58]

Es werden in dem betrachteten Zeitraum sowohl die erfolgs- als auch die liquiditätswirksamen Vorgänge berücksichtigt, so dass im Rahmen des IUP-Modells für jede zukünftige Periode eine Gewinn- und Verlustrechnung, ein Finanzplan und eine Bilanz aufzustellen sind.[59] Aufgrund der im Vergleich zur Wertsteigerungsanalyse von *Rappaport* höheren Detailgenauigkeit liefert das IUP-Modell genauere Informationen, weshalb es für Zwecke der Erfolgsprognose als geeigneter angesehen werden muss. Insbesondere die Nutzung detaillierter Informationen und die genauere Prognose der Steuerbelastungen aufgrund der Erfassung erfolgswirksamer Vorgänge, aus denen sich die Steuerbemessungsgrundlagen ergeben, stellt eine wichtige Modellerweiterung dar.

Ziel der Erfolgsprognose für die Unternehmensbewertung ist die Prognose des Zahlungsstroms zwischen dem Anteilseigner und dem Unternehmen. Die Prognose des Zahlungsstroms hängt allerdings maßgeblich von leistungs- und finanzwirtschaftlichen Faktoren ab. Den leistungswirtschaftlichen Faktoren werden die Ein- und Auszahlungen aus Absatz- bzw. Produktionsprozessen und den finanzwirtschaftlichen Faktoren die liquiditätswirksamen Konsequenzen aus der Fremdmittelaufnahme zugeordnet.[60] Ausgangsbasis des IUP-Modells ist die Prognose der Mengengrößen, aus denen monetäre und buchhalterische Konsequenzen sowie bilanzielle Bestandsgrößen abgeleitet werden sollen.[61] Dabei wird mit der Prognose der Mengengrößen sowie den liquiditätswirksamen Auswirkungen im Absatzbereich begonnen, da diese die Basis für die weiteren Planungen darstellt. Die Ableitung finanzieller Konsequenzen sowie die Herstellung des finanziellen Gleichgewichts stehen im Finanzbereich des IUP-Modells im Fokus.[62] Außerdem gilt es noch steuerliche Bemessungsgrundlagen sowie die

58 *Hahn/Steinmetz* (1977), S. 25.
59 Vgl. u. a. *Dolny* (2003), S. 159.
60 Vgl. *Dirrigl* (1988), S. 149.
61 Vgl. zu einer integrierten Erfolgs- und Finanzrechnung bereits *Chmielewicz* (1972). Nach *Hahn/Steinmetz* (1977), S. 25 charakterisiert eine umfassende Planung auf Basis von Mengen- und Wertgrößen ein Totalmodell, während Partialmodelle nur wertmäßige Unternehmensprozesse berücksichtigen.
62 Bei der Herstellung des finanziellen Gleichgewichts können des Weiteren finanzielle Restriktionen berücksichtigt werden; vgl. dazu *Dirrigl* (1988), S. 205-212.

damit verbundenen Steuerbelastungen zu prognostizieren, die wiederum im Finanzbereich bei der Herstellung des finanziellen Gleichgewichts berücksichtigt werden müssen.

Da die Erfolgsprognose zukunftsorientiert erfolgt, muss die damit verbundene Unsicherheit im Rahmen des Modells berücksichtigt werden. Die Risikostruktur kann dadurch transparent gemacht werden, dass nicht eine ein-, sondern eine mehrwertige Erfolgsprognose durchgeführt wird,[63] was mit Hilfe stetiger oder diskreter Wahrscheinlichkeitsverteilungen erfolgen kann.[64] Hierdurch findet noch keine Bewertung des Risikos statt, sondern „lediglich" die Bestimmung der bewertungsrelevanten Risikomenge.[65] Die daran anschließende Risikobewertung erfolgt durch die Berechnung eines Risikoabschlags, der durch das Produkt eines geeigneten Risikomaßes[66] und Risikopreises berechnet wird.[67]

2.3 Stochastifizierung und Risikobewertung

2.3.1 Offenlegung der Risikostruktur

Neben der Bestimmung der relevanten Erfolgsgröße und der Dynamisierung der Modellstruktur muss auch die Unsicherheit im Rahmen der Erfolgsprognose berücksichtigt werden. Durch die Zukunftsbezogenheit der Erfolgsprognose kann eine sichere Bestimmung der Erfolgsgrößen nicht erfolgen, so dass einwertige Prognosen abzulehnen und mehrwertige Prognosen anzuwenden sind.[68] Bei mehrwertigen Prognosen wird berücksichtigt, dass mehrere mögliche Umweltzustände eintreten können. Hierbei werden gewöhnlich folgende Situationen unterschieden:[69]

---

63 Vgl. *Dirrigl* (1988), S. 165; *Dirrigl* (2009), S. 26; *Dolny* (2003), S. 202 ff.; *Dreher* (2010), S. 66 ff. Nach *Moxter* ist „das Mehrwertigkeitsprinzip [...] eine zwingende Konsequenz des Prinzips der Zukunftsbezogenheit: Es interessieren die künftigen Erträge; die künftigen Erträge sind unsicher, das heißt sie stellen sich mehrwertig, im allgemeinen als Bandbreite, dar."

64 Vgl. *Stüker* (2008), S. 101; *Dirrigl* (2009), S. 26. Vgl. auch im Kontext der Bewertung von Standortalternativen Kap. 4.4.2.

65 Vgl. *Dreher* (2010), S. 67.

66 Als Risikomaß kommt bspw. die Varianz oder Standardabweichung in Frage.

67 Vgl. zur Risikobewertung die Ausführungen in Kap. 2.3.2.

68 So bereits *Moxter* (1983), S. 117:„Einwertige Ertragsprognosen sind nicht realitätsgerecht: die Ertragserwartungen sind bei Unternehmensbewertungen stets mehrwertig."

69 Vgl. u.a. *Bamberg/Coenenberg/Krapp* (2012), S. 19; *Rosenkranz/Missler-Behr* (2005), S. 56.

- In der **Ungewissheitssituation** können den zukünftigen Umweltzuständen keine Eintrittswahrscheinlichkeiten zugeordnet werden. Bei numerischer Ungewissheit ist die Anzahl der möglichen Umweltzustände bekannt,[70] während bei **Unsicherheit** auch diese unbekannt sind.
- In der **Risikosituation**[71] können den möglichen Umweltzuständen subjektive oder objektive Eintrittswahrscheinlichkeiten zugeordnet werden. Für die die Erfolgsgröße beeinflussenden Faktoren können dabei stetige oder diskrete Wahrscheinlichkeitsverteilungen angenommen werden.[72]

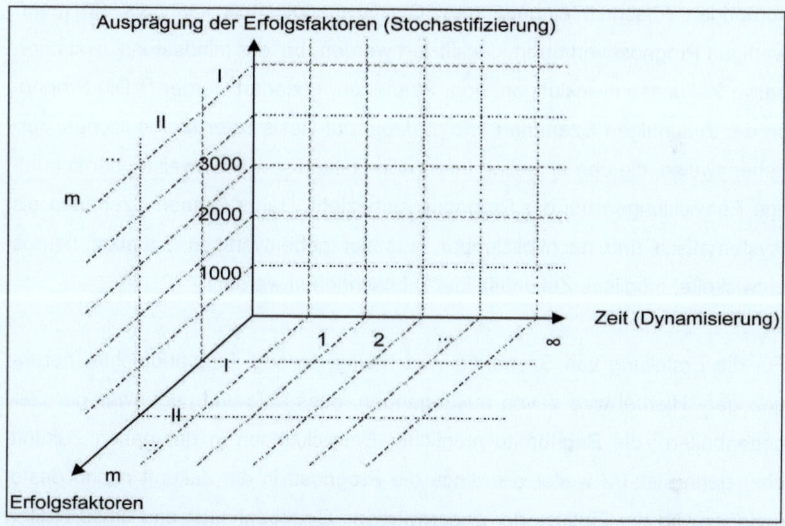

Abbildung 2-2: ***Dreidimensionale Erfolgsprognose***[73]

Bei der Berücksichtigung des Risikos muss zwischen der Offenlegung der Risikostruktur und der daran anschließenden Risikobewertung unterschieden werden. Für die Risikobewertung werden Bewertungsverfahren verwendet, in denen die Risikoeinstellung des Investors berücksichtigt wird.[74] Zunächst sind Risiko offenlegende Planungsverfahren darzustellen, da die daraus generierten Informationen im Rahmen der Risikobewertung genutzt werden.[75]

---

70 Nach *Dolny* (2003), S. 21, kann es daher auch keine „ex-post-Überraschungen in Form des Eintritts bei der Planung unberücksichtigter Entwicklungen" geben.

71 In den Methoden zur Unternehmensbewertung wird dabei i.d.R. von der Risikosituation ausgegangen; vgl. *Mandl/Rabel* (1997), S. 212 sowie *Dreher* (2010), S. 67.

72 Vgl. *Dirrigl* (2009), S. 26.

73 Quelle: *Dirrigl* (2009), S. 27.

74 Siehe hierzu Kap. 2.3.2.

75 Vgl. *Dolny* (2003), S. 202 f.

Somit kann bereits an dieser Stelle für die integrierte, dreidimensionale Erfolgsprognose konstatiert werden, dass sich der Unternehmenswert als Punktwert, dargestellt in der Abbildung 2-2, in einem dreidimensionalen Raum mit den Achsen Erfolgsfaktoren, Zeit (Dynamisierung) und zustandsabhängige Ausprägungen der Erfolgsfaktoren (Stochastifizierung) ergibt.

2.3.1.1 Szenariotechnik

Auf die Bedeutung der Mehrwertigkeit für die Erfolgsprognose wurde bereits im vorherigen Abschnitt eingegangen. Die Szenariotechnik kann als ein mehrwertiges Prognoseverfahren klassifiziert werden, bei der mindestens zwei alternative Zukunftsentwicklungen, sog. Szenarien, generiert werden.[76] Die Prognose der zukünftigen Szenarien erfolgt dabei auf Basis einer methodischen Vorgehensweise, die den aktuellen Informationsstand sowie Hinweise über zukünftige Entwicklungen bei der Prognose einbezieht. Daher können Szenarien als „systematisch und nachvollziehbar, aus der gegenwärtigen Situation heraus entwickelte, mögliche Zukunftsbilder“[77] beschrieben werden.

Für die Erstellung von Szenarien wird häufig ein sog. Szenariotrichter herangezogen. Hierbei wird davon ausgegangen, dass aufgrund gegenwärtiger Gegebenheiten[78] die Bandbreite möglicher Entwicklungen in der nahen Zukunft eher gering ist. Je weiter allerdings die Prognose in die Zukunft reicht, desto geringer wird der Einfluss der gegenwärtigen Gegebenheiten und umso breiter wird das Spektrum möglicher Szenarien. Die grafische Darstellung der Entwicklungsmöglichkeiten der Szenarien im Zeitablauf weist somit eine ähnliche Form wie die eines Trichters auf[79], wobei der Mittelpunkt als Trendszenario und die Randpunkte des Trichters als Extremszenarien bezeichnet werden. Der obere Rand des Trichters kann als „best case“, der untere als „worst case“ und der

---

[76] Vgl. dazu u.a. *Geschka/Hammer* (1997), S. 464-489; *Grant/Nippa* (2006), S. 403 ff.; *Hayn* (2012), S. 789 ff.; *Welge/Eulerich* (2007), S. 69-74; *Kuhner/Maltry* (2006), S. 110 ff.; *Rosenkranz/Missler-Behr* (2005), S. 176 ff.; *Dolny* (2003), S. 211 ff.; *Baum/ Coenenberg/Günther* (2007), S. 354 ff.; *Gausemeier/Grote* (2012), S. 517; *Wulf/Stubner* (2012), S. 524 f. Zu einer ausführlichen Darstellung der Szenario-Analyse vgl. *Götze* (1993) und *Missler-Behr* (1993).

[77] *Geschka/Hammer* (1997), S. 467.

[78] Zu den gegenwärtigen Gegebenheiten, die sich kurzfristig nur gering verändern, werden u. a. die Infrastruktur, die Technologie oder die Gesetzeslage aufgeführt; vgl. *Geschka/ Hammer* (1997), S. 467 f.; *Baum/Coenenberg/Günther* (2007), S. 355; *Hayn* (2012), S. 790 f.

[79] Vgl. *Kuhner/Maltry* (2006), S. 111 f.

mittlere Verlauf als „base case“ interpretiert werden.[80] Das zukünftig eintretende Szenario liegt somit zwischen den Randpunkten des Trichters, respektive die zukünftigen Entwicklungsmöglichkeiten werden durch die Extremszenarien begrenzt.[81]

Für die Abbildung zukünftiger Entwicklungsmöglichkeiten wird aus Vereinfachungsgründen von zwei oder drei Szenarien[82] ausgegangen, die zum einen konsistent sein und sich zum anderen signifikant unterscheiden sollen.[83] Somit sind die beiden Extremszenarien (best- und worst-case), die konträre Zukunftssituationen darstellen, für die Prognose heranzuziehen. Zusätzlich kann als drittes Szenario das Trendszenario (base-case) berücksichtigt werden.[84]

In der Grundform stellt die Szenariotechnik ein Prognoseverfahren dar, bei dem den zukünftigen Umweltzuständen keine Eintrittswahrscheinlichkeiten zugeordnet werden.[85] Das Verfahren kann dahingehend erweitert werden, dass bspw. durch Expertenschätzungen Eintrittswahrscheinlichkeiten für die jeweiligen Szenarien bzw. relevanten Einflussgrößen ermittelt werden, die für die anschließende Risikobewertung erforderlich sind. Außerdem kann die Szenariotechnik mit der Wertsteigerungsanalyse von *Rappaport*[86] bzw. dem IUP-Modell[87] verknüpft werden, indem für die relevanten Werttreiber eine Szenario-Struktur, respektive eine diskrete oder stetige Wahrscheinlichkeitsverteilung[88] unterstellt wird.[89]

---

80 Vgl. *Dolny* (2003), S. 212.
81 Vgl. *Baum/Coenenberg/Günther* (2007), S. 356.
82 Vgl. dazu bspw. *Dolny* (2003), S. 212.
83 Vgl. *Henselmann* (1999), S. 61.
84 Siehe u. a. *Dolny* (2003), S. 212; *Baum/Coenenberg/Günther* (2007), S. 356; *Henselmann* (1999), S. 61.
85 Vgl. *Sander* (2004), S. 277 und *Henselmann* (1999), S. 61.
86 Vgl. allgemein zur Wertsteigerungsanalyse von *Rappaport* Kap. 2.2.1.
87 Vgl. hierzu die Ausführungen in Kap. 4.4.2.1.1 und Kap. 4.4.2.2.1.
88 In diesem Zusammenhang häufig verwendete stetige Wahrscheinlichkeitsverteilungen sind insbesondere die Beta- und die Dreieicksverteilung.
89 Vgl. *Dreher* (2010), S. 70. Zu einem Rechenbeispiel siehe *Dirrigl* (1998b), S. 556 ff. sowie *Dirrigl* (2009), S. 27 ff.

2.3.1.2 Risikosimulation

Die Risikosimulation (Monte-Carlo-Simulation) stellt ebenfalls ein Verfahren dar, das die Risikostruktur der Planungsgrößen bzw. der Zielgröße offen legt. Die Risikostruktur einer oder mehrerer Investitionsalternativen ergibt sich durch eine große Anzahl an Einzelrisiken, deren Auswirkungen auf den Erfolg der Investition näher untersucht werden müssen. Es gilt folgende Frage zu beantworten: Wie kann die Vielzahl der Einzelrisiken quantitativ aggregiert werden, um die Gesamtrisikostruktur der Investition offen zu legen, so dass die Auswirkungen auf den Erfolg des Unternehmens ersichtlich werden? Um diese Frage zu beantworten, muss auch die Wechselwirkung der Einzelrisiken untereinander berücksichtigt werden.[90] Mit der Monte-Carlo-Simulation liegt ein Verfahren vor, das zum einen die Aggregation unterschiedlicher Einzelrisiken ermöglicht, zum anderen die Wechselwirkungen zwischen den Einzelrisiken über Korrelationen im Modell berücksichtigt. Daher wird die Monte-Carlo-Simulation auch „als generelle Methode der Risikoanalyse schlechthin“[91] bezeichnet.

Ziel der Monte-Carlo-Simulation ist die Ermittlung einer Wahrscheinlichkeitsverteilung der Zielgröße auf Basis der Wahrscheinlichkeitsverteilungen der unsicheren Eingangsgrößen.[92] Es erfolgt hier keine Verdichtung auf eine einwertige Zielgröße, sondern das Ergebnis wird mehrwertig in Form einer Verteilung dargestellt. Ausgangspunkt für die Risikosimulation ist, dass die unsicheren Eingangsgrößen identifiziert und für diese Wahrscheinlichkeitsverteilungen ermittelt werden,[93] mit denen die Quantifizierung der Eintrittswahrscheinlichkeit für jede Ausprägung möglich ist.[94] Hierbei können diskrete Verteilungen oder stetige Verteilungen, wie z. B. die Gleich-, Dreiecks- oder Betaverteilung verwendet werden.[95] Die Ermittlung von Wahrscheinlichkeits-

---

90 Nach *Gleißner* (2011), S. 165, müssen außerdem noch die „Schadensverteilung“ sowie die jeweiligen Eintrittswahrscheinlichkeiten der Einzelrisiken berücksichtigt werden.

91 *Troßmann* (1998), S. 361. Ähnlicher Meinung *Garlick* (2007), S. 195, der die Monte-Carlo-Simulation als „the most important and useful technique in risk modelling" bezeichnet.

92 Vgl. u. a. *Gleißner* (2008), S. 165; *Troßmann* (1998), S. 360 ff.; *Willeke* (1998), S. 1150 f.; *Dolny* (2003), S. 204; *von Weizsäcker/Krempel* (2004), S. 811; *Obermaier/Schüler* (2006), S. 29.

93 Vgl. *Dirrigl* (2004b), S. 111. Die Ermittlung der Wahrscheinlichkeitsverteilungen für die unsicheren Eingangsgrößen kann bspw. durch Expertenschätzungen erfolgen; vgl. *Matschke/Brösel* (2013), S. 269.

94 Vgl. *Wolf* (2009), S. 546.

95 Vgl. zum Anwendungsbereich der Verteilungen die Übersicht bei *Willeke* (1998), S. 1153. Vgl. dazu auch *Wolf* (2009), S. 546, der die Bedeutung der Wahl der Wahrscheinlichkeitsverteilungen für die unsicheren Eingangsgrößen für das Ergebnis der Risikosimulation her-

verteilungen für die unsicheren Inputgrößen ist nicht unproblematisch, da für Zwecke der Investitionsrechnung eine Vielzahl unsicherer Größen besteht, so dass in der Literatur vorgeschlagen wird, aus Gründen der Übersichtlichkeit und der Effizienz sich auf die bedeutendsten Werttreiber zu konzentrieren.[96] Des Weiteren müssen die Wechselwirkungen zwischen den Einzelrisiken berücksichtigt werden. Dies kann anhand von Korrelationskoeffizienten erfolgen, mit denen gegebenenfalls stochastische Abhängigkeiten zwischen unsicheren Eingangsgrößen erfasst werden können.[97]

Nachdem die Wahrscheinlichkeitsverteilungen für die unsicheren Eingangsgrößen definiert wurden, werden als nächstes computergestützt gleichverteilte Zufallszahlen aus dem Intervall [0,1] gezogen.[98] Anhand der gezogenen Zufallszahlen werden dann aus den Wahrscheinlichkeitsverteilungen der unsicheren Eingangsgrößen unter Berücksichtigung stochastischer Abhängigkeiten jeweils numerische Werte bestimmt.[99] Diese simulierten Werte für die Eingangsgrößen gehen anschließend in die Berechnung der Zielgröße ein, so dass sich am Ende eines Simulationslaufs ein numerischer Wert der Zielgröße ergibt.[100] Der ermittelte Wert eines Simulationslaufs wird gespeichert und der Vorgang so häufig wiederholt[101] bis eine stabile Häufigkeitsverteilung der Zielgröße vorliegt.[102] Aus dieser Verteilung erhält man u. a. den Erwartungswert und die Standardabweichung der Zielgröße,[103] die für die weiteren Schritte der Risikobewertung[104] benötigt werden. Des Weiteren kann zum Abschluss der Monte-Carlo-Simulation ein Risikoprofil dargestellt werden, das angibt, mit welcher

ausstellt: „Die Wahrscheinlichkeitsverteilung konkretisiert damit die möglichen Werte einer Zufallsvariable und beeinflusst letztlich die Güte der Simulationsergebnisse."

96 Vgl. bspw. *von Weizsäcker/Krempel* (2004), S. 811; *Jödicke* (2007), S. 168; *Dolny* (2003), S. 206.

97 Vgl. *Götze* (2008), S. 377; *von Weizsäcker/Krempel* (2004), S. 811; *Jödicke* (2007), S. 168; *Matschke/Brösel* (2013), S. 269; *Kanacher/ Rademacher/Werners* (2010), S. 194.

98 Vgl. *Troßmann* (1998), S. 364 sowie *Garlick* (2007), S. 196.

99 Vgl. u. a. *Götze* (2008), S. 377.

100 Vgl. *Dolny* (2003), S. 208 sowie *Gleißner* (2004), S. 355.

101 Vgl. zu der Anzahl benötigter Simulationsläufe *Kanacher/Rademacher/Werners* (2010), S. 195.

102 Vgl. u. a. *Troßmann* (1998), S. 364 sowie *Matschke/Brösel* (2013), S. 273. Je größer die Anzahl der Simulationsläufe, desto minimaler die Veränderungen der Häufigkeitsverteilung der Zielgröße; vgl. *Wolf/Runzheimer* (2009), S. 63 f.

103 Neben diesen Größen können noch weitere statistische Kenngrößen, wie z. B. Minimum, Maximum, Quantile, Schiefe etc. der Zielgröße bestimmt werden.

104 Vgl. hierzu das Kap. 2.3.2.1.

Wahrscheinlichkeit ein bestimmter Wert der Zielgröße mindestens erreicht wird.[105]

Wird alleinig das Risikoprofil bei der Entscheidungsfindung herangezogen, muss in diesem Zusammenhang betont werden, „dass der zentrale Schritt, nämlich die Bewertung des Risikos, nicht gemacht wird".[106] Dieser „Schritt" ist allerdings für die Bewertung von Investitionsalternativen oder ganzer Unternehmen notwendig,[107] so dass für das Instrument der Monte-Carlo-Simulation konstatiert werden kann, dass aus den gelieferten Ergebnissen keine eindeutigen Entscheidungsempfehlungen abgeleitet werden können. Zur Ableitung einer eindeutigen Entscheidungsempfehlung ist jedoch eine vorhergehende Risikobewertung notwendig, für die die Risikosimulation die Basis darstellt, da aufbauend auf der Risikosimulation und der Information der Risikoeinstellung des Entscheidungsträgers die Risikobewertung durchgeführt werden kann,[108] so dass die Anwendung dieses Konzepts zu befürworten ist.[109] Außerdem liefert die Monte-Carlo-Simulation dem Entscheidungsträger Informationen hinsichtlich der Auswirkungen der Risiken, die unterstützend in den Entscheidungsprozess einfließen.[110]

Hinsichtlich der Ausgestaltung der Risikosimulation kommen verschiedene Alternativen in Betracht. Es muss die zu simulierende Zielgröße determiniert werden. Für Zwecke der wertorientierten Unternehmensführung und der damit zusammenhängenden Unternehmensbewertung für interne Zwecke stellt der Cashflow die „zentrale Planungs- und Steuerungsgröße"[111] dar, denn „entscheiden[d] über die Vorteilhaftigkeit einer Investition [sind] die Höhe der Zahlungen in den einzelnen Zahlungszeitpunkten".[112] Somit bietet es sich an, die zukünftigen Cashflows eines Investitionsprojekts oder Unternehmens zu simu-

105 Vgl. u. a. *Troßmann* (1998), S. 373 sowie *Willeke* (1998), S. 1153.
106 *Obermaier/Schüler* (2006), S. 30.
107 Vgl. *Dreher* (2010), S. 74.
108 Durch die Information der Risikoeinstellung des Entscheidungsträgers und der Verwendung einer Entscheidungsregel, wie z. B. das μ-σ-Prinzip, lässt sich eine eindeutige Entscheidungsempfehlung ableiten; vgl. *Troßmann* (1998), S. 367 sowie *Stüker* (2008), S. 288 f.
109 So auch *Gleißner* (2004), S. 358, der die Monte-Carlo-Simulation als qualifiziertes Aggregationsverfahren bezeichnet.
110 Vgl. *Willeke* (1998), S. 1162.
111 *Dinstuhl* (2003), S. 18.
112 *Schneider* (1992), S. 712.

lieren. Eine andere Möglichkeit, wie sie zumeist in der Literatur anzutreffen ist,[113] wäre direkt den Entscheidungswert als zu simulierende Zielgröße zu bestimmen. Bei der Beurteilung von Investitionsprojekten wäre dies bspw. der Kapitalwert. Dies soll als nächstes an einem kleinen Beispiel für die Beurteilung eines Investitionsprojekts gezeigt werden.[114]

Periode			1	2	3	Verteilung
Unsichere Eingangsgrößen						
	a		58	55	54	Betaverteilung (PERT)
Preis (in GE)	H		62	64	67	
	b		67	77	74	
	a		1.000	900	750	Betaverteilung (PERT)
Absatzmenge (in ME)	H		1.200	1.100	900	
	b		1.350	1.250	1.100	
	a		20	20	20	Dreiecksverteilung
Var. Ausz. pro Stück	H		30	30	30	
	b		45	45	45	
Sichere Eingangsgrößen						
Anschaffungsauszahlung		30.000				
Fixe Auszahlungen			7.500	7.500	7.500	
Risikofreier Zinssatz			5%	5%	5%	

Tabelle 2-1: ***Wahrscheinlichkeitsverteilungen der Eingangsgrößen***

In der Tabelle 2-1 sind sowohl die Daten für die als sicher angenommenen als auch die Wahrscheinlichkeitsverteilungen für die als unsicher angenommenen Eingangsgrößen angegeben. Hierbei werden neben der Entwicklung des Preises und der Absatzmenge auch die variablen Auszahlungen pro Stück als unsicher eingestuft. So wird bspw. für den Preis der ersten Periode eine aus der PERT-Netzplantechnik bekannte (spezielle) Betaverteilung[115] mit einem maximalen Wert (b) von 67 GE, einem Modalwert (H) von 62 GE und einem minimalen Wert (a) von 58 GE angenommen. Für die Absatzmenge wird ebenfalls eine spezielle Betaverteilung angenommen, während für die variablen Auszahlungen pro Stück eine Dreiecksverteilung unterstellt wird. Des Weiteren werden stochastische Abhängigkeiten in dem Rechenbeispiel mithilfe von Korrelationskoeffizienten quantifiziert. Es wird für die Höhe der Preise und der Absatzmen-

[113] Vgl. etwa das Rechenbeispiel bei *Troßmann* (1998), S. 368 ff. und *Jödicke* (2007), S. 167 ff.

[114] Mit diesem Beispiel sollen die alternativen Gestaltungsmöglichkeiten der Risikosimulation dargestellt werden, weshalb der Detaillierungsgrad der Rechnung mit Absicht sehr gering gehalten wird. Statt eines Investitionsprojekts mit der Zielgröße Kapitalwert hätte man auch ein Unternehmen mit dem Unternehmenswert als Zielgröße heranziehen können Die Rechnung wurde mit dem Tabellenkalkulationsprogramm Microsoft Excel und dem Add-In @Risk erstellt. Vgl. zu einem ähnlichen Beispiel in Bezug auf ein Kalkül zur Kundenbewertung *Stüker* (2008), S. 286 ff.

[115] Vgl. zur speziellen Betaverteilung *Dirrigl* (2002), Sp. 422; *Vose* (2008), S. 672 f.; *Rosenkranz/Missler-Behr* (2005), S. 229.

gen angenommen, dass diese negativ korreliert sind.[116] Auch intertemporale Abhängigkeiten zwischen den Ausprägungen des Preises in den einzelnen Perioden werden mithilfe von Korrelationskoeffizienten berücksichtigt, wobei hier eine positive Korrelation unterstellt wird.[117]

Nachdem alle Eingangsgrößen definiert wurden, kann mit der Monte-Carlo-Simulation begonnen werden. Die Ergebnisse der Risikosimulation für die Zielgröße Kapitalwert werden in der Abbildung 2-3 dargestellt.

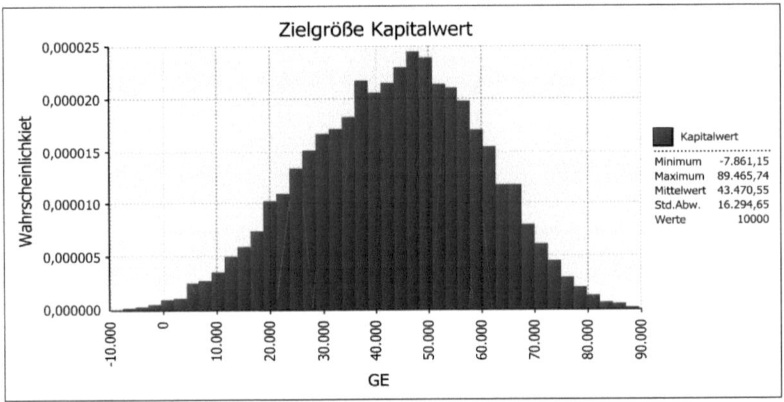

Abbildung 2-3: ***Wahrscheinlichkeitsverteilung für die Zielgröße Kapitalwert***

Eine andere Alternative zu der obigen Vorgehensweise ist die Durchführung der Monte-Carlo-Simulation für die Cashflows der einzelnen Perioden. Das Ergebnis der Risikosimulation wird exemplarisch am Cashflow der ersten Periode in der Abbildung 2-4 dargestellt.

[116] Diese Ansicht vertreten auch *Obermaier/Schüler* (2006), S. 30:„[Es] sollen die Umsatzerlöse betrachtet werden. Diese stellen eine multiplikative Verknüpfung der beiden Einflussgrößen Preis und Absatzmenge dar. Zumeist wird anzunehmen sein, dass eine negative Korrelation zwischen diesen beiden Größen besteht."

[117] Für eine Korrelationsmatrix, in der die relevanten Korrelationskoeffizienten aufgeführt sind, vgl. Anhang I, S. 290.

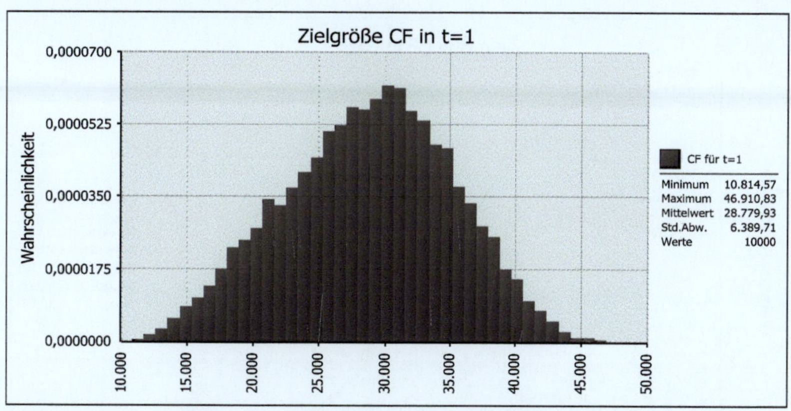

Abbildung 2-4: ***Häufigkeitsverteilung für die Zielgröße Cashflow der ersten Periode***

Wie aus den Abbildungen ersichtlich wird, zeigt die Monte-Carlo-Simulation alle möglichen Ausprägungen der Zielgröße unter Berücksichtigung der vorher definierten Annahmen der Eingangsgrößen. Es werden u. a. Wahrscheinlichkeitsverteilungen der Zielgröße dargestellt, aus denen weitere statistische Parameter wie der Erwartungswert oder die Standardabweichung entnommen werden können, deren Kenntnis für die Bestimmung des Risikoabschlags notwendig ist.

Hierbei wird die Ermittlung von periodischen Wahrscheinlichkeitsverteilungen des Cashflows präferiert, weil diese Vorgehensweise im Vergleich zur Ermittlung der Wahrscheinlichkeitsverteilung des Kapitalwerts in Form einer Barwertverteilung dem Entscheider mehr Informationen liefert. So werden etwa wesentliche Änderungen der Risikostruktur des Cashflows im Zeitablauf ersichtlich, die bei der Darstellung einer Barwertverteilung verborgen bleiben.[118]
Im Zusammenhang mit der Monte-Carlo-Simulation wird in der Literatur zumeist auch das Risikoprofil der Zielgröße, wie in Abbildung 2-5 beispielhaft für den Cashflow der ersten Periode, dargestellt.

---

[118] So auch *Obermaier/Schüler* (2006), S. 30, die die Bestimmung von periodischen Wahrscheinlichkeitsverteilungen des Cashflows der Bestimmung einer Barwertverteilung vorziehen. Eine Barwertverteilung „verdeckt die simulierten Zahlungsverteilungen der einzelnen Perioden. Damit gehen aber wesentliche Informationen über das Risiko der Zahlungen zu verschiedenen Zeitpunkten, über ihre stochastischen Abhängigkeiten und über mögliche Risikoänderungen im Zeitablauf verloren. Die periodischen Zahlungsverteilungen können hilfreiche Informationen für die Unternehmensplanung und -bewertung liefern."

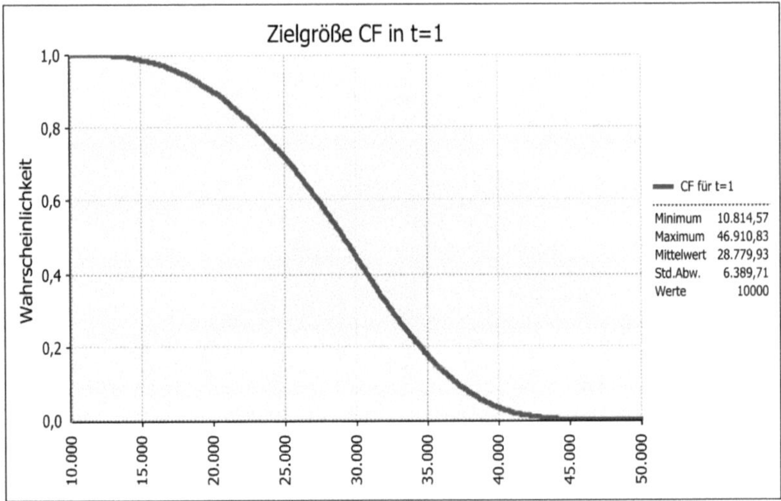

Abbildung 2-5: ***Risikoprofil des Cashflows der ersten Periode***

Dabei kann dem Risikoprofil die Information entnommen werden, mit welcher Wahrscheinlichkeit der Cashflow der ersten Periode mindestens einen bestimmten Wert annimmt.

Abschließend ist festzuhalten, dass die Monte-Carlo-Simulation ein geeignetes Verfahren zur Offenlegung des Risikos darstellt, eine Bewertung des Risikos allerdings nicht erfolgt, so dass basierend auf den Ergebnissen der Simulation keine Entscheidung getroffen werden kann. Hierfür ist die Risikopräferenz des Entscheiders maßgeblich. Daher werden als nächstes Methoden vorgestellt, mit denen die offengelegte Risikostruktur bewertet werden kann.

2.3.2 Methoden der Risikobewertung

2.3.2.1 Sicherheitsäquivalentmethode

Die Sicherheitsäquivalentmethode ist ein Verfahren, mit dem unsichere Cashflows bewertet, respektive Wahrscheinlichkeitsverteilungen der Cashflows zu einer einwertigen Größe aggregiert werden können. Die Grundlage für eine Risikobewertung mittels der Sicherheitsäquivalentmethode stellt die Offenlegung der Risikostruktur und die damit verbundene Bestimmung einer geeigneten Risikomaßgröße dar.[119] Hierauf aufbauend werden die Sicherheitsäquivalente der zukünftigen Cashflows berechnet, die für das Bewertungssubjekt den gleichen Nutzen wie die Wahrscheinlichkeitsverteilungen der unsicheren Cashflows stiften.[120] Mit anderen Worten: Das Bewertungssubjekt soll zwischen dem quasi-sicheren Cashflow (Sicherheitsäquivalent) und dem risikobehafteten Erwartungswert der Wahrscheinlichkeitsverteilung des Cashflows, der aus dem Bewertungsobjekt realisiert, indifferent sein.[121] Da die Sicherheitsäquivalente quasi-sichere Geldbeträge darstellen, können sie mit einem risikofreien Zinssatz diskontiert werden.[122] Die Risikoberücksichtigung erfolgt daher im Zähler.[123] Wie das Risiko im Zähler zu berücksichtigen ist, hängt von der Risikoneigung des Bewertungssubjekts ab. Hierbei werden i. d. R. drei Ausprägungen unterschieden: *Risikoaversion, Risikoneutralität* und *Risikofreude.*[124] Bei risikoaverser Einstellung ist das Sicherheitsäquivalent kleiner, bei risikoneutraler Einstellung gleich und bei risikofreudiger Einstellung größer als der Erwartungswert der Zielgröße.[125] Im Allgemeinen wird in der Literatur von einer risikoaversen Einstellung des Bewertungssubjekts ausgegangen, so dass für eine positive Zielgröße das Sicherheitsäquivalent immer kleiner als dessen Erwartungswert ist.[126] Demzufolge wird vom Erwartungswert ein Risikoabschlag vorgenommen, weshalb diese Vorgehensweise auch als Risikoabschlagsmethode bezeichnet wird.

Ausgangspunkt ist folgende Indifferenzbedingung:[127]

---

119 Vgl. *Stüker* (2008), S. 76. Insbesondere die Offenlegung und Bewertung der Risikostruktur des leistungswirtschaftlichen Bereichs stehen hierbei im Fokus; vgl. *Dirrigl* (2003), S. 149.

120 Vgl. bereits *Ballwieser* (1981), S. 101 f. sowie *Moxter* (1983), S. 147. Vgl. auch *Mandl/Rabel* (1997), S. 218; *Laux/Schabel* (2009), S. 121; *Laux/Gillenkirch/ Schenk-Mathes* (2012), S. 200 f.

121 Vgl. *Laux/Gillenkirch/Schenk-Mathes* (2012), S. 201; *Kuhner/Maltry* (2006), S. 134; *Timmreck* (2006), S. 51.

122 Vgl. bspw. *Dirrigl* (2003), S. 151; *Kuhner/Maltry* (2006), S. 135; *Hinterhuber* (2002), S. 50-52.

123 Vgl. zu einer Übersicht zur Systematisierung der Risikobewertung *Dreher* (2010), S. 87. Der darin aufgeführte Marktansatz kann hier vernachlässigt werden, da in dieser Arbeit der Fokus auf der subjektiven Entscheidungswertbestimmung liegt und somit Modelle der Kapitalmarkttheorie, wie bspw. das Capital Asset Pricing Model, als nicht zweckorientiert vernachlässigt werden können.

124 Vgl. bspw. *Mandl/Rabel* (1997), S. 219 sowie *Kruschwitz* (2001), S. 2409.

125 Hierbei wird von einer positiven Zielgröße ausgegangen, wie z. B. Einzahlungsüberschüsse. Werden dagegen Auszahlungsüberschüsse betrachtet, so kehrt sich das Relationszeichen um; vgl. *Kruschwitz* (2001), S. 2410.

126 Vgl. *Timmreck* (2006), S. 48.

127 Vgl. *Bamberg/Coenenberg/Krapp* (2012), S. 84 f.

$$\tilde{X} \sim \mu(\tilde{X}) - RA. \quad (2\text{-}5)$$

$\tilde{X}$ steht für eine unsichere Zahlung, $\mu(\tilde{X})$ für den Erwartungswert der unsicheren Zahlung und *RA* für den Risikoabschlag. *RA* ergibt sich aus der Differenz von $\mu(\tilde{X})$ und dem Sicherheitsäquivalent der unsicheren Zahlung $SÄ(\tilde{X})$. Daraus folgt:

$$SÄ(\tilde{X}) = \mu(\tilde{X}) - RA. \quad (2\text{-}6)$$

Für die Bestimmung von Sicherheitsäquivalenten bedarf es einer Risikobewertungsfunktion, mit der die im Rahmen der Erfolgsprognose bestimmten Streuungsmaße in Risikoabschläge transformiert werden können.[128] Hierfür wird ein statistisches Streuungsmaß benötigt, welches mit einem Risikopreis gewichtet wird. Das aus der Entscheidungstheorie bekannte μ;σ-Prinzip stellt zu diesem Zweck eine geeignete Möglichkeit dar.[129] Der Risikoabschlag ergibt sich hiernach durch die Gewichtung der Standardabweichung (σ) mit einem subjektiven Risikoaversionskoeffizienten (*rak*), der die Risikoeinstellung des Entscheidungsträgers berücksichtigt.[130] Somit gilt für die Bestimmung eines Sicherheitsäquivalents auf Basis des μσ-Prinzips:[131]

$$SÄ(\tilde{X}) = \mu(\tilde{X}) - rak \cdot \sigma(\tilde{X}). \quad (2\text{-}7)$$

Zunächst wird die Wahrscheinlichkeitsverteilung der unsicheren Zahlung zu einem Sicherheitsäquivalent verdichtet.[132] Im ersten Schritt der Wertermittlung erfolgt demnach eine vertikale Aggregation und im zweiten Schritt durch die

---

128 Vgl. *Dirrigl* (2004a), S. 15.

129 Alternativ kann auch auf das Bernoulli-Prinzip zurückgegriffen werden. Hierzu wurde die Eignung der Bestimmung von Sicherheitsäquivalenten auf Basis des Bernoulli-Prinzips für Zwecke der Unternehmensbewertung in der Literatur heftig diskutiert; vgl. *Diedrich* (2003); *Kürsten* (2002); *Kürsten* (2003); *Schwetzler* (2000); *Schwetzler* (2002); *Wiese* (2003). Allerdings hat diese Diskussion „keine praktisch verwertbaren Vorschläge [...] hervorgebracht", so dass „[e]ine abschließende Analyse dieses Problemkomplexes [...] vorerst weder in Sicht, noch aufgrund seiner Historie zu erwarten [ist]"; *Dirrigl* (2003), S. 151 (1. Zitat) und *Schumann* (2008), S. 39 (2. Zitat). Daher wird im Rahmen dieser Arbeit das Bernoulli-Prinzip nicht näher dargestellt und als Entscheidungskriterium das *μ;σ*-Prinzip verwendet.

130 Vgl. *Dinstuhl* (2003), S. 284. Der Parameter *rak* lässt sich als Preis pro Einheit der Risikomenge interpretieren; vgl. *Dirrigl* (2004a), S. 15. Die Bestimmung eines geeigneten Risikoaversionskoeffizienten sieht *Bretzke* (1975), S. 217 f. als kritisch an. Allerdings kann diesbezüglich und auch in Hinblick auf weitere genannte Kritikpunkte auf *Dreher* (2010), S. 101 verwiesen werden:„[D]as μσ-Prinzip [stellt] ein transparentes Entscheidungskriterium dar[...], dessen durch die vereinfachende Darstellung realer Risikopräferenzen verursachtes Fehlerpotential vor dem Hintergrund der in der Unternehmensbewertung gebotenen Komplexitätsreduktion durchaus akzeptiert werden kann."

131 Vgl. bspw. *Dirrigl* (1998b), S. 554.

132 Vgl. bspw. *Siegel* (1994), S. 465 f.

Diskontierung mit einem risikolosen Zinssatz eine horizontale Aggregation.[133] Es findet demnach eine strikte Trennung der Zeit- und der Risikodimension statt.[134] Während die Risikobewertung in der vertikalen Aggregation durchgeführt wird, erfolgt die Berücksichtigung der Zeitstruktur in der horizontalen Aggregation.[135]

Alternativ zur Standardabweichung wird bei der Ermittlung des Risikoabschlags im Rahmen der vertikalen Aggregation auch die Varianz (σ^2) verwendet. Je nachdem, welches Risikomaß verwendet wird, ist darauf zu achten, dass der subjektive Risikoaversionskoeffizient entsprechend angepasst wird, da es ansonsten zu unplausiblen Risikoabschlägen kommen kann.[136] Darüber hinaus kann anhand eines einfachen Beispiels unter Berücksichtigung der Szenario-Struktur dargestellt werden, dass die Standardabweichung als relevantes Risikomaß, der Varianz vorzuziehen ist.

Periode	1	2	3
worst case (w = 20%)	50,00	5.000,00	500,00
base case (w = 50%)	100,00	10.000,00	1.000,00
best case (w = 30%)	150,00	15.000,00	1.500,00
μ	105,00	10.500,00	1.050,00
σ^2	**1.225,00**	**12.250.000,00**	**122.500,00**
σ	**35,00**	**3.500,00**	**350,00**
RA(σ^2)	9,80	**98.000,00**	**980,00**
RA(σ)	14,00	1.400,00	140,00
SÄ(σ^2) (rak=0,008)	95,20	**-87.500,00**	**70,00**
SÄ(σ) (rak=0,4)	91,00	9.100,00	910,00

Tabelle 2-2: ***Exponentieller Effekt des Risikomaßes Varianz***[137]

Bei dem Zahlenbeispiel wird für das jeweilige Risikomaß von einem angepassten (konstanten) Risikoaversionskoeffizienten ausgegangen. Für die erste Periode ergeben sich (relativ) ähnliche Risikoabschläge auf Basis der Varianz und Standardabweichung. Für die 2. Periode wird angenommen, dass die jeweiligen Erfolgsgrößen um einen Faktor i. H. v. 100 steigen; so wird ersichtlich, dass der Risikoabschlag auf Basis der Standardabweichung um denselben

133 Vgl. *Schwetzler* (2000), S. 469 sowie *Dolny* (2003), S. 23. Hier wird dieselbe Aggregationsreihenfolge präferiert, wie bei der Anwendung der Risikosimulation; vgl. Kap. 2.3.1.2. Vgl. zu weiteren Aggregationsmöglichkeiten bei der Sicherheitsäquivalentmethode *Drukarczyk/Schüler* (2009), S. 51 ff.; *Ballwieser* (2007), S. 70 ff.; *Dreher* (2010), S. 89 ff.

134 Vgl. bereits *Robichek/Myers* (1966), S. 727.

135 Vgl. *Dreher* (2010), S. 89.

136 Im Rahmen einer Szenario-Struktur würde es sich bspw. bei einem Risikoabschlag, der größer ist als die Abweichung vom Erwartungswert zum „worst case"-Wert, um einen unplausiblen Risikoabschlag handeln; vgl. bspw. *Dirrigl* (2009), S. 35. Vgl auch *Drukarczyk/Schüler* (2009), S. 206 f.

137 Eine über die Zeit proportionale Entwicklung der Erfolgsgrößen wird hier unterstellt, um eine bessere Vergleichbarkeit der periodischen Werte zu erhalten und die mit der Verwendung der Varianz auftretende Problematik deutlicher herauszustellen.

Faktor steigt ($14 \cdot 100 = 1.400$). Der Risikoabschlag auf Basis der Varianz steigt jedoch exponentiell an und zwar mit einem Faktor i. H. v. 100^2. Dadurch ergibt sich ein unplausibler Risikoabschlag, der dazu führt, dass das Sicherheitsäquivalent niedriger als der worst case-Wert wird (-87.500 < 5.000). Dementsprechend müsste bei der Bestimmung von plausiblen Sicherheitsäquivalenten auf Basis der Varianz gegebenenfalls der *rak* periodisch angepasst werden. Im Gegensatz dazu kann bei der Berechnung auf Basis der Standardabweichung ein konstanter *rak* verwendet werden, da das Verhältnis von Standardabweichung und Erwartungswert trotz der proportional veränderten Erfolgsgrößen konstant bleibt.[138]

Demnach kann festgehalten werden, dass das μσ-Prinzip auf Basis des Erwartungswerts und der Standardabweichung als ein geeignetes Kriterium zur Bestimmung von Sicherheitsäquivalenten beurteilt werden kann, mit dem in Verbindung mit Risiko offen legenden Konzepten eine risikoorientierte Bewertung von Investitionsprojekten oder Unternehmen erfolgen kann.[139]

2.3.2.2 Risikozuschlagsmethode

Eine alternative Methode zur Bewertung des Risikos im Rahmen der Bestimmung von Unternehmenswerten stellt die Risikozuschlagsmethode dar. Hierbei wird der risikolose Zinssatz um einen Risikozuschlag erhöht. Als Erfolgsgröße wird der Erwartungswert der Wahrscheinlichkeitsverteilung des unsicheren Zahlungsstroms herangezogen. Die Risikoberücksichtigung erfolgt demnach im Nenner.

In der Literatur ist die Risikozuschlagsmethode seit langem vehementer Kritik ausgesetzt.[140] Kritisiert wird insbesondere, dass subjektive Risikozuschläge nicht rational begründbar sind, außer das Sicherheitsäquivalent ist bereits bekannt, was aber eine Ermittlung von Risikozuschlägen überflüssig machen würde.[141] Des Weiteren wird kritisiert, dass es bei der Risikozuschlagsmethode durch die exponentielle Wirkung für weit in der Zukunft liegende Zahlungen zu

---

138 Vgl. auch *Dreher* (2010), S. 101 f. sowie 470 f.

139 Gleicher Ansicht *Dinstuhl* (2003), S. 284; *Schumann* (2008), S. 41 f.; *Stüker* (2008), S. 78 f.; *Dreher* (2010), S. 97 ff.

140 Vgl. bereits *Robichek/Myers* (1966).

141 Vgl. bspw. *Siegel* (1994), S. 464 sowie *Mandl/Rabel* (1997), S. 234.

unplausiblen Wertabschlägen kommen kann.[142] Daher wird im Rahmen dieser Arbeit die Risikozuschlagsmethode weitgehend vernachlässigt und die Sicherheitsäquivalentmethode zur Bewertung des Risikos angewendet.

2.4 Bewertungskalkül zur Bestimmung von Grenzpreisen

Die Bestimmung von Grenzpreisen kann anhand des Standard-Ertragswertverfahrens erfolgen und dient insbesondere der internen Entscheidungsunterstützung und den Zwecken des wertorientierten Controlling, kann aber auch im Rahmen von steuerrechtlichen Bewertungsanlässen angewendet werden.[143] Die Methodik der Unternehmensbewertung dient dazu als Grundlage der wertorientierten Unternehmensführung,[144] bei der die Bewertung aus der internen Perspektive erfolgt und allgemein formuliert, der Wert eines Bewertungsobjekts aus der spezifischen Beziehung zum Bewertungssubjekt resultiert. Somit hängt der Wert von den individuellen Erwartungen und dem subjektiven Entscheidungsfeld des Bewertungssubjekts ab, so dass von einem subjektiven Entscheidungswert[145] gesprochen werden kann. Für die Bestimmung des Entscheidungswerts ist ein Alternativobjekt notwendig, das als Bewertungsmaßstab fungiert.

2.4.1 Bewertungskalkül zur Ermittlung von Grenzpreisen unter Sicherheit

Wie bereits vorher festgestellt wurde, ist die Bewertung von Unternehmen abhängig vom Zweck der Bewertung. Die Bestimmung von Grenzpreisen hat das Ziel, Grenzwerte für ein Bewertungsobjekt zu ermitteln. Aus Sicht eines Käufers wird der maximal zu entrichtende Preis und aus Sicht des Verkäufers der mindestens zu fordernde Preis für das Bewertungsobjekt gesucht. Der ermittelte Preis stellt eine Preisober- bzw. Preisuntergrenze für das jeweilige Bewertungssubjekt dar und wird daher als Grenzpreis bezeichnet.[146] Der Grenzpreis hat die Eigenschaft eines kritischen Preises, bei dem Indifferenz zwischen

[142] Vgl. *Dirrigl* (2009), S. 35.
[143] Vgl. hierzu im Zusammenhang mit der Erbschaftsteuer *Dirrigl* (2009), S. 23-38.
[144] Vgl. vor allem *Hering/Vincenti* (2004), S. 342-363.
[145] Im Sinne eines Grenzpreises gibt der subjektive Entscheidungswert die äußerste Grenze seiner Konzessionsbereitschaft an; vgl. u. a. *Hering* (2006), S. 5.
[146] Vgl. zum Grenzpreisprinzip *Moxter* (1983), S. 9 ff. Die Interpretation des Unternehmenswerts als Grenzpreis sieht *Wagner* (2010), S. 638 als die „moderne Theorie der Unternehmensbewertung" an.

dem Erwerb (Käufersicht) bzw. dem Verkauf (Verkäufersicht) des Bewertungsobjekts und der Nichtdurchführung der Transaktion besteht und stellt somit die Grenze der Konzessionsbereitschaft eines Bewertungssubjekts dar.[147] Es ist demnach eine Nebenbedingung in das Bewertungskalkül zu integrieren, die ein Mindest- bzw. Minimalziel berücksichtigt, nämlich das ökonomische Nutzenniveau des Bewertungssubjekts vor der Realisierung der Transaktion zu erhalten.[148]

Bei der Bestimmung der Grenzpreise gehen nur die individuellen Erwartungen und das Entscheidungsfeld des Bewertungssubjekts ein.[149] Konkret bedeutet das bei der Ermittlung eines Unternehmenswerts, dass der von dem Käufer bzw. Verkäufer erwartete Nutzen bzw. Ertrag aus dem Unternehmen maßgeblich ist, der Wert sich jedoch als Ergebnis eines individuellen Alternativenvergleichs ergibt, so dass für die Wertbestimmung ein als Bewertungsmaßstab dienendes Alternativobjekt notwendig wird. Hierbei kann das Alternativobjekt aus dem Entscheidungsfeld des Bewertungssubjekts abgeleitet werden.[150] Da Grenzpreise im Sinne von Entscheidungsgrenzen bestimmt werden sollen, muss als Vergleichsmaßstab die beste Alternativinvestition, die durch die geplante Transaktion nicht mehr realisiert werden kann, gewählt werden.[151] Die Bewertung erfolgt, indem von dem bekannten Preis der Alternativinvestition auf den Wert des Bewertungsobjekts geschlossen wird.[152] Zur Erlangung sinnvoller

---

147 Die Beschreibung des Grenzpreises bzw. des Begriffs Entscheidungswert als Grenze der Konzessionsbereitschaft wurde von *Matschke* (1969), S. 59 in die Literatur zur Unternehmensbewertung eingeführt:„Der Verkäufer erhält die Entscheidungsgrenze (Wert), wenn er den zu verlangenden Preis minimiert, der Käufer, wenn er den zahlbaren Preis maximiert, wobei [...] der Verkäufer bemüht [ist], möglichst viel für die Unternehmung zu erhalten; denn nur wenn der tatsächliche Preis der Unternehmung größer als seine Entscheidungsgrenze ist, kann er sich durch den Verkauf verbessern. Der Käufer hingegegen will die Unternehmung möglichst billig kaufen; denn nur wenn der tatsächliche Preis unterhalb seiner Entscheidungsgrenze liegt, ist der Kauf der Unternehmung für ihn günstig."

148 Nach *Dirrigl* (1988), S. 11 muss ermittelt werden, „wieviel von dem bisherigen Nutzenpotential maximal für den Erwerb einer ökonomischen Position aufgegeben werden kann bzw. [...] mindestens für die Überlassung des Eigentums am Bewertungsobjekt gefordert werden muß, ohne daß eine Einbuße am bisher erreichten Nutzenniveau eintritt."

149 Hinsichtlich der entscheidungsorientierten Wertbestimmung spricht *Dirrigl* (1988), S. 12 von einem „Ein-Partei-Bezug."

150 Vgl. u. a. *Mandl/Rabel* (1997), S. 68 f.

151 Vgl. *Dirrigl* (1988), S. 12; *Dirrigl* (2004a), S. 5; *Dreher* (2010), S. 76; *Mandl/Rabel* (1997), S. 108; *Matschke/Brösel* (2013), S. 20 f.; *Ballwieser/Leuthier* (1986), S. 606; *Metz* (2007), S. 20. Das verfügbare Kapital wird für den Kauf des Bewertungsobjekts benötigt, wodurch die Alternativinvestition nicht realisiert werden kann und somit eine Wertbestimmung gemäß dem Opportunitätskostenkonzept erfolgt; vgl. *Dirrigl* (2009), S. 29 mit Verweis auf *Moxter* (1983), S. 124.

152 Vgl. *Moxter* (1983), S. 123 ff.

Ergebnisse muss die Alternativinvestition mit dem Bewertungsobjekt vergleichbar sein, so dass Äquivalenzen zwischen den Erträgen des Bewertungsobjekts und der Alternativinvestition, insbesondere hinsichtlich der Höhe, der zeitlichen Struktur und des Risikograds, gefordert werden.[153]

Als nächstes wird konkret auf das Bewertungskalkül des Standard-Ertragswertverfahrens[154] eingegangen, dem für entscheidungsorientierte Bewertungszwecke eine besondere Eignung zugesprochen werden kann.[155] Bei der Bestimmung des Ertragswerts werden investitionstheoretische Vorteilhaftigkeitskriterien verwendet. Es wird der Grenzpreis gesucht, bei dem das Bewertungssubjekt indifferent zwischen dem Kauf des Bewertungsobjekts und der Realisierung der Alternativinvestition wäre. Daher stellt folgende Indifferenzbedingung den Ausgangspunkt des Bewertungskalküls dar:[156]

$$VEW_n^B \sim VEW_n^{Alt} \tag{2-8}$$

VEW_n^B gibt den Vermögensendwert des Bewertungs- und VEW_n^{Alt} des Alternativobjekts an. VEW_n^B ergibt sich durch die Aufdiskontierung der erwarteten Cashflows der einzelnen Perioden (CF_t) aus dem Bewertungsobjekt und der Aufdiskontierung des Differenzbetrags zwischen der Mittelausstattung (M_0) und dem noch zu bestimmenden Standard-Ertragswert des Bewertungsobjekts (EW^B) mit dem Kalkulationszinssatz (i):

$$VEW_n^B = \sum_{t=1}^{n} CF_t \cdot (1+i)^{n-t} + \left(M_0 - EW_0^B\right) \cdot (1+i)^n \tag{2-9}$$

Analog für VEW_n^{Alt}:

153 Vgl. zu den Äquivalenzprinzipien *Ballwieser/Leuthier* (1986), S. 607 ff. und *Mandl/Rabel* (1997), S. 75 ff. I. d. R. muss Äquivalenz zwischen dem Bewertungsobjekt und der Alternativinvestition durch verschiedene vorzunehmende Transformationen herbeigeführt werden; vgl. *Dirrigl* (1988), S. 12.

154 Siehe hierzu *Dirrigl* (1988), S. 229-247.

155 Vgl. *Dreher* (2010), S. 173-184 zu einer grundsätzlichen Beurteilung der Ertragswert- und Marktwertorientierung, in Form der Gegenüberstellung des Ertragswertverfahrens und der Discounted Cashflow-Verfahren, hinsichtlich der Grenzpreisfunktion. So stell *Dreher* fest, „dass ein Unternehmenswert im Sinne eines Entscheidungswerts mit einem subjektiven Grenzpreis gleichgesetzt werden kann und dieser [...] Bewertungszweck grundsätzlich durch einen subjektbezogenen Ertragswert [...] erfüllt wird." Bereits früher sprach *Dirrigl* (1988), S. 22 in Zusammenhang mit entscheidungsorientierten Bewertungszwecken von einer „Ertragswertdominanz".

156 Vgl. zu dieser und zu den folgenden Formeln *Dirrigl* (1988), S. 239 f.

$$VEW_n^{Alt} = \sum_{t=1}^{n} CF_t^{Alt} \cdot (1+i)^{n-t} + (M_0 - A_0) \cdot (1+i)^n \qquad (2\text{-}10)$$

A_0 stellt die bekannte Anschaffungsauszahlung und CF_t^{Alt} die erwarteten Cashflows für das Alternativobjekt dar.

Werden die Formeln (2-9) und (2-10) in die Indifferenzbedingung (2-8) eingesetzt, ergibt sich nach weiterer Vereinfachung:

$$EW_0^B = \sum_{t=1}^{n} \frac{CF_t}{(1+i)^t} - \sum_{t=1}^{n} \frac{CF_t^{Alt}}{(1+i)^t} + A_0 . \qquad (2\text{-}11)$$

Nach näherer Betrachtung der Gleichung (2-11) wird ersichtlich, dass im rechten Gleichungsteil die Kapitalwertformel des Alternativobjekts mit umgekehrten Vorzeichen enthalten ist. Demnach ergibt sich der Ertragswert des Bewertungsobjekts, indem vom Barwert der erwarteten Zahlungen der Kapitalwert des Alternativobjekts (KW_0^{Alt}) subtrahiert wird. Daher wird in diesem Zusammenhang von einer Wertbestimmung gemäß „Kapitalwert-Logik“ gesprochen.[157]

Des Weiteren könnte der Ertragswert auch auf Basis von Renditen ermittelt werden. Ausgangspunkt ist folgende Indifferenzbedingung:[158]

$$r^B \sim r^{Alt} \quad \text{und} \quad VEW_n^B \sim VEW_n^{Alt} = M_0 \cdot \left(1 + r_n^{Alt}\right)^n \qquad (2\text{-}12)$$

Hierbei stellen r^B und r^{Alt} die internen Renditen des Bewertungs- und Alternativobjekts dar.[159] Unter der Bedingung, dass zwischenzeitliche Zahlungsüberschüsse und die Differenz zwischen der Mittelausstattung und dem gesuchten Grenzpreis zu einem einheitlichen Kalkulationszinssatz i angelegt werden können, ergibt sich nach mehreren Umformungen folgender Ausdruck zur Berechnung des Ertragswerts:

157 Vgl. *Dirrigl* (2004a), S. 19 ff.

158 Vgl. zu dieser und den nachfolgenden Formeln *Dirrigl* (1988), S. 243 f.

159 Die Problematik der impliziten Wiederanlageprämisse des internen Zinsfußes wird durch die Verwendung des modifizierten internen Zinsfußes vermieden; vgl. *Dirrigl* (1988), S. 240 f.

$$EW_0^B = \sum_{t=1}^{n} \frac{CF_t}{(1+i)^t} - M_0 \cdot \left[\left(\frac{1+r_n^{Alt}}{1+i} \right)^n - 1 \right] . \tag{2-13}$$

Ein Vergleich der Formeln (2-11) und (2-13) zeigt, dass der Subtrahend der Gleichung (2-13) den Kapitalwert des Alternativobjekts wiedergibt.[160] Um aufzuzeigen, auf welchen impliziten Verzinsungsannahmen die Formeln beruhen, wird eine, in der Literatur weit verbreitete, vereinfachte Form des Ertragswertverfahrens näher betrachtet.[161] Gemäß dieser Form ergibt sich der EW_0^B durch die Diskontierung der CF_t mit der internen Rendite des Alternativobjekts r^{Alt}:

$$EW_0^B = \sum_{t=1}^{n} \frac{CF_t}{\left(1+r_n^{Alt}\right)^t} . \tag{2-14}$$

Hinsichtlich der Verzinsungsannahmen kann zwischen der Anlage zwischenzeitlicher Zahlungsüberschüsse und der Anlage der Differenz aus M_0 und EW_0^B unterschieden werden.[162] Je nachdem, welche Verzinsungsbedingungen angenommen werden, ergeben sich mehrere Möglichkeiten. In diesem Kontext hat *Dirrigl* aufgezeigt, welche Prämissen mit der Anwendung der Formel (2-14) unterstellt werden.[163] So wird sowohl für zwischenzeitliche Zahlungsüberschüsse als auch für die Differenzinvestition eine Verzinsung mit der internen Rendite des Alternativobjekts r^{alt} angenommen.

Im Vergleich dazu wird bei den Formeln (2-11) und (2-13) von einer Verzinsung zu einem stets verfügbaren Kalkulationszinssatz i ausgegangen.[164] Es folgt nur dann der gleiche Wert, wenn sich der Kalkulationszinssatz i und die interne Rendite des Alternativobjekts r^{Alt} entsprechen, also wenn die Bedingungen des vollkommenen Kapitalmarkts unterstellt werden.[165] Dies würde allerdings

---

160 Aus: $M_0 \cdot \left(1 + r_n^{Alt}\right)^n = \sum_{t=1}^{n} CF_t^{Alt} \cdot (1+i)^{n-t} + (M_0 - A_0) \cdot (1+i)^n$ folgt nach weiterer Umformung: $M_0 \cdot \left[\left(\frac{1 + r_n^{Alt}}{1+i} \right)^n - 1 \right] = -A_0 + \sum_{t=1}^{n} \frac{CF_t^{Alt}}{(1+i)^t} = KW_0^{Alt}$.

161 Vgl. Wollny (2010), S. 84 und 94.

162 Vgl. *Dirrigl* (1988), S. 245.

163 Vgl. *Dirrigl* (1988), S. 245 ff.

164 Vgl. auch *Dirrigl* (1988), S. 239 sowie S. 245 und *Dreher* (2010), S. 79.

165 Zu den Bedingungen des vollkommenen Kapitalmarkts vgl. *Hering* (2006), S. 35 ff.; *Perridon/Steiner* (2012), S. 81 ff.; *Laux/Schabel* (2009), S. 156 ff. Unter anderem ist der voll-

eine große Vereinfachung darstellen, weil es bedeuten würde, dass Differenzbeträge und zwischenzeitliche Einzahlungsüberschüsse während der Betrachtungsdauer jederzeit zu der internen Rendite des besten realen Alternativobjekts r^{Alt} angelegt werden können.[166] „Diese Annahme läßt sich kaum als plausibel akzeptieren"[167], so dass zwischen r^{Alt} und einem Diskontierungssatz i unterschieden werden muss, wie es letztlich bei der Formel (2-13) der Fall ist.[168] Allerdings wird bei der Wertbestimmung gemäß Kapitalwert-Logik implizit davon ausgegangen, dass die Möglichkeit „Übererfolge" zu realisieren auf die Höhe von A_0 beschränkt ist.[169] Alternativ dazu kann die Kapitalwert-Logik auf Basis der Kapitalwertrate (kwr) durchgeführt werden:[170]

$$EW_0^B = \sum_{t=1}^{n} \frac{CF_t}{(1+i)^t \cdot (1+kwr)} \quad \text{mit} \quad kwr = \frac{KW_0^{Alt}}{A_0}. \tag{2-15}$$

2.4.2 Berücksichtigung des Risikos im Bewertungskalkül

2.4.2.1 Berücksichtigung der Risikounterschiede zwischen Bewertungs- und Alternativobjekt

Bei der Ermittlung von Grenzpreisen nach dem Standard-Ertragswertverfahren wird auf die zukünftigen Cashflows aus dem Bewertungs- und Alternativobjekt abgestellt. Die Cashflows sind jedoch mit Unsicherheit behaftet. Gemäß der Bewertungslogik nach dem Standard-Ertragswertverfahren müssen sich die Cashflows aus dem Bewertungsobjekt und die Cashflows aus dem Alternativ-

---

kommene Kapitalmarkt dadurch definiert, dass ein einheitlicher Zinssatz existiert, zu dem finanzielle Mittel angelegt oder aufgenommen werden können.

166 Vgl. *Dirrigl* (1988), S. 245 ff.

167 *Dirrigl* (1988), S. 247.

168 Als Diskontierungszinssatz kommt der Zinssatz für festverzinsliche Wertpapiere in Betracht, da dieser die Anforderungen für einen jederzeit verfügbaren Zinssatz am besten erfüllt. So geht bspw. *Wameling* (2004), S. 184 „bei der bestmöglichen Alternativanlage [...] von einer Anlage in festverzinsliche Wertpapiere" aus. Für die Bewertung jedoch nur den Zinssatz für festverzinsliche Wertpapiere zu verwenden, stellt keine geeignete Vorgehensweise dar. Problematisch an dieser Annahme ist, dass realiter die Investition in festverzinsliche Wertpapiere nicht die beste Alternativanlage eines Unternehmens sein wird. Nach *Dreher* (2010), S. 79 „handelt es sich nicht mehr um einen Vergleich mit der besten alternativen Mittelverwendungsmöglichkeit; mithin würde das Ziel der Grenzpreisbestimmung verfehlt, da über den risikofreien Zinssatz hinausgehende Opportunitätskosten unberücksichtigt blieben".

169 Vgl. *Dirrigl* (2004a), S. 19 sowie *Dreher* (2010), S. 80.

170 Für die Kapitalwert-Logik auf Basis der Kapitalwertrate zeigt *Dirrigl* (2004a), S. 20 auf, dass keine Begrenzung in Höhe der Anschaffungskosten besteht und dass „[d]as Alternativobjekt [...] in diesem Fall nur als Kapitaleinsatz-Quantum [fungiert]".

objekt hinsichtlich der Risikodimension entsprechen.[171] Wird bspw. das Alternativobjekt durch die Investition in festverzinsliche Staatsanleihen dargestellt, wie es häufig in der Literatur der Fall ist, also eine risikolose Finanzinvestition angenommen, kann nicht ohne weiteres ein Vergleich mit den unsicheren Cashflows aus dem Bewertungsobjekt vorgenommen werden. Ein Vergleich quasisicherer Cashflows mit unsicheren Cashflows wäre nicht konsistent.[172] Demnach müssten zunächst Anpassungen vorgenommen werden, um Risikoäquivalenz zwischen Bewertungs- und Alternativobjekt herzustellen.[173] Allerdings soll das Alternativobjekt im Rahmen des Standard-Ertragswertverfahrens, wie oben bereits dargestellt, die beste alternative Investitionsmöglichkeit des Unternehmens widerspiegeln, die in der Realität wohl eher auch mit Unsicherheit behaftet ist. Es kann davon ausgegangen werden, dass die Risikostrukturen der Cashflows des Bewertungs- und Alternativobjekts in der Realität nicht identisch sind, so dass die bestehenden Risikounterschiede berücksichtigt werden müssen, was methodisch entweder mit der Sicherheitsäquivalent- oder mit der Risikozuschlagsmethode erfolgen kann.[174]

2.4.2.2 Bewertungskalkül zur Ermittlung von Grenzpreisen unter Risiko

Zur Ermittlung von Grenzpreisen unter Risiko anhand des Standard-Ertragswertverfahrens ist das oben unter Sicherheit dargestellte Bewertungskalkül[175] um die Risikodimension zu erweitern. Die Erfolgsgrößen werden nun nicht mehr als sicher unterstellt, sondern es bestehen mehrwertige Erwartungen über die zukünftigen Zahlungsgrößen. Somit muss zunächst für jede Periode die Wahrscheinlichkeitsverteilung der unsicheren Zahlungsgrößen, die aus dem Bewertungsobjekt erwartet werden, zu einem Sicherheitsäquivalent ($SÄ(\tilde{C}F_t)$) verdichtet werden, was mithilfe des µσ-Prinzips erfolgt. Da die Bewertung durch

171 Vgl. bereits *Moxter* (1983), S. 155 ff.; *Dirrigl* (2004a), S. 4; *Dreher* (2010), S. 85 ff.; *Ballwieser* (2007), S. 90; *Kuhner/Maltry* (2006), S. 90 f.

172 Vgl. *Dirrigl* (2009), S. 32 mit Verweis auf *Moxter* (1983), S. 125 ff. und *Kuhner/Maltry* (2006), S. 131.

173 *Dirrigl* (2004a), S. 4 spricht hierbei von der Überbrückung des „Risiko-Gaps“ zwischen Bewertungs- und Alternativobjekt.

174 Hierzu stellt *Dirrigl* (2009), S. 32 klar, dass „[e]ntgegen der Literaturmeinung, es sei ein ‚risikoäquivalentes' Alternativobjekt zu suchen, […] ‚nur' dafür zu sorgen [ist], dass Risikounterschiede zwischen Bewertungsobjekt und Alternative sachgerecht berücksichtigt werden.“

175 Siehe hierzu die Ausführungen unter Kap. 2.4.1.

einen Vergleich zwischen dem Bewertungs- und Alternativobjekt vorgenommen wird, müssen auch die unsicheren Zahlungsgrößen aus dem Alternativobjekt zu einem Sicherheitsäquivalent ($SÄ(\widetilde{CF}_t^{Alt})$) verdichtet werden:

- Bewertungsobjekt: $$SÄ\left(\widetilde{CF}_t\right) = \mu\left(\widetilde{CF}_t\right) - rak \cdot \sigma\left(\widetilde{CF}_t\right) \quad (2\text{-}16)$$

- Alternativobjekt: $$SÄ\left(\widetilde{CF}_t^{Alt}\right) = \mu\left(\widetilde{CF}_t^{Alt}\right) - rak \cdot \sigma\left(\widetilde{CF}_t^{Alt}\right) \quad (2\text{-}17)$$

Anschließend werden die periodenspezifischen Sicherheitsäquivalente mit einem risikolosen Zinssatz diskontiert. Demnach ist das Kalkül zur Wertbestimmung gemäß Kapitalwert-Logik wie folgt zu erweitern:[176]

$$EW_0^B = \sum_{t=1}^{n} \frac{SÄ\left(\widetilde{CF}_t\right)}{(1+i)^t} - \sum_{t=1}^{n} \frac{SÄ\left(\widetilde{CF}_t^{Alt}\right)}{(1+i)^t} + A_0 . \quad (2\text{-}18)$$

Für das Bewertungskalkül zur Wertbestimmung unter Unsicherheit auf Basis der Kapitalwertrate gilt:

$$EW_0^B = \sum_{t=1}^{n} \frac{SÄ\left(\widetilde{CF}_t\right)}{(1+i)^t \cdot (1+kwr)} \text{ mit } kwr = \frac{-A_0 + \sum_{t=1}^{n} \frac{SÄ\left(\widetilde{CF}_t^{Alt}\right)}{(1+i)^t}}{A_0} . \quad (2\text{-}19)$$

[176] Vgl. *Dreher* (2010), S. 116.

3 Quantitativ-fundierte Handlungsempfehlungen im Projektbezug

3.1 Überblick

Aufgrund des langfristigen Charakters von Produktprojekten müssen in der Entscheidungssituation aus der ex ante-Perspektive quantitative Informationen vorliegen, mit denen eine Bewertung des Produktprojekts auf Basis des Kapitalwerts erfolgen kann. Demnach müssen die Informationen Auskunft über die Höhe der Ein- und Auszahlungen und deren Unsicherheit geben. Allerdings ist in diesem Zusammenhang zunächst der Begriff des Produktprojekts zu definieren. Bezeichnend für Produktprojekte ist, dass bereits vor Beginn der Produktion Auszahlungen anfallen.[177] Dieser Zeitraum vor der Produktion eines Produktprojekts wird als Vorlaufphase bezeichnet. Genauso sind auch finanzielle Konsequenzen nach der Produktion zu erwarten, die in der Nachlaufphase entstehen.[178] Demnach ist die zeitliche Dauer in der Zahlungen anfallen im Unterschied zur Bewertung von ganzen Unternehmen oder Unternehmensbereichen begrenzt[179] und wird als Lebenszyklus des Produktprojekts bezeichnet. Typisch für den Lebenszyklus von Produktprojekten ist, dass zum Beginn und Ende hauptsächlich Auszahlungen anfallen und in der Marktphase Einzahlungsüberschüsse generiert werden. Mit der Lebenszyklusrechnung steht ein Instrument zur Verfügung, das die gesamten Zahlungen des Lebenszyklus berücksichtigt und damit im Unterschied zu klassischen Ansätzen des Projektcontrolling sich nicht nur auf die Vorlaufphase des Produktprojekts bezieht.[180] Des Weiteren ist der Kapitaleinsatz im Vergleich zu anderen Einflussgrößen des Produktprojekts hinreichend genau prognostizierbar.

Im Folgenden werden Ansätze vorgestellt, mit denen das Ziel verfolgt wird, für den Erfolg des Produktprojekts entscheidende Einflussgrößen zu prognostizieren. Hierbei steht insbesondere die Absatzprognose im Fokus, wobei im Speziellen die Wirkungen von absatzpolitischen Instrumenten, wie z. B. Werbeauszahlungen und Absatzpreis, auf die Absatzmenge untersucht werden. Im

---

177 Vgl. *Bea/Scheurer/Hesselmann* (2008), S. 216.

178 Vgl. ebenda m. w. N.

179 Vgl. auch *Hahn/Hungenberg* (2001), S. 737 zu einer allgemeinen Definition des Begriffs Projekt. Hierbei werden „definierte Anfangs- und Endtermine […]" als ein wesentliches Merkmal des Projektbegriffs genannt; ebenda.

180 Vgl. hierzu *Riezler* (1996), S. 12 und S. 54 ff., der die Lebenszyklusrechnung als Instrument des Projektcontrolling charakterisiert.

Rahmen des strategischen Kostenmanagements werden Ansätze zur Optimierung der intertemporalen Kostenstruktur sowie zum Target Costing vorgestellt. Hierbei haben die Ansätze zunächst statischen Charakter, werden aber anschließend in eine dynamische Modellstruktur überführt, um den strategischen Charakter des Produktprojekts zu berücksichtigen.[181]

Abschließend wird dargestellt, wie diese Ansätze bei der Bestimmung des Kapitalwerts des Produktprojekts eingesetzt werden können. Zunächst erfolgt die Bewertung unter der Annahme sicherer Erwartungen, bevor im Anschluss daran diese Prämisse aufgehoben wird und die Mehrwertigkeit der Inputgrößen im Modell berücksichtigt wird. Dementsprechend ist das aus der Investitionstheorie bekannte Kapitalwertverfahren „an die Besonderheiten strategischer Projekte anzupassen“[182].

3.2 Lebenszykluskonzept als Fundament einer projektbezogenen Bewertung

3.2.1 Das Konzept des Lebenszyklus

Im Rahmen des Lebenszykluskonzepts wird unterstellt, dass Produkte auf Absatzmärkten nur eine begrenzte Lebensdauer haben. Die Lebensdauer eines Produkts kann dabei grob in drei Phasen aufgeteilt werden,[183] in die Vorlaufphase, Marktphase und Nachlaufphase. In der Vorlaufphase besteht das Produkt zunächst nur als Idee, die bis hin zu detaillierten Produktbestandteilen weiterentwickelt und am Ende als fertiges Produkt realisiert wird. Während der Marktphase wird das Produkt produziert und umgesetzt bis seitens der Kunden ein Nachfragerückgang einsetzt, bei dem der Verkauf der Produkte nicht mehr rentabel ist, so dass die Produktion eingestellt wird und dies den Übergang in die Nachlaufphase darstellt.

---

181 Neben Projekten mit einem strategischen Charakter können auch solche mit operativem Charakter unterschieden werden; vgl. *Hahn/Hungenberg* (2001), S. 738.

182 *Riezler* (1996), S. 67.

183 Hierbei wird auch vom integrierten Produktlebenszyklus gesprochen; vgl. *Pfeiffer/Bischof* (1975). Daneben besteht in der Literatur das Lebenszykluskonzept aus Kundensicht, das nur auf die Marktphase bezogen wird, die dafür überwiegend in vier Phasen (Einführungs-, Wachstums-, Reife- und Sättigungsphase) aufgeteilt wird; vgl. *Baum/Coenenberg/Günther* (2007), S. 85 f. Für die vorliegende Arbeit wird der Produktlebenszyklus aus Unternehmenssicht betrachtet, so dass Vor- und Nachlaufphase in die Betrachtungen einzubeziehen sind.

Der typische Verlauf des Lebenszyklus innerhalb der Marktphase lässt sich mithilfe der Diffusionstheorie erklären. Die Diffusionstheorie beschreibt die Markteinführung und –verbreitung von Produktinnovationen, indem es die potenziellen Kunden in unterschiedliche Gruppen einteilt.[184] Die Einteilung erfolgt hierbei nach der zeitlichen Abfolge des Kaufs der Produktinnovation. Die erste Kundengruppe, die bereit ist, die Produktinnovation zu erwerben, wird als Innovatoren bezeichnet, die den Diffusionsprozess respektive die Verbreitung der Produktinnovation im Markt in Gang setzt. Daran schließen sich die weiteren Kundengruppen an, die unter dem Oberbegriff der Imitatoren zusammengefasst werden.[185] Daraus ergibt sich der, in der Abbildung 3-1 dargestellte für das Lebenszykluskonzept typische S-förmige Verlauf.

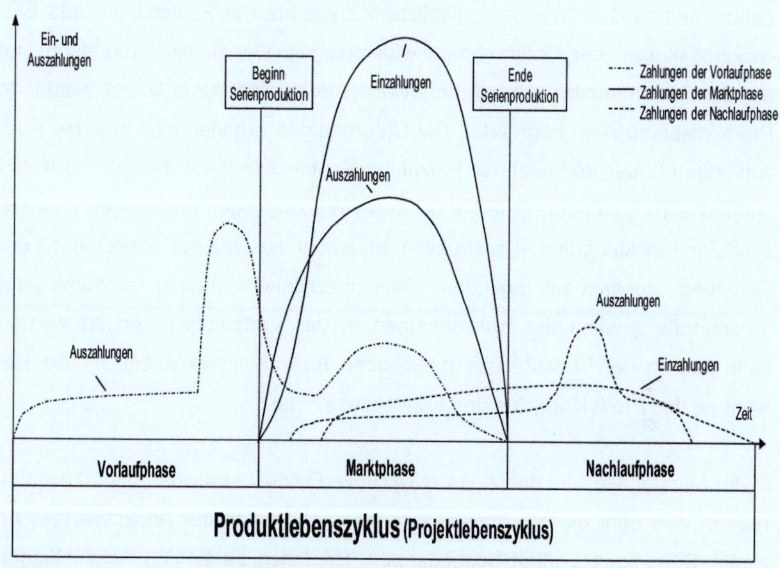

Abbildung 3-1: ***Phasenspezifische Zahlungsströme***[186]

3.2.2 Grundlage für die Lebenszyklusrechnung

Die Lebenszyklusrechnung (LZR) stellt ein mehrperiodiges Planungs- und Bewertungskonzept dar, in der die Zahlungsströme in den einzelnen Phasen er-

---

184 Vgl. *Günther* (1991), S. 166.

185 Diese grobe Einteilung wurde zum ersten Mal von *Bass* (1969), S. 216 verwendet. Alternativ dazu können die Imitatoren in vier weitere Untergruppen aufgeteilt werden und zwar in (1) frühe Annehmer, (2) frühe Mehrheit, (3) späte Mehrheit und (5) Nachzügler.

186 In Anlehnung an *Riezler* (1996), S. 9.

fasst werden. Durch die Einteilung des Lebenszyklus in verschiedene Phasen wird eine Strukturierung hinsichtlich der Planungsaufgaben seitens des Unternehmens vorgenommen, aus denen phasenspezifische Handlungsanweisungen abzuleiten sind. Die Vorteilhaftigkeit eines Produkts bzw. Produktprojekts wird mittels der LZR auf investitionstheoretischer Basis bestimmt, wobei in die Bewertung neben der Marktphase auch die Vor- und Nachlaufphase einzubeziehen sind. Aufgrund der Betrachtung des gesamten Lebenszyklus eines Produkts bzw. Projekts und der damit zusammenhängenden Dynamik kann die LZR dem strategischen Controlling zugeordnet werden.

In den letzten Jahren hat die Bedeutung der Vorlaufphase erheblich zugenommen, was sich in der erheblichen Zunahme der Forschungs- und Entwicklungskosten der Unternehmen widerspiegelt. Der damit verbundene und auf den Unternehmen lastende Innovationsdruck wird durch kürzer werdende Produktlebenszyklen begründet. Die Unternehmen erhoffen sich aus den Auszahlungen in der Vorlaufphase Einzahlungspotenziale in der Markt- und Nachlaufphase zu generieren. Hierbei fallen die Auszahlungen insbesondere für die Produktentwicklung und –konstruktion an, wobei den größten Anteil die mit der Fertigung zusammenhängenden Sachinvestitionen haben, wodurch der sprunghafte Anstieg der Auszahlungen in der Vorlaufphase erklärt werden kann. Die in der Vorlaufphase anfallenden Auszahlungen stellen für die Bewertung des Produktprojekts den Kapitaleinsatz dar.

In der Marktphase wird das zuvor entwickelte Produkt produziert und abgesetzt. Hierbei wird über die gesamte Marktphase hinsichtlich der Absatzmenge von einem S-förmigen Verlauf ausgegangen. So fallen zu Beginn Auszahlungen insbesondere für die Markteinführung und den Produktionsanlauf an. Um den Bekanntheitsgrad des Produktes zu erhöhen, werden Auszahlungen für die Werbung getätigt. Die Produktionskosten sind zu Beginn hoch, so dass in diesem Abschnitt der Marktphase die Auszahlungen die Einzahlungen übertreffen. Demnach reichen die laufenden Einzahlungen noch nicht aus, um den Finanzierungsbedarf zu decken.[187] Im Zeitverlauf nimmt der Absatz zu, so dass irgendwann die Einzahlungen aus dem Produktverkauf die Auszahlungen über-

[187] Vgl. *Baum/Coenenberg/Günther* (2007), S. 86. Dieser Abschnitt der Marktphase wird auch als Einführungsphase bezeichnet.

steigen. Weitere Konkurrenten treten in den Markt ein und erhöhen die Wettbewerbsintensität. Die Absatzmengenwachstumsraten nehmen ab, die Zukunftsaussichten werden negativer bewertet, Investitionen in das Produktprojekt sind nicht mehr lohnend, wodurch in dieser Phase der Zahlungsüberschuss maximal ist. Anschließend nehmen die erzielten Überrenditen stark ab, es kommt zu sinkenden Marktanteilen und letztlich am Ende der Marktphase zur Produktionsstilllegung. Garantieleistungen, die Entsorgung von Produkten bzw. veralteter Produktionsanlagen sowie das Ersatzteilgeschäft kennzeichnen die Nachlaufphase.

Wie aus der Abbildung 3-1 ersichtlich ist, kann es zu einer Überschneidung der Zahlungen der einzelnen Phasen kommen. Die Auszahlungen, die bspw. für Produktoptimierungen während der Marktphase anfallen, sind inhaltlich weiterhin der Vorlaufphase zuzurechnen und die bereits während der Marktphase fällig werdenden Garantieleistungen zählen gleichwohl zur Nachlaufphase.[188]

Das beschriebene Konzept des Produktlebenszyklus stellt die Grundlage der LZR dar. Mit der LZR können die finanziellen Konsequenzen aus einem Produktprojekt geplant und mithilfe investitionstheoretischer Kalküle bewertet werden. Aufgrund der bestehenden Kritik am Lebenszyklusmodell, das nur die Zeit als erklärende Variable berücksichtigt und andere Erklärungsvariablen vernachlässigt, ist die LZR um mehrere Aspekte zu erweitern. Auf der Erlösseite wird der Effekt von absatzpolitischen Maßnahmen durch den Absatzpreis und Werbeauszahlungen einbezogen. Hinsichtlich des Kostenmanagements liegt eine flexible Entscheidungssituation im Rahmen der Lebenszyklusrechnung vor, da die zu Beginn des Produktprojekts zu entrichtenden Anschaffungsauszahlungen nicht fix sind. Dementsprechend wird die Planung der Gesamtkosten des Produktprojekts um den Trade-off zwischen den Kapazitäts- und den Produktionskosten erweitert, mit dem Ziel, eine intertemporale Kostenstruktur zu planen, bei der die Gesamtkosten optimiert werden. Außerdem bringt die Verknüpfung der LZR mit dem Target Costing Erkenntnisgewinne mit sich.

---

[188] Vgl. *Riezler* (1996), S. 46, der eine Abgrenzung der Lebenszyklusphasen nach sachlichen Kriterien der Abgrenzung nach zeitlichen Kriterien vorzieht; vgl. ebenda, S. 141 m. w. N.

3.2.3 Lebenszykluskosten- vs. –zahlungsrechnung

Mit der LZR wird vor der Durchführung des Projekts das Ziel verfolgt, das Produktprojekt hinsichtlich seiner Vorteilhaftigkeit zu bewerten und kann somit zur Entscheidungsfindung bei mehreren Projektalternativen oder bei der grundsätzlichen Fragestellung der Durchführung eines Projekts herangezogen werden. Die Vorteilhaftigkeit wird anhand des Kapitalwerts für das Produktprojekt bestimmt und stellt eine monetäre Größe dar, deren Ermittlung mittels investitionstheoretischer Kalküle erfolgt. Dementsprechend werden im Folgenden nur quantitative Faktoren berücksichtigt, wobei mit dieser Vorgehensweise nicht eine Nichtbeachtung von qualitativen Faktoren propagiert wird, sondern im Rahmen der Kapitalwertermittlung von einer Quantifizierung dieser abgesehen wird.

Infolge der quantitativen Ausrichtung der LZR sind die zu verwendenden Rechengrößen zu bestimmen, wobei in der Literatur sowohl Kosten- als auch Zahlungsgrößen[189] verwendet werden. Dies hängt damit zusammen, dass der Kapitalwert neben den Zahlungsgrößen auch mit Kostengrößen berechnet werden kann.[190] Die Verwendung von Kosten- und Erlösen wird insbesondere mit den in Unternehmen weit entwickelten Kostenrechnungssystemen begründet, die als Informationsbasis für die LZR dienen können. Daraus können die relevanten Kosten und Erlöse einer Periode abgeleitet werden. Allerdings wird in der Literatur weitgehend für den Zweck der Kapitalwertberechnung im Rahmen der LZR auf Zahlungsgrößen abgestellt, da sich aufgrund der Betrachtung des gesamten Lebenszyklus eine bei der Kostenermittlung notwendige Periodisierung erübrigt.[191] Zahlungen fallen tatsächlich an und müssen im Vergleich zu Kostengrößen nicht periodisiert werden. Aus investitionstheoretischer Sicht stellt die

---

[189] Vgl. zu verschiedenen Ansätzen der LZR sowohl auf Basis von Kosten- als auch Zahlungsgrößen *Hönninger* (2010), S. 104-116.

[190] Dies geht auf das Lücke-Theorem, auch als Lücke-Preinreich-Theorem bezeichnet, zurück, nach dem der Kapitalwert eines Projekts unter Berücksichtigung kalkulatorischer Zinsen auch auf Basis von Kostengrößen bestimmt werden kann; vgl. *Preinreich* (1937) und *Lücke* (1955).

[191] Vgl. *Coenenberg/Fischer/Günther* (2012), S. 600; *Kremin-Buch* (2007), S. 184; *Weiß* (2006), S. 114; Riezler (1996), S. 136. Kremin-Buch bezeichnet dabei die Verwendung von Zahlungsgrößen als investitionstheoretischen Ansatz der Lebenszyklusrechnung.

Verwendung von Zahlungsgrößen im Kontext der LZR die richtige Vorgehensweise dar.[192]

Als nächstes werden Kalküle vorgestellt, mit denen eine Prognose der Zahlungsgrößen im Produktlebenszyklus vorgenommen werden kann. Dabei können die Kalküle in Absatzmarkt- und Wertschöpfungsstruktur-bezogene Quantifizierungskalküle unterteilt werden.

3.3 Absatzmarkt-bezogene Quantifizierung

3.3.1 Marktpotenzial

Durch die geplante Einführung eines neuen Produkts auf den Markt wird es für das betrachtete Unternehmen erforderlich, Schätzungen über das Absatzpotenzial vorzunehmen. Dies ist der wesentliche Faktor, der über den Erfolg bzw. die Einführung des Produkts entscheidet. Insbesondere wenn keine vergangenen Absatzinformationen für ein Produkt vorliegen, wie es bei innovativen Produkteinführungen der Fall ist, ergeben sich für Unternehmen Schwierigkeiten bei der Absatzprognose. An dieser Stelle bietet es sich an, Informationen über den Markt zu beschaffen, die einen Rückschluss auf das Marktpotenzial zulassen. Hierunter wird die potenzielle Aufnahmefähigkeit des Marktes verstanden, die somit die Gesamtheit der maximalen Marktabsatzmengen im Zeitverlauf darstellt. *Kotler/Keller/Bliemel* definieren das Marktpotenzial als „Obergrenze der Gesamtnachfrage, wenn die branchenweiten Marketingaufwendungen auf dem höchsten machbaren Niveau liegen, und zwar bei einem gegebenen Umfeld."[193] Daher gibt das Marktpotenzial gleichzeitig die Sättigungsgrenze wieder, die die Gesamtsumme der Marktabsatzmengen nicht überschreiten kann.

Für die Schätzung des Marktpotenzials sind u. a. Informationen bezüglich der potenziellen Käufer und des benötigten Bedarfs erforderlich. Liegt eine Schätzung des Marktpotenzials vor, muss im nächsten Schritt die zeitliche Verteilung der Marktabsatzmengen prognostiziert werden. Die quantitative Modellierung kann anhand von Wachstumsmodellen erfolgen, die den Verlauf der Marktabsatzmengen anhand von mathematischen Funktionen abbilden und das Markt-

---

192 Im Folgenden wird, bei der Verwendung des Kostenbegriffs, von einem zahlungsbasierten Kostenbegriff ausgegangen; vgl. dazu auch die Ausführungen von *Kemminer* (1999), S. 213-222.

193 *Kotler/Keller/Bliemel* (2007), S. 198.

potenzial explizit berücksichtigen. Dabei liegen den Modellen u. a. die Annahmen zugrunde, dass das Marktpotenzial über den gesamten Betrachtungszeitraum konstant ist, keine Berücksichtigung von Marketing-Mix-Instrumenten stattfindet und die Zeit die einzige erklärende Variable ist. Der Zusammenhang zum Konzept des Produktlebenszyklus kann der Abbildung 3-2 entnommen werden.

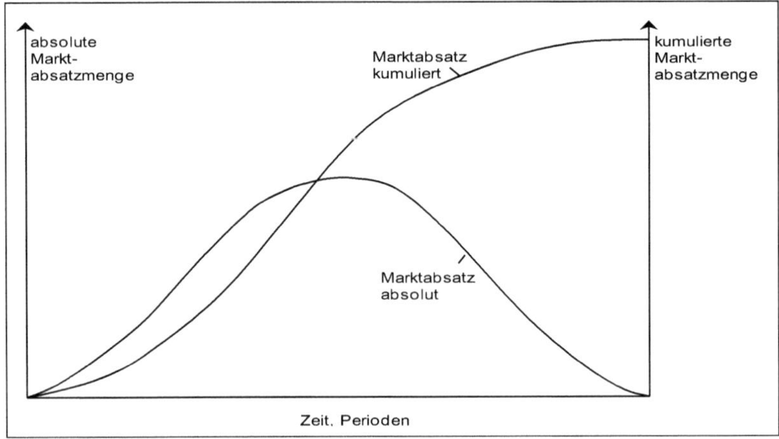

Abbildung 3-2: ***Zusammenhang zwischen Wachstumsmodellen und Produktlebenszykluskonzept***[194]

Wie zu sehen ist, wird eine nicht-lineare Entwicklung der Zielgröße unterstellt, in Form eines für das Lebenszykluskonzept typischen S-förmigen Verlaufs,[195] wobei das Maximum des absoluten Marktabsatzes gleichzeitig den Wendepunkt für die Funktion der kumulierten Marktabsatzmenge darstellt. Die Berücksichtigung des Marktpotenzials als Sättigungsgrenze führt dazu, dass die Funktion des kumulierten Marktabsatzes gegen diese konvergiert. Als nächstes werden einige ausgewählte Wachstumsmodelle näher vorgestellt.

194 In Anlehnung an *Mertens* (2012), S. 184. Im Vergleich zur Darstellung von *Mertens* wird hier eine Sekundärachse für die kumulierte Marktabsatzmenge hinzugefügt, die eine unterschiedliche Skalierung zur Primärachse aufweist. Ansonsten, wie es bei der Darstellung von *Mertens* der Fall ist, würde die Abbildung fälschlicherweise anzeigen, dass die absolute Marktabsatzmenge höher ist als die kumulierte Marktabsatzmenge, was per Definition nicht möglich ist.

195 Nur beim exponentiellen Wachstumsmodell ergibt sich kein S-förmiger Verlauf; siehe 3.3.1.1.

3.3.1.1 Exponentielles Modell

Beim exponentiellen Modell wird unterstellt, dass die Marktnachfrage sämtlich von Innovatoren abhängig ist. Der Verlauf wird mittels einer Exponentialfunktion dargestellt. Dabei steht $\overline{N}$ für das Marktpotenzial, $N(t)$ für den kumulierten Marktabsatz in der Periode t und α_{DM} für die Innovationsrate:[196]

$$N(t) = \overline{N} \cdot \left(1 - e^{-\alpha_{DM} \cdot t}\right) \tag{3-1}$$

Durch die alleinige Betrachtung von Innovatoren kommt der externen Beeinflussung der potenziellen Käufer, bspw. durch Werbung, eine wichtige Bedeutung zu. Die interpersonelle Kommunikation, die für die Kaufentscheidung der Imitatorengruppe entscheidend ist, hat keine Bedeutung. Dementsprechend kann dieses Modell zu Beginn des Lebenszyklus eines Produkts angewendet werden, da in dieser Phase überwiegend nur Innovatoren das Produkt kaufen und die Marketingaufwendungen eines Unternehmens eine bedeutende Rolle einnehmen.[197]

Der Verlauf des exponentiellen Modells ist als einziger im Vergleich zu den im Rahmen dieser Arbeit untersuchten Wachstumsmodellen nicht S-förmig. Die Marktabsatzmengen steigen bis zur Sättigungsgrenze mit sinkenden Wachstumsraten monoton an, so dass die Funktion keinen Wendepunkt besitzt.[198]

3.3.1.2 Logistisches Modell

Anders als im Vergleich zum exponentiellen Modell bezieht das logistische Modell nur Kaufentscheidungen der Imitatoren ein. Demnach spielt hier die externe Beeinflussung der Käufer keine Rolle, da unterstellt wird, dass der Diffusionsprozess alleinig durch interpersonelle Beziehungen vorangetrieben wird. Die Prognose der kumulierten Marktabsatzmenge einer Periode ergibt sich mit der folgenden Gleichung:

---

[196] Vgl. *Fantapié Altobelli* (1991), S. 37.
[197] Vgl. *Mertens* (2012), S. 193.
[198] Vgl. *Wintz* (2010), S. 41.

$$N(t) = \frac{\overline{N}}{1 + \frac{\overline{N} - N_0}{N_0} \cdot e^{-\beta_{DM} \cdot \overline{N} \cdot t}} \tag{3-2}$$

Aufgrund der Nichtberücksichtigung der Innovatoren, die den Diffusionsprozess in Gang setzen, muss ein vorgelagerter Mindestabsatz unterstellt werden, was in dem Modell durch die Verwendung von N_0 erfolgt.[199] Der Koeffizient β_{DM} entspricht der Imitationsrate. Der Verlauf des logistischen Modells ist S-förmig und der Wendepunkt liegt genau bei der Hälfte des Sättigungsniveaus.[200] Dementsprechend steigt die Funktion bis zum Wendepunkt progressiv und danach degressiv an, so dass sich ein symmetrischer Verlauf ergibt.[201]

3.3.1.3 *Bass*-Modell

Das von *Bass* entwickelte Model stellt ein integratives Diffusionsmodell dar,[202] das sowohl Innovatoren als auch Imitatoren einbezieht.[203] Dementsprechend beeinflusst neben den Marketingmaßnahmen, auch die interpersonelle Kommunikation die Kaufentscheidung der potenziellen Käufer. Die kumulierte Marktabsatzmenge ergibt sich nach dem *Bass*-Modell durch folgenden Ausdruck:[204]

$$N(t) = \overline{N} \cdot \frac{1 - e^{(-(\alpha_{DM} + \beta_{DM}) \cdot t)}}{1 + \frac{\beta_{DM}}{\alpha_{DM}} \cdot e^{-(\alpha_{DM} + \beta_{DM}) \cdot t}} \tag{3-3}$$

Die Koeffizienten α_{DM} und β_{DM} geben wiederum die Innovations- bzw. Imitationsrate an. Üblicherweise wird die Differentialgleichung des *Bass*-Modells verwendet, dessen Form in der Literatur weite Verbreitung gefunden hat und den Bestandszuwachs einer Periode (N_t) angibt:[205]

$$N_t = \alpha_{DM} \cdot \left(\overline{N} - N(t-1)\right) + \beta_{DM} \cdot \frac{N(t-1)}{\overline{N}} \cdot \left(\overline{N} - N(t-1)\right) \tag{3-4}$$

Dieser Ausdruck hat den Vorteil, dass die Innovatorennachfrage von der Imitatorennachfrage abgegrenzt werden kann. Der erste Summand der Formel (3-4)

199 Vgl. *Mertens* (2012), S. 188.
200 Vgl. ebenda, S. 189.
201 Eine dem logistischen Modell ähnliche Wachstumsfunktion stellt das Gompertz-Modell dar, das allerdings einen asymmetrischen Kurvenverlauf hat.
202 Vgl. *Bass* (1969).
203 Vgl. *Homburg* (2000), S. 229.
204 Vgl. *Mertens* (2012), S. 195.
205 Vgl. *Homburg* (2000), S. 230.

zeigt die Innovatorennachfrage an, die sich aus der Innovationsrate und dem bis zur Periode t restlichen Marktpotenzial ergibt. Im Laufe der Zeit sinkt die Innovatorennachfrage bei konstanter Innovationsrate, da das restliche Marktpotenzial sinkt.[206] Der zweite Summand steht für die Imitatorennachfrage und enthält ebenfalls das verbliebene Marktpotenzial. Auf das wirkt sich analog zur Innovatorennachfrage die Imitationsrate aus, allerdings erweitert um die bis zur Periode t kumulierte Nachfrage bezogen auf das Marktpotenzial, so dass die Auswirkungen der tatsächlichen Käufer auf die potenziellen Käufer einbezogen werden, wodurch der Faktor vor dem Klammerausdruck im Zeitverlauf mit der wachsenden Anzahl von tatsächlichen Käufern steigt.[207]

Der Kurvenverlauf des *Bass*-Modells ist ebenfalls S-förmig und ähnelt dem des logistischen Modells, insbesondere je größer die Imitations- gegenüber der Innovationsrate ist.[208] Der Unterschied zu den vorherigen Modellen liegt in der Berücksichtigung innovatorischen sowie imitatorischen Kaufverhaltens und somit darin, „dass die verhaltenswissenschaftlichen Annahmen explizit zum Ausdruck gebracht und folglich auch zum Gegenstand von Parametermodifikationen gemacht werden können."[209]

Im Folgenden wird anhand eines Beispiels die Anwendung des Modells dargestellt. Ein Vorteil des Modells ist, dass für die Prognose der Entwicklung der Absatzmengen relativ wenige Informationen genügen. Betrachtet wird eine Produktinnovation, die erstmals vor einer Periode auf dem relevanten Markt abgesetzt wurde. Folgende Informationen liegen dem Entscheidungsträger vor:

Marktabsatzmenge in t=1 (Ist)	30.000
Marktabsatzmenge in t=2 (Plan)	43.068
Marktpotenzial	1.000.000

Tabelle 3-1: ***Ausgangsgrößen Bass-Modell***

Anhand dieser Informationen können die benötigten Parameter für das *Bass*-Modell geschätzt werden. In t=1 wurde das Produkt erstmals abgesetzt, so

206 Vgl. *Wintz* (2010), S. 38.
207 Dieser Aspekt wird auch häufig mit dem Begriff „sozialer Druck" umschrieben, den die bereits in Erscheinung getretenen Käufer auf die noch unentschlossenen potenziellen Käufer ausüben; vgl. ebenda.
208 Vgl. *Mertens* (2012), S. 195.
209 Ebenda.

dass N_0 gleich 0 ist und eingesetzt in Formel (3-4) sich folgender Ausdruck ergibt:

$$N_1 = \alpha_{DM} \cdot \overline{N} \tag{3-5}$$

Da Informationen für das Marktpotenzial sowie für die Marktabsatzmenge der ersten Periode vorliegen, ergibt sich für die Innovationsrate α_{DM} ein Wert i. H. v. 0,03. Demnach sagt (3-5) aus, dass die Absatzmenge durch das Produkt der Innovationsrate und dem Marktpotenzial bestimmt wird und die Absatzmenge der ersten Periode vollständig auf die Innovatoren zurückgeht. Für die Periode t=2 können nun die bekannten Werte in (3-4) eingesetzt werden und nach der Imitationsrate β_{DM} aufgelöst werden, so dass man für β_{DM} einen Wert i. H. v. 0,48 erhält. Nun liegen für die Anwendung des *Bass*-Modells alle benötigten Informationen für die Prognose der Absatzmengenentwicklung vor:

Periode	1 (Ist)	2 (Plan)	3 (Plan)	4 (Plan)	5 (Plan)	6 (Plan)
Marktabsatzmenge absolut	30.000	43.068	60.318	81.484	104.530	124.762
Marktabsatzmenge kumuliert	30.000	73.068	133.386	214.870	319.400	444.162
Periode	7 (Plan)	8 (Plan)	9 (Plan)	10 (Plan)	11 (Plan)	12 (Plan)
Marktabsatzmenge absolut	135.179	129.598	107.777	77.350	48.640	27.644
Marktabsatzmenge kumuliert	579.340	708.939	816.716	894.066	942.706	970.350

Tabelle 3-2: ***Absatzprognose mittels des Bass-Modells***

Die absolute Marktabsatzmenge nimmt einen typischen Verlauf nach dem Lebenszykluskonzept an und hat ihren Gipfel in der Periode t= 7. Die Kurve der kumulierten Marktabsatzmenge hat einen S-förmigen Verlauf und nähert sich asymptotisch dem Marktpotenzial (siehe Abbildung 3-3). Des Weiteren ist zu erkennen, dass das Marktpotenzial nach 12 Perioden weitgehend ausgeschöpft ist und somit auch das Ende des Lebenszyklus des Produkts darstellt.

Grundsätzlich kann festgehalten werden, dass das *Bass*-Modell eine weite Verbreitung gefunden hat und hinsichtlich verschiedener Aspekte modifiziert wurde.[210] Problematisch sind die zum Teil restriktiven Annahmen und dass der Verlauf der Absatzmenge lediglich durch die Zeit erklärt wird.[211] Dennoch konnte dem *Bass*-Modell in mehreren Studien eine Eignung für die Prognose zu-

210 Bspw. gibt es Ansätze, die im Zeitverlauf von einem dynamischen Marktpotenzial ausgehen oder mit denen Marketingaktivitäten wie Werbe- oder Preispolitik berücksichtigt werden; vgl. *Wintz* (2010), S. 56-78.

211 Vgl. *Homburg* (2000), S. 232.

gesprochen werden.[212] Es lässt sich sowohl für die Prognose von Produktinnovationen, für die kaum Vergangenheitsdaten vorliegen, als auch für ältere Produkte anwenden.[213]

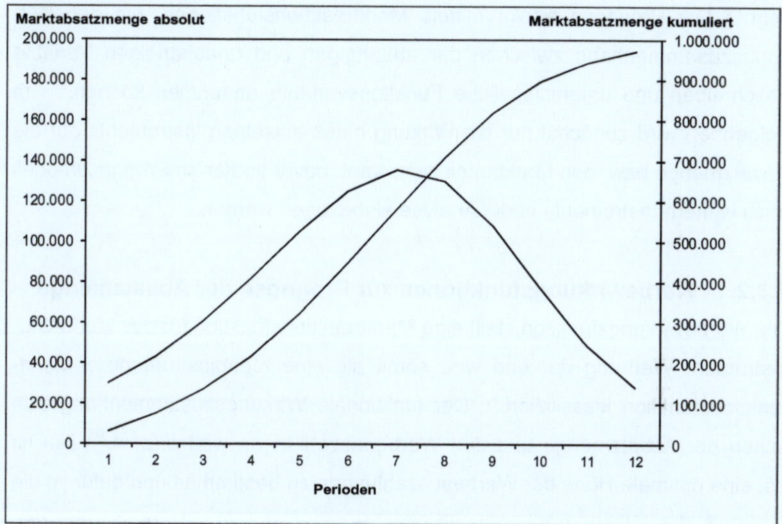

Abbildung 3-3: ***Lebenszyklusverlauf der Marktabsatzmenge nach dem Bass-Modell***

3.3.2 Absatzprognose

Im vorherigen Abschnitt wurden Modelle vorgestellt, mit denen eine Prognose der Marktabsatzmenge durchgeführt werden kann. Als nächstes steht nun der Anteil eines Unternehmens an der Marktabsatzmenge im Vordergrund. Unter Berücksichtigung der Informationen zum Marktpotenzial kann ein Unternehmen Analysen hinsichtlich des Absatzpotenzials durchführen, das aus Sicht eines Unternehmens den maximal möglichen Absatz über den Lebenszyklus darstellt und gleichzeitig auch als Zielgröße fungiert. Hierbei stehen dem Unternehmen Instrumente zur Verfügung, mit denen es die Ausschöpfung des Absatzpotenzials beeinflussen kann.

Die absatzpolitischen Instrumente wie bspw. die Werbeauszahlungen gehen als unabhängige Variable in die Prognose ein, wobei die Absatzmenge die ab-

---

212 Vgl. *Mertens* (2012), S. 195 m. w. N.

213 Das *Bass*-Modell kann insbesondere für langlebige Produkte angewendet werden; vgl. *Wintz* (2010), S. 36. Auch im Kontext der Kundenbewertung wird das *Bass*-Modell eingesetzt; vgl. *Stüker* (2008), S. 305 ff.

hängige Variable darstellt.[214] Wird im Prognosemodell nur eine unabhängige Variable berücksichtigt, wird von einer univariaten Prognose gesprochen, während eine multivariate Prognose bei mehreren unabhängigen Variablen vorliegt.[215] Die Prognose erfolgt mittels Marktreaktionsfunktionen, die den Wirkungszusammenhang zwischen der abhängigen und unabhängigen Variable beschreiben und unterschiedliche Funktionsverläufe annehmen können.[216] Im Folgenden wird zunächst nur die Wirkung eines einzelnen Instruments auf die Absatzmenge bzw. den Marktanteil betrachtet, bevor später im Prognosemodell auch weitere Instrumente in die Analyse einbezogen werden.

3.3.2.1 Werbewirkungsfunktionen zur Prognose der Absatzmenge

Die Werbewirkungsfunktion stellt eine Marktreaktionsfunktion für das Marketinginstrument Werbung dar und wird somit als eine monoinstrumentale Marktreaktionsfunktion klassifiziert.[217] Der funktionale Wirkungszusammenhang zwischen der Absatzmenge und den Werbeauszahlungen wird erfasst.[218] Ziel ist es, eine optimale Höhe der Werbeauszahlungen zu bestimmen und dafür ist die Kenntnis des Wirkungszusammenhangs zwischen der Absatzmenge und den Werbeauszahlungen entscheidend. Hierbei ist die Elastizität ein geeignetes Maß, um den Wirkungszusammenhang nachzuvollziehen und würde in diesem Fall als Werbeelastizität (ε_W) bezeichnet werden.[219] Die Werbeelastizität stellt eine direkte Elastizität dar und zeigt an, um wie viel Prozent sich die Absatz-

---

[214] Vgl. *Hruschka* (1996), S. 16.

[215] Vgl. *Sander* (2004), S. 247.

[216] Vgl. *Gedenk/Skiera* (1993), S. 638. In der Praxis werden die funktionalen Wirkungszusammenhänge zwischen dem absatzpolitischen Instrument und der abhängigen Variable häufig vernachlässigt. Oftmals wird das Werbebudget als fester Prozentsatz des Umsatzes des Vorjahres bestimmt, wobei *Esch/Hermann/Sattler* (2011), S. 369 und 370 bei dieser Vorgehensweise kritisieren, „dass der Umsatz eine Größe darstellt, die u.a. von der Höhe der Werbeausgaben beeinflusst wird", allerdings bei der vereinfachten Vorgehensweise „auf einmal der Umsatz die Höhe des Werbebudgets [beeinflusst]" und es somit zu einer Umkehrung des kausalen Zusammenhangs zwischen Werbeauszahlungen und der Absatzmenge kommt.

[217] Marktreaktionsfunktionen, die mehrere Marketinginstrumente berücksichtigen, werden der Gruppe der polyinstrumentalen Marktreaktionsfunktionen zugeordnet; vgl. *Sander* (2004), S. 264.

[218] Alternativ könnte statt der Absatzmenge auch eine andere Variable gewählt werden. So könnte bspw. untersucht werden, welche Wirkung Werbeauszahlungen auf den Bekanntheitsgrad eines Produkts haben; vgl. ebenda. Allerdings werden aufgrund der quantitativen Ausrichtung dieser Arbeit qualitative Variablen außer Acht gelassen, so dass im Folgenden nur die Wirkungen von Marketinginstrumenten auf die Absatzmenge untersucht werden.

[219] Die Absatzwirkungen durch absolute Änderungen des Marketinginstruments lassen keine verlässlichen Informationen zu; vgl. *Gedenk/Skiera* (1993), S. 637.

menge (*x*) ändert, als Reaktion auf eine unendlich kleine Änderung der Werbeauszahlungen (*W*):[220]

$$\varepsilon_W = \frac{dx}{dW} \cdot \frac{W}{x} \tag{3-6}$$

Eine ermittelte Werbeelastizität liegt in einem plausiblen Bereich zwischen 0 und 1. [221] Sie sollte einen positiven Wert annehmen, da bei einem negativen Wert unterstellt wird, dass die Absatzmenge bei zunehmenden Werbeauszahlungen sinkt, was unplausibel ist. Dagegen sollte bspw. die Preiselastizität negativ sein, so dass bei einer Erhöhung des Preises ein Absatzmengenrückgang eintritt. Hinsichtlich der Marktreaktionsfunktionen können verschiedene Funktionsverläufe unterstellt werden. Hierbei können fünf allgemeine Marktreaktionsfunktionen unterschieden werden (siehe Abbildung 3-4).

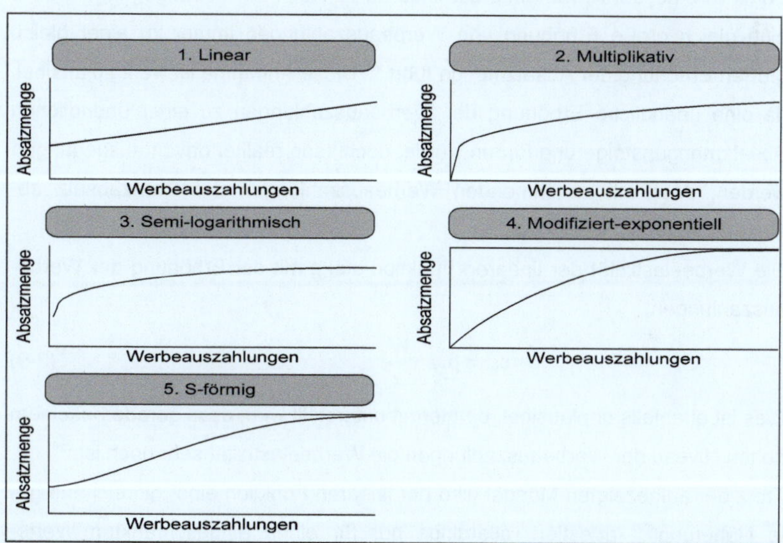

Abbildung 3-4: ***Fünf verschiedene Funktionsverläufe von Marktreaktionsfunktionen***[222]

Als nächstes werden die verschiedenen Funktionsformen der Abbildung 3-4 näher vorgestellt.

---

[220] In allgemeiner Form zeigen direkte Elastizitäten die relative Änderung bei der abhängigen Variable durch die Änderung der unabhängigen Variable um 1% an; vgl. *Esch/Hermann/Sattler* (2011), S. 372.

[221] Bei Werten größer als 1 wird von einem überproportionalen Anstieg der Absatzmenge ausgegangen, so dass „durch eine fortlaufende Erhöhung des Budgets der Gewinn unendlich gesteigert werden könnte"; *Gedenk/Skiera* (1993), S. 638.

[222] In Anlehnung an *Esch/Hermann/Sattler* (2011), S. 374.

3.3.2.1.1 Lineare Funktion

Die einfachste Möglichkeit für die Modellierung einer Marktreaktionsfunktion stellt der lineare Funktionsverlauf dar:

$$x = \alpha_{LF} + \beta_{LF} \cdot W \tag{3-7}$$

Bei α_{LF} und β_{LF} handelt es sich um Parameter der linearen Funktion, die in ihrer Höhe konstant sind. Der Parameter α_{LF} bestimmt die Lage der Funktion und stellt den Schnittpunkt mit der y-Achse dar, während der Parameter β_{LF} die Steigung der Funktion angibt.[223] Der Grenzabsatz, der sich durch das Differential der Funktion ergibt, ist konstant:

$$\frac{dx}{dW} = \beta_{LF} \tag{3-8}$$

Somit wird bei der Anwendung der linearen Funktion davon ausgegangen, dass eine gleich große Erhöhung von Werbeauszahlungen immer zu einer gleich großen Erhöhung der Absatzmenge führt.[224] Diese Annahme ist wenig plausibel, da eine unendliche Erhöhung der Werbeauszahlungen zu einer unendlichen Absatzmengensteigerung führen würde, doch kann realiter davon ausgegangen werden, dass mit zunehmenden Werbeauszahlungen der Grenzabsatz abnimmt.[225]

Die Werbeelastizität der linearen Funktion steigt mit der Erhöhung der Werbeauszahlungen:

$$\varepsilon_W = \beta_{LF} \cdot \frac{W}{x} \tag{3-9}$$

Dies ist ebenfalls unplausibel, da hiermit unterstellt wird, dass gerade bei einem hohen Niveau der Werbeauszahlungen die Werbeelastizität sehr hoch ist.[226]

Trotz der aufgezeigten Mängel wird der linearen Funktion eine „hinreichend gute Näherung“[227] attestiert, allerdings nur für einen eingeschränkten Wertebereich, innerhalb dessen die Probleme hinsichtlich des konstanten Grenz-

223 Vgl. *Bauer/Stokburger/Hammerschmidt* (2006),S. 145.

224 Vgl. *Hruschka* (1996), S. 19.

225 Dies wird bspw. dadurch erklärt, „dass mit zunehmendem Werbebudget immer resistentere Käuferschichten angesprochen werden“; *Esch/Hermann/Sattler* (2011), S. 375 f. Somit muss auch die absolute Höhe des erreichten Werbebudgets die Absatzmengenwirkung beeinflussen. Ist das bisherige Werbebudget bereits auf einem sehr hohen Niveau, ist es unplausibel, wenn die Absatzmengenwirkung durch eine Veränderung des Werbebudgets die gleiche ist, wie bei einem niedrigen Niveau des Werbebudgets.

226 Vgl. *Gedenk/Skiera* (1993), S. 639.

227 *Esch/Hermann/Sattler* (2011), S. 374.

absatzs und der steigenden Elastizität keine besonderen Auswirkungen haben.[228]

3.3.2.1.2 Multiplikative Funktion

Wie in der Abbildung 3-4 zu sehen ist, hat die multiplikative Marktreaktionsfunktion einen konkaven Funktionsverlauf:

$$x = \alpha_{MF} \cdot W^{\beta_{MF}} \tag{3-10}$$

Beim Parameter α_{MF} handelt es sich um einen Skalierungsparameter, der den rechten Gleichungsteil der Formel (3-10) in dieselbe Dimension wie den linken Gleichungsteil überführt und zwar, wie es hier der Fall ist, in Mengeneinheiten.[229] Der Parameter β_{MF} gibt die Elastizität wieder.

Der Grenzabsatz der Funktion sinkt mit zunehmenden Werbeauszahlungen, da β_{MF} zwischen 0 und 1 liegen muss, wodurch sich ein degressiv steigender Funktionsverlauf der Werbewirkungsfunktion ergibt:

$$\frac{dx}{dW} = \alpha_{MF} \cdot \beta_{MF} \cdot W^{\beta_{MF}-1} \tag{3-11}$$

Demnach nimmt die Absatzmengenwirkung der Werbung mit zunehmenden Werbeauszahlungen ab.

Die Werbeelastizität für die multiplikative Funktion wird wie folgt bestimmt:

$$\varepsilon_W = \alpha_{MF} \cdot \beta_{MF} \cdot W^{\beta_{MF}-1} \cdot \frac{W}{x} = \beta_{MF} \tag{3-12}$$

Wie bereits erwähnt, gibt der Parameter β die Werbeelastizität an, die dementsprechend konstant ist. Dies ist im Vergleich zur linearen Funktion plausibler, allerdings wird damit unterstellt, dass die Werbeelastizität von der Höhe der Werbeauszahlungen unabhängig ist.[230]

---

[228] Demnach könnte die lineare Funktion nur bei geringfügigen Änderungen des Marketinginstruments zum Einsatz kommen und darauf basierende „Empfehlungen können nur für diesen Wertebereich, oft nur hinsichtlich der Änderungsrichtung (Steigerung bzw. Senkung) getroffen werden"; *Hruschka* (1996), S. 20.

[229] Vgl. *Gedenk/Skiera* (1993), S. 640.

[230] Die Annahme konstanter Elastizitäten erleichtert zwar die Interpretation, jedoch ist es nach *Hruschka* (1996), S. 20, „zweifelhaft, ob Elastizitäten vom Einsatzniveau der Instrumente [...] unabhängig sind."

3.3.2.1.3 Semi-logarithmische Funktion

Die semi-logarithmische Funktion wird wie folgt beschrieben:

$$x = \alpha_{SF} + \beta_{SF} \cdot \ln(W) \qquad (3\text{-}13)$$

Der Grenzabsatz der Funktion ergibt sich durch das Verhältnis des Parameters β_{SF} zur Höhe der Werbeauszahlungen:

$$\frac{dx}{dW} = \frac{\beta_{SF}}{W} \qquad (3\text{-}14)$$

Der Grenzabsatz der Funktion ist positiv und sinkt mit zunehmenden Werbeauszahlungen, wodurch sich der degressiv steigende Funktionsverlauf ergibt (siehe Abbildung 3-4). Charakteristisch für die Funktion ist, dass bspw. eine Verdoppelung der Werbeauszahlungen zu einer hälftigen Verringerung des Grenzabsatzes und dies zu gleich großen absoluten Änderungen bei der Absatzmenge führt.[231]

Die Werbeelastizität wird durch das Verhältnis des Parameters β_{SF} zur Absatzmenge angegeben:

$$\varepsilon_W = \frac{\beta_{SF}}{W} \cdot \frac{W}{x} = \frac{\beta_{SF}}{x} \qquad (3\text{-}15)$$

Dies führt zu sinkenden Werbeelastizitäten bei zunehmenden Werbeauszahlungen.

3.3.2.1.4 Modifiziert-exponentielle Funktion

Mit folgender Formel wird die modifiziert-exponentielle Funktion dargestellt:

$$x = \alpha_{MEF} \cdot \left(1 - e^{-\beta_{MEF} \cdot W}\right) \qquad (3\text{-}16)$$

Im Gegensatz zu den bisher dargestellten Funktionen hat die modifiziert-exponentielle Funktion den Vorteil, dass sie eine Sättigungsgrenze berücksichtigt, die durch den Parameter α_{MEF} dargestellt wird. Der Grenzabsatz ergibt sich wie folgt:

$$\frac{dx}{dW} = \alpha_{MEF} \cdot \beta_{MEF} \cdot e^{-\beta_{MEF} \cdot W} = \beta_{MEF} \cdot (\alpha_{MEF} - x) \qquad (3\text{-}17)$$

Durch (3-17) wird ersichtlich, dass der Grenzabsatz bei steigender Absatzmenge und somit auch bei zunehmenden Werbeauszahlungen sinkt.

---

[231] Vgl. *Hruschka* (1996), S. 21.

Die Werbeelastizität ergibt sich durch folgenden Ausdruck:

$$\varepsilon_W = \beta_{MEF} \cdot (\alpha_{MEF} - x) \cdot \frac{W}{x} = \beta_{MEF} \cdot W \cdot \left(\frac{\alpha_{MEF}}{x} - 1 \right) \tag{3-18}$$

Die Werbeelastizität sinkt nach (3-18) mit steigender Absatzmenge, da sich die Absatzmenge der Sättigungsgrenze nähert und daher die Absatzwirkung der Werbung abnimmt.

3.3.2.1.5 S-förmige Funktion

Die S-förmige Funktion kann durch folgenden Ausdruck beschrieben werden:[232]

$$x = \beta_{S,1} + (\alpha_S - \beta_{S,1}) \cdot \frac{W^{\beta_{S,2}}}{\beta_{S,3} + W^{\beta_{S,2}}} \tag{3-19}$$

Das Besondere an dieser Funktion ist, dass neben einer Sättigungsgrenze (Parameter α_S) wie bei dem modifiziert-exponentiellen Funktionsverlauf, zusätzlich noch ein Mindestabsatz (Parameter $\beta_{S,1}$) berücksichtigt wird. Der Grenzabsatz der Funktion wird wie folgt bestimmt:

$$\frac{dx}{dW} = \frac{\beta_{S,2} \cdot W^{\beta_{S,2}-1} \cdot \beta_{S,3}}{\left(\beta_{S,3} + W^{\beta_{S,2}}\right)^2} \cdot (\alpha_S - \beta_{S,1}) \tag{3-20}$$

Bei einer geringen Höhe der Werbeauszahlungen steigen die Grenzerträge zunächst an und beginnen ab einem bestimmten Niveau zu sinken, wodurch sich der S-förmige Funktionsverlauf ergibt (siehe Abbildung 3-4), mit zunächst progressiv und später degressiv steigender Werbewirkungsfunktion.[233] Mit zunehmenden Werbeauszahlungen nähert sich die Funktion der Sättigungsgrenze α_S an.[234]

Die Werbeelastizität kann wie folgt berechnet werden:

$$\varepsilon_W = \frac{\beta_{S,2} \cdot W^{\beta_{S,2}} \cdot \beta_{S,3}}{\left(\beta_{S,3} + W^{\beta_{S,2}}\right)^2 \cdot x} \cdot (\alpha_S - \beta_{S,1}) \tag{3-21}$$

Auch die Elastizität steigt zunächst an und sinkt im späteren Verlauf bei gleichzeitiger Erhöhung der Werbeauszahlungen. Dementsprechend steigt die Ab-

---

232 Diese auch als ADBUDG-Modell bezeichnete Funktion geht auf die Arbeit von *Little* (1970) zurück.

233 Bis zum Wendepunkt steigt die Funktion progressiv und danach bei höherem Niveau der Werbeauszahlungen degressiv an. Für den S-förmigen Verlauf müssen die Werte für den Parameter b_2 größer als 1 sein; vgl. *Hruschka* (1996), S. 28.

234 Vgl. ebenda, S. 23.

satzwirkung durch eine Veränderung der Werbeauszahlungen bei einer geringen Höhe der Werbeauszahlungen bis zu einem bestimmten Punkt an, sinkt danach und geht gegen null, je näher sich die Werbewirkungsfunktion der Sättigungsgrenze nähert.

3.3.2.1.6 Vergleich

Als nächstes wird eine Möglichkeit zur Modellierung konkreter Werbewirkungsfunktionen aufgezeigt, für die die obigen Funktionsformen in Frage kommen, bevor ein Vergleich vorgenommen wird. Für die Schätzung der benötigten Daten können Vergangenheitsdaten, Marktexperimente und Expertenschätzungen herangezogen werden.[235] Im Folgenden wird veranschaulicht, wie auf Basis von Expertenschätzungen Werbewirkungsfunktionen konstruiert werden können.[236] Hierfür sind folgende Daten von den Experten zu schätzen:[237]

(1) Absatzmenge, wenn keine Werbeauszahlungen getätigt werden.

(2) Maximal erzielbare Absatzmenge.

(3) Benötigte Werbeauszahlungen zur Erzielung der aktuellen Absatzmenge.

(4) Absatzmenge, wenn Werbeauszahlungen um 50% erhöht werden.

Anhand eines Beispiels wird dargestellt, wie mit diesen Informationen für die obigen Funktionsformen Werbewirkungsfunktionen konstruiert werden können. Die Expertenschätzungen liefern folgende Ergebnisse: Für (1) wird eine Absatzmenge i. H. v. 300.000 ME angenommen; für (2) eine Sättigungsmenge i. H v. 700.000; für (3) werden 825.000 GE benötigt, um die aktuelle Absatzmenge i. H. v. 345.000 ME zu erzielen und für (4) wird durch die Erhöhung der Werbeauszahlungen eine Absatzmenge i. H. v. 395.000 ME geschätzt.

Die Auswertungen der Datenpunkte führen zu den folgenden Parametern bei den einzelnen Funktionsformen:

---

[235] Vgl. *Kotler/Keller/Bliemel* (2007), S. 136; *Gedenk/Skiera* (1994), S. 259. Als Experten können bspw. Manager, Außendienstler, Absatzmittler oder Absatzhelfer angesehen werden; vgl. *Sander* (2004), S. 267.

[236] So ziehen *Kotler/Keller/Bliemel* (2007), S. 136 die Schätzung auf Basis von Experten der Alternative, keine formale Analyse durchzuführen, vor und halten bezüglich der Expertenschätzung fest:„Die Schätzmethode ist oft die einzig durchführbare und kann sich als sehr nützlich erweisen.“

[237] Vgl. *Little* (1970), S. 471 f., der die Informationen auf den Marktanteil bezieht.

Funktion:	(1)	(2)	(3)	(4)
Linear	$\alpha_{LF} = 300.000$	nicht verwendbar	$\beta_{LF} = 0{,}05454$	nicht benötigt
Multiplikativ	nicht verwendbar	nicht verwendbar	1. Gleichung: $345.000 = \alpha_{MF} \cdot 825.000^{\beta_{MF}}$	2. Gleichung: $395.000 = \alpha_{MF} \cdot 1.237.500^{\beta_{MF}}$ $\Rightarrow$ $\alpha_{MF} = 3.655{,}52$ $\beta_{MF} = 0{,}33379$
Semi-logarithmisch	$\alpha_{SF} = 300.000$	nicht verwendbar	$\beta_{SF} = 3.303{,}2$	nicht benötigt
Modifiziert-exponentiell	nicht verwendbar	$\alpha_{MEF} = 700.000$	$\beta_{MEF} = 8{,}22/10^7$	nicht benötigt
S-förmig	$\beta_{S,1} = 300.000$	$\alpha_S = 700.000$	1. Gleichung: $\beta_{S,3} = 7{,}889 \cdot 825.000^{\beta_{S,2}}$	2. Gleichung: $\beta_{S,3} = 3{,}2105 \cdot 1.237.500^{\beta_{S,2}}$ $\Rightarrow$ $\beta_{S,2} = 2{,}21726$ $\beta_{S,3} = 1{,}03589 \cdot 10^{14}$

Tabelle 3-3: ***Auswertung der Datenpunkte für verschiedene Funktionsformen***

Wie aus der Tabelle 3-3 ersichtlich wird, können anhand der Daten die Parameter für die fünf verschiedenen Grundformen der Werbewirkungsfunktion bestimmt werden. Dabei werden für die S-förmige Funktion alle vier Informationen genutzt, während die anderen Funktionsformen jeweils nur zwei Datenpunkte benötigen. Teilweise können Datenpunkte in einigen Funktionsformen nicht verwendet werden, da bspw. keine Mindest- bzw. Sättigungsmenge in der Funktion berücksichtigt wird, was auf die Datenpunkte (1) und (2) zutrifft.

Es liegen nun fünf verschiedene Funktionsformen mit den dazugehörigen Parametern vor, mit denen für unterschiedlich hohe Werbeauszahlungen die Absatzmengen bestimmt werden können.

Werbeauszahlungen	0	500.000	825.000	1.000.000	2.500.000	5.000.000
Absatzmenge:						
Linear	300.000	327.273	345.000	354.545	436.364	572.727
Multiplikativ	0	291.894	345.000	367.880	499.500	629.531
Semi-logarithmisch	-	343.346	345.000	345.635	348.662	350.952
Modifiziert-exponentiell	0	236.138	345.000	392.617	610.556	688.571
S-förmig	300.000	316.035	345.000	365.045	538.776	649.283

Tabelle 3-4: ***Absatzmengen bei unterschiedlich hohen Werbeauszahlungen***

Der Grenzabsatz für unterschiedlich hohe Werbeauszahlungen ist in der Tabelle 3-5 abgebildet. Wie weiter oben bereits erwähnt wurde, ist zu erkennen, dass der Grenzabsatz bei der linearen Funktion konstant und demnach unabhängig von der Höhe der Werbeauszahlungen ist. Bei der multiplikativen, semi-logarithmischen und modifiziert-exponentiellen Funktion sinken die Grenzabsätze mit zunehmenden Werbeauszahlungen, während sie bei der S-förmigen Funktion zunächst steigen und ab einer bestimmten Höhe der Werbeauszahlungen wieder sinken. Des Weiteren können noch die Werbeelastizitäten der verschiedenen Funktionsformen angegeben werden.

Werbeauszahlungen	0	500.000	825.000	1.000.000	2.500.000	5.000.000
Grenzabsatz:						
Linear	0,05455	0,05455	0,05455	0,05455	0,05455	0,05455
Multiplikativ	-	0,19486	0,13959	0,12280	0,06669	0,04203
Semi-logarithmisch	-	0,00661	0,00400	0,00330	0,00132	0,00066
Modifiziert-exponentiell	0,57609	0,38175	0,29216	0,25297	0,07361	0,00941
S-förmig	0	0,06826	0,10734	0,12077	0,08536	0,01964

Tabelle 3-5: ***Grenzabsatz bei unterschiedlich hohen Werbeauszahlungen***

Auch bei den Elastizitäten kann der oben beschriebene Verlauf für die einzelnen Funktionen beobachtet werden. Bei der linearen Funktion steigen die Elastizitäten mit zunehmenden Werbeauszahlungen, bei der multiplikativen Funktion sind sie konstant, bei der semi-logarithmischen und modifiziert-exponentiellen Funktion sinken sie und bei der S-förmigen Funktion ergeben sich zunächst steigende und später sinkende Elastizitäten.

Werbeauszahlungen	0	500.000	825.000	1.000.000	2.500.000	5.000.000
Werbeelastizität:						
Linear	0	0,08333	0,13043	0,15385	0,31250	0,47619
Multiplikativ	-	0,33379	0,33379	0,33379	0,33379	0,33379
Semi-logarithmisch	-	0,00962	0,00957	0,00956	0,00947	0,00941
Modifiziert-exponentiell	-	0,80832	0,69864	0,64432	0,30141	0,06830
S-förmig	0	0,10799	0,25667	0,33083	0,39607	0,15124

Tabelle 3-6: ***Elastizitäten bei unterschiedlich hohen Werbeauszahlungen***

In der Abbildung 3-5 sind die Absatzwirkungen für die verschiedenen Funktionsformen abgebildet.

Für das vorliegende Beispiel sollte die S-förmige Funktion verwendet werden, so dass alle vorliegenden Informationen in der Funktion berücksichtigt werden. Der S-förmigen Funktion wird „ein realistischer Verlauf“[238] attestiert, weshalb im Folgenden die Optimierung des Marketinginstruments auf diese Funktion angewendet wird.

[238] *Esch/Hermann/Sattler* (2011), S. 376.

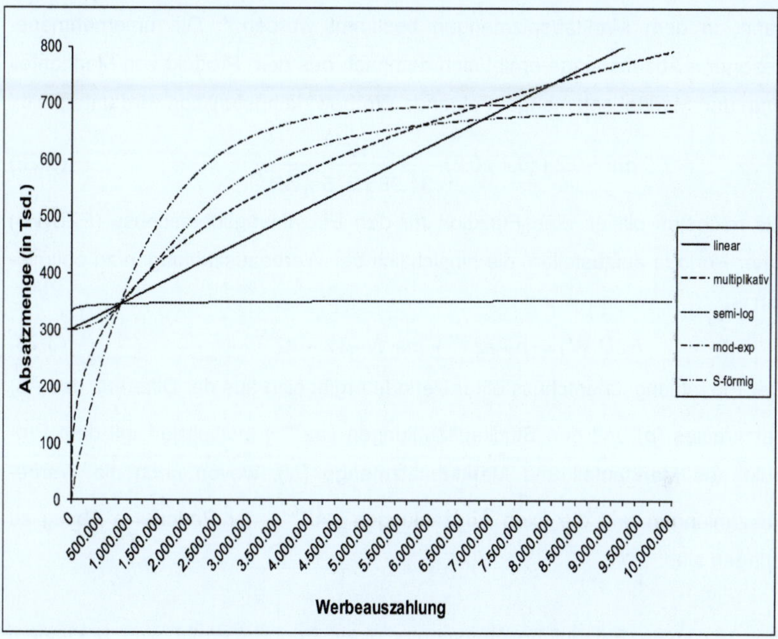

Abbildung 3-5: ***Verschiedene Funktionsverläufe für Werbewirkungsfunktionen***

3.3.2.2 Optimierung der Werbewirkungsfunktionen

In diesem Abschnitt wird das Ziel verfolgt, die Höhe der Werbeauszahlungen zu ermitteln, die den Einzahlungsüberschuss eines Unternehmens in einer Periode maximiert. Nach der Erfassung der Absatzmengenwirkung durch das Marketinginstrument Werbung, abgebildet in der Werbewirkungsfunktion, die den Wirkungszusammenhang offenlegt, kann als nächstes eine Optimierung durchgeführt werden. Hierfür wird angenommen, dass der Absatzpreis der betrachteten Periode i. H. v. 1.700 GE, die Auszahlungen pro Stück von 1.075,21 GE und die fixen Auszahlungen von 75.000 GE gegeben sind.

Alternativ wird für die abhängige Variable anstatt der Absatzmenge der Marktanteil verwendet,[239] so dass an das Beispiel aus 3.3.1.3 angeknüpft werden

[239] Der Marktanteil stellt in der Literatur auch die übliche abhängige Variable dar und wurde auch schon von *Little* (1970), S. 471 f. verwendet. Außerdem hat sie gegenüber der Variable Absatzmenge erhebliche Anwendungsvorteile bei einer dynamischen Modellstruktur, wie im späteren Verlauf dieser Arbeit noch erkennbar wird.

kann, in dem Marktabsatzmengen bestimmt wurden.[240] Die unternehmensbezogene Absatzmenge ergibt sich demnach aus dem Produkt von Marktanteil (*ma*) und Marktabsatzmenge. Folgende Werbewirkungsfunktion wird unterstellt:

$$ma = 0{,}2 + (0{,}4 - 0{,}2) \cdot \frac{W^{1,2}}{34.985.275 + W^{1,2}} \tag{3-22}$$

Als nächstes gilt es eine Funktion für den Einzahlungsüberschuss (*EZÜ(W)*) einer Periode aufzustellen, die hinsichtlich der Werbeauszahlungen zu optimieren ist:

$$EZÜ(W) = (p - az^{\text{var}}) \cdot ma \cdot N - W - AZ^{Fix} \tag{3-23}$$

Der Einzahlungsüberschuss einer Periode ergibt sich aus der Differenz des Absatzpreises (*p*) und den Stückauszahlungen (az^{var}) multipliziert mit dem Produkt aus Marktanteil und Marktabsatzmenge (*N*), wovon noch die Werbeauszahlungen und die fixen Auszahlungen (AZ^{fix}) der Periode in Abzug zu bringen sind.

Der maximale Einzahlungsüberschuss einer Periode ergibt sich bei einem Grenzeinzahlungsüberschuss von Null, so dass das Differential der Funktion (3-23) gleich Null gesetzt wird:

$$\frac{dEZÜ(W)}{dW} = (p - az^{\text{var}}) \cdot \frac{dma}{dW} \cdot N - 1 \overset{!}{=} 0 \tag{3-24}$$

Durch das Einsetzen des Differentials von (3-22) in (3-24) und der konkreten Werte erhält man folgenden Ausdruck:

$$\frac{dEZÜ(W)}{dW} = (1.700 - 1.075{,}21) \cdot \frac{1{,}2 \cdot W^{0,2} \cdot 34.985.275}{\left(34.985.275 + W^{1,2}\right)^2} \cdot (0{,}4 - 0{,}2) \cdot 43.068 - 1 \overset{!}{=} 0 \tag{3-25}$$

Es kommen zwei Werte für die Höhe der Werbeauszahlungen in Betracht und zwar 4.699,92 GE und 1.592.740,21 GE, die die Gleichung (3-25) erfüllen. Es muss das zweite Differential von (3-24) bestimmt werden, um das Optimum zu ermitteln:

[240] Hierbei beziehen sich die Ausführungen auf die zweite Periode gemäß dem Beispiel in Kap. 3.3.1.3, so dass von einer Marktabsatzmenge i. H. v. 43.068 ME auszugehen ist.

$$(1700 - 1.075{,}21) \cdot 1{,}2 \cdot 34.985.275 \cdot 43.068 \cdot (0{,}4 - 0{,}2) \cdot$$
$$\frac{0{,}2 \cdot W^{-0{,}8} \cdot (W^{1{,}2} 34.985.275)^2 - 2{,}4 \cdot W^{0{,}4} \cdot (W^{1{,}2} + 34.985.275)^2}{\left(W^{1{,}2} + 34.985.275\right)^4} < 0 \qquad (3\text{-}26)$$

Nun können die Werte für *W* in (3-26) eingesetzt und überprüft werden, ob sie die Gleichung erfüllen. Bei einer Werbeauszahlung i. H. v. 4.699,92 GE resultiert für das zweite Differential ein positiver Wert und für den Wert 1.592.740,21 GE ein negativer Wert. Somit ergibt sich eine optimale Werbeauszahlung i. H. v. 1.592.740,21 GE, bei dem der EZÜ der Periode maximal ist (siehe Tabelle 3-7).[241]

Werbeauszahlung	500.000	800.000	1.500.000	**1.592.740**	1.600.000	2.000.000
EZÜ	5.768.103	5.966.865	6.164.984	**6.167.355**	6.167.340	6.126.281

Tabelle 3-7: ***Optimale Höhe der Werbeauszahlung im Einperiodenfall***

3.3.2.3 Marktreaktionsfunktionen mit mehreren Marketinginstrumenten

Bisher wurde der Wirkungszusammenhang zwischen einer abhängigen Variable und einer einzelnen unabhängigen Variable betrachtet. Es wurde die Absatzwirkung bzw. Marktanteilswirkung der Werbeauszahlungen betrachtet. Allerdings stehen einem Unternehmen neben der Werbung weitere absatzpolitische Instrumente zur Verfügung, mit denen der Marktanteil beeinflusst werden kann. Hierunter fällt insbesondere der Absatzpreis, der im vorangegangenen Abschnitt exogen vorgegeben war. In die Marktreaktionsfunktion sind demnach alle Marketinginstrumente aufzunehmen, „die den Absatz wesentlich beeinflussen".[242] Hierdurch ergibt sich seitens des Unternehmens die Aufgabe, die Marketinginstrumente aufeinander abzustimmen, so dass deren Einsatz einen optimalen Marketing-Mix ergeben.[243] Dabei wird davon ausgegangen, dass der Einsatz der Marketinginstrumente nicht unabhängig voneinander ist, sondern die Einsatzhöhe des einen Instruments die Einsatzhöhe des anderen Instruments beeinflusst.

---

241 Bei einer Werbeauszahlung i. H. v. 4.699,92 GE ergibt sich der minimalste EZÜ in der betrachteten Periode.

242 *Gedenk/Skiera* (1994), S. 258.

243 *Kotler/Keller/Bliemel* (2007), S. 25 m. w. N. definieren Marketing-Mix „als die Menge der Marketingwerkzeuge, die ein Unternehmen in Verfolgung der Marketingzielsetzung zusammen einsetzt".

Für die folgenden Überlegungen wird zunächst die nachstehende Marktreaktionsfunktion angenommen, in die neben der Werbung (*W*) noch der Absatzpreis (*p*) aufgenommen wird:[244]

$$ma = \alpha_{MRF} \cdot p^{-\beta_{MRF}} \cdot W^{\lambda_{MRF}} \tag{3-27}$$

Wie bereits beschrieben, geben die Exponenten in (3-27) die jeweiligen Elastizitäten an. Für die Optimierung des Einsatzes der Marketinginstrumente wird wiederum die Zielfunktion (3-23) verwendet, die für die vorliegende Funktion wie folgt anzupassen ist:

$$EZÜ = (p - az^{var}) \cdot \alpha_{MRF} \cdot p^{-\beta_{MRF}} \cdot W^{\lambda_{MRF}} \cdot N - W - AZ^{Fix} \tag{3-28}$$

Der optimale Einsatz der Marketinginstrumente lässt sich nun durch partielle Ableitungen der Zielfunktion nach den Marketinginstrumenten ermitteln. Die Zielfunktion abgeleitet nach dem Preis ergibt folgenden Ausdruck:

$$\frac{\partial EZÜ}{\partial p} = \alpha_{MRF} \cdot p^{-\beta_{MRF}} \cdot W^{\lambda_{MRF}} \cdot N \cdot \left(1 - \beta_{MRF} \cdot p^{-1} \cdot \left(p - az^{var}\right)\right) \overset{!}{=} 0 \tag{3-29}$$

Anhand (3-29) kann nun der optimale Preis ermittelt werden. Bei der Betrachtung des Ausdrucks vor der Klammer wird ersichtlich, dass es sich dabei um das Produkt aus Marktanteil und Marktabsatzmenge handelt. Das Produkt gibt die Absatzmenge des Unternehmens wieder und muss im Optimum einen Wert > 0 annehmen. Damit die Gleichung (3-29) erfüllt wird, muss somit der Klammerausdruck gleich Null sein.[245] Der optimale Preis (p^*) kann somit wie folgt berechnet werden:

$$p^* = -\frac{\beta_{MRF} \cdot az^{var}}{1 - \beta_{MRF}} \tag{3-30}$$

Durch die Ableitung der Zielfunktion nach dem Marketinginstrument Werbung, lässt sich die optimale Werbeauszahlung bestimmen:

$$W^* = \frac{1}{\left(\left(p - az^{var}\right) \cdot \alpha_{MRF} \cdot p^{-\beta_{MRF}} \cdot \lambda_{MRF} \cdot N\right)^{\frac{1}{\lambda_{MRF}-1}}} \tag{3-31}$$

Es wird anhand eines kurzen Zahlenbeispiels aufgezeigt, wie durch die Ermittlung der optimalen Einsatzhöhe der Marketinginstrumente der Einzahlungsüberschuss einer Periode maximiert werden kann. Hierfür wird an-

---

[244] Vgl. zu der multiplikativen Reaktionsfunktion die Ausführungen bei *Kotler/Keller/Bliemel* (2007), S. 138 f. und *Gedenk/Skiera* (1994), S. 258 ff. Das multiplikative stellt neben dem linearen Modell die in der Literatur verbreitetste Marktreaktionsfunktion dar; vgl. *Hruschka* (1991), S. 346.

[245] Vgl. *Gedenk/Skiera* (1994), S. 262.

genommen, dass die variablen Auszahlungen pro Stück 10 GE und die fixen Auszahlungen 75.000 GE betragen und es wird folgende Marktreaktionsfunktion unterstellt:

$$ma = 3{,}5 \cdot p^{-1{,}83} \cdot W^{0{,}25} \qquad (3\text{-}32)$$

Es ergibt sich nach Einsetzen der Werte in (3-30) ein optimaler Preis i. H. v. 22,05 GE, der wiederum eingesetzt in (3-31) zu einer optimalen Einsatzhöhe der Werbeauszahlungen i. H. v. 18.405,58 GE führt. Dass es sich hierbei um den optimalen Marketingeinsatz handelt, bei dem der maximale Einzahlungsüberschuss einer Periode ermittelt wird, zeigt Tabelle 3-8, in der unterschiedliche Kombinationen von Preisen und Werbeauszahlungen und der daraus resultierende Einzahlungsüberschuss miteinander verglichen werden.

Absatzpreis	Werbeauszahlung	Marktanteil	Absatzmenge	EZÜ
15	10.000	24,65%	10.616	-31.919
20	15.000	16,11%	6.940	-20.560
22	18.000	14,17%	6.101	-19.787
22,05	***18.406***	***14,19%***	***6.111***	***-19.783***
23	19.000	13,24%	5.701	-19.887
30	30.000	9,12%	3.930	-26.404
15	20.000	29,31%	12.625	-31.875

Tabelle 3-8: ***Optimale Höhe des Absatzpreises und der Werbeauszahlungen im Einperiodenfall***[246]

Bei der Wahl des multiplikativen Modells in der Form (3-27) ist in der Formel (3-30) zu erkennen, dass die Höhe des optimalen Absatzpreises unabhängig von der Höhe der Werbeauszahlungen ist. Des Weiteren werden aufgrund der konstanten Elastizitäten in diesem Modell Elastizitätsinteraktionen zwischen dem Absatzpreis und der Werbung ausgeschlossen. Elastizitätsinteraktionen geben an, wie sich die marginale Änderung eines Marketinginstruments auf die Elastizität eines anderen Marketinginstruments auswirkt.[247] Es kann aber i. d. R. davon ausgegangen werden, dass Interaktionseffekte zwischen Marketinginstrumenten bestehen, welche in der Marktreaktionsfunktion abgebildet werden sollten.[248]

Elastizitätsinteraktionen können durch eine Modifizierung im multiplikativen Modell berücksichtigt werden, indem der Exponent des Absatzpreises nicht mehr

---

[246] Es wird die erste Periode eines Projekts betrachtet, so dass sich hier negative Einzahlungsüberschüsse ergeben. In den folgenden Perioden ergeben sich dann positive Einzahlungsüberschüsse wie zum Ende dieses Abschnitts gezeigt wird.

[247] Vgl. *Hruschka* (1996), S. 65.

[248] Vgl. *Esch/Herman/Sattler* (2011), S. 378.

als konstant, sondern als eine logarithmische Funktion der Werbeausgaben angesetzt wird:[249]

$$ma = \alpha_{MRF} \cdot p^{-\beta_{MRF} + \rho_{MRF} \cdot \ln W} \cdot W^{\lambda_{MF}} \qquad (3\text{-}33)$$

Für die Ermittlung des optimalen Preises ist zunächst (3-33) in die Zielfunktion (3-23) einzusetzen und anschließend nach dem Absatzpreis abzuleiten:

$$\frac{\partial EZÜ}{\partial p} = \frac{\partial\left(\left(p - az^{var}\right) \cdot \alpha_{MRF} \cdot p^{-\beta_{MRF} + \rho_{MRF} \cdot \ln W} \cdot W^{\lambda_{MF}} \cdot N - W - AZ^{fix}\right)}{\partial p} \overset{!}{=} 0 \qquad (3\text{-}34)$$

Hieraus ergibt sich durch Auflösung der Gleichung (3-34) nach p folgende Gleichung für die Bestimmung des optimalen Preises:

$$p^{*} = \frac{az^{var} \cdot \left(-\beta_{MRF} + \rho_{MRF} \cdot \ln W\right)}{1 - \beta_{MRF} + \rho_{MRF} \cdot \ln W} \qquad (3\text{-}35)$$

Im Gegensatz zur Formel (3-30) wird der optimale Absatzpreis nun auch von den Werbeauszahlungen beeinflusst. Zur Bestimmung der optimalen Werbeauszahlungen ist analog zur Vorgehensweise beim Absatzpreis die Zielfunktion nach W abzuleiten und gleich null zu setzen. Daraus resultiert folgende Optimalitätsbedingung:

$$\left(p - az^{var}\right) \cdot \alpha_{MRF} \cdot p^{-\beta_{MRF} + \rho_{MRF} \ln W} \cdot W^{d-1} \cdot \left(\lambda_{MRF} + \ln p \cdot \rho_{MRF}\right) \cdot N - 1 \overset{!}{=} 0 \qquad (3\text{-}36)$$

Nach Einsetzen von p^{*} in (3-36) ergibt sich die optimale Werbeauszahlung. Allerdings ist W sowohl als Faktor, als auch als Exponent in der Optimalitätsbedingung enthalten, so dass diese Gleichung nur mit einem computergestützten Programm gelöst werden kann. Hierfür wird das Optimierungsprogramm und Excel Add-In Evolver[250] verwendet.

Zur Veranschaulichung soll ebenfalls ein kurzes Zahlenbeispiel dargestellt werden, für welches die folgende Marktreaktionsfunktion unterstellt wird:

$$ma = 3{,}5 \cdot p^{-2 + 0{,}015 \cdot \ln W} \cdot W^{0{,}25} \qquad (3\text{-}37)$$

Die Höhe der variablen Stückauszahlungen und der fixen Auszahlungen werden von oben übernommen. Es sind alle relevanten Daten bekannt, die in die Optimalitätsbedingung eingesetzt werden können, so dass nach Einsetzen von (3-35) in (3-36) nur noch die Werbeauszahlungen zu bestimmen sind. Nun kann mit Evolver die Werbeauszahlung bestimmt werden, bei der die Gleichung

---

[249] Vgl. *Hruschka* (1991), S. 348.

[250] Evolver ist ein Softwareprogramm der Palisade Corporation.

(3-36) gleich null ist. In diesem Fall beträgt sie 21.201,18 GE, wodurch ein optimaler Preis i. H. v. 21,76 GE berechnet werden kann.

Wieder soll anhand von unterschiedlichen Preis-Werbung-Kombinationen dargestellt werden, dass es sich hierbei um den optimalen Marketing-Mix handelt, bei dem der Einzahlungsüberschuss einer Periode maximal ist (siehe Tabelle 3-9).

Absatzpreis	Werbeauszahlung	Marktanteil	Absatzmenge	EZÜ
15	15.000	25,44%	10.957	-35.214
21	21.000	15,05%	6.482	-24.695
21,76	***21.202***	***14,14%***	***6.088***	***-24.622***
22	22.000	14,00%	6.030	-24.639
25	25.000	11,48%	4.945	-25.824
21	30.000	16,73%	7.203	-25.765
15	21.000	28,06%	12.083	-35.586

Tabelle 3-9: ***Optimaler Absatzpreis und optimale Werbeauszahlung im modifizierten multiplikativen Modell***

Außerdem kann gezeigt werden, dass im Optimum das Dorfman-Steiner-Theorem gilt.[251] Nach dem Dorfman-Steiner-Theorem entspricht die optimale Werbeintensität (Wi^*), der Anteil der Werbeauszahlungen am Umsatz, dem Verhältnis von Werbeelastizität und Preiselastizität:

$$Wi^* = -\frac{\varepsilon_W}{\varepsilon_p} \tag{3-38}$$

Im Beispiel beträgt die Werbeelastizität 0,2962 und die Preiselastizität -1,85057. Es ergibt sich aus dem Verhältnis ein Wert i. H. v. 16,01%, der dem Verhältnis aus den optimalen Werbeauszahlungen und dem Umsatz entspricht, so dass in dem berechneten Optimum das Dorfman-Steiner-Theorem erfüllt ist.

Ergänzend können auch die Preis- und Werbeelastizitätsinteraktionen berechnet werden. Zur Ermittlung der Preiselastizitätsinteraktionen ist die Ableitung der Preiselastizität nach den Werbeauszahlungen zu ermitteln:[252]

$$\frac{\partial \varepsilon_p}{\partial W} = \frac{\partial(-\beta_{MRF} + \rho_{MRF} \cdot \ln W)}{\partial W} = \frac{\rho_{MRF}}{W} \tag{3-39}$$

---

251 Vgl. *Dorfman/Steiner* (1954).

252 Vgl. zu den Formeln für die Preiselastizitäts- und Werbeelastizitätsinteraktion *Hruschka* (1991), S. 348.

Die Werbeelastizitätsinteraktion wird wie folgt bestimmt:

$$\frac{\partial \varepsilon_W}{\partial p} = \frac{\partial(\rho_{MRF} \cdot \ln p + \lambda_{MRF})}{\partial p} = \frac{\rho_{MRF}}{p} \tag{3-40}$$

Da in diesem Beispiel $\rho_{MRF} > 0$ ist, ist auch die Preis- und Werbeelastizitätsinteraktion für die angenommene Marktreaktionsfunktion positiv. Damit kann der Zusammenhang offengelegt werden, dass eine Erhöhung der Werbeauszahlungen zu einer geringeren absoluten Preiselastizität führt. Dagegen hat eine Erhöhung des Absatzpreises bei positiver Werbeelastizitätsinteraktion einen positiven Effekt auf die Werbeelastizität.[253]

Bisher lag eine statische Berechnung vor, indem nur eine Periode betrachtet wurde und die gesamte Zeitstruktur eines Projekts unberücksichtigt blieb. Als nächstes wird gezeigt, wie die Optimierung des Einsatzes der Marketinginstrumente für die gesamte Lebensdauer eines Projekts erfolgen kann. Zur Illustration wird das obige Beispiel weitergeführt. Es wird angenommen, dass die Auszahlungen pro Stück pro Periode um 5% sinken und die Marktreaktionsfunktion unter (3-37) für den gesamten Projektlebenszyklus gilt. Zudem wird eine Anschaffungsauszahlung i. H. v. 125.000 GE und ein Kalkulationszinssatz von 5% unterstellt, so dass als Zielgröße der Kapitalwert verwendet werden kann. Die Zielfunktion sieht wie folgt aus:

$$KW = -A_0 + \sum_{t=1}^{n} \frac{EZÜ_t}{(1+i)^t} \tag{3-41}$$

Mithilfe von Evolver können die Einsatzniveaus der Marketinginstrumente gesucht werden, bei denen der Kapitalwert maximal ist. Hierfür wird als Bedingung angenommen, dass der Absatzpreis höher als die variablen Stückauszahlungen ist. Nach der Ausführung der Optimierung ergeben sich folgende Absatzpreise und Werbeauszahlungen für die einzelnen Perioden und der maximale Kapitalwert.

[253] Vgl. ebenda, S. 352.

Periode	1	2	3	4	5	6
var. Auszahlungen pro Stück	10	9,50	9,03	8,57	8,15	7,74
Absatzpreis	21,76	20,78	19,83	18,91	18,02	17,15
Werbeauszahlung	21.202	36.263	58.863	88.706	120.591	142.863
Marktabsatzmenge	43.068	60.318	81.484	104.530	124.762	135.179
Marktanteil	14,14%	18,04%	22,68%	27,90%	33,35%	38,37%
Absatzmenge	6.088	10.883	18.479	29.167	41.609	51.864
Einzahlungs-überschuss	-24.622	11.452	65.803	137.914	215.457	270.365
Kapitalwert	402.809					

Tabelle 3-10: ***Kapitalwertberechnung mithilfe der Optimierungssoftware Evolver***[254]

Unter der Berücksichtigung der Nebenbedingungen sucht die Optimierungssoftware die Absatzpreise und Werbeauszahlungen, bei denen der Kapitalwert maximal ist. Die weiteren Werte der Tabelle 3-10, wie bspw. Werte für den Marktanteil, ergeben sich, indem die Einsatzhöhen der Marketinginstrumente in die entsprechenden Funktionen eingesetzt werden. Es resultiert ein maximaler Kapitalwert i. H. v. 402.809 GE. Bei genauerer Betrachtung der ersten Periode wird erkennbar, dass die Einsatzhöhen für die Marketinginstrumente den oben analytisch ermittelten Werten entsprechen. Auch für die anderen Perioden können die durch die Optimierungssoftware ermittelten Werte analytisch bestimmt werden. Dies wird exemplarisch anhand der Periode 4 dargestellt.

Hierfür ist wieder der Ausdruck für den optimalen Preis (3-35) in die Optimalitätsbedingung (3-36) einzusetzen. Mittels Evolver ist die Werbeauszahlung zu bestimmen, bei der die Optimalitätsbedingung erfüllt ist. Es ergibt sich eine Werbeauszahlung i. H. v. 88.706 GE, woraus ein optimaler Absatzpreis i. H. v. 18,91 GE resultiert, wie in der Tabelle 3-10 abgebildet. Demnach ist für die Bestimmung des maximalen Kapitalwerts bzw. der optimalen Einsatzhöhe der Marketinginstrumente die Vorgehensweise auf jede Periode einzeln anzuwenden.[255]

Abschließend soll noch auf einige kritische Aspekte eingegangen werden. Zum einen kann kritisiert werden, dass in dem Beispiel, bis auf die Stückauszahlungen, die Perioden nicht miteinander verbunden werden. Somit werden die Auswirkungen des Einsatzes eines Marketinginstruments einer Periode auf

254 Für die Optimierungsübersicht vgl. Anhang II, S. 291 f.

255 Dies impliziert, dass keine Periodenverbundenheit vorliegt, womit unterstellt wird, dass die Absatzwirkungen von Werbeauszahlungen immer nur auf eine Periode beschränkt sind.

die Absatzmenge bzw. den Marktanteil der nächsten Periode ausgeklammert.[256] Außerdem sind die Daten, auf denen die Marktreaktionsfunktion basiert, mit Unsicherheit behaftet, so dass auch die Ergebnisse für die optimale Einsatzhöhe der Marketinginstrumente unsicher sind. Daher sollte ein Unternehmen nicht ohne weiteres die Ergebnisse übernehmen. Insbesondere wenn eine große Differenz zwischen dem Werbebudget bei ähnlichen Projekten und dem berechneten optimalen Werbebudget besteht, sollte eine etappenweise Anpassung erfolgen.[257] Als Vorteil der Anwendung von Marktreaktionsfunktionen kann gesehen werden, dass sich die Entscheidungsträger umfassend mit der Absatzwirkung von Marketinginstrumenten auseinander setzen müssen, wodurch Marktmechanismen besser nachvollzogen werden können. Daher ist eine analytische und quantifizierende Vorgehensweise auf Basis von Marktreaktionsfunktionen anderen heuristischen Verfahren, die im Marketingbereich vorzugsweise eingesetzt werden, vorzuziehen.

3.4 Wertschöpfungsstruktur-bezogene Quantifizierung

In diesem Abschnitt steht nach der Absatzmarkt- nun die Wertschöpfungsstruktur-bezogene Quantifizierung im Vordergrund. So wurden im obigen Abschnitt Annahmen hinsichtlich der Kostenentwicklung getroffen, die in den folgenden Ausführungen aufgehoben werden und eine aktive Gestaltung der Kosten erfolgt. Damit wurde schon eine Definition des Begriffs Kostenmanagement gegeben, nämlich die zielorientierte Gestaltung von Kosten. Die traditionelle Kostenrechnung, die vom Begriff Kostenmanagement differenziert wird, befasst sich hauptsächlich mit der Erfassung und der Verrechnung von Kosten und nicht mit der Kostenbeeinflussung.[258] Aus diesem Defizit heraus hat sich der inhaltliche Schwerpunkt zum Kostenmanagement entwickelt. Dennoch bleibt die Kostenrechnung ein wesentliches Instrument, das in den Unternehmen fest verankert ist und auf dem Maßnahmen des Kostenmanagements basieren.[259]

---

[256] Diese periodenübergreifenden Auswirkungen eines Marketinginstruments werden auch als dynamische Effekte bezeichnet; vgl. *Esch/Herman/Sattler* (2011), S. 377 f. Zur Modellierung dynamischer Effekte in Marktreaktionsfunktionen vgl. *Hruschka* (1996), S. 31 ff.

[257] Vgl. *Gedenk/Skiera* (1994), S. 262.

[258] Vgl. *Joos-Sachse* (2006), S. 76; *Stibbe* (2009), S. 6.

[259] Bspw. können Informationen der Abweichungsanalyse aus der Kostenrechnung zu Maßnahmen zur Kostenbeeinflussung führen; vgl. *Burger* (1999), S. 9 und *Franz* (1992), S. 1492 f.

Das Kostenmanagement lässt sich in die Bereiche operatives und strategisches Kostenmanagement unterteilen. Das operative Kostenmanagement hat einen kurzfristigen Betrachtungshorizont und versucht die Kosten im Rahmen von weitgehend fixen Kapazitäten zu beeinflussen. Da in den letzten Jahren eine Zunahme des Anteils der Fixkosten an den Gesamtkosten eines Unternehmens beobachtet werden konnte und somit die Möglichkeiten der Beeinflussung der Kosten auf kurze Sicht abnehmen, verliert das operative Kostenmanagement an Bedeutung im Vergleich zum strategischen Kostenmanagement.[260] Das strategische Kostenmanagement hat einen langfristigen Betrachtungshorizont, so dass die auf kurze Sicht fixen Kapazitäten nun disponierbar sind und seitens des Unternehmens zieloptimiert beeinflusst werden können.

Gestaltungsmöglichkeiten ergeben sich hinsichtlich Niveau, Verlauf und Struktur der Kosten.[261] Das Ziel im Rahmen des Kostenniveau-Managements liegt in der Senkung der Gesamtkosten eines Unternehmens. Zu diesem Zweck wird versucht, entbehrliche Prozesse und Komponenten beim Produkt bzw. Fertigungsverfahren, durch die Kosten verursacht werden, zu identifizieren und zu vermeiden. In diesem Zusammenhang spielen Rationalisierungsmaßnahmen eine wichtige Rolle.[262]

Beim Kostenverlaufs-Management steht der Reaktionszusammenhang zwischen den Kosten und einem Kostenfaktor, in der Regel die Produktionsmenge, im Vordergrund. Es wird untersucht, wie sich die Kosten bei einer Veränderung der Produktionsmenge verhalten.[263] Dabei können ein progressiver und ein degressiver Kostenverlauf unterschieden werden.[264] Die Aufgabe des Kostenmanagements besteht in der gezielten Beeinflussung des Kostenverlaufs, so dass die Stückkosten gesenkt werden.[265]

---

260 Vgl. *Kremlin-Buch* (2007), S. 7 f.; *Burger* (1999), S. 9; *Stibbe (*2009), S. 7.
261 Vgl. *Reiß/Corsten* (1992), S. 1480-1489.
262 Vgl. ebenda.
263 Daher wird in diesem Zusammenhang auch vom „Management des Kostenverhaltens“ gesprochen; *Stibbe* (2009), S. 11.
264 Bei einem progressiven Kostenverlauf steigen die Stückkosten mit zunehmender Outputmenge an, während sie bei einem degressiven Kostenverlauf sinken. Als Gründe für einen progressiven Kostenverlauf kommen steigende Ausschusskosten oder Koordinationskosten und für einen degressiven Kostenverlauf steigende Skalenerträge oder Erfahrungskurveneffekte in Betracht; vgl. *Reiß/Corsten* (1992), S. 1481.
265 Vgl. *Stibbe* (2009), S. 11.

Die Maßnahmen des Kostenstruktur-Managements zielen auf eine Optimierung der Kostenzusammensetzung ab. Insbesondere die Aufteilung der Kosten in fixe und variable Kosten steht hier im Fokus.[266] Hierbei stellt bei der Produktprojekt-Orientierung die Kostenstruktur des Lebenszyklus das Gestaltungsobjekt dar.

Dementsprechend werden im Rahmen dieses Abschnitts zwei wesentliche Bereiche des strategischen Kostenmanagements betrachtet, mit denen die Kosten eines Unternehmens bzw. Produktprojekts maßgeblich beeinflusst werden können. Im ersten Problemfeld steht die Optimierung der intertemporalen Kostenstruktur im Vordergrund. Hierbei geht es beim Produktprojekt um den Trade-Off zwischen Investitionskosten und den laufenden Produktionskosten. Die Vorverlagerung von Kosten zum Beginn des Lebenszyklus eines Produktprojekts beeinflusst die Kosten der folgenden Lebenszyklusphasen,[267] so dass sich hier aus Sicht des strategischen Kostenmanagements Gestaltungsmöglichkeiten ergeben. Es werden Ansätze vorgestellt, mit denen die intertemporale Kostenstruktur ermittelt werden kann, bei der die Gesamtkosten am niedrigsten sind.

Der zweite hier behandelte Bereich des strategischen Kostenmanagements stellt das Zielkostenmanagement dar. Bei diesem Ansatz erfolgt die Preisgestaltung nicht nach der Cost-Plus-Methode, sondern auf der Grundlage einer marktorientierten Ausrichtung. Während bei der Cost-Plus-Methode gefragt wird: „Was wird ein Produkt kosten?“, lautet die Fragestellung bei der marktorientierten Ausrichtung: „Was darf ein Produkt kosten?“.[268] Es wird von den Preisen ausgegangen, die am Markt erzielt werden können, von denen eine gewünschte Zielrendite abgezogen wird, um die vom Markt erlaubten Kosten zu erhalten. Hierbei muss wiederum der gesamte Lebenszyklus betrachtet werden, wodurch sich das Problem ergibt, dass die Kosten der Vor- und Nachlaufphase bei der Kostengestaltung berücksichtigt werden müssen. Im Rahmen der Be-

---

266 Das Ziel stellt hierbei nicht die Minimierung von Fixkosten dar, sondern die Gestaltung der fixen und variablen Kosten hin zu einer optimalen Kostenstruktur; vgl. *Reiß/Corsten* (1992), S. 1486 f.

267 In der Betrachtung müssen alle Lebenszyklusphasen, also Vorlauf-, Markt- und Nachlaufphase, berücksichtigt werden. Es reicht nicht aus, nur die Marktphase zu betrachten, da „[m]it den Erlösen der Marktphase [...] auch die Kosten der Vor- und Nachlaufphase erwirtschaftet werden [müssen]“; *Burger* (1999), S. 6.

268 *Kremin-Buch* (2007), S. 118 (1. und 2. Zitat).

handlung dieses Themenbereichs werden Ansätze vorgestellt und erweitert, mit denen eine marktorientierte und dynamische Kostengestaltung erfolgen kann.

In diesem Zusammenhang ist allerdings anzumerken, dass es sich bei der Kostengestaltung von Produktprojekten um langfristige, strategische Entscheidungen handelt und Zahlungsgrößen anstelle von Kostengrößen herangezogen werden sollten. Daher müsste hier anstatt vom strategischen Kostenmanagement im Grunde eher vom strategischen „Auszahlungsmanagement" gesprochen werden.[269]

3.4.1 Optimierung von Kapazitäts- und Produktionskosten

In diesem Abschnitt wird der Trade-Off zwischen den Anfangs- und Folgekosten oder, wie hier bezeichnet, den Kapazitäts- und Produktionskosten eines Produktprojekts untersucht. Die Kapazitätskosten stellen in diesem Zusammenhang die Kosten der Vorlaufphase dar und setzen sich hauptsächlich aus Sachinvestitionen für Fertigungsanlagen sowie Forschungs-, Entwicklungs- und Konstruktionskosten zusammen. Die Produktionskosten stellen die Kosten der Marktphase dar und ergeben sich aus den Stückkosten eines Produkts multipliziert mit der geplanten Produktionsmenge.

Im Mittelpunkt der Betrachtung steht die Erfolgsprognose und Bewertung von Produktprojekten, weshalb eine langfristige Sichtweise einzunehmen und die Kostenstruktur des Produktprojekts gestaltbar ist, so dass zu Beginn der Betrachtungen alle Kosten als variabel angesehen werden können. Somit werden alle Kosten des Produktprojekts in das Optimierungskalkül einbezogen. Auch wenn die Kapazitätskosten in der Vorlaufphase nur einen geringen Anteil an den Gesamtkosten des Produktprojekts haben, wirken sie sich entscheidend auf die Produktionskosten in der Marktphase aus. Dementsprechend sind die

[269] Vgl. zu dieser Begriffsverwendung auch *Götze* (2010), S. 272 und *Horsch* (2010), S. 15. So konstatiert *Götze* (2010), S. 317, dass aufgrund der dynamischen Betrachtungsweise „[f]ür derartige Rechnungen [...] die Bezugnahme auf unperiodisierte Zahlungsgrößen empfohlen [wird]". Auch *Baden* (1997), S. 79 hält fest, „daß allein die pagatorische mehrperiodig-dynamische Investitionsrechnung als geeignete strategische Planungsrechnung (und damit auch als strategische Kontrollrechnung) anzusehen ist" und dass „[e]in Vergleich von strategischer und operativer Kostenrechnung bedeutet, Äpfel mit Birnen zu vergleichen"; *Baden* (1997), S. 69. Nach *Schild* (2005), S. 234 steht in der Lebenszyklusrechnung der Erfolg des Produktprojekts und nicht die Periodenerfolge im Mittelpunkt, so dass auf Periodisierungen der Rechengrößen verzichtet werden kann.

Gestaltungsmöglichkeiten der Kostenstruktur zu Beginn des Produktprojekts am größten.[270] Die Entscheidungsträger stehen also vor der Aufgabe, wie die Aufteilung der Kapazitäts- und Produktionskosten zu erfolgen hat, wofür ein Wirkungszusammenhang zwischen diesen quantifiziert werden muss.

Für den Wirkungszusammenhang zwischen den Kapazitäts- und Produktionskosten, hier als Trade-Off bezeichnet, können vier verschiedene Gestaltungsmöglichkeiten unterschieden werden:[271]

(1) Niedrigere Kapazitätskosten bewirken niedrigere Produktionskosten.
(2) Niedrigere Kapazitätskosten bewirken höhere Produktionskosten.
(3) Höhere Kapazitätskosten bewirken niedrigere Produktionskosten.
(4) Höhere Kapazitätskosten bewirken höhere Produktionskosten.

Unter der Annahme, dass die Erlösdimension von den vier Möglichkeiten unberührt bleibt, würde (4) als Verschwendung interpretiert werden und wäre als Gestaltungsziel folglich abzulehnen.[272] Die Konstellation (1) stellt den Idealfall dar und wäre im Fall einer möglichen Realisierung anzustreben. Realiter werden die Entscheidungsträger zwischen den Möglichkeiten (2) und (3) wählen müssen. Bei (2) besteht die Gefahr, dass aufgrund einer kurzfristigen Sichtweise den Kapazitätskosten im Vergleich zu den Produktionskosten eine zu hohe Gewichtung beigemessen wird, so dass diese Gestaltungsmöglichkeit einen positiven Effekt auf die kurzfristige Ertragssituation hat. Andererseits könnte die Gestaltungsmöglichkeit (3) dazu führen, dass Kostensenkungspotenziale bei den Kapazitätskosten unberücksichtigt bleiben.[273] Steht ein Entscheidungsträger vor der Auswahl der Möglichkeiten (2) und (3) hinsichtlich der Gestaltung der Kostenstruktur eines Produktprojekts, bspw. in Form der Anschaffung einer Produktionsanlage, hat diese Entscheidung auf der Basis eines Vorteilhaftig-

---

[270] Vgl. *Ehrlenspiel/Kiewert/Lindemann* (2007), S. 11 f., die die Bedeutung der Vorlaufphase mit folgenden Worten umschreiben: „Was hier falsch gemacht wird, kann in der Folge, wenn überhaupt, nur mit sehr hohem Aufwand korrigiert werden." Diesen Aspekt fasst *Schild* (2005), S. 261 unter dem Begriff „Frühzeitigkeit" als Orientierung des Kostenmanagements zusammen.

[271] Vgl. in Bezug auf den Systemlebenszyklus von komplexen Investitionsprojekten *Wübbenhorst* (1992), S. 248 ff. Die Überlegungen können gleichermaßen auf Produktprojekte angewendet werden; vgl. *Götze* (2000), S. 268 ff.

[272] Vgl. *Wübbenhorst* (1992), S. 256.

[273] Vgl. *Götze* (2000), S. 270.

keitskriteriums zu erfolgen.[274] Die Möglichkeit, die die minimalen Gesamtkosten über den gesamten Lebenszyklus des Produktprojekts aufweist, ist zu wählen.

Ein in der Literatur häufig verwendetes Beispiel, mit dem der Sachverhalt in einfacher Form dargestellt werden kann, ist die Entscheidung über den Kauf eines „Benziner" oder „Diesel"- Fahrzeugs.[275] Die Anschaffungskosten des „Diesel"-Fahrzeugs sind höher als beim „Benziner", dafür dürften aber die Folgekosten pro Kilometer beim „Diesel"-Fahrzeug geringer sein. Welche Alternative erfolgreicher ist, hängt von der voraussichtlichen Fahrleistung ab.[276] Diese Entscheidungssituation kann auch auf Unternehmen übertragen werden, bspw. bei der Zusammensetzung des Fuhrparks oder bei der Anschaffung von Anlagen, die sich hinsichtlich der Anschaffungsauszahlung und den Produktionsstückkosten unterscheiden.[277] In Abbildung 3-6 wird die Wechselwirkung zwischen den Kapazitäts- und Produktionskosten veranschaulicht.

Anhand dieser lässt sich der Trade-Off zwischen den Kapazitäts- und Produktionskosten erläutern. Bei der Gestaltungsmöglichkeit (3) sind zwar die Anschaffungsauszahlungen höher, dafür sind aber im Vergleich zur Gestaltungsmöglichkeit (2) die Produktions- und Entsorgungsauszahlungen geringer. Je länger bspw. die Anlage genutzt wird, respektive je mehr auf der Anlage produziert wird, umso höher ist der Anteil der Produktionskosten an den Gesamtkosten, so dass die Möglichkeit (3) immer vorteilhafter wird. Umgekehrt wird die Möglichkeit (2) bei niedrigeren Produktionsmengen, aufgrund des steigenden Anteils der Kapazitätskosten an den Gesamtkosten, vorteilhafter.

---

274 Vgl. ebenda. Nach *Schild* (2005), S. 322 sind die Gestaltungsmöglichkeiten (2) und (3) „nach dem Vorteilhaftigkeitskriterium zu wählende Strategien, bei denen man sich gedanklich auf einer Kurve effizienter Austauschverhältnisse zwischen Anfangs- und Folgekosten bewegt."

275 Vgl. stellvertretend *Götze* (2001), S. 135-147. Vgl. auch das Beispiel bei *Knauer/Drünkler* (2012), S. 677 ff.

276 Vgl. ebenda, S. 140. Die Folgekosten setzen sich hier aus Kraftstoffkosten, Steuern und Versicherungskosten sowie Wartungs- und Reparaturkosten zusammen. Außerdem sind Unterschiede beim Liquidationserlös durch einen evtl. Verkauf nach der Nutzungsdauer in die Betrachtung einzubeziehen.

277 So stehen bspw. zwei Fertigungsanlagen zur Auswahl.

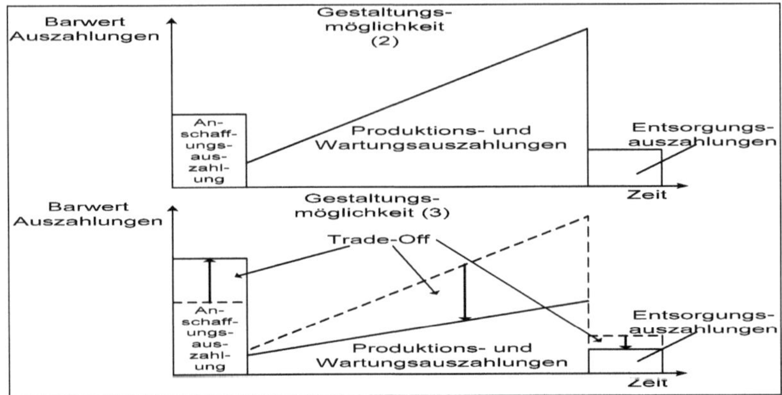

Abbildung 3-6: ***Zusammenhang zwischen Kapazitäts- und Produktionsauszahlungen***[278]

Die Optimierung von Kapazitäts- und Produktionskosten unter Berücksichtigung des Trade-Offs kann graphisch dargestellt werden (siehe Abbildung 3-7). Für die Gestaltungsmöglichkeiten (2) und (3) gilt, dass solange die Kosten der Vorlaufphase zunehmen (abnehmen), dies zu einer Abnahme (Zunahme) der Kosten der Markt- und Nachlaufphase führen muss.[279] Daher ist die Zusammensetzung der Kostenstruktur gesucht, bei der das Verhältnis der Kapazitäts- und Produktionskosten zu minimalen Gesamtkosten führt. Dieses Verhältnis kann als intertemporales Kostenminimum bezeichnet werden, in dem die Grenzkosten der Vorlaufphase den Grenzersparnissen der Markt- und Nachlaufphase entsprechen müssen.[280]

Die Bestimmung des intertemporalen Kostenminimums erfolgt dabei als Gegenwartswert, so dass Zinseffekte berücksichtigt werden müssen.[281] Alle über den Lebenszyklus hinweg geplanten Auszahlungen sind mit einem Kalkulationszinssatz auf den Betrachtungszeitpunkt zu diskontieren. Die Berücksichtigung des Zinseffekts wirkt sich auch auf die Gestaltung der optimalen Kostenstruktur aus. Ausschließlich bezogen auf den Zinseffekt ist es für ein Unternehmen vorteilhafter, die Auszahlungen in die Zukunft zu verschieben. Dies liegt daran, dass bspw. in der Zwischenzeit die finanziellen Mittel zum Kalkulationszinssatz

278 In Anlehnung an *Taylor* (1981), S. 37.

279 Vgl. ebenda, S. 36.

280 Vgl. *Schild* (2005), S. 323.

281 Wie bereits vorher erläutert, wird hier von einem zahlungsorientierten Kostenbegriff ausgegangen. Daher stellt *Kemminer* (1999), S. 141 klar, dass „[d]ie Verwendung der Termini 'Kosten' und 'Erlöse' [...] nicht über die methodische Nähe des Konzepts zur Investitionsrechnung hinwegtäuschen [darf]“.

investiert werden können. Somit ist eine Auszahlung in der Zukunft aus der jetzigen Sicht im Vergleich zu einer gleich hohen Auszahlung zum Gegenwartszeitpunkt weniger wert. In Bezug auf die Gestaltung der intertemporalen Kostenstruktur wirkt sich daher der Zinseffekt auf eine Vorverlagerung negativ aus.[282]

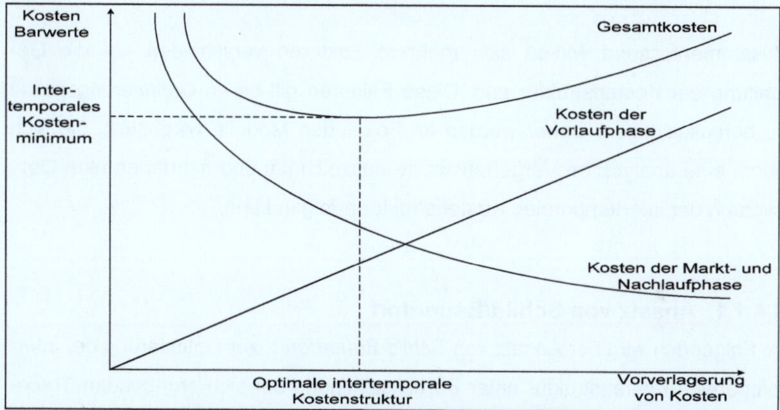

Abbildung 3-7: ***Optimierung der intertemporalen Kostenstruktur***[283]

Neben dem Zinseffekt beeinflussen noch einige weitere Faktoren die Gestaltung der Kostenstruktur, von denen im Folgenden die wichtigsten kurz erläutert werden.[284] Ein entscheidender Faktor ist, mit welcher Höhe die Wirkungsstärke einer Kostenvorverlagerung auf die Produktionsstückkosten festgelegt wird.[285] Hierfür muss folgende Frage beantwortet werden: Wie hoch sind die Einsparungen durch die Vorverlagerung einer Geldeinheit? Demnach wirkt sich eine hohe Wirkungsstärke positiv auf die Vorverlagerung aus. Allerdings wäre es unplausibel, davon auszugehen, dass die Wirkungsstärke konstant ist, so dass bei einer zunehmenden Vorverlagerung eher von einer abnehmenden Grenzersparnis auszugehen ist.

Wesentliche Auswirkungen auf die Kostenstruktur haben auch die geplanten Produktionsmengen. Je größer die zu erwartenden Produktionsmengen sind,

---

[282] Vgl. *Schild* (2005), S. 330.

[283] Quelle: *Schild* (2005), S. 323 m. w. N.

[284] Die folgenden Ausführungen hierzu beziehen sich auf *Schild* (2005), S. 327-332.

[285] In diesem Zusammenhang wird oft die Faustformel von *Shields/Young* zitiert, welche besagt, dass durch die Vorverlagerung einer GE die Kosten in der Markt- und Nachlaufphase um acht bis zehn GE sinken; vgl. *Shields/Young* (1991), S. 39-52.

umso größer ist der Anteil der Produktionskosten an den Gesamtkosten, so dass sich hier aufgrund der Wechselwirkung zwischen Kapazitäts- und Produktionskosten ein positiver Effekt auf die Vorverlagerung ergibt.[286] Allerdings wirkt sich in dieser Hinsicht bei einer insgesamt höheren Produktionsmenge der Erfahrungskurveneffekt negativ auf die Vorverlagerung aus.

Zusammenfassend wirken sich mehrere Faktoren verschieden auf die Gestaltung der Kostenstruktur aus. Diese Faktoren gilt es im Optimierungskalkül zu berücksichtigen. Daher werden im Folgenden Modelle vorgestellt, die sich durch eine analytische Vorgehensweise auszeichnen und mit denen eine Optimierung der intertemporalen Kostenstruktur erfolgen kann.

3.4.1.1 Ansatz von Schild/Bauerdorf

Im Folgenden wird der Ansatz von *Schild/Bauerdorf*[287] zur Optimierung der intertemporalen Kostenstruktur unter Berücksichtigung der sich ergebenden Trade-Offs zwischen Kapazitäts- und Produktionskosten vorgestellt. In den Ausführungen wird unterstellt, dass eine phasenbezogene Verlagerung von Kosten keine Auswirkungen auf die Erlösdimension hat, so dass nur die Kostendimension betrachtet werden muss. Daraus ergibt sich folgende Zielfunktion:

$$BWZK_0 = BWZEK_0^v + BWZPK_0^m \qquad (3\text{-}42)$$

Nach (3-42) ergibt sich der Barwert der gesamten Zielkosten ($BWZK$) aus der Summe des Barwerts der Zielentwicklungskosten der Vorlaufphase ($BWZEK^v$) und dem Barwert der Zielproduktionskosten der Marktphase ($BWZPK^m$).[288] Hierbei ergibt sich $BWZPK^m$ wie folgt:[289]

---

[286] Neben den hier dargestellten Einflussfaktoren nennt *Schild* noch den Realisierungsgrad, projektübergreifende Interdependenzen und die Unsicherheit; vgl. hierzu detailliert *Schild* (2005), S. 329-331.

[287] Vgl. sowohl *Schild/Bauerdorf* (2005), S. 105-112 als auch *Schild* (2005), S. 346-361.

[288] Die Nachlaufphase wird aus Komplexitätsgründen vernachlässigt; vgl. *Schild* (2005), S. 355.

[289] Im Unterschied zu den Ausführungen von *Schild* (2005), S. 347 wird die Betrachtung weg von der Komponentenebene hin zur Gesamtproduktebene verlagert, so dass mit anderen Worten angenommen wird, dass das Produkt nur aus einer Komponente besteht. Aufgrund des für diese Arbeit fehlenden Erkenntnisgewinns durch die Einbeziehung der Komponentenebene wird diese Vereinfachung vorgenommen.

$$BWZPK_0^m = zpk_{v+1} \cdot \sum_{t=v+1}^{v+m} zx_t \cdot q^{-t} \cdot ks_t \tag{3-43}$$

Der Barwert der Zielproduktionskosten der Marktphase determiniert sich über das Produkt der durchschnittlichen Zielproduktkosten je Stück in der ersten Periode der Marktphase (zpk_{v+1}) und dem Barwert des Produkts aus Zielmenge (zx_t) und Kostensenkungsfaktor einer Periode (ks_t).[290] In den Kostensenkungsfaktoren, die sich auf die durchschnittlichen Zielproduktkosten je Stück der ersten Periode der Marktphase (zpk_{v+1}) beziehen, wird der Erfahrungskurveneffekt berücksichtigt. Das Konzept der Erfahrungskurve besagt, dass mit jeder Verdoppelung der kumulierten Produktionsmenge die Produktionsstückkosten um einen konstanten Prozentsatz sinken.[291] Die durchschnittlichen Stückkosten einer Periode ergeben sich nach dem Erfahrungskurvenkonzept wie folgt:[292]

$$zpk_t = \frac{a^{ERF} \cdot \left(ZX_t^{1-b} - ZX_{t-1}^{1-b^{ERF}} \right)}{\left(ZX_t - ZX_{t-1} \right) \cdot \left(1 - b^{ERF} \right)} \tag{3-44}$$

Hier steht a^{ERF} für die Stückkosten der ersten Produktionseinheit, ZX für die kumulierte Produktionsmenge und b^{ERF} gibt unter Berücksichtigung der Lernrate l den Degressionsfaktor an, der sich aus dem Quotienten $-\frac{\ln(1-l)}{\ln 2}$ ergibt.[293] Der Kostensenkungsfaktor gibt an, wie sich im Zeitverlauf die Stückkosten der Produktion im Verhältnis zu den Stückkosten der ersten Periode der Marktphase verringern. Dementsprechend beträgt der Kostensenkungsfaktor für die erste Periode der Marktphase immer 1. Die Stückkosten der ersten Periode der Marktphase beim Erfahrungskurvenkonzept werden wie folgt berechnet:

---

290 Der Faktor q^{-t} gibt den Diskontierungsfaktor an, v die Dauer der Vorlaufphase und m die Dauer der Marktphase.

291 Vgl. *Baum/Coenenberg/Günther* (2007), S. 91

292 Vgl. ebenda, S. 98.

293 Vgl. *Coenenberg/Fischer/Günther* (2012), S. 426 ff., allerdings mit dem Unterschied, dass die Autoren eine sonderbare Definition der Lernrate verwenden. Die von den Autoren bezeichnete Lernrate entspricht in dieser Arbeit dem Ausdruck 1 – l. So steht in dieser Arbeit eine Lernrate von 10% für eine Senkung der Stückkosten von 10% bei einer Verdoppelung der kumulierten Produktionsmenge, während für das gleiche Beispiel, die von den Autoren verwendete Lernrate 90% beträgt, für die sich die Stückkosten bei einer Verdoppelung der kumulierten Produktionsmenge auf 90% des vorausgegangenen Niveaus reduzieren. Daraus folgt nach der Definition von den Autoren folgender befremdlicher Satz: „Je kleiner die Lernrate [...] betragsmäßig ist, um so größer werden die betrieblichen Kostensenkungspotenziale"; *Coenenberg/Fischer/Günther* (2012), S. 428. Dabei sollte vielmehr davon auszugehen sein, dass eine höhere Lernrate zu höheren Kostensenkungen führt.

$$zpk_{v+1} = \frac{a^{ERF} \cdot ZX_{v+1}^{1-b^{ERF}}}{ZX_{v+1} \cdot \left(1-b^{ERF}\right)} \tag{3-45}$$

Hierbei gibt v die Dauer der Vorlaufphase an, so dass v+1 für die erste Periode der Marktphase steht. Die Berechnung der Kostensenkungsfaktoren für die restlichen Perioden der Marktphase erfolgt, indem (3-44) ins Verhältnis zu (3-45) gesetzt wird. Daraus resultiert folgender Ausdruck:[294]

$$ks_t = \frac{\left(ZX_t^{1-b^{ERF}} - ZX_{t-1}^{1-b^{ERF}}\right)}{\left(ZX_t - ZX_{t-1}\right)} \cdot ZX_{v+1}^{b^{ERF}} \tag{3-46}$$

Der Wirkungszusammenhang zwischen den Kosten der Vorlaufphase und den Stückkosten der ersten Periode der Marktphase wird wie folgt formuliert:[295]

$$zpk_{v+1} = -\left(\frac{1-g^{\frac{BWZEK_0^v - c}{d}}}{1-g}\right) \cdot f + h \tag{3-47}$$

Zunächst wird ein Ausgangspunkt vor der Optimierung durch die Parameter c und h berücksichtigt, wobei c den Barwert der Kosten der Vorlaufphase und h die durchschnittlichen Stückkosten der ersten Periode der Marktphase vor der Optimierung wiedergibt. Die Parameter f und d werden „aus einem alternativen diskreten Szenario“[296] abgeleitet, mit denen die Wirkungsstärke modelliert wird. Dabei steht f für den Betrag, um den die durchschnittlichen Stückkosten der ersten Periode der Marktphase gesenkt werden können, wenn die Kosten der Vorlaufphase um einen Betrag d erhöht werden. Die abnehmende Grenzersparnis wird durch den Parameter g in prozentualer Form einbezogen.[297]

Zur Bestimmung des intertemporalen Kostenminimums ist zunächst (3-47) in (3-43) und der daraus resultierende Ausdruck in die Zielfunktion (3-42) einzusetzen:[298]

---

[294] Die Formel zur Berechnung der Kostensenkungsfaktoren weicht von der Formel von *Schild* (2005), S. 290 ab, führt aber zum gleichen Ergebnis. Für die Herleitung der Formel vgl. Anhang III, S. 293.

[295] Vgl. *Schild* (2005), S. 349.

[296] Ebenda.

[297] Durch den Ausdruck (3-47) wird von einem Wirkungszusammenhang zwischen den Kapazitäts- und Produktionskosten ausgegangen, bei dem „eine Erhöhung der Zielentwicklungskosten zu einer Reduzierung der Zielproduktkosten führt, weil mehr Aufwand in die als erfolgreich unterstellte Suche nach weiteren Kostensenkungsmöglichkeiten investiert wird“; *Schild/Bauerdorf* (2005), S. 107.

[298] Vgl. ebenda, S. 109.

$$BWZK_0 = BWZEK_0^v + \sum_{t=v+1}^{v+m} zx_t \cdot ks_t \cdot q^{-t} \cdot \left[-\left(\frac{1-g^{\frac{BWZEK_0-c}{d}}}{1-g} \right) \cdot f + h \right] \quad (3\text{-}48)$$

Daraus resultiert die Formel für den Barwert der gesamten Zielkosten, bei der die Kosten der Marktphase abhängig von den Kosten der Vorlaufphase sind. Die optimale Höhe der Kosten der Vorlaufphase ergibt sich, wenn das Differential von (3-48) gleich null gesetzt und nach $BWZEK_0^v$ aufgelöst wird:[299]

$$BWZEK_0^{v,opt} = \ln\left(-\frac{(1-g)\cdot d}{\sum_{t=v+1}^{v+m} zx_t \cdot ks_t \cdot q^{-t} \cdot f \cdot \ln g} \right) \cdot \frac{d}{\ln g} + c \quad (3\text{-}49)$$

Zur Veranschaulichung und für spätere Vergleichszwecke wird das Zahlenbeispiel von *Schild/Bauerdorf* kurz dargestellt.[300] Dabei werden folgende Werte für die Parameter angenommen:

c	10.000.000		
h	50.000		
d	1.000.000		
f	1.500		
g	80%		
Periode t (v = 2, m = 3)	3	4	5
zx	200	600	400

Tabelle 3-11: ***Zahlenbeispiel nach Schild/Bauerdorf***

Es wird eine Lernrate von 20% unterstellt, so dass mithilfe von (3-46) die Kostensenkungsfaktoren ermittelt werden können:

Periode	3	4	5
ks	1	0,5200	0,4050

Tabelle 3-12: ***Kostensenkungsfaktoren in der Marktphase***

Unter Berücksichtigung eines Kalkulationszinssatzes von 10% und den angegebenen Parametern ergeben sich durch Einsetzen in (3-49) die optimalen Kosten der Vorlaufphase i. H. v. 8.866.272 GE. Daran anknüpfend können folgende Werte bestimmt werden.

299 Vgl. zur Herleitung des ersten sowie des zweiten Differentials von (3-48) *Schild* (2005), S. 371 ff.

300 Vgl. *Schild/Bauerdorf* (2005), S. 110 f., allerdings nicht auf Komponentenebene, sondern auf Produktebene angepasst und dargestellt.

Periode	3	4	5
durchschnittliche Stückkosten	52.158,97	27.122,66	21.126,93
Produktionskosten	10.431.794	16.273.599	8.450.773
Barwert Kosten der Marktphase	24.199.914		
Barwert Kosten der Vorlaufphase	8.866.272		
Barwert Gesamtkosten	33.066.186		

Tabelle 3-13: ***Intertemporales Kostenminimum nach Schild/Bauerdorf***

Im Vergleich zur Ausgangssituation ist es in diesem vorliegenden Fall vorteilhafter, die Kosten der Vorlaufphase zu reduzieren und zwar um einen Betrag i. H. v. 1.133.728 GE auf 8.866.272 GE.[301] Dadurch ergibt sich ein geringerer Barwert der Gesamtkosten i. H. v. 33.066.186 GE, der gleichzeitig das intertemporale Kostenminimum darstellt.

Alternativ könnte der Ansatz dahingehend modifiziert werden, dass der funktionale Zusammenhang zwischen den Kosten der Vorlaufphase und den durchschnittlichen Stückkosten der ersten Periode der Marktphase nicht wie in (3-47), sondern gemäß folgender Exponentialfunktion unterstellt wird:

$$zpk_{v+1} = \gamma \cdot BWZEK_0^{-\delta} \tag{3-50}$$

Hierbei geben die Parameter γ und δ die Lage der Funktion an. Zur Ermittlung der Parameter ist der Ausgangspunkt des obigen Rechenbeispiels heranzuziehen.[302] Vor der Optimierung betragen die durchschnittlichen Stückkosten der ersten Periode der Marktphase 50.000 GE (*h*) bei einem Barwert der Kosten der Vorlaufphase i. H. v. 10.000.000 GE (*c*). Des Weiteren ist die Information gegeben, dass eine Erhöhung der Kosten der Vorlaufphase um 1.000.000 GE (*d*) zu einer Senkung der durchschnittlichen Stückkosten um 1.500 GE (*f*) führt. Aus diesen Informationen lassen sich folgende zwei Gleichungen aufstellen:

$$\begin{aligned} 50.000 &= \gamma \cdot 10.000.000^{-\delta} \\ 48.500 &= \gamma \cdot 11.000.000^{-\delta} \end{aligned} \tag{3-51}$$

Durch Auflösung der zwei Gleichungen nach den unbekannten Parametern ergibt sich für γ ein Wert i. H. v. 8.630.352,84 und für δ ein Wert i. H. v. 0,31958. Durch das Einsetzen der Exponentialfunktion (3-50), mit den angegebenen Werten für die Parameter als funktionaler Zusammenhang zwischen den Kosten der Vorlaufphase und den durchschnittlichen Stückkosten der ers-

[301] Dieser Betrag ergibt sich aus der Differenz von 10.000.000 GE (gleich c) und den optimalen Kosten der Vorlaufphase i. H. v. 8.866.272 GE.

[302] Vgl. *Schild/Bauerdorf* (2005), S. 110.

ten Periode der Marktphase, in die Zielfunktion (3-48), entsteht folgender Ausdruck:

$$BWZK_0 = BWZEK_0^v + \sum_{t=v+1}^{v+m} zx_t \cdot ks_t \cdot q^{-t} \cdot \gamma \cdot BWZEK_0^{-\delta} \tag{3-52}$$

Zur Berechnung des minimalen Barwerts der Kosten der Vorlaufphase muss das Differential von (3-52) bestimmt werden:

$$\frac{\partial BWZK_0}{\partial BWZEK_0} = 1 + \sum_{t=v+1}^{v+m} zx_t \cdot ks_t \cdot q^{-t} \cdot \gamma \cdot (-\delta) \cdot BWZEK_0^{-\delta-1} \tag{3-53}$$

Das Gleichsetzen des Differentials von (3-53) mit null und die Auflösung nach $BWZEK_0^v$ ergibt die optimale Höhe der Kosten der Vorlaufphase:

$$BWZEK_0^{v,opt} = \left(\frac{-1}{\sum_{t=v+1}^{v+m} zx_t \cdot ks_t \cdot q^{-t} \cdot \gamma \cdot (-\delta)} \right)^{\frac{1}{-\delta-1}} \tag{3-54}$$

Setzt man die Zahlen des obigen Beispiels in (3-54) ein, erhält man optimale Kosten der Vorlaufphase in Höhe von 7.970.942 GE. Im Vergleich zum obigen Ansatz sind die Kosten der Vorlaufphase geringer. Dies liegt an dem Umstand, dass der Anstieg der durchschnittlichen Stückkosten der ersten Periode der Marktphase, durch eine Verringerung der Kosten der Vorlaufphase bei Verwendung der Exponentialfunktion, geringer ausfällt als im Vergleich zur vorhergehenden Berechnung. Dadurch ergeben sich hier niedrigere optimale Vorlaufkosten.

Zusammenfassend kann dem modifizierten Ansatz der Vorteil der geringeren Komplexität der Formelausdrücke zugesprochen werden. Allerdings ist damit der Verlust der expliziten Formulierung der abnehmenden Grenzersparnis verloren, durch die es möglich ist, das Ausmaß der Reduzierung (Erhöhung) der durchschnittlichen Stückkosten durch eine weitere Erhöhung (Reduzierung) der Vorlaufkosten im Modell von *Schild/Bauerdorf* explizit festzulegen.[303]

[303] Vgl. *Schild/Bauerdorf* (2005), S. 108 f. bzw. *Schild* (2005), S. 350.

3.4.1.2 Alternativer Optimierungsansatz

3.4.1.2.1 Statische Modellstruktur

Im Folgenden wird ein alternativer Ansatz vorgestellt, mit dem eine Optimierung von Kapazitäts- und Produktionskosten erfolgen kann, der aber im Vergleich zum obigen Ansatz wesentlich vereinfacht ist. Es werden nicht alle Perioden des Lebenszyklus betrachtet, sondern nur eine repräsentative Periode, so dass dieser Ansatz den statischen Verfahren zuzuordnen ist. Für die betrachtete Periode ist daher auf Durchschnittsgrößen zurückzugreifen. Als Entscheidungssituation könnte bspw. die Anschaffung einer Anlage mit hohen Anschaffungskosten und niedrigen Produktionsstückkosten oder die Anschaffung einer Anlage mit niedrigeren Anschaffungskosten und dafür höheren Produktionsstückkosten betrachtet werden.

Aufgrund der Einperiodigkeit des Ansatzes sind die Kapazitätskosten der Vorlaufphase auf die Perioden der Marktphase zu verteilen. Zusätzlich zu diesen kalkulatorischen Abschreibungen sind noch die Zinsen auf die durchschnittliche Kapitalbindung einzubeziehen.[304] Werden die kalkulatorischen Abschreibungen und die kalkulatorischen Zinsen als Fixkosten einer Periode (*FK*) definiert, kann folgender Zusammenhang zwischen den Kapazitätskosten (*KK*) und den Fixkosten formuliert werden:

$$FK = \frac{KK}{m} + \frac{KK}{2} \cdot i \tag{3-55}$$

Außerdem ist eine Abhängigkeitsbeziehung zwischen den Kosten der Vorlaufphase und den Kosten der Marktphase herzustellen. Da die Höhe der Fixkosten durch die Höhe der Kapazitätskosten determiniert ist, wird ein Zusammenhang zwischen den Fixkosten und den durchschnittlichen Stückkosten ($\overline{zpk}$) formuliert. Hierfür wird, anknüpfend an den vorherigen Abschnitt, für die Abhängigkeitsbeziehung eine Exponentialfunktion angenommen:

$$\overline{zpk} = \gamma \cdot FK^{-\delta} \tag{3-56}$$

Die durchschnittlichen Produktionsstückkosten sind somit von der Höhe der Fixkosten, die wiederum von den Kapazitätskosten determiniert sind, abhängig.

---

304 Vgl. zur Berechnung kalkulatorischer Zinsen auf Basis der durchschnittlichen Kapitalbindung bspw. *Götze* (2010), S. 58, wobei hier unterstellt wird, dass die Anlage bis zum Ende der Lebensdauer genutzt wird, so dass kein Restwert bzw. Liquidationserlös zu berücksichtigen ist.

Unter Berücksichtigung einer für die Perioden der Marktphase durchschnittlichen Mengengröße ($\overline{x}$) kann mit den vorliegenden Informationen eine Kostenfunktion in Abhängigkeit von den Fixkosten für die repräsentative Periode gebildet werden:

$$K(FK) = FK + \gamma \cdot FK^{-\delta} \cdot \overline{x} \tag{3-57}$$

Das Gleichsetzen des Differentials von (3-57) mit null und die Auflösung nach *FK* ergibt folgenden Ausdruck für die optimalen Fixkosten:

$$FK^{opt} = \left(\frac{-1}{-\delta \cdot \gamma \cdot \overline{x}} \right)^{\frac{1}{-\delta-1}} \tag{3-58}$$

Zur Veranschaulichung wird ein Zahlenbeispiel dargestellt, wobei zu Vergleichszwecken die Ausgangssituation und die Mengen des Beispiels im vorausgegangenen Abschnitt verwendet werden. In der Ausgangssituation vor der Optimierung werden zwei Fälle betrachtet. Im ersten Fall führen Kapazitätskosten i. H. v. 10 Mio. GE zu durchschnittlichen Stückkosten i. H. v. 28.084,15 GE.[305] Aus der Höhe der Kapazitätskosten kann gemäß (3-55) auf die Höhe der Fixkosten geschlossen werden. Für den ersten Fall ergeben sich Fixkosten i. H. v. 3.833.333 GE.[306] Im zweiten Fall wird davon ausgegangen, dass eine Erhöhung der Kapazitätskosten um 1 Mio. GE zu einer Senkung der durchschnittlichen Stückkosten der ersten Periode der Marktphase um 1.500 GE führt. Demgemäß ergeben sich bei Kapazitätskosten i. H. v. 11 Mio. GE durchschnittliche Stückkosten für die gesamte Marktphase i. H. v. 27.241,62 GE. Mithilfe der Daten der zwei Fälle können die Parameter γ und δ berechnet werden. Für γ ergibt sich ein Wert i. H. v. 3.568.118,70 und für δ ein Wert i. H. v. 0,31958.

Für die Ermittlung der optimalen Fixkosten können die Werte für die Parameter γ und δ sowie die durchschnittliche Menge i. H. v. 400 ME in (3-58) eingesetzt werden:

[305] Dieser Wert stellt für das Szenario 1 die durchschnittlichen Stückkosten über die gesamte Marktphase dar und ergibt sich aus dem Verhältnis von kumulierten Kosten zur kumulierten Menge.

[306] Hierfür wird weiterhin ein Kalkulationszinssatz von 10% angenommen.

$$FK^{opt} = \left(\frac{-1}{-0{,}31958 \cdot 3.568.118{,}70 \cdot 400} \right)^{\frac{1}{-0{,}31958-1}} = 3.647.514 \qquad (3\text{-}59)$$

Durch das Einsetzen des Ergebnisses von (3-59) in (3-57) werden die optimalen Kosten einer Periode der Marktphase berechnet. Es ergeben sich optimale Kosten i. H. v. 12.923.397 GE, die verglichen mit den Kosten der Ausgangssituation (i. H. v. 12.963.083 GE) kleiner sind.[307] Aus der Kenntnis der optimalen Fixkosten können die optimalen Kapazitätskosten bestimmt werden. Hierfür ist die Formel (3-55) nach den Kapazitätskosten umzustellen:

$$KK^{opt} = \frac{FK^{opt}}{\frac{1}{n} + \frac{i}{2}} \qquad (3\text{-}60)$$

Gemäß (3-60) ergeben sich optimale Kapazitätskosten i. H. v. 9.515.254 GE, so dass es in diesem Fall im Vergleich zur Ausgangssituation vorteilhafter ist, die Kapazitätskosten zu verringern.

Wegen der vereinfachten Darstellung im Vergleich zum Ansatz von *Schild/Bauerdorf* eignet sich das dargestellte Modell, um mit der vorliegenden Entscheidungssituation vertraut zu werden und bietet sich als erster Ansatzpunkt für eine Modellierung der intertemporalen Kostenstruktur an. Allerdings hat es auch wegen der Vereinfachungen und des statischen Charakters erhebliche Nachteile, so dass das Ergebnis nur als erster Ansatzpunkt für eine Entscheidungsunterstützung dienen soll. Im nächsten Abschnitt wird der statische Charakter des Modells aufgehoben, indem eine Dynamisierung des Modells vorgenommen wird.

3.4.1.2.2 Dynamische Modellstruktur

Im vorangegangenen Abschnitt wurde eine repräsentative Periode des Produktprojekts betrachtet und daher als Inputvariablen für das Modell Durchschnittsgrößen verwendet. Angesichts des langfristigen Lebenszyklus des Produktprojekts ist eine dynamische Ausrichtung einer statischen vorzuziehen.[308] Statt der Verwendung von durchschnittlichen Größen werden die genauen perioden-

---

307 Die durchschnittlichen Kosten einer Periode in der Ausgangssituation betragen, bei Kapazitätskosten i. H. v. 10 Mio. GE und den damit verbundenen Fixkosten i. H. v. 3.833.333 GE, 28.084,15 GE.

308 Vgl. zur Kritik an statischen Investitionsverfahren *Kruschwitz* (2011), S. 29 ff.

spezifischen Planungsgrößen verwendet. Aufgrund des unterschiedlichen zeitlichen Anfalls der Planungsgrößen sind Zinseffekte zu berücksichtigen. Dementsprechend wird im Folgenden aufgezeigt, wie eine Dynamisierung des oben vorgestellten Modells erfolgen kann, wobei wieder an die Daten des Beispiels von *Schild/Bauerdorf* angeknüpft wird.

Zunächst ist wieder von einer Ausgangssituation vor der Optimierung (Fall 1) und einer alternativen Situation (Fall 2) auszugehen. In den Fällen liegen Informationen vor, wie hoch die zu erwartenden Produktionsstückkosten für eine bestimmte Höhe der Kapazitätskosten sind. Hierbei wird folgender Zusammenhang zwischen den Kapazitätskosten und den Fixkosten unterstellt:[309]

$$FK = KK \cdot \frac{(1+i)^m \cdot i}{(1+i)^m - 1} \tag{3-61}$$

Die Fixkosten stellen die Annuität der Kapazitätskosten dar und beinhalten, wie im statischen Modell, eine Abschreibungs- und Zinskomponente, nur mit dem Unterschied, dass es sich hierbei um eine dynamische Erfassung der Fixkosten handelt.

Des Weiteren können für die Fälle durch die Kenntnis der Stückkosten der einzelnen Perioden die periodenspezifischen Kosten ermittelt werden. Unter Berücksichtigung der Erfahrungskurve reichen als Planungsgröße die Stückkosten der ersten Periode der Marktphase aus, da die Stückkosten der restlichen Perioden mittels der berechneten Kostensenkungsfaktoren bestimmt werden können. Anschließend wird der Barwert der Kosten der Marktphase zum Betrachtungszeitpunkt, also einschließlich der zeitlichen Dauer der Vorlaufphase ermittelt:

$$BWZPK_0^m = \sum_{t=v+1}^{v+m} \frac{zpk_t \cdot zx_t}{(1+i)^t} \tag{3-62}$$

Als nächstes ist die Annuität des Barwerts der Kosten der Marktphase ($KAnn^m$) zu bilden, die als „durchschnittliche" Kosten einer Periode der Marktphase interpretiert werden können:[310]

309 Mit dieser Formel werden „dynamische" Fixkosten in Form einer Annuität berechnet.
310 Allerdings unter Berücksichtigung von Verzinsungseffekten.

$$KAnn^m = BWZPK_0^m \cdot \frac{(1+i)^m \cdot i}{(1+i)^m - 1} \tag{3-63}$$

Aufbauend darauf können (dynamische) Stückkosten bestimmt werden.[311] Hierfür ist die Kostenannuität ins Verhältnis zu setzen zur Annuität des Barwerts der Menge ($XAnn$). Die Annuität des Barwerts der Menge ergibt sich wie folgt:

$$XAnn = \sum_{t=v+1}^{v+m} \frac{zx_t}{(1+i)^t} \cdot \frac{(1+i)^m \cdot i}{(1+i)^m - 1} \tag{3-64}$$

Daraus folgt für die Ermittlung der dynamischen Stückkosten ($dzpk$):[312]

$$dzpk = \frac{KAnn^M}{XAnn^M} \tag{3-65}$$

Weiterhin wird der in (3-56) dargestellte Zusammenhang zwischen den Fixkosten und den Stückkosten angenommen. Aus der Berechnung der dynamischen Stückkosten für die beiden Fälle können die Parameter γ und δ analog zur vorherigen Vorgehensweise bestimmt werden. Somit ergeben sich die optimalen Fixkosten wie folgt:

$$FK^{opt} = \left(\frac{-1}{-\delta \cdot \gamma \cdot XAnn} \right)^{\frac{1}{-\delta-1}} \tag{3-66}$$

Gemäß dem Zusammenhang zwischen FK und KK aus (3-61) ergeben sich die optimalen Kapazitätskosten, indem die optimalen Fixkosten durch den Annuitätenfaktor geteilt werden.

Zur Veranschaulichung werden wieder die Ausgangsdaten des vorangegangenen Zahlenbeispiels verwendet. Aus dem Zusammenhang zwischen Kapazitäts- und Fixkosten gemäß (3-61) ergeben sich im Fall 1 für Kapazitätskosten von 10 Mio. GE Fixkosten von 4.021.148 GE. Die Berechnung der dynamischen Stückkosten ist in Tabelle 3-14 dargestellt.

---

311 Vgl. zum Modell dynamischer Stückkosten *Däumler* (2010), S. 19-35 und *Hönninger* (2010), S. 156 ff. m. w. N.

312 Alternativ können die dynamischen Stückkosten berechnet werden, indem der Barwert der Kosten der Marktphase ins Verhältnis gesetzt wird zu dem Barwert der Menge, wodurch eine Ermittlung der Annuitäten überflüssig wird. Allerdings wurde die dargestellte Vorgehensweise gewählt, um den näheren Bezug zum statischen Modell aufzuzeigen.

		Vorlaufphase		Marktphase		
Periode	0	1	2	3	4	5
Fall 1: KK = 10.000.000 und zpk_3 = 50.000						
Menge				200	600	400
Barwert Menge	808					
Annuität	325					
kumulierte Menge				200	800	1.200
Kostensenkungsfaktoren gem. (3-46)				1	0,52	0,40505
Stückkosten				50.000	26.000	20.252
Kosten der Periode				10.000.000	15.600.000	8.100.978
Barwert Kosten	23.198.228					
Annuität	9.328.351					
dynamische Stückkosten	**28.695**					

Tabelle 3-14: ***Dynamische Stückkosten für den Fall 1***

Analog werden die dynamischen Stückkosten für den Fall 2 ermittelt:

		Vorlaufphase		Marktphase		
Periode	0	1	2	3	4	5
Fall 1: KK = 11.000.000 und zpk_3 = 48.500						
Menge				200	600	400
Barwert Menge	808					
Annuität	325					
kumulierte Menge				200	800	1.200
Kostensenkungsfaktoren gem. (3-46)				1	0,52	0,40505
Stückkosten				48.500	25.220	19.645
Kosten der Periode				9.700.000	15.132.000	7.857.948
Barwert Kosten	22.502.281					
Annuität	9.048.500					
dynamische Stückkosten	**27.834**					

Tabelle 3-15: ***Dynamische Stückkosten für den Fall 2***

Somit können unter Berücksichtigung der Fixkosten für den Fall 2 i. H. v. 4.423.263 GE für die beiden Fälle folgende Abhängigkeitsbeziehungen gemäß (3-56) dargestellt werden, wobei in diesem Zusammenhang allerdings dynamische Stückkosten verwendet werden:

$$\begin{aligned} 28.695 &= \gamma \cdot 4.021.148^{-\delta} \\ 27.834 &= \gamma \cdot 4.423.263^{-\delta} \end{aligned} \tag{3-67}$$

Durch das Gleichsetzungsverfahren ergibt sich für γ ein Wert i. H. v. 3.701.894,79 und für δ i. H. v. 0,31958. Es sind damit alle Variablen für die Bestimmung der optimalen Fixkosten bekannt, so dass diese in (3-66) eingesetzt werden können:

$$FK^{opt} = \left(\frac{-1}{-0{,}31958 \cdot 3.701.894{,}79 \cdot 325} \right)^{\frac{1}{-0{,}31958-1}} = 3.205.234 \tag{3-68}$$

Daraus lassen sich die optimalen Kapazitätskosten ableiten, indem der Kehrwert des Annuitätenfaktors (also der Rentenbarwertfaktor) mit den optimalen

Fixkosten multipliziert wird. Hierüber ergeben sich optimale Kapazitätskosten i. H. v. 7.970.942 GE. Ein Vergleich mit den Ergebnissen des statischen Modells zeigt, dass die optimalen Kapazitätskosten niedriger sind. Dies ist überwiegend auf den Zinseffekt zurückzuführen, da es bei der dynamischen Sichtweise vorteilhafter ist, die Kosten in die Zukunft zu verschieben, so dass es zu einer Verringerung der Kosten der Vorlaufphase kommt.

Des Weiteren können durch das Einsetzen der optimalen Fixkosten in die Abhängigkeitsbeziehung zwischen Fixkosten und Stückkosten die optimalen „dynamischen" Stückkosten berechnet werden:

$$dzpk^{opt} = 3.701.894{,}79 \cdot 3.205.234^{-0{,}31958} = 30.851{,}96 \tag{3-69}$$

Das Produkt aus den dynamischen Stückkosten und der Mengenannuität ergibt die Kostenannuität i. H. v. 10.029.526 GE, die multipliziert mit dem Rentenbarwertfaktor den Barwert der Kosten der Marktphase i. H. v. 24.941.946 GE wiedergibt. Die Summe der optimalen Kapazitätskosten, dem Barwert der Kosten der Vorlaufphase, und dem Barwert der Kosten der Marktphase zeigt den Barwert der Gesamtkosten des Produktprojekts i. H. v. 32.912.888 GE an. Dass es sich hierbei um das intertemporale Kostenminimum handelt, wird aus Tabelle 3-16 ersichtlich.

Kapazitätskosten	Fixkosten	dyn. Stückkosten	Kostenannuität	Barwert Kosten der Marktphase	Barwert der Gesamtkosten
1.000.000	402.115	59.895	19.470.839	48.421.094	49.421.094
3.000.000	1.206.344	42.161	13.705.862	34.084.450	37.084.450
5.000.000	2.010.574	35.810	11.641.474	28.950.623	33.950.623
7.000.000	2.814.804	32.160	10.454.624	25.999.102	32.999.102
7.500.000	3.015.861	31.458	10.226.635	25.432.128	32.932.128
7.970.942	**3.205.234**	**30.852**	**10.029.526**	**24.941.946**	**32.912.888**
8.000.000	3.216.918	30.816	10.017.869	24.912.958	32.912.958
(Sz. 1) 10.000.000	4.021.148	28.695	9.328.351	23.198.228	33.198.228
(Sz. 2) 11.000.000	4.423.263	27.834	9.048.500	22.502.281	33.502.281
14.000.000	5.629.607	25.770	8.377.324	20.833.164	34.833.164
17.000.000	6.835.952	24.219	7.873.323	19.579.788	36.579.788
20.000.000	8.042.296	22.993	7.474.838	18.588.815	38.588.815

Tabelle 3-16: ***Intertemporales Kostenminimum***

Auch dieses Ergebnis sollte nicht ohne weitere Überprüfungen übernommen werden, da die Berechnungen zum Teil auf sehr unsicheren Annahmen basieren. Hier sind insbesondere die Annahmen hinsichtlich der Abhängigkeitsbeziehung zwischen den Kapazitäts- und den Produktionsstückkosten kritisch zu hinterfragen. Dennoch kann durch die Verwendung des Ansatzes erreicht werden, dass die Entscheidungsträger sich mit der Problematik der Modellierung der intertemporalen Kostenstruktur auseinandersetzen und durch die Anwendung des Ansatzes niedrigere Gesamtkosten erzielt werden können.

Mit dem dargestellten Modell wird eine Alternative zum Ansatz von *Schild/Bauerdorf* aufgezeigt, die sich hinsichtlich der Ergebnisse stark unterscheiden können, wobei dies hauptsächlich auf den unterschiedlichen Wirkungsverlauf zurückzuführen ist.[313] Der dargestellte Ansatz soll nicht den Ansatz von *Schild/Bauerdorf* ersetzen, sondern kann bei der Entscheidung über die Höhe der Kosten der Vorlaufphase ergänzend eingesetzt werden.

3.4.2 Target Costing

Ein weiteres Instrument des strategischen Kostenmanagements, das sowohl in der Literatur als auch in der Praxis fest verankert ist, stellt das Target Costing bzw. Zielkostenmanagement dar.[314] In der Automobilbranche kann das aus Japan stammende Instrument „als Standard angesehen werden, da es von allen Unternehmen genutzt wird."[315] Es handelt sich hierbei um ein marktorientiertes Instrument zur Planung und Steuerung der lebenszyklusbezogenen Kosten und wird der internen Unternehmensrechnung zugeordnet.[316] Die Anwendung des Instruments erfolgt frühzeitig im Lebenszyklus, hauptsächlich in der Vorlaufphase bei der Entwicklung eines Produkts, so dass bereits zu einem frühen Zeitpunkt in Abhängigkeit von den Kundenanforderungen mögliche Kostensenkungspotenziale identifiziert werden sollen.[317]

In seiner ursprünglichen Konzeption stellt das Target Costing ein statisches Instrument dar,[318] dessen Vorgehensweise im Folgenden kurz vorgestellt wird.

3.4.2.1 Statischer Ansatz

Die wesentliche Eigenschaft des Target Costing liegt in der Marktorientierung.[319] Es hat sich ein Wandel der Fragestellung von „was wird ein Produkt kosten?" in

313 Hinsichtlich dem Wirkungsverlauf bzw. der Abhängigkeitsbeziehung zwischen Kapazitäts- und Produktionskosten können auch andere Verläufe angenommen werden und die Modelle dementsprechend angepasst werden; vgl. *Schild* (2005), S. 353.

314 Vgl. dazu die empirischen Ergebnisse bei *Kajüter* (2005), S. 91 f.

315 Ebenda, S. 92.

316 Vgl. *Götze/Linke* (2008), S. 108 f.; *Kremlin-Buch* (2007), S. 117.

317 Vgl. *Seidenschwarz* (2002), Sp. 1936; *Stibbe* (2009), S. 93 f.

318 Vgl. bspw. *Coenenberg/Fischer/Günther* (2012), S. 555-595.

319 Vgl. *Seidenschwarz* (2002), Sp. 1934 f.

Richtung „was darf ein Produkt kosten?“ vollzogen.[320] Während früher in der traditionellen Kostenrechnung der Verkaufspreis eines Produkts durch die Cost-Plus-Methode bestimmt wurde, bei der sich der Verkaufspreis durch die Summe verschiedener Kostenarten zuzüglich eines Gewinnaufschlags ergibt, stellt beim Target Costing der Verkaufspreis den Ausgangspunkt für die Zielkostenermittlung dar, der vom Markt vorgegeben wird.[321] In diesem Zusammenhang ist vor allem der „Market into Company“-Ansatz zu nennen, mit dem die Marktausrichtung des Instruments umgesetzt werden soll.[322] Zunächst ist ein Zielwert für den Verkaufspreis zu bestimmen, der bspw. auf Basis von Kundenbefragungen ermittelt werden kann, bei dem die Kundenanforderungen hinsichtlich der Produktfunktionen und die Preisbereitschaft potenzieller Kunden erforscht werden. Aus der Differenz des marktorientiert bestimmten Zielpreises und dem gewünschten Zielgewinn ergeben sich die Zielkosten,[323] die auch als allowable costs bezeichnet werden.[324] Die Zielkosten stellen die maximalen Kosten dar, damit eine Erreichung des angestrebten Zielgewinns gewährleistet wird. So führt die Nichteinhaltung der Zielkosten in Form einer Überschreitung zu einer Nichtrealisierung des Zielgewinns.[325] In der Regel liegen die ermittelten Zielkosten deutlich unter den zum gegenwärtigen Zeitpunkt erreichbaren Kosten (auch drifting costs genannt), so dass für diesen Fall eine Kostensenkung angestrebt werden sollte.[326] Es ist näher darauf einzugehen, wie die Lücke zwischen den Zielkosten und den drifting costs zu schließen ist, da eine alleinige Vorgabe der Zielkosten zu allgemein wäre. Daher ist im Rahmen der Zielkostenspaltung eine Aufteilung der Kosten auf einzelne Produktkomponenten vor-

---

320 Vgl. ebenda.

321 Vgl. *Brünger/Faupel* (2010), S. 170; *Riegler* (2000), S. 240.

322 Vgl. *Götze* (2010), S. 285. Daneben werden noch andere Ansätze genannt, die aber im weiteren Verlauf nicht erläutert werden, da der Market into Company-Ansatz als „Reinform des Target Costing“ bezeichnet werden kann; ebenda.

323 Dabei wird der Zielgewinn meist durch die geforderte Umsatzrendite repräsentiert; vgl. *Coenenberg/Fischer/Günther* (2012), S. 558.

324 Hierbei handelt es sich um Zielkosten auf Produktebene, wobei für „eine zielgerichtete Entwicklungsarbeit […] Detailvorgaben für einzelne Produktkomponenten zu erarbeiten [sind]“; *Riegler* (2000), S. 242. *Seidenschwarz* (2002), Sp. 1941 definiert die Zielkosten „als die aufgrund von Kundenanforderungen und Wettbewerberbedingungen […] maximal zulässigen Kosten, ohne Berücksichtigung der eigenen Verfahrens- und Technologiestandards im Unternehmen.

325 Vgl. *Kremlin-Buch* (2007), S. 120.

326 Die drifting costs stellen die „mit den aktuellen Verfahrensweisen und Strukturen erreichbaren Kosten“ dar; *Götze* (2010), S. 285. Sollten die drifting costs höher sein als Zielkosten, so ist das ein Anzeichen für ein sog. overengineering, bei dem bestimmte Merkmale des Produkts von Kundenseite nicht honoriert werden; vgl. *Kremlin-Buch* (2007), S. 120 f.

zunehmen.[327] Allerdings werden nicht die insgesamt anfallenden Zielkosten des Produkts berücksichtigt, sondern nur beeinflussbare Einzel- und Gemeinkosten, die den einzelnen Produktkomponenten zugeordnet werden können.[328] Gemäß der Funktionsmethode erfolgt die Zielkostenspaltung durch die Ermittlung von Teilnutzenwerten aus der Kundensicht für einzelne Produktfunktionen und dem prozentualen Anteil der Komponenten zur Erfüllung der Produktfunktionen.[329] Die Zielkosten sollen auf die einzelnen Produktkomponenten aufgeteilt werden, so dass auf Komponenten mit einer hohen Bedeutung aus Kundensicht ein hoher Kostenanteil und auf Komponenten mit einer niedrigen Bedeutung ein niedriger Kostenanteil entfällt. Als Ergebnis ergibt sich der Teilnutzenwert einer Komponente am Gesamtprodukt, der ins Verhältnis gesetzt wird zum Kostenanteil der Komponente:[330]

$$\frac{\textit{Nutzenanteil der Komponente}}{\textit{Kostenanteil der Komponente}} \qquad (3\text{-}70)$$

Für den Fall, dass (3-70) gleich 1 ist, ergibt sich eine ideale Zielkostenspaltung. Bei abweichenden Werten von 1 ist das Unternehmen angehalten Maßnahmen zu ergreifen, um sich dem Idealwert anzunähern. So ist bei Werten kleiner als 1 die Komponente zu teuer, während es bei Werten größer als 1 evtl. zu einfach konzipiert ist.[331]

Als kritisch kann die Gewinnung und Qualität der Daten hinsichtlich der Teilnutzenwerte und des Anteils der Komponenten an der Funktionserfüllung angesehen werden.[332] Außerdem ist der statische Charakter des Instruments problematisch, da es insbesondere bei Produktprojekten zu beträchtlich schwankenden Größen im Zeitverlauf kommen kann, so dass die Verwendung von Durchschnittsgrößen eine zu starke Vereinfachung darstellt, wodurch der Aussagegehalt der Ergebnisse erheblich eingeschränkt wird. Daher wird im Folgenden eine dynamische Konzeption des Target Costing aufgezeigt.

---

327 Vgl. *Coenenberg/Fischer/Schmitz* (1997), S. 199.

328 Somit werden im Rahmen der Zielkostenspaltung nur Material- und Fertigungseinzelkosten „sowie Gemeinkosten, die in Einkauf, Logistik oder fertigungsnahen Bereichen bei auf die Komponenten gerichteten Aktivitäten entstehen" berücksichtigt; *Götze/Linke* (2008), S. 112.

329 Vgl. *Weiß* (2006), S. 161. Alternativ zur Funktionsmethode ist die Komponentenmethode zu nennen, bei der eine direkte Aufteilung der Zielkosten auf die Produktkomponenten erfolgt. In der Literatur wird aufgrund der geringeren Marktorientierung überwiegend von der Komponentenmethode abgeraten, während sie in der Praxis angewendet wird; vgl. *Brünger/Faupel* (2010), S. 173. Auch eine Kombination von Komponenten- und Funktionsmethode ist möglich; vgl. *Ehrlenspiel/Kiewert/Lindemann* (2007), S. 64 f.

330 Vgl. *Coenenberg/Fischer/Schmitz* (1997), S. 209.

331 Vgl. ebenda.

332 Vgl. dazu auch *Weiß* (2006), S. 161.

3.4.2.2 Dynamisierung des Target Costing

Im dynamischen Ansatz wird im Unterschied zum statischen Ansatz nicht nur eine repräsentative Periode betrachtet, sondern, wie bei den Ausführungen zur intertemporalen Kostenstruktur, der gesamte Lebenszyklus des Produktprojekts. Daher wird die implizite Vereinfachung des statischen Modells von im Zeitablauf konstanten Größen aufgehoben. Insbesondere werden die Auswirkungen durch in den einzelnen Perioden unterschiedliche Produktionsmengen, Absatzpreise und Stückauszahlungen auf die Zielauszahlungen untersucht. Dafür werden die Vorlauf-, Markt- und Nachlaufphase voneinander abgegrenzt und deren finanzielle Konsequenzen abgebildet. Daraus ergibt sich die Notwendigkeit einer Prognose, in der die periodenspezifischen Ausprägungen für die relevanten Größen wie Produktionsmenge, Absatzpreis und Stückauszahlungen enthalten sein müssen.[333] Charakteristisch für die Entwicklung der Absatzmenge eines Produktprojekts ist ein S-förmiger Verlauf, bei der die Menge innerhalb der Marktphase zunächst ansteigt und anschließend zum Ende der Marktphase wieder sinkt.

Mit dem Erfahrungskurvenkonzept kann berücksichtigt werden, dass die Stückauszahlungen innerhalb der Marktphase in Abhängigkeit der unterstellten Lernrate und der insgesamt produzierten Menge sinken. Hinsichtlich der Entwicklung des Absatzpreises kann situationsspezifisch im Zeitverlauf ein steigender, konstanter oder sinkender Absatzpreis unterstellt werden.[334] Die dynamische Konzeption des Target Costing-Ansatzes sollte diese Aspekte berücksichtigen.

Aufgrund der dynamischen Ausrichtung wird als Zielgröße der Kapitalwert des Produktprojekts gewählt. In den Kapitalwert gehen die Zahlungsgrößen aller Lebenszyklusphasen unter Berücksichtigung von Zinseffekten ein. Hierbei kann für einen bestimmten Zielkapitalwert untersucht werden, wie hoch die Zielauszahlungen maximal sein dürfen, damit der Zielkapitalwert noch realisiert wird. Die Berechnung des Zielkapitalwerts gestaltet sich wie folgt:

---

[333] Vgl. *Wilken/Menze* (2011), S. 45 m. w. V.

[334] In der Automobilbranche kommt es vor, dass von vornherein ein sinkender Abnahmepreis zwischen Zulieferern und Herstellern vereinbart wird; vgl. ebenda.

$$ZKW = -A_0 + BWEZ - BWAZ \tag{3-71}$$

Der Zielkapitalwert (*ZKW*) ergibt sich als Differenz zwischen dem Barwert, der aus dem Produktprojekt resultierenden Einzahlungen ($BWEZ$) und der Summe aus Anschaffungsauszahlung (A_0) sowie dem Barwert der aus der Markt- und Nachlaufphase resultierenden Auszahlungen ($BWAZ$). Die Anschaffungsauszahlung kann gleichgesetzt werden mit dem Barwert der Auszahlungen der Vorlaufphase ($BWAZ^{VP}$). Der Barwert der Auszahlungen lässt sich weiter differenzieren in produktnahe ($BWAZ^{PN}$) und produktferne ($BWAZ^{PF}$) Auszahlungen:[335]

$$BWAZ = BWAZ^{PN} + BWAZ^{PF} \tag{3-72}$$

Der Barwert der produktnahen Auszahlungen stellt den Ausgangspunkt für die periodenbezogene Aufteilung dar. Durch die Umstellung von (3-72) nach $BWAZ^{PN}$ ergibt sich folgende Gleichung:

$$BWAZ^{PN} = BWAZ - BWAZ^{PF} \tag{3-73}$$

Nach (3-73) ergibt sich der Barwert der produktnahen Auszahlungen aus der Differenz des Barwerts der gesamten Auszahlungen der Markt- und Nachlaufphase und dem Barwert der produktfernen Auszahlungen.

Als nächstes muss festgelegt werden, welches Ziel mit dem Einsatz des dynamischen Target Costing-Konzepts verfolgt werden soll. Wie bereits erwähnt, wird als Zielgröße der aus der dynamischen Investitionsrechnung stammende Kapitalwert verwendet, der im Kontext des Target Costing als Zielkapitalwert bezeichnet werden kann und eine Plangröße darstellt, die den angestrebten Erfolg des Produktprojekts wiedergeben soll. Der im Kalkül zu verwendende Kalkulationszinssatz berücksichtigt eine risikolose Mindestverzinsung des Kapi-

[335] In Analogie zu *Götze/Linke* (2008), S. 111 f. und 116 werden unter produktfernen Auszahlungen, solche Auszahlungen verstanden, deren Ursache in keinem Zusammenhang zu den Produktfunktionen stehen, wie bspw. Verwaltungsauszahlungen. Produktnahe Auszahlungen dagegen sind direkt mit den Produktfunktionen verknüpft, bspw. Material- und Fertigungsauszahlungen. Allerdings wird hier im Unterschied zu *Götze/Linke* (2008), S. 111 f. nicht zwischen produktnahen aber komponentenfernen Auszahlungen unterschieden.

taleinsatzes,[336] wobei der Zielkapitalwert den darüber hinaus zu erzielenden Vermögenszuwachs anzeigt.[337]

Soll der Barwert der Zielauszahlungen für die Vorteilhaftigkeitsschwelle des Produktprojekts bestimmt werden, also für einen Zielkapitalwert von Null, nimmt das Modell den Charakter eines Indifferenzkalküls an. Bei diesem Barwert der Zielauszahlungen sind die Entscheidungsträger indifferent zwischen der Durchführung und dem Unterlassen des Produktprojekts. Sie stellen somit die Obergrenze für die Zielkosten dar, bei der die Durchführung des Produktprojekts noch vorteilhaft ist. Hierbei ist zu berücksichtigen, dass in der Marktphase Einzahlungen erwirtschaftet werden und in der Vor- und Nachlaufphase vorwiegend Auszahlungen anfallen. Demnach muss bei einem Zielkapitalwert von Null der Barwert der Einzahlungen der Marktphase dem Barwert der gesamten Auszahlungen des Produktprojekts entsprechen, also einschließlich der Auszahlungen der Vor- und Nachlaufphase. Alternativ kann auch der Barwert der Zielauszahlungen direkt für den angestrebten Zielkapitalwert bestimmt werden. Dementsprechend muss der Barwert der Einzahlungen den Barwert der gesamten Auszahlungen um den gewünschten Zielkapitalwert übersteigen.

Als nächstes ist der Barwert der produktnahen Auszahlungen auf die einzelnen Produktkomponenten aufzuteilen. Hierfür wird an dem statischen Ansatz angeknüpft,[338] indem durch Marktforschungsaktivitäten die Bedeutung einzelner Produktkomponenten in Abhängigkeit von der Funktionserfüllung aus der Perspektive der Kunden bestimmt wird. Der sich daraus ergebende Nutzenanteil der Komponente wird multipliziert mit dem Barwert der produktnahen Auszahlungen, so dass sich daraus der Idealfall der Zielkostenspaltung ergibt. Der An-

---

336 In den folgenden Ausführungen wird von der Annahme sicherer Erwartungen ausgegangen, so dass in der Mindestverzinsung keine Risikokomponente zu berücksichtigen ist. Vgl. für eine Möglichkeit der Risikoberücksichtigung im Rahmen des dynamischen Target-Costing Kap. 3.5.4.

337 Vgl. *Burger* (1999), S. 44. Nach *Schild* (2005), S. 282, kann alternativ die Zielrendite im Zinssatz berücksichtigt werden, woraus folgt, dass „ein Kapitalwert von exakt Null anzustreben [ist]. Ein Kapitalwert von kleiner Null würde implizieren, daß die Kosten zu hoch sind, während bei einem positiven Kapitalwert offensichtlich die Zielrendite noch erhöht werden sollte […]".

338 Hierbei ist zu konstatieren, dass der bis hier dargestellte dynamische Ansatz keinen inhaltlichen Zusammenhang zum statischen Target Costing-Ansatz aufweist. Allerdings wird aufgrund der Bestimmung von Zielauszahlungen in einer dynamischen Modellstruktur auch von einem dynamischen Target Costing gesprochen; vgl. hierzu *Wilken/Menze* (2011).

teil des Barwerts der Auszahlungen für die Komponente am Barwert der gesamten Auszahlungen entspricht hier dem Nutzenanteil der Komponente. Dadurch bleibt auch im dynamischen Ansatz die Marktorientierung erhalten.

Die konkreten Ausprägungen der Zielauszahlungen für die einzelnen Perioden der Marktphase hängen von den zu erwartenden Einzahlungen ab. Demnach sind die zu erwartenden Absatzpreise maßgeblich für die Höhe der Zielauszahlungen, da sich die Zielauszahlungen an den Zielpreisen orientieren. Um Informationen hinsichtlich der Höhe der periodenbezogenen Zielauszahlungen der Marktphase zu erhalten, sind die Barwerte der Auszahlungen für die Komponenten auf die einzelnen Perioden der Marktphase aufzuteilen. Dabei sind mögliche Effekte aufgrund von Veränderungen der Preise sowie der Stückkosten, aufgrund von Erfahrungskurveneffekten, bei der Aufteilung einzubeziehen.

Im nächsten Abschnitt wird das dynamische Modell vorgestellt, bevor es anschließend an einem Beispiel veranschaulicht wird.

3.4.2.2.1 Allgemeines Modell

In diesem Abschnitt soll allgemein aufgezeigt werden, wie eine marktorientierte Ausrichtung bei der Ermittlung der Zielauszahlungen der Marktphase unter Berücksichtigung sich ändernder Ausgangsgrößen erfolgen kann. Die wesentlichen Ausgangsgrößen stellen die zu erwartenden Zielmengen und Zielpreise dar. Die Zielmengen der Marktphase werden dem Modell exogen vorgegeben, während der Absatzpreis der ersten Periode der Marktphase gemäß dem statischen Ansatz des Target Costing, also mittels Marktforschungsaktivitäten, zu bestimmen ist. Da eine marktorientierte Bestimmung des Absatzpreises für die weiter in der Zukunft liegenden Perioden nicht durchführbar ist, werden für den weiteren Zeitverlauf verschiedene Entwicklungsmöglichkeiten angenommen. Ebenso wird hinsichtlich der Entwicklung der periodenbezogenen Auszahlungen pro Stück in der Marktphase von unterschiedlichen Möglichkeiten ausgegangen, so dass im Folgenden insbesondere vier verschiedene Szenarien in

Bezug auf die Absatzpreise und die stückbezogenen Auszahlungen betrachtet werden:[339]

1. Szenario: Die Absatzpreise und die stückbezogenen Auszahlungen bleiben während der Marktphase konstant.

2. Szenario: Die Absatzpreise bleiben konstant, während die stückbezogenen Auszahlungen im Zeitverlauf sinken.

3. Szenario: Die Absatzpreise und die stückbezogenen Auszahlungen sinken in gleichem Maße.

4. Szenario: Die Absatzpreise und die stückbezogenen Auszahlungen sinken in unterschiedlichem Maße.

Der Zielkapitalwert stellt für alle vier Szenarien die Zielgröße dar und wird gemäß einer weiteren Differenzierung von (3-71) bestimmt:[340]

$$ZKW = -BWAZ_0^{VP} + BWEZ_0^{MP} - BWAZ_0^{MP} + BWEZ_0^{NP} - BWAZ_0^{NP} \tag{3-74}$$

Der Zielkapitalwert wird durch die Zusammenfassung aller Zahlungsgrößen im gesamten Lebenszyklus bestimmt. Die Differenz zwischen der Summe der Barwerte der Einzahlungen der Markt- ($BWEZ_0^{MP}$) und Nachlaufphase ($BWEZ_0^{NP}$) gegenüber der Summe der Barwerte der Auszahlungen der Vorlauf- ($BWAZ_0^{VP}$), Markt- ($BWAZ_0^{MP}$) und Nachlaufphase ($BWAZ_0^{NP}$) ergibt den Zielkapitalwert. $BWAZ_0^{VP}$ steht für die Anschaffungsauszahlungen des Produktprojekts.

Für die nachfolgende Ermittlung der dynamischen Zielauszahlungen ist (3-74) unter Berücksichtigung von (3-72) noch weiter umzuformen:

$$ZKW = -BWAZ_0^{VP} + \sum_{t=v+1}^{v+m} \frac{zp_t \cdot zx_t}{(1+i)^t} - \sum_{t=v+1}^{v+m} \frac{zaz_t^{PN} \cdot zx_t}{(1+i)^t} - \sum_{t=v+1}^{v+m} \frac{AZ_t^{PF}}{(1+i)^t} + BWEZÜ_0^{NP} \tag{3-75}$$

Die Einzahlungen der Marktphase ergeben sich aus dem Produkt von Zielpreis (zp) und Zielmenge (zx) einer Periode. Die Auszahlungen der Marktphase sind

[339] Aus Vereinfachungsgründen werden im Folgenden phasenübergreifende Interdependenzen bei der formalen Gestaltung vernachlässigt.

[340] Hierbei werden mögliche Einzahlungen in der Vorlaufphase, wie bspw. Subventionen, vernachlässigt. Zu weiteren Einzahlungsmöglichkeiten in der Vorlaufphase vgl. *Kemminer* (1999), S. 169.

zunächst in produktferne und produktnahe Auszahlungen zu unterteilen. Das Produkt aus den stückbezogenen Auszahlungen (zaz^{PN}) und der Zielmenge stellt die produktnahen Auszahlungen einer Periode dar. Wird für die produktfernen Auszahlungen eine umsatzabhängige Entwicklung angenommen, können diese durch einen Faktor in Prozent des Umsatzes (faz^{PF}) ausgedrückt werden, so dass die produktfernen Auszahlungen für eine Periode auf folgende Weise ermittelt werden können:

$$AZ_t^{PF} = faz^{PF} \cdot zp_t \cdot zx_t \qquad (3\text{-}76)$$

Als nächstes wird für die vier verschiedenen Szenarien aufgezeigt, wie eine periodenbezogene Ermittlung der Zielauszahlungen erfolgen kann.

Für das Szenario 1 wird von konstanten Absatzpreisen und stückbezogenen Auszahlungen ausgegangen.[341] Somit muss die Bestimmung des Zielkapitalwerts gemäß der Formel (3-75) angepasst werden:

$$ZKW = -BWAZ_0^{VP} + \sum_{t=v+1}^{v+m} \frac{zp \cdot zx_t}{(1+i)^t} - \sum_{t=v+1}^{v+m} \frac{zaz^{PN} \cdot zx_t}{(1+i)^t} - \sum_{t=v+1}^{v+m} \frac{faz^{PF} \cdot zp \cdot zx_t}{(1+i)^t} + BWEZÜ_0^{NP} \qquad (3\text{-}77)$$

Zur Bestimmung der stückbezogenen Zielauszahlungen kann die Formel (3-77) wie folgt umgeformt werden:

$$zaz^{PN} = zp \cdot \left(1 - faz^{PF}\right) - \frac{\left(ZKW + BWAZ_0^{VP} - BWEZÜ_0^{NP}\right)}{\sum\limits_{t=v+1}^{m} \frac{zx_t}{(1+i)^t}} \qquad (3\text{-}78)$$

Die stückbezogenen Zielauszahlungen ergeben sich, indem vom Zielpreis, vermindert um den Faktor für die produktfernen Auszahlungen, ein bestimmter Anteil abgezogen wird. Der Anteil wird ermittelt, indem der Barwert der Zahlungsgrößen der Vor- und Nachlaufphase sowie der Zielkapitalwert ins Verhältnis gesetzt werden zu den zum Betrachtungszeitpunkt diskontierten Mengen. Dabei erfolgt die Diskontierung von Mengengrößen rechnerisch in gleicher Weise wie für Zahlungsgrößen.[342] Allerdings dienen die diskontierten Mengen nur als Rechenschritt zur Ermittlung der stückbezogenen Zielauszahlungen und sind nicht mit einer ökonomischen Bedeutung verbunden.[343] Zur Ermittlung der produktnahen Zielauszahlungen der einzelnen Perioden sind, aufgrund der An-

---

341 Vgl. hinsichtlich der Ermittlung investitionstheoretischer Preisuntergrenzen den Ansatz von *Riezler* (1996), S. 217 ff.

342 So stellt Däumler (2010), S. 23 fest, dass „[m]an […] physikalische Einheiten (Stück, […] usw.) genauso auf- und abzinsen [kann] wie Geldeinheiten."

343 Vgl. *Riezler* (1996), S. 219.

nahme konstanter Stückauszahlungen für das Szenario 1, die periodenspezifischen Zielmengen mit den stückbezogenen Zielauszahlungen zu multiplizieren.

Im zweiten Szenario wird weiterhin von konstanten Absatzpreisen ausgegangen, allerdings wird unterstellt, dass die stückbezogenen Auszahlungen während der Marktphase sinken. Hier kann das Erfahrungskurvenkonzept herangezogen werden, bei dem die Entwicklung der Stückauszahlungen durch Lerneffekte beeinflusst wird.[344] Somit kann wieder der Senkungsfaktor (ks) nach (3-46) verwendet werden, der lediglich die Kenntnis der kumulierten Produktionsmengen und der Lernrate voraussetzt. Anhand dieser Informationen ist die Ermittlung des Zielkapitalwerts wie folgt anzupassen:

$$ZKW = -BWAZ_0^{VP} + \sum_{t=v+1}^{v+m} \frac{zp \cdot zx_t}{(1+i)^t} - \sum_{t=v+1}^{v+m} \frac{zaz_{v+1}^{PN} \cdot ks_t \cdot zx_t}{(1+i)^t} - \sum_{t=v+1}^{v+m} \frac{faz^{PF} \cdot zp \cdot zx_t}{(1+i)^t} + BWEZÜ_0^{NP} \tag{3-79}$$

Die stückbezogenen Auszahlungen der ersten Periode der Marktphase ergeben sich wie folgt:

$$zaz_{v+1}^{PN} = \frac{-BWAZ_0^{VP} + zp \cdot (1 - faz^{PF}) \cdot \sum_{t=v+1}^{v+m} \frac{zx_t}{(1+i_t)} + BWEZÜ_0^{NP} - ZKW}{\sum_{t=v+1}^{v+m} \frac{ks_t \cdot zx_t}{(1+i)^t}} \tag{3-80}$$

Anhand von (3-80) können die stückbezogenen Zielauszahlungen der ersten Periode der Marktphase bestimmt werden. Im Nenner werden nicht die reinen Mengengrößen, sondern modifiziert durch die Senkungsfaktoren, diskontiert. Für die nachfolgenden Perioden ergeben sich die stückbezogenen Auszahlungen nach den Annahmen hinsichtlich der Entwicklung und werden durch das Produkt aus den stückbezogenen Auszahlungen der ersten Periode der Marktphase und den periodenbezogenen Senkungsfaktoren berechnet.

Für das dritte Szenario wird neben der Veränderung der stückbezogenen Auszahlungen auch die Möglichkeit der Absatzpreisveränderungen einbezogen. In Bezug auf das Ausmaß der Veränderungen wird unterstellt, dass die Senkungsraten für die Absatzpreise und die stückbezogenen Auszahlungen gleich hoch

[344] Die Höhe der auf Lerneffekte zurückgehenden Senkungen der Stückauszahlungen hängt neben der kumulierten Produktionsmenge und der Lernrate noch davon ab, wie hoch die Herstellung des Produkts automatisiert ist. Bei einem hohen Automatisierungsgrad können nur unwesentliche Senkungen erzielt werden, während bei einem niedrigen Automatisierungsgrad die Reduzierung der Stückauszahlungen höher ausfällt; vgl. *Schmidt* (2000), S. 207 f.

sind. Dies könnte bspw. für ein Unternehmen zutreffen, das die Strategie der Kostenführerschaft verfolgt und in einem intensiven Wettbewerb mit Konkurrenten steht, so dass Kostenvorteile direkt an die Abnehmer weitergegeben werden. Die Berechnung des Zielkapitalwerts wird wie folgt vorgenommen:

$$ZKW = -BWAZ_0^{VP} + zp_{v+1} \cdot \left(1 - faz^{PF}\right) \cdot \sum_{t=v+1}^{v+m} \frac{ks_t \cdot zx_t}{(1+i)^t} - \sum_{t=v+1}^{v+m} \frac{zaz_{v+1}^{PN} \cdot ks_t \cdot zx_t}{(1+i)^t} + BWEZÜ_0^{NP} \tag{3-81}$$

Da in diesem Szenario eine Veränderung der Absatzpreise im Zeitverlauf berücksichtigt wird, ist nicht nur eine Anpassung für die Ermittlung der Umsatzeinzahlungen notwendig, sondern aufgrund der Abhängigkeit vom Umsatz auch für die produktfernen Auszahlungen. Die stückbezogenen Auszahlungen für die erste Periode der Marktphase ergeben sich hierbei wie folgt:

$$zaz_{v+1}^{PN} = zp_{v+1} \cdot \left(1 - faz^{PF}\right) - \frac{\left(ZKW + BWAZ_0^{VP} - BWEZÜ_0^{NP}\right)}{\sum_{t=v+1}^{v+m} \frac{ks_t \cdot zx_t}{(1+i)^t}} \tag{3-82}$$

Ähnlich wie im Szenario 1 werden die stückbezogenen Auszahlungen der Periode 1 berechnet, indem der Zielpreis der ersten Periode der Marktphase, vermindert um den Faktor für die produktfernen Auszahlungen, um einen bestimmten Anteil reduziert wird. Der Zähler dieses Anteils entspricht dem des Szenarios 1 und gibt die Summe aus dem Zielkapitalwert, Barwert der Auszahlungen der Vorlaufphase und Barwert der Auszahlungen der Nachlaufphase, vermindert um den Barwert der Einzahlungen der Nachlaufphase wieder. Im Nenner steht der Barwert der um die Senkungsfaktoren modifizierten Mengen.

Im vierten Szenario wird ebenfalls eine Veränderung der stückbezogenen Auszahlungen und der Absatzpreise berücksichtigt, allerdings im Unterschied zum 3. Szenario mit verschiedenen Senkungsfaktoren. Für die Entwicklung der Absatzpreise wird eine konstante Preisänderungsrate ($pär$) angenommen, während für die stückbezogenen Auszahlungen die vorangegangene Vorgehensweise beibehalten wird. Daraus ergeben sich folgende Anpassungen für die Berechnung des Zielkapitalwerts:

$$ZKW = -BWAZ_0^{VP} + zp_{v+1} \cdot \left(1 - faz^{PF}\right) \cdot \sum_{t=v+1}^{v+m} \frac{(1-pär)^{t-v-1} \cdot zx_t}{(1+i)^t} - \sum_{t=v+1}^{v+m} \frac{zaz_{v+1}^{PN} \cdot ks_t \cdot zx_t}{(1+i)^t} + BWEZÜ_0^{NP} \tag{3-83}$$

Hieraus ergibt sich nach Umformungen folgender Ausdruck für die stückbezogenen Auszahlungen der ersten Periode der Marktphase:

$$zaz_{v+1}^{PN} = \frac{-BWAZ_0^{VP} + zp_{v+1} \cdot \left(1 - faz^{PF}\right) \cdot \frac{\left(1 - pär\right)^{t-v-1} \cdot zx_t}{\left(1+i\right)^t} + BWEZÜ_0^{NP} - ZKW}{\sum\limits_{t=v+1}^{v+m} \frac{ks_t \cdot zx_t}{\left(1+i\right)^t}} \tag{3-84}$$

Aus (3-84) wird ersichtlich, dass neben dem Barwert der modifizierten Mengen im Nenner noch ein modifizierter Mengenbarwert im Zähler zu ermitteln ist. Während im Nenner die Mengen mit dem Senkungsfaktor für die stückbezogenen Auszahlungen verknüpft werden, sind im Zähler die Mengen mit der angenommenen Preisänderungsrate zu modifizieren. Für die Bestimmung der stückbezogenen Auszahlungen der nachfolgenden Perioden ist wiederum zaz_{v+1}^{PN} mit dem periodenbezogenen Senkungsfaktor zu multiplizieren.

Die bisherigen Betrachtungen fanden ausschließlich auf der Ebene des Gesamtprodukts statt. Wie eine dynamische Aufteilung der produktnahen Zielauszahlungen auf einzelne Komponenten erfolgen kann, wird beispielhaft anhand des 4. Szenarios dargestellt. Dafür wird vor der Marktphase anknüpfend an das statische Target Costing anhand von Marktforschungsaktivitäten ermittelt, welche Bedeutung den einzelnen Komponenten j hinsichtlich der Funktionserfüllung des Produkts beigemessen wird und anschließend daraus prozentuale Nutzenteilgewichte für diese Komponenten (NTG_j) abgeleitet.[345] Im statischen Ansatz entspricht der Kostenanteil der Produktkomponente dem Nutzenanteil. Übertragen auf das dynamische Modell, ergibt sich der Barwert der Zielauszahlungen für eine Komponente ($BWAZ_j$) wie folgt:

$$BWAZ_j = NTG_j \cdot BWAZ^{PN} \tag{3-85}$$

Des Weiteren ist die gesamte Menge der herzustellenden Produktkomponenten (zx_j) zu ermitteln. Hierfür wird die Anzahl der Komponenten, die in das Endprodukt eingehen (anz_j), benötigt, so dass zx_j wie folgt bestimmt werden kann:

[345] Vgl. dazu bspw. *Stibbe* (2009), S. 96 ff.

$$zx_{j,t} = anz_j \cdot zx_t \tag{3-86}$$

Hinsichtlich der Entwicklung der stückbezogenen Auszahlungen für die Produktkomponenten werden die vorherigen Annahmen unterstellt.[346] Damit können die stückbezogenen Auszahlungen der Komponente j für die erste Periode der Marktphase ($zaz_{j,v+1}^{PN}$) auf folgende Weise berechnet werden:

$$zaz_{j,v+1}^{PN} = \frac{BWAZ_j}{\sum_{t=v+1}^{v+m} \frac{zx_{j,t} \cdot ks_t}{(1+i)^t}} \tag{3-87}$$

Der Nenner der Formel (3-87) gibt den Barwert der modifizierten Menge auf Komponentenebene wieder. Die nachfolgenden stückbezogenen Zielauszahlungen ergeben sich gemäß der angenommenen Entwicklung, analog der Vorgehensweise auf Produktebene. Als Ergebnis ergeben sich die Zielauszahlungen für die einzelnen Produktkomponenten der einzelnen Perioden der Marktphase für einen angestrebten Zielkapitalwert.

Zum Schluss dieses Abschnitts wird noch eine alternative Berechnung der stückbezogenen Zielauszahlungen aufgezeigt. Bei dieser Möglichkeit wird der Barwert der produktnahen Zielauszahlungen durch eine Residualbetrachtung ermittelt. Dadurch, dass gemäß der Eigenschaft des Target Costing-Ansatzes die Absatzpreise und die Absatzmengen als gegeben angesehen werden können[347] und für die Gestaltung der Zielauszahlungen der Marktphase auch die finanziellen Konsequenzen der Vor- und Nachlaufphase zu erfassen sind, kann der Barwert der produktnahen Zielauszahlungen wie folgt bestimmt werden:

$$BWAZ^{PN} = -BWAZ^{VP} + BWEZ^{MP} - BWAZ^{PF} + BWEZ^{NP} - BWAZ^{NP} - ZKW \tag{3-88}$$

Da die Größen des rechten Teils der Gleichung (3-88) ermittelt werden können, ist somit auch der Barwert der produktnahen Auszahlungen ohne weiteres kalkulierbar. Allerdings ist aufgrund detaillierter Informationsvorgaben der Barwert der Auszahlungen im nächsten Schritt auf die einzelnen Perioden der Marktphase aufzuspalten. Die Ermittlung der periodenbezogenen Zielauszahlungen kann dabei auf folgende Weise erfolgen:

---

346 Damit wird vereinfachend unterstellt, dass die Senkungsraten für die stückbezogenen Auszahlungen auf Komponentenebene im Zeitverlauf für alle Produktkomponenten gleich hoch sind.

347 Vgl. auch *Wilken/Menze* (2011), S. 47.

$$AZ_t^{PN} = \frac{BWAZ^{PN}}{\sum_{t=v+1}^{v+m} \frac{zx_t \cdot ks_t}{(1+i)^t}} \cdot zx_t \cdot ks_t \tag{3-89}$$

Somit ergeben sich die produktnahen Zielauszahlungen in einer Periode der Marktphase aus dem Produkt der Zielmenge, angepasst um den Senkungsfaktor, und dem Verhältnis von Barwert der produktnahen Zielauszahlungen, die als Residualgröße nach (3-88) zu ermitteln ist, zum Barwert der um die Senkungsfaktoren modifizierten Menge. Die Vorgehensweise gilt analog auf Komponentenebene.

Im nächsten Abschnitt werden die hier vorgestellten Formeln anhand eines Rechenbeispiels veranschaulicht.

3.4.2.2.2 Szenarienabhängige Anwendung des Kalküls (Beispielsrechnung)

Im Folgenden wird ein Fall konzipiert, in dem die Formeln für die vier betrachteten Szenarien angewendet werden sollen. Hierfür wird ein Unternehmen betrachtet, das für ein bestimmtes Projekt die Zielauszahlungen der Perioden der Marktphase gemäß einem dynamischen Target Costing-Ansatz bestimmen will.

Der Lebenszyklus des Projekts kann in drei Phasen unterteilt werden: Vorlauf-, Markt- und Nachlaufphase. Für die Dauer der Vorlaufphase werden zwei Perioden erwartet, genauso wie für die Nachlaufphase. Der zeitliche Umfang der Marktphase wird mit vier Perioden angegeben, so dass der Lebenszyklus des Produktprojekts insgesamt acht Perioden umfasst. In der Vorlaufphase fallen ausschließlich Auszahlungen für Forschung und Entwicklung sowie für die Anschaffung der Fertigungsanlagen an.[348]

Lebenszyklusphase	*Vorlaufphase*		*Marktphase*				*Nachlaufphase*	
Periode	1	2	3	4	5	6	7	8
FuE	3.500.000	2.500.000						
Sachinvestitionen		6.000.000						
Werbeauszahlung		1.500.000						

Tabelle 3-17: ***Auszahlungen der Vorlaufphase***

348 Einzahlungen in der Vorlaufphase, wie bspw. Subventionen, werden hier außer Acht gelassen.

In der ersten Periode fallen 3,5 Mio. GE und in der zweiten Periode der Vorlaufphase 2,5 Mio. GE für Forschung und Entwicklung an. Für die Produktionsanlagen werden Anschaffungsauszahlungen i. H. v. 6 Mio. GE angenommen, die unmittelbar vor der Marktphase in der zweiten Periode anfallen. Außerdem werden zum Ende der Vorlaufphase einmalig Werbeauszahlungen von 1,5 Mio. GE getätigt, mit denen der Bekanntheitsgrad des Produkts gesteigert werden soll und die für die Markterschließung erforderlich sind.[349]

Hinsichtlich der Nachlaufphase werden sowohl Auszahlungen als auch Einzahlungen berücksichtigt. Die Einzahlungen ergeben sich aus dem Verkauf von Ersatz- und Zubehörteilen und aus Desinvestitionen, während die Auszahlungen aus Garantie- und Gewährleistungsverpflichtungen sowie für die Entsorgungsleistungen anfallen.

	Vorlaufphase		*Marktphase*				*Nachlaufphase*	
Periode	1	2	3	4	5	6	7	8
Einzahlungen:								
Verkauf von Ersatz- und Zubehörteilen							725.000	375.000
Desinvestitionen							150.000	
Auszahlungen:								
Garantie- und Gewährleistungsverpflichtungen							1.755.000	675.000
Entsorgungsleistungen							475.000	125.000

Tabelle 3-18: ***Ein- und Auszahlungen der Nachlaufphase***

Die erwarteten Absatzmengen während der Marktphase können der Tabelle 3-19 entnommen werden.

	Vorlaufphase		*Marktphase*				*Nachlaufphase*	
Periode	1	2	3	4	5	6	7	8
Absatzmenge			25.000	37.500	42.500	15.750		

Tabelle 3-19: ***Erwartete Absatzmengen in der Marktphase***

Die Absatzmengen steigen in den ersten Perioden der Marktphase zunächst an, erreichen in Periode 5 ihren Gipfel und sinken anschließend wieder. Außerdem wird in der Marktphase neben den Absatzmengen noch der Zielpreis der ersten Periode der Marktphase exogen vorgegeben. Der Zielpreis wird hierbei auf der Basis von Marktforschungsaktivitäten ermittelt und beträgt für die erste Periode der Marktphase 600 GE.

---

[349] Vgl. zu weiteren möglichen Auszahlungen in der Vorlaufphase *Schmidt* (2000), S. 147-150. Alternativ können die Werbeauszahlungen auch während der Markteinführung des Produkts anfallen und daher der Marktphase zugeordnet werden; vgl. ebenda, S. 150 Fn. 228 m. w. V.

	Vorlaufphase		*Marktphase*				*Nachlaufphase*	
Periode	1	2	3	4	5	6	7	8
Vorlaufphase:								
FuE	3.500.000	2.500.000						
Sach-investitionen		6.000.000						
Werbeaus-zahlung		1.500.000						
Marktphase:								
Absatzmenge			25.000	37.500	42.500	15.750		
Absatzpreis			600					
sonst. Aus-zahlungen			9% v. Umsatz	9% v. Umsatz	9% v. Umsatz	9% v. Umsatz		
Verwaltung und Vertrieb			6% v. Umsatz	6% v. Umsatz	6% v. Umsatz	6% v. Umsatz		
Nachlaufphase:								
Verkauf von Ersatz- und Zubehörteilen							725.000	375.000
Des-investitionen							150.000	
Garantie- und Gewährleist-ungsver-pflichtungen							1.755.000	675.000
Entsorgungs-leistungen							475.000	125.000
Ziel: Kapital-wertrate 20%								

Tabelle 3-20: ***Ausgangssituation auf Produktebene***

Neben den zu ermittelnden produktnahen Zielauszahlungen fallen noch produktferne Auszahlungen an. Für die produktfernen Auszahlungen wird eine umsatzabhängige Entwicklung angenommen, so dass für sonstige Auszahlungen 9% wie für Verwaltung und Vertrieb 6% des Umsatzes veranschlagt werden.

Als Ziel legt das Unternehmen eine Kapitalwertrate i. H. v. 20% fest.[350] Die Anschaffungsauszahlung wird durch den Barwert der Auszahlungen der Vorlaufphase dargestellt. Des Weiteren liegt die Information vor, dass das Unternehmen einen Kalkulationszinssatz i. H. v. 5% verwendet. Die Ausgangsgrößen für die vier Szenarien sind in der Tabelle 3-20 zusammengefasst.

Nun können für das Szenario 1 (konstante Absatzpreise und Stückauszahlungen) die periodenbezogenen Zielauszahlungen gemäß den Beschreibungen des vorherigen Abschnitts berechnet werden. Zunächst ist die Ziel-Kapitalwertrate in einen absoluten Kapitalwert zu transformieren. Dafür werden die Anschaffungsauszahlungen, ausgedrückt durch den Barwert der

350 Die Kapitalwertrate ist definiert als das Verhältnis von Kapitalwert zu Anschaffungsauszahlung und ist als ein Rentabilitätsmaß einer absoluten Zielvorgabe vorzuziehen, da ein direkter Bezug zum Kapitaleinsatz gegeben ist.

Auszahlungen der Vorlaufphase, benötigt. Der Barwert der Auszahlungen der Vorlaufphase beträgt 12.403.628 GE, so dass als Ziel ein absoluter Kapitalwert i. H. v. 2.480.726 GE angestrebt wird. Zur Ermittlung der finanziellen Konsequenzen, die aus der Nachlaufphase resultieren, ist der Barwert der Ein- und Auszahlungen der Nachlaufphase zu bilden. Der Barwert der Auszahlungen ist höher als der Barwert der Einzahlungen, so dass sich daraus ein negativer Saldo für die Nachlaufphase i. H. v. 1.250.630 GE ergibt. Zur Ermittlung der stückbezogenen Auszahlungen nach der Formel (3-78) ist noch der Barwert der Menge zu bestimmen, der 97.500 beträgt. Daraus resultieren folgende stückbezogene Auszahlungen:

$$zaz^{PN} = 600 \cdot (1 - 9\% - 6\%) - \frac{12.403.628 + 1.250.630 + 2.480.726}{97.500} = 344{,}51$$

Um die produktnahen Zielauszahlungen zu bestimmen, müssen die stückbezogenen Auszahlungen mit der Menge multipliziert werden. Bei dieser Höhe der Zielauszahlungen wird in einer sicheren Entscheidungssituation der angestrebte Zielkapitalwert erreicht, wie in der Tabelle 3-21 dargestellt ist.

		Vorlaufphase		*Marktphase*			
Periode	Barwert	1	2	3	4	5	6
FuE	5.600.907	3.500.000	2.500.000				
Investitionen	5.442.177		6.000.000				
Werbeausz.	1.360.544		1.500.000				
Absatzmenge	97.500			25.000	37.500	42.500	15.750
Absatzpreis				600	600	600	600
Umsatz				15.000.000	22.500.000	25.500.000	9.450.000
sonst. Ausz.				1.350.000	2.025.000	2.295.000	850.500
Verwaltung und Vertrieb				900.000	1.350.000	1.530.000	567.000
Stückausz.				344,51	344,51	344,51	344,51
Zielausz.	**33.590.035**			**8.612.826**	**12.919.239**	**14.641.805**	**5.426.081**
		Nachlaufphase					
Periode		7	8				
Verkauf von Ersatz- und Zubehörteilen		725.000	375.000				
Des-investitionen		150.000					
Garantie- und Gewährleist-ungsver-pflichtungen		1.755.000	675.000				
Entsorgungs-leistungen		475.000	125.000				
Periode		1	2	3	4	5	6
EZÜ		-3.500.000	-10.000.000	4.137.174	6.205.761	7.033.195	2.606.419
Periode		7	8				
EZÜ		-1.355.000	-425.000				
Kapitalwert	**2.480.726**						

Tabelle 3-21: ***Periodenbezogene Zielauszahlungen (Szenario 1)***

Im nächsten Schritt sind die periodenbezogenen Zielauszahlungen auf die einzelnen Produktkomponenten aufzuteilen, wobei in diesem Zusammenhang an dem statischen Ansatz angeknüpft wird. Es sind mittels Marktforschungsaktivitäten die Nutzenteilgewichte für einzelne Produktkomponenten zu bestimmen, wobei das Produkt aus vier Komponenten (a, b, c, d) besteht. Diesen Komponenten werden folgende Nutzenteilgewichte zugeordnet:

Komponente	Nutzenteilgewicht	Anzahl der Komponenten am Produkt
a	54,25%	4
b	33,50%	3
c	8,00%	2
d	4,25%	1
Summe	100%	

Tabelle 3-22: ***Nutzenteilgewichte der Produktkomponenten***

Auf Basis der Nutzenteilgewichte wird der Barwert der Zielauszahlungen auf die einzelnen Produktkomponenten aufgeteilt. Dementsprechend wird bspw. der Komponente a ein Barwert der Zielauszahlungen i. H. v. 18.222.594 GE (54,25% · 33.590.035 GE) zugeteilt. Die benötigte Anzahl der einzelnen Komponenten und die dazugehörigen Barwerte können der Tabelle 3-23 entnommen werden.

		Marktphase			
Periode	Barwert	3	4	5	6
Komponente a:					
Barwert Zielauszahlungen	18.222.594				
benötigte Menge	390.000	100.000	150.000	170.000	63.000
Komponente b:					
Barwert Zielauszahlungen	11.252.662				
benötigte Menge	292.500	75.000	112.500	127.500	47.250
Komponente c:					
Barwert Zielauszahlungen	2.687.203				
benötigte Menge	195.000	50.000	75.000	85.000	31.500
Komponente d:					
Barwert Zielauszahlungen	1.427.577				
benötigte Menge	97.500	25.000	37.500	42.500	15.750

Tabelle 3-23: ***Benötigte Anzahl der Produktkomponenten***

Nun können gemäß Formel (3-87) die stückbezogenen Zielauszahlungen auf Komponentenebene der ersten Periode der Marktphase bestimmt werden. Diese ergeben sich, indem der Barwert der Zielauszahlungen einer Komponente ins Verhältnis gesetzt wird zum Barwert der Menge. In Tabelle 3-24 sind die Zielauszahlungen auf Komponentenebene angegeben, die in Summe den Zielauszahlungen auf Produktebene entsprechen.

		Marktphase			
Periode	Barwert	3	4	5	6
Komponente a:					
benötigte Menge	390.000	100.000	150.000	170.000	63.000
Stückauszahlungen		46,72	46,72	46,72	46,72
Zielauszahlungen	18.222.594	4.672.458	7.008.687	7.943.179	2.943.649
Komponente b:					
benötigte Menge	292.500	75.000	112.500	127.500	47.250
Stückauszahlungen		38,47	38,47	38,47	38,47
Zielauszahlungen	11.252.662	2.885.297	4.327.945	4.905.005	1.817.737
Komponente c:					
benötigte Menge	195.000	50.000	75.000	85.000	31.500
Stückauszahlungen		13,78	13,78	13,78	13,78
Zielauszahlungen	2.687.203	689.026	1.033.539	1.171.344	434.086
Komponente d:					
benötigte Menge	97.500	25.000	37.500	42.500	15.750
Stückauszahlungen		14,64	14,64	14,64	14,64
Zielauszahlungen	1.427.577	366.045	549.068	622.277	230.608

Tabelle 3-24: ***Periodenbezogene Zielauszahlungen auf Komponentenebene (Szenario 1)***

Im Szenario 2 wird davon ausgegangen, dass die Absatzpreise konstant bleiben, während die Stückauszahlungen sinken. Für die Senkung der Stückauszahlungen wird das Erfahrungskurvenkonzept herangezogen, wobei eine Lernrate von 5% angenommen wird. Die Senkungsfaktoren können mit Formel (3-46)[351] bestimmt werden und sind in der Tabelle 3-25 abgebildet.

	Vorlaufphase		*Marktphase*				*Nachlaufphase*	
Periode	1	2	3	4	5	6	7	8
Absatzmenge			25.000	37.500	42.500	15.750		
kumulierte Absatzmenge			25.000	62.500	105.000	120.750		
Senkungsfaktor			1	0,8907	0,8475	0,8283		

Tabelle 3-25: ***Senkungsfaktoren für die stückbezogenen Auszahlungen***

Die finanziellen Konsequenzen der Vor- und Nachlaufphase sowie der Zielkapitalwert bleiben unverändert, so dass die Barwerte dem Szenario 1 entnommen werden können. Aufgrund der Annahme konstanter Preise entsprechen auch die Umsätze sowie die davon abhängigen produktfernen Auszahlungen den Werten des Szenarios 1. Für die Anwendung der Formel (3-80) zur Ermittlung der stückbezogenen Zielauszahlungen der ersten Periode der Marktphase fehlt nun noch der Barwert der modifizierten Menge. Die modifizierte Menge ergibt sich in einer Periode aus dem Produkt von Absatzmenge und Senkungsfaktor. Die stückbezogenen Zielauszahlungen der nachfolgenden Periode werden mittels der Senkungsfaktoren bestimmt (siehe Tabelle 3-26).

[351] Die Formel befindet sich auf S. 86.

		Marktphase			
Periode	Barwert	3	4	5	6
Absatzmenge		25.000	37.500	42.500	15.750
Absatzpreis		600	600	600	600
Umsatz		15.000.000	22.500.000	25.500.000	9.450.000
sonst. Auszahlungen		1.350.000	2.025.000	2.295.000	850.500
Verwaltung und Vertrieb		900.000	1.350.000	1.530.000	567.000
Senkungsfaktor		1	0,8907	0,8475	0,8283
modifizierte Menge	87.033	25.000	33.403	36.018	13.046
Stückauszahlungen		385,95	343,78	327,09	319,68
Zielauszahlungen	**33.590.035**	**9.648.678**	**12.891.640**	**13.901.187**	**5.035.030**
Barwert Vorlaufphase	-12.403.628				
Barwert Nachlaufphase	-1.250.630				
Einzahlungsüberschuss		3.101.322	6.233.360	7.773.813	2.997.470
Kapitalwert	**2.480.726**				

Tabelle 3-26: ***Periodenbezogene Zielauszahlungen (Szenario 2)***

Die Aufteilung des Barwerts der Zielauszahlungen auf die Produktkomponenten kann Tabelle 3-27 entnommen werden.

		Marktphase			
Periode	Barwert	3	4	5	6
Komponente a:					
Barwert Zielauszahlungen	18.222.594				
benötigte Menge		100.000	150.000	170.000	63.000
Senkungsfaktor		1	0,8907	0,8475	0,8283
Modifizierte Menge	348.131	100.000	133.610	144.073	52.184
Stückauszahlungen		52,34	46,62	44,36	43,36
Zielauszahlungen		5.234.408	6.993.715	7.541.394	2.731.504
Komponente b:					
Barwert Zielauszahlungen	11.252.662				
benötigte Menge		75.000	112.500	127.500	47.250
Senkungsfaktor		1,0000	0,8907	0,8475	0,8283
Modifizierte Menge	261.098	75.000	100.208	108.055	39.138
Stückauszahlungen		43,10	38,39	36,52	35,70
Zielauszahlungen		3.232.307	4.318.699	4.656.898	1.686.735
Komponente c:					
Barwert Zielauszahlungen	2.687.203				
benötigte Menge		50.000	75.000	85.000	31.500
Senkungsfaktor		1,0000	0,8907	0,8475	0,8283
Modifizierte Menge	174.065	50.000	66.805	72.037	26.092
Stückauszahlungen		15,44	13,75	13,08	12,79
Zielauszahlungen		771.894	1.031.331	1.112.095	402.802
Komponente d:					
Barwert Zielauszahlungen	1.427.577				
benötigte Menge		25.000	37.500	42.500	15.750
Senkungsfaktor		1	0,8907	0,8475	0,8283
Modifizierte Menge	87.033	25.000	33.403	36.018	13.046
Stückauszahlungen		16,40	14,61	13,90	13,59
Zielauszahlungen		410.069	547.895	590.800	213.989

Tabelle 3-27: ***Periodenbezogene Zielauszahlungen auf Komponentenebene (Szenario 2)***

Im Vergleich zu Szenario 1 ist erkennbar, dass sich die Barwerte der produktnahen Zielauszahlungen entsprechen. Dies liegt daran, dass die Umsätze und die damit verbundenen produktfernen Auszahlungen aufgrund der Annahme konstanter Preise in beiden Szenarien gleich hoch sind. Allerdings sind die Zielauszahlungen in den einzelnen Perioden der Marktphase unterschiedlich hoch. Aufgrund der angenommenen Entwicklung der stückbezogenen Auszahlungen sind die stückbezogenen Zielauszahlungen in der ersten Periode der Marktphase wesentlich höher als im Szenario 1, wodurch sich für das Unternehmen zu Beginn der Marktphase ein höherer Spielraum hinsichtlich der Einhaltung der Zielvorgaben ergibt. Dafür hat es allerdings in den nachfolgenden Perioden einen niedrigeren Spielraum, da die stückbezogenen Zielauszahlungen niedriger sind als im Szenario 1.

Im 3. Szenario sinken die Absatzpreise in gleichem Maße wie die stückbezogenen Auszahlungen. Dies könnte bspw. für Unternehmen mit hohem Konkurrenzdruck relevant sein, die eine Kostenführerschaftsstrategie anstreben und daher die Kostensenkungen direkt an die Abnehmer weitergeben. Hierdurch verändern sich die Umsätze und die produktfernen Auszahlungen, was Auswirkungen auf den Barwert der produktnahen Zielauszahlungen hat. Gemäß Formel (3-82) können die stückbezogenen Zielauszahlungen der ersten Periode der Marktphase mithilfe der bereits vorliegenden Informationen ermittelt werden:

$$zaz_{t=3}^{PN} = 600 \cdot (1 - 9\% - 6\%) - \frac{12.403.628 + 1.250.630 + 2.480.726}{87.033} = 324{,}61$$

Die stückbezogenen Auszahlungen der nachfolgenden Perioden der Marktphase entwickeln sich in Abhängigkeit der Senkungsfaktoren. Anschließend können die periodenbezogenen Zielauszahlungen bestimmt werden (siehe Tabelle 3-28).

		Marktphase			
Periode	Barwert	3	4	5	6
Absatzmenge		25.000	37.500	42.500	15.750
Preisänderungsrate		1	0,8907	0,8475	0,8283
Absatzpreis		600	534,44	508,49	496,99
Umsatz		15.000.000	20.041.564	21.611.023	7.827.544
sonst. Auszahlungen		1.350.000	1.803.741	1.944.992	704.479
Verwaltung und Vertrieb		900.000	1.202.494	1.296.661	469.653
Senkungsfaktor		1	0,8907	0,8475	0,8283
modifizierte Menge	87.033	25.000	33.403	36.018	13.046
Stückauszahlungen		324,61	289,14	275,10	268,88
Zielauszahlungen	**28.251.713**	**8.115.255**	**10.842.826**	**11.691.930**	**4.234.834**
Barwert Vorlaufphase	-12.403.628				
Barwert Nachlaufphase	-1.250.630				
Einzahlungsüberschuss		4.634.745	6.192.503	6.677.439	2.418.578
Kapitalwert	**2.480.726**				

Tabelle 3-28: ***Periodenbezogene Zielauszahlungen (Szenario 3)***

Die Berechnung der Zielauszahlungen auf Komponentenebene erfolgt analog der Vorgehensweise in Szenario 2.[352]

Der Barwert der Zielauszahlungen ist im Szenario 3 wesentlich geringer als bei den vorherigen Szenarien. Der Grund dafür liegt in der angenommen Senkung der Absatzpreise im Zeitverlauf, wodurch die Umsätze niedriger werden und dies eine abnehmende Vorteilhaftigkeit des Produktprojekts signalisiert. Dementsprechend verringert sich der Spielraum für das Unternehmen hinsichtlich der Einhaltung der Zielvorgaben für die produktnahen Auszahlungen, um den angestrebten Zielkapitalwert zu realisieren.

Für das 4. Szenario wird ein abweichender Senkungsfaktor für die Entwicklung der Absatzpreise unterstellt. Es wird angenommen, dass die Preisänderungsrate pro Periode konstant -2% beträgt. Gemäß Formel (3-84) können die stückbezogenen Auszahlungen der ersten Periode der Marktphase berechnet werden. Neben dem bereits bekannten Barwert der modifizierten Menge wird ein weiterer Mengenbarwert benötigt, der sich durch die Einbeziehung der Preisänderungsrate ergibt.

		Marktphase			
Periode	Barwert	3	4	5	6
Preisänderungsrate			-2%	-2%	-2%
Preisänderungsfaktor		1	0,98	0,9604	0,9412
modifizierte Menge	94.873	25.000	36.750	40.817	14.824

Tabelle 3-29: ***Barwert der modifizierten Menge (Szenario 4)***

Nachdem die Größen in die Formel eingesetzt werden, ergeben sich die stückbezogenen Auszahlungen der ersten Periode der Marktphase i. H. v. 370,55 GE. Die daraus resultierenden Zielauszahlungen sind in der Tabelle 3-30 abgebildet.

Dadurch, dass der Absatzpreis im Zeitverlauf sinkt, ist der Barwert der Zielauszahlungen geringer als in Szenario 1 und 2. Da der Absatzpreis aber im Vergleich zu Szenario 3 weniger stark sinkt, ist der hier berechnete Barwert der Zielauszahlungen höher, was eine zunehmende Vorteilhaftigkeit des Produktprojekts signalisiert.

[352] Die Ergebnisse dazu sind im Anhang IV, S. 294 dargestellt.

		Marktphase			
Periode	Barwert	3	4	5	6
Absatzmenge		25.000	37.500	42.500	15.750
Preisänderungsfaktor		1	0,98	0,9604	0,9412
Absatzpreis		600	588	576,24	564,72
Umsatz	56.923.903	15.000.000	22.050.000	24.490.200	8.894.264
sonst. Auszahlungen	5.123.151	1.350.000	1.984.500	2.204.118	800.484
Verwaltung und Vertrieb	3.415.434	900.000	1.323.000	1.469.412	533.656
Senkungsfaktor		1	0,8907	0,8475	0,8283
modifizierte Menge	87.033	25.000	33.403	36.018	13.046
Stückauszahlungen		370,55	330,07	314,04	306,93
Zielauszahlungen	**32.250.334**	**9.263.851**	**12.377.471**	**13.346.753**	**4.834.214**
Barwert Vorlaufphase	-12.403.628				
Barwert Nachlaufphase	-1.250.630				
Einzahlungsüberschuss		3.486.149	6.365.029	7.469.917	2.725.911
Kapitalwert	**2.480.726**				

Tabelle 3-30: ***Periodenbezogene Auszahlungen (Szenario 4)***[353]

Als Alternative zu den hier ausführlich dargestellten Rechnungsschritten wird noch eine kurze und einfache Berechnungsmethode bsph. für das vierte Szenario vorgestellt, bei dem der Barwert der produktnahen Zielauszahlungen durch eine Residualbetrachtung gemäß der Formel (3-88) bestimmt wird:

$$56.923.903 - 12.403.628 - 8.538.585 - 1.250.630 - 2.480.726 = 32.250.334$$

Vom Barwert der Umsatzeinzahlungen werden die zum Betrachtungszeitpunkt erwarteten Auszahlungen zuzüglich des Zielkapitalwerts abgezogen, so dass als Residualgröße der Barwert der Zielauszahlungen verbleibt. Mittels Formel (3-89) kann nun die Zielauszahlung einer Periode bestimmt werden, was exemplarisch für die fünfte Periode dargestellt wird:

$$\frac{32.250.334}{87.033} \cdot 42.500 \cdot 0{,}8475 = 13.346.753$$ [354]

Somit können die Zielauszahlungen einer Periode in wenigen Schritten ermittelt werden. Allerdings werden die dahinter stehenden Annahmen und Implikationen nur anhand der ausführlichen Darstellung ersichtlich.

3.5 Risikoberücksichtigung bei der Ableitung quantitativ-fundierter Handlungsempfehlungen

Die bisherigen Betrachtungen bezogen sich auf die Prognose der Einzahlungs- und Auszahlungsseite eines Produktprojekts. Diese Informationen sind notwen-

---

[353] Die Zielauszahlungen auf Komponentenebene ergeben sich analog der Vorgehensweise bei Szenario 2 und sind im Anhang IV, S. 295 angegeben.

[354] Der Wert ergibt sich durch die Berücksichtigung der Nachkommastellen in Excel.

dig, um den Erfolg des Produktprojekts beurteilen zu können. Ein Produktprojekt ist erfolgreich, wenn die von den Entscheidungsträgern gesetzten Ziele erreicht werden. Bei den Zielen handelt es sich im Rahmen der wertorientierten Unternehmensführung um die Steigerung des Unternehmenswerts aus der Sicht der Anteilseigner.[355] In Bezug auf das Produktprojekt bedeutet dies, dass nur Produktprojekte mit einem positiven Kapitalwert durchgeführt werden sollen, die entsprechend zu einer Steigerung des Gesamtunternehmenswerts beitragen. Unter vollkommenen Bedingungen gibt der Kapitalwert eines Produktprojekts die genaue Veränderung des Unternehmenswerts wieder.[356] Demnach orientiert sich die Entscheidung hinsichtlich der Durchführung des Produktprojekts am Kapitalwert.[357] Die erwarteten Ein- und Auszahlungen des Produktprojekts werden mit einem Kalkulationszinssatz auf den Betrachtungszeitpunkt diskontiert und der Anschaffungsauszahlung gegenübergestellt.

Bis hierhin wurden sichere Erwartungen unterstellt, so dass hinsichtlich der Bestimmung des Kapitalwerts das Risiko ausgeklammert werden konnte. Da der Lebenszyklus eines Produktprojekts sich über mehrere Perioden erstreckt, liegen die Inputgrößen für das Kapitalwertmodell teils weit in der Zukunft. So müssen bei der Berechnung des Kapitalwerts alle Phasen des Lebenszyklus berücksichtigt werden, also auch die Nachlaufphase, die das Ende des Lebenszyklus des Produkts darstellt, so dass auch die dort anfallenden Zahlungen geschätzt werden müssen. Daher ist ein auf Basis einwertiger Größen berechneter Kapitalwert zur Beurteilung von Produktprojekten nicht geeignet. Die Vernachlässigung des Risikos bei der Berechnung des Kapitalwerts kann daher zu erheblichen Fehlentscheidungen führen.

In Bezug auf die Risikoberücksichtigung ist zwischen der Offenlegung und der Bewertung des Risikos zu unterscheiden. Die Risikooffenlegung kann bspw.

---

355 Dies ist nicht mit einer Vernachlässigung anderer Stakeholder gleichzusetzen, sondern durch die langfristige Orientierung dieses Ansatzes sind die Ansprüche der Stakeholder nachhaltig gesichert, so dass die Steigerung des Unternehmenswerts aus der Sicht der Anteilseigner als ein sinnvolles Ziel erachtet werden kann; vgl. *Pfaff/Bärtl* (1999), S. 87.

356 Vgl. *Stüker* (2008), S. 70.

357 Somit stellt die Bestimmung des Kapitalwerts in der ex ante-Situation eine zentrale Aufgabe dar. Neben dieser Aufgabe nennen *Pfaff/Bärtl* (1999), S. 88 im Kontext der wertorientierten Unternehmenssteuerung eine weitere Aufgabe und zwar „geeignete Maßzahlen (periodisch) zur Verfügung [...] [zu stellen], die eine laufende Beurteilung bereits durchgeführter Investitionen erlauben.“

mittels der Risikosimulation erfolgen, während für die Risikobewertung die Sicherheitsäquivalentmethode anzuwenden ist.[358] Mithilfe der Risikosimulation werden für die Zielgröße der Erwartungswert und die Streuung, ausgedrückt durch die Standardabweichung, ermittelt. Anschließend wird das Sicherheitsäquivalent der Zielgröße mittels des μσ-Prinzips bestimmt. Als Zielgröße wird der Einzahlungsüberschuss einer Periode herangezogen.

Zunächst wird eine Grundstruktur unter sicheren Bedingungen für die Bewertung des Produktprojekts konzipiert, bevor im nächsten Schritt die unsicheren Inputgrößen festgestellt werden, so dass auf diese Weise der Risikoeffekt auf den Kapitalwert des Produkts deutlich gemacht werden kann. Dabei steht insbesondere die Ermittlung der optimalen Werbeauszahlungen unter Berücksichtigung des Risikos im Fokus.

3.5.1 Grundstruktur des projektbezogenen Optimierungskalküls

Im Folgenden wird eine Struktur für die Bewertung von Produktprojekten unter Sicherheit aufgezeigt, mit dem Schwerpunkt auf der Ermittlung der optimalen Werbeauszahlungen, wobei auf die bisherigen Erkenntnisse zurückgegriffen wird. Diese Bewertungsstruktur dient anschließend als Basis für die Risikoadjustierung. Dabei werden die Ausführungen anhand eines Rechenbeispiels veranschaulicht.

Die Prognose der Einzahlungen der Marktphase lässt sich in zwei Schritte strukturieren. Zunächst ist die Absatzmenge des Marktes zu schätzen, wobei hierfür das zu erwartende Marktpotenzial sowie die Dauer des Lebenszyklus entscheidend für die Höhe der Marktabsatzmenge der einzelnen Perioden sind. Im zweiten Schritt wird auf Basis einer Marktreaktionsfunktion der Marktanteil für das Unternehmen ermittelt, der multipliziert mit der Marktabsatzmenge die Absatzmenge des Unternehmens wiedergibt. In der Marktreaktionsfunktion wird neben den Werbeauszahlungen noch der Verkaufspreis als absatzpolitisches

358 Alternativ kann für die Risikooffenlegung die Szenariotechnik und für die Risikobewertung die Risikozuschlagsmethode, bei der das Risiko nicht im Zähler wie bei der Sicherheitsäquivalentmethode, sondern im Nenner berücksichtigt wird, angewendet werden. Vgl. zu den Vorteilen der Risikosimulation und der Sicherheitsäquivalentmethode Kap. 2.3.1.2 und 2.3.2.1.

Instrument einbezogen. Hierbei wird berücksichtigt, dass der Einsatz des einen Instruments Auswirkungen auf die Höhe des anderen Instruments hat.

Die stückbezogenen Produktionsauszahlungen werden dem Modell exogen vorgegeben.[359] Für weitere produktferne Auszahlungen wird vereinfachend von einer umsatzabhängigen Entwicklung ausgegangen, bei der die Auszahlungen einen bestimmten Prozentsatz des Umsatzes ausmachen. Die Auszahlungen der Vorlaufphase und die Zahlungsströme der Nachlaufphase gehen ebenfalls in die Berechnung des Kapitalwerts ein.

3.5.2 Bewertung eines Produktprojekts unter Sicherheit

Als nächstes soll nun das Bewertungsmodell anhand eines Beispiels vorgestellt werden. Die Prognose der Absatzmenge des Marktes erfolgt mit dem *Bass*-Modell.[360] Ein Unternehmen plant innerhalb der nächsten zwei Perioden ein neues Produkt zu entwickeln, welches ab der dritten Periode produziert und am Markt abgesetzt werden soll. Es wird mit einem gesamten Marktpotenzial i. H. v. 1.875.000 Stück geplant. Es wird davon ausgegangen, dass vergleichbare Produkte bereits innerhalb der nächsten zwei Perioden von einigen Konkurrenzunternehmen am Markt angeboten werden, so dass zum Eintritt der Marktphase des Produkts für zwei Perioden Daten über die Höhe der Marktabsatzmengen vorliegen. Aus den zum Betrachtungszeitpunkt vorliegenden Informationen wird für die erste Periode eine Marktabsatzmenge i. H. v. 150.000 Stück und für die zweite Periode i. H. v. 224.940 Stück erwartet. Daraus lassen sich die benötigten Parameter für das *Bass*-Modell ableiten, die als Innovations- und Imitationsrate bezeichnet werden. Setzt man die bekannten Daten für die erste Periode in Formel (3-4) ein, ergibt sich folgende Gleichung:

$$150.000 = \alpha_{DM} \cdot (1.875.000 - 0) + \beta_{DM} \cdot \frac{0}{1.875.000} \cdot (1.875.000 - 0)$$

Für die Innovationsrate α_{DM} ergibt sich nach Umstellung der Gleichung ein Wert i. H. v. 0,08. Die Imitationsrate kann durch das Einsetzen der Daten der

[359] Für die genaue Ermittlung der stückbezogenen Auszahlungen sind Informationen über die Materialpreise, Fertigungskosten etc. relevant. Aufgrund des gesetzten Schwerpunkts kommt der detaillierten Ermittlung der stückbezogenen Auszahlungen in diesem Kontext eine untergeordnete Bedeutung zu.

[360] Vgl. hierzu Abschnitt 3.3.1.3.

zweiten Periode in Formel (3-4) unter Berücksichtigung der ermittelten Innovationsrate bestimmt werden:

$$224.940 = 0{,}08 \cdot (1.875.000 - 150.000) + \beta_{DM} \cdot \frac{150.000}{1.875.000} \cdot (1.875.000 - 150.000)$$

Durch die Auflösung der Gleichung nach β_{DM} resultiert eine Imitationsrate i. H. v. 0,63. Für die Prognose der Marktabsatzmengen nach dem *Bass*-Modell liegen nun die benötigten Daten vor, so dass diese für die nachfolgenden Perioden zu bestimmen sind.

Periode	Marktabsatzmenge	Kumulierte Marktabsatzmenge	Verbleibendes Marktpotenzial
1	150.000	150.000	1.725.000
2	224.940	374.940	1.500.060
3	308.982	683.922	1.191.078
4	368.993	1.052.915	822.085
5	356.603	1.409.519	465.481
6	257.690	1.667.209	207.791
7	133.024	1.800.233	74.767
8	51.206	1.851.439	23.561
9	16.542	1.867.981	7.019
10	4.967	1.872.948	2.052
11	1.456	1.874.403	597
12	423	1.874.827	173
13	123	1.874.950	50
14	36	1.874.985	15
15	10	1.874.996	4

Tabelle 3-31: ***Prognose der Marktabsatzmengen nach dem Bass-Modell***

Wie aus Tabelle 3-31 ersichtlich wird, ist das Marktpotenzial nach sieben bis acht Perioden nahezu vollständig ausgeschöpft. Das Unternehmen plant in Übereinstimmung mit der Nutzungsdauer der Fertigungsanlagen das Produkt fünf Perioden am Markt anzubieten, so dass die Dauer der Marktphase fünf Perioden umfasst. Des Weiteren werden für die Nachlaufphase des Produkts zwei Perioden eingeplant. Dementsprechend weist der Lebenszyklus des Produktprojekts insgesamt neun Perioden auf und besteht aus einer Vorlaufphase mit zwei Perioden, einer Marktphase mit fünf Perioden und einer Nachlaufphase mit zwei Perioden.

Nachdem die Marktabsatzmengen für das Produkt prognostiziert worden sind, gilt es für die Marktphase im nächsten Schritt die Absatzmenge des Unternehmens zu ermitteln. Dies geschieht durch die Prognose des Marktanteils anhand einer Marktreaktionsfunktion, in der die absatzpolitischen Instrumente Absatzpreis und Werbeauszahlungen als unabhängige Variablen eingehen. Hierfür wird die folgende Marktreaktionsfunktion unterstellt:

$$ma_t = 165 \cdot p^{-1{,}6+0{,}005 \cdot \ln W_{t-1}} \cdot W_{t-1}^{0{,}13} \tag{3-90}$$

Mit diesem funktionalen Zusammenhang wird berücksichtigt, dass die Einsatzhöhe des einen Marketinginstruments die Einsatzhöhe des anderen Marketinginstruments beeinflusst. Es gilt den optimalen Marketing-Mix zu finden, bei dem der Kapitalwert des Produktprojekts maximal ist. Unter der Annahme, dass die Wirkungen der Marketinginstrumente immer nur auf eine Periode begrenzt sind, kann als Zielfunktion für die Optimierung der Einzahlungsüberschuss der jeweiligen Periode in der Marktphase verwendet werden.[361] Es wird angenommen, dass die produktnahen Auszahlungen pro Stück in der ersten Periode der Marktphase 200 GE betragen und pro Periode um 5% sinken werden. Neben den Produktionsauszahlungen sind noch produktferne Auszahlungen zu berücksichtigen. Diese werden unterteilt in sonstige Auszahlungen sowie Auszahlungen für Verwaltung und Vertrieb und sollen zwölf bzw. sechs Prozent vom Umsatz betragen. Außerdem fallen noch pro Periode der Marktphase fixe Auszahlungen i. H. v. 150.000 GE an. In allgemeiner Form kann die Zielfunktion wie folgt angegeben werden:

$$EZÜ_t = \left(p_t \cdot \left(1 - faz^{PF}\right) - az_t^{var}\right) \cdot ma_t \cdot N_t - W_{t-1} \cdot (1+i) - AZ^{fix} \tag{3-91}$$

Hierbei werden aufgrund der korrekten Berücksichtigung des Zinseffekts die Werbeauszahlungen aufgezinst, da sie, um ihren Effekt auf die Periode entfalten zu können, annahmegemäß zu Periodenbeginn getätigt werden. Für die Bestimmung des optimalen Preises ist die Formel (3-35) um die produktfernen Auszahlungen zu erweitern:

$$p^* = \frac{az_t^{var} \cdot (-\beta_{MRF} + \rho_{MRF} \cdot \ln W_{t-1})}{(1 - faz^{PF}) \cdot (1 - \beta_{MRF} + \rho_{MRF} \cdot \ln W_{t-1})} \tag{3-92}$$

Auch die für die Bestimmung der optimalen Werbeauszahlung notwendige Optimalitätsbedingung ist anzupassen:

$$\left(p_t \cdot \left(1 - faz^{PF}\right) - az_t^{var}\right) \cdot a \cdot p_t^{-\beta_{MRF} + \rho_{MRF} \ln W_{t-1}} \cdot W_{t-1}^{d-1} \cdot (\lambda_{MRF} + \ln p_t \cdot \rho_{MRF}) \cdot N_t - 1{,}05 \stackrel{!}{=} 0 \tag{3-93}$$

Mittels einer computergestützten Zielwertsuche[362] können die Werbeauszahlungen ermittelt werden, bei der die Optimalitätsbedingung unter Berücksichtigung der Formel (3-92) für den optimalen Preis erfüllt wird. Die auf

361 Vgl. dazu die Ausführungen unter 3.3.2.3.

362 Hierfür wird wieder das Optimierungsprogramm Evolver genutzt.

diese Weise bestimmte Einsatzhöhe gibt den optimalen Marketing-Mix einer Periode wieder.

In der folgenden Tabelle 3-32 sind die optimalen Werbeauszahlungen und Absatzpreise für die Perioden der Marktphase angegeben.

		Marktphase				
Periode	2	3	4	5	6	7
Marktabsatzmenge		308.982	368.993	356.603	257.690	133.024
Preis		702,05	667,94	634,51	601,46	568,76
Werbeauszahlungen	749.290	955.125	945.493	661.546	309.928	
Optimalitätsbedingung		0	0	0	0	0
Marktanteil		4,16%	4,68%	5,05%	5,17%	4,98%
Absatzmenge		12.866	17.251	18.006	13.328	6.631

Tabelle 3-32: ***Absatzmenge bei optimalen Marketing-Mix***

Nach der Berechnung des optimalen Marketing-Mix kann unter Berücksichtigung der bisherigen Informationen der Kapitalwert für das Produktprojekt bestimmt werden. Hierfür werden zunächst die finanziellen Konsequenzen der Marktphase erfasst und der bewertungsrelevante Einzahlungsüberschuss berechnet.[363]

	Marktphase				
Periode	3	4	5	6	7
Absatzmenge	12.866	17.251	18.006	13.328	6.631
Preis	702,05	667,94	634,51	601,46	568,76
Umsatz	9.032.606	11.522.438	11.424.671	8.016.192	3.771.300
Senkungsfaktor Stückauszahlungen	1	0,95	0,9025	0,8574	0,8145
variable Stückauszahlungen	200	190	180,50	171,48	162,90
variable Produktionsauszahlungen	2.573.206	3.277.621	3.250.013	2.285.393	1.080.163
sonst. Auszahlungen	1.083.913	1.382.693	1.370.961	961.943	452.556
Verwaltung und Vertrieb	541.956	691.346	685.480	480.972	226.278
fixe Auszahlungen	150.000	150.000	150.000	150.000	150.000
Werbeauszahlungen	955.125	945.493	661.546	309.928	
Einzahlungsüberschuss	3.728.406	5.075.285	5.306.671	3.827.957	1.862.303

Tabelle 3-33: ***Erwartete Einzahlungsüberschüsse in der Marktphase***

Des Weiteren sind die finanziellen Konsequenzen der Vor- und Nachlaufphase bei der Berechnung des Kapitalwerts für das Produktprojekt einzubeziehen, die in der Tabelle 3-34 abgebildet werden.

363 Aus Vereinfachungsgründen wird eine Betrachtung vor Steuern vorgenommen, die zweifellos den Kapitalwert des Produktprojekts beeinflussen und daher für die Bestimmung eines präziseren Ergebnisses in die Bewertung einzubeziehen sind.

	Vorlaufphase		*Nachlaufphase*	
Periode	1	2	8	9
FuE-Auszahlungen	3.500.000	2.500.000		
Investitionsauszahlungen		8.000.000		
Werbeauszahlungen[364]		749.290		
Einzahlungen in der Nachlaufphase			250.000	125.000
Auszahlungen in der Vorlaufphase			550.000	350.000

Tabelle 3-34: ***Ein- und Auszahlungen der Vor- und Nachlaufphase***

Somit liegen alle benötigten Zahlungsgrößen für die Berechnung des Kapitalwerts vor. Bei einem sicheren Kalkulationszinssatz von 5% ergibt sich ein Kapitalwert für das Produktprojekt i. H. v. 1.849.227 GE. Die Durchführung des Produktprojekts ist somit aus der ex ante-Perspektive vorteilhaft und führt zu einem Wertzuwachs bei dem betrachteten Unternehmen.

3.5.3 Bewertung des Produktprojekts unter Risiko

Der im vorherigen Abschnitt ermittelte Kapitalwert wurde unter der Annahme sicherer Erwartungen ermittelt. Allerdings ist aufgrund der Zukunftsbezogenheit und der damit unsicheren Höhe der Eingangsgrößen eine mehrwertige Erfolgsprognose durchzuführen. Die Mehrwertigkeit der Daten wird mittels der Risikosimulation berücksichtigt. Zunächst müssen die als unsicher eingestuften Größen erfasst werden, bevor im nächsten Schritt diesen Größen Wahrscheinlichkeitsverteilungen zugewiesen werden, mit denen die verschiedenen möglichen Ausprägungen und deren Eintrittswahrscheinlichkeiten beschrieben werden können.

Als Basis für die weiteren Betrachtungen dient das Beispiel des vorangegangenen Abschnitts. Hierfür sind zuerst die unsicheren Größen zu bestimmen. Hinsichtlich der Prognose der Marktabsatzmenge stellen das Marktpotenzial sowie die Marktabsatzmengen der ersten beiden Perioden Plangrößen dar und können daher als unsicher charakterisiert werden, wogegen sich die Innovations- und Imitationsrate aus diesen Größen modellintern ergeben. Die Mehrwertigkeit des Marktpotenzials sowie der Marktabsatzmengen der ersten und zweiten Periode werden durch die allgemeine Betaverteilung erfasst.

---

[364] Rechentechnisch werden die Werbeauszahlungen zu Beginn einer Periode behandelt, als ob sie zum Ende der Vorperiode angefallen wären.

Die Zahlungen in der Vorlaufphase werden als sicher unterstellt, so dass diese weiterhin als einwertige Größen in die Bewertung eingehen. In der Marktphase stellen die Auszahlungen pro Stück der ersten Periode der Marktphase und die damit verbundene Senkungsrate unsichere Größen dar. Des Weiteren sind noch die sonstigen Auszahlungen und die Auszahlungen für Verwaltung und Vertrieb sowie die fixen Auszahlungen je Periode als unsicher zu klassifizieren. Dabei wird unterstellt, dass das Risiko der Größen durch die Dreiecksverteilung dargestellt werden kann.[365] Für die Ein- und Auszahlungen der Nachlaufphase wird aufgrund der schwer zu prognostizierenden Entwicklung eine Gleichverteilung angenommen. In Tabelle 3-35 sind die unsicheren Eingangsgrößen des Rechenbeispiels sowie deren Parameter zusammenfassend aufgeführt.

In der Berechnung des Kapitalwerts unter der Annahme sicherer Erwartungen wurden die Einsatzhöhe der Werbeauszahlungen und des Absatzpreises für die Perioden der Marktphase gesucht, bei dem der Kapitalwert des Produktprojekts maximal ist. Dies konnte aufgrund des einwertigen Charakters der Eingangsgrößen analytisch durch die Optimalitätsbedingung gezeigt werden, die, wenn sie erfüllt wird, den optimalen Marketing-Mix wiedergibt. Diese Vorgehensweise ist bei einer Betrachtung unter Unsicherheit aufgrund der vielen Ausprägungsmöglichkeiten der unsicheren Größen nicht mehr möglich. Stattdessen muss auf eine Optimierungssoftware zurückgegriffen werden, mit der eine Optimierung unter Unsicherheit durchgeführt werden kann. Hierfür wird auf das Excel Add-In RISKOptimizer zurückgegriffen.[366] Dies verknüpft die Optimierung mit einer Risikosimulation, durch die die Mehrwertigkeit der unsicheren Größen berücksichtigt wird. Als Ergebnis ergibt sich eine bestimmte Kombination des Marketing-Mix, bei dem die Zielgröße maximiert wird. Allerdings wird nicht eine einwertige Größe für den Kapitalwert angegeben, sondern eine Verteilung möglicher Werte. Als Zielgröße kann bspw. der Kapitalwert definiert werden, für den

---

365 Für jede unsichere Größe könnte auch ein anderer Verteilungstyp gewählt werden. Dabei ist die Wahrscheinlichkeitsverteilung zu wählen, mit dem die verschiedenen Ausprägungen und deren Eintrittswahrscheinlichkeiten am besten abgebildet werden kann.

366 RISKOptimizer ist ein Softwareprogramm der Palisade Corporation.

eine statistische Kenngröße, wie bspw. der Erwartungswert, maximiert werden soll.[367]

Unsichere Eingangsgrößen	Wahrscheinlichkeitsverteilung	Parameter	Annahmen
Marktpotenzial	allgemeine BetaVerteilung	$\alpha1$	3,5
		$\alpha2$	2,5
		a	1.687.500
		b	2.062.500
Marktabsatzmenge 1. Periode	allgemeine BetaVerteilung	$\alpha1$	3,1
		$\alpha2$	2,4
		a	135.000
		b	165.000
Marktabsatzmenge 2. Periode	allgemeine Betaverteilung	$\alpha1$	3,1
		$\alpha2$	2,4
		a	190.000
		b	250.000
var. Stückauszahlungen 1. Periode	Dreiecksverteilung	a	180
		H	200
		b	230
Senkungsfaktor	Dreiecksverteilung	a	3,00%
		H	5,00%
		b	5,50%
sonst. Auszahlungen in % des Umsatzes	Dreiecksverteilung	a	10,80%
		H	12,00%
		b	13,20%
Verwaltung und Vertrieb in % des Umsatzes	Dreiecksverteilung	a	5,40%
		H	6,00%
		b	6,60%
fixe Auszahlungen für alle Perioden der Marktphase	Dreiecksverteilung	a	130.000
		H	150.000
		b	170.000
Einzahlungen der Nachlaufphase in der 8. Periode	Gleichverteilung	a	200.000
		b	300.000
Einzahlungen der Nachlaufphase in der 9. Periode	Gleichverteilung	a	50.000
		b	137.500
Auszahlungen der Nachlaufphase in der 8. Periode	Gleichverteilung	a	450.000
		b	750.000
Auszahlungen der Nachlaufphase in der 9. Periode	Gleichverteilung	a	180.000
		b	530.000

Tabelle 3-35: ***Wahrscheinlichkeitsverteilungen der Eingangsgrößen***

Wie bereits erwähnt, wird in diesem Programm die Funktionsweise eines Optimierungsprogramms mit der einer Risikosimulation kombiniert. Der Ablauf dieses Prozesses soll kurz erläutert werden. In einer einzelnen Simulation gehen die unsicheren Größen durch ihre zugrunde gelegte Wahrscheinlichkeitsverteilung in die Ermittlung des Erwartungswerts der Zielgröße ein. In Verbindung mit den Werbeauszahlungen,[368] die als Variablen in das Optimierungsprogramm eingehen, kann für jede Simulation eine Verteilung möglicher Ergebnis-

[367] Alternativ zum Mittelwert kommen auch andere statistische Größen in Betracht, wie bspw. die Standardabweichung oder das Verhältnis von Standardabweichung zu Erwartungswert, die optimiert werden können; vgl. *Zagmutt* (2008), S. 435.

[368] Es werden deshalb nur die Werbeauszahlungen genannt, da die Absatzpreise modellintern durch die Höhe der Werbeauszahlungen beeinflusst werden.

se für die Zielgröße erzeugt werden. Somit wird am Ende einer einzelnen Simulation für eine bestimmte Höhe der Werbeauszahlungen eine Verteilung der Zielgröße mit einem Erwartungswert, der maximiert werden soll, generiert. Dieses Ergebnis wird anschließend vom Optimierungsprogramm genutzt, um eine „bessere" Höhe der Werbeauszahlungen zu ermitteln, indem für jeden neuen Versuch in Bezug auf die Variierung der Werbeauszahlungen eine Simulation durchgeführt wird, für die der zu maximierende Erwartungswert bestimmt werden kann, der wiederum mit dem bis dahin „besten" Wert verglichen wird. Dieser Prozess wird solange wiederholt bis eine optimale Lösung unter Berücksichtigung des Risikos gefunden wurde.

Die Zielgröße für RISKOptimizer stellt der Kapitalwert des Produktprojekts nach der Bewertung des Risikos dar. Die Risikobewertung erfolgt durch die Sicherheitsäquivalentmethode gemäß des μσ-Prinzips. Es werden für jede Periode Sicherheitsäquivalente berechnet, die diskontiert mit einem sicheren Kalkulationszinssatz den Kapitalwert des Produktprojekts ergeben. Der auf diese Weise berechnete Kapitalwert stellt die Zielgröße des Softwareprogramms dar. In Tabelle 3-36 ist die Basisstruktur für die Risikosimulation dargestellt.

Die kursiven und grau hinterlegten Felder geben die unsicheren Größen an, denen eine konkrete Wahrscheinlichkeitsverteilung zugewiesen wurde.[369] Die kursiven Felder stellen auch unsichere Größen dar, werden aber modellintern durch mathematische Verknüpfungen bestimmt. So werden bspw. in einem Rechenschritt der Simulation zufällige Ausprägungen für das Marktpotenzial und die Marktabsatzmengen der ersten und zweiten Periode simuliert, woraus für diesen Rechenschritt eine konkrete Innovations- und Imitationsrate abgeleitet werden kann, so dass die nachfolgenden Marktabsatzmengen gemäß des *Bass*-Modells berechnet werden können. Nicht kursive Felder stellen sichere Größen dar und sind lediglich für die Vorlaufphase vorzufinden. Die Werbeauszahlungen sind kursiv und schwarz hinterlegt und geben die anzupassenden Variablen wieder, die solange verändert werden, bis eine als optimal erachtete Lösung gefunden worden ist.[370] Die statischen Werte in Tabelle 3-36 sind dem

[369] Die konkreten Angaben zu den Wahrscheinlichkeitsverteilungen sind in der Tabelle 3-35 abgebildet.

[370] Die Absatzpreise ergeben sich modellintern gemäß der Formel (3-92).

Bewertungsmodell unter der Annahme sicherer Erwartungen entnommen und haben für die Risikosimulation und die Optimierung keine Bedeutung.

		Vorlaufphase		Marktphase	
Periode		1	2	3	4
FuE		3.500.000	2.500.000		
Sachinvestitionen			8.000.000		
Marktabsatzmenge		**150.000**	**224.940**	*308.982*	*368.993*
Absatzpreis				*667,94*	*702,05*
Werbeauszahlungen			*749.290*	*955.125*	*945.493*
Marktanteil				*4,16%*	*4,68%*
Absatzmenge				*12.866*	*17.251*
Umsatz				*9.032.606*	*11.522.438*
Senkungsrate Stückauszahlungen	*5%*				
Senkungsfaktor Stückauszahlungen				1	*0,95*
Stückauszahlungen				200	*190*
Produktionsauszahlungen				*2.573.206*	*3.277.621*
Faktor sonstige Auszahlungen	*12%*				
sonstige Auszahlungen				*1.083.913*	*1.382.693*
Faktor Verwaltung und Vertrieb	*6%*				
Verwaltung und Vertrieb				*541.956*	*691.346*
fixe Auszahlungen				*150.000*	*150.000*
Einzahlungsüberschuss		-3.500.000	-11.249.290	*3.728.406*	*5.075.285*
	Marktphase			Nachlaufphase	
Periode	5	6	7	8	9
Marktabsatzmenge	*356.603*	*257.690*	*133.024*		
Absatzpreis	*634,51*	*601,46*	*568,76*		
Werbeauszahlungen	*661.546*	*309.928*			
Marktanteil	*5,05%*	*5,17%*	*4,98%*		
Absatzmenge	*18.006*	*13.328*	*6.631*		
Umsatz	*11.424.671*	*8.016.192*	*3.771.300*		
Senkungsfaktor Stückauszahlungen	*0,9025*	*0,8574*	*0,8145*		
Stückauszahlungen	*180,50*	*171,48*	*162,90*		
Produktionsauszahlungen	*3.250.013*	*2.285.393*	*1.080.163*		
sonstige Auszahlungen	*1.370.961*	*961.943*	*452.556*		
Verwaltung und Vertrieb	*685.480*	*480.972*	*226.278*		
fixe Auszahlungen	*150.000*	*150.000*	*150.000*		
Einzahlungen Nachlaufphase				*250.000*	*125.000*
Auszahlungen Nachlaufphase				*550.000*	*350.000*
Einzahlungsüberschuss	*5.306.671*	*3.827.957*	*1.862.303*	*-300.000*	*-225.000*

Tabelle 3-36: ***Basisstruktur des Modells für die Risikosimulation (opt. Werbeauszahlungen)***

Da der Kapitalwert nach Risikobewertung maximiert werden soll, sind für die einzelnen Perioden die Sicherheitsäquivalente zu bestimmen. Anhand der Simulation wird eine Wahrscheinlichkeitsverteilung für den Einzahlungsüberschuss einer Periode generiert, aus der Erwartungswert und Standardabweichung abgeleitet werden können. Hierfür wird zur Berechnung des Sicherheitsäquivalents einer Periode das μσ-Prinzip mit einem rak von 0,4 angewendet. Sind die mathematischen Zusammenhänge in Excel formuliert worden, kann die Software gestartet werden. Da eine Optimierung unter Berücksichtigung des Risikos zeitaufwendig ist, wird die Ausführungszeit dahingehend begrenzt, dass, wenn innerhalb der letzten 500 Simulationen kein Fortschritt von 2% der Zielgröße zu verzeichnen ist, die Suche nach besseren Lösungen beendet wird.[371] Nach der Durchführung von RISKOptimizer führen die Werbeauszahlungen in der Tabelle 3-37 zu einem optimalen Ergebnis unter Berücksichtigung des Risikos.

Periode	2	3	4	5	6
optimale Werbeauszahlungen	705.322	898.281	872.775	617.933	337.581

Tabelle 3-37: ***Optimale Werbeauszahlungen unter Risikoberücksichtigung***

Anschließend können die Werte in das Modell eingesetzt und eine Risikosimulation mittels @Risk durchgeführt werden, um die für die Einzahlungsüberschüsse der einzelnen Perioden generierten Wahrscheinlichkeitsverteilungen darzustellen. In Tabelle 3-38 sind die Erwartungswerte und Standardabweichungen der Einzahlungsüberschüsse sowie die daraus resultierenden Sicherheitsäquivalente für die einzelnen Perioden abgebildet.[372]

Periode	1	2	3	4	5
Erwartungswert	-3.500.000	-11.205.322	3.616.103	4.886.021	5.112.388
Standardabweichung	0	0	366.722	526.304	462.319
Sicherheitsäquivalent (rak=0,4)	-3.500.000	-11.205.322	3.469.414	4.675.500	4.927.461
Periode	**6**	**7**	**8**	**9**	
Erwartungswert	3.777.565	2.063.398	-350.000	-261.250	
Standardabweichung	306.995	378.108	91.193	104.137	
Sicherheitsäquivalent (rak=0,4)	3.654.768	1.912.155	-386.477	-302.905	

Tabelle 3-38: ***Sicherheitsäquivalente der Einzahlungsüberschüsse***

Wird für die Diskontierung ein risikofreier Kalkulationszinssatz von 5% herangezogen, kann für das Produktprojekt ein Kapitalwert nach Bewertung des Risikos i. H. v. 836.798 GE ermittelt werden. Verglichen mit dem Kapitalwert unter der Annahme sicherer Erwartungen i. H. v. 1.849.277 GE ergibt sich ein Risikoabschlag auf das Produktprojekt i. H. v. 1.012.479 GE. Daraus wird ersichtlich, dass eine Nicht-Berücksichtigung des Risikos von Produktprojekten zu erheblichen Fehlentscheidungen führen kann.

---

371 Die Ausführungszeit des Softwareprogramms hängt dabei wesentlich von der formulierten Fortschrittsbedingung und weiteren Optimierungseinstellungen ab. Für das vorliegende Modell wurde die Iterattionsanzahl pro Simulation auf 5.000 begrenzt; vgl. dazu die Optimierungsübersicht im Anhang V, S. 296.

372 Exemplarisch ist die Wahrscheinlichkeitsverteilung für den Einzahlungsüberschuss der ersten Periode der Marktphase im Anhang V, S. 297 dargestellt.

Zusammenfassend wurde in diesem Abschnitt aufgezeigt, wie trotz der Mehrwertigkeit verschiedener Eingangsgrößen eine optimale Ermittlung des Marketing-Mix erfolgen kann. Allerdings ist hierbei anzumerken, dass die Berechnung auf diversen Annahmen basiert, wie bspw. über den Wirkungszusammenhang zwischen Marketinginstrumenten und dem Marktanteil des Unternehmens, berücksichtigt durch die Marktreaktionsfunktion, deren Gültigkeit zu hinterfragen ist. Ungeachtet dessen wurde hier ein Ansatz dargestellt, mit dem die Risiken eines Produktprojekts methodisch fundiert berücksichtigt werden und darüber hinaus noch Informationen hinsichtlich des optimalen Marketing-Mix gegeben werden.

3.5.4 Berücksichtigung des Risikos im Rahmen des dynamischen Target Costing-Ansatzes

Die bisherigen Betrachtungen zum dynamischen Target Costing-Ansatz erfolgten unter der Annahme sicherer Erwartungen. Da aber, wie im vorherigen Abschnitt erläutert, die Rechnungen auf zukünftigen Eingangsgrößen basiert, ist auch hier das mit dem Produktprojekt verbundene Risiko zu berücksichtigen. Aufgrund mehrerer unsicherer Größen im Modell ist das Risiko mittels einer computergestützten Simulation offenzulegen. Demnach sind analog zur vorangegangenen Vorgehensweise zunächst den unsicheren Größen geeignete Wahrscheinlichkeitsverteilungen zuzuteilen, mit denen die Mehrwertigkeit der Variablen in die Simulation einbezogen werden kann.

Die folgenden Betrachtungen zur Berücksichtigung des Risikos im Rahmen des Target Costing orientieren sich an den Ausführungen zum Ansatz unter der Annahme sicherer Erwartungen und werden anhand der bereits erstellten Beispielrechnung verdeutlicht.[373] Hierbei wird das Risiko der Höhe der Absatzmengen in den einzelnen Perioden der Marktphase in einer allgemeinen Betaverteilung dargestellt. Auch die mehrwertigen Ausprägungen des Absatzpreises der ersten Periode der Marktphase werden durch eine allgemeine Betaverteilung berücksichtigt. Dagegen wird das Risiko, der für die Entwicklung des Absatzpreises relevanten Preisänderungsrate, mit einer Dreiecksverteilung beschrieben.

[373] Vgl. hierzu die Ausführungen in 3.4.2.2.2. In der Beispielrechnung wird das 4. Szenario unterstellt.

Die Entwicklung der stückbezogenen Auszahlungen erfolgt nach dem Erfahrungskurvenkonzept, wobei die Lernrate eine unsichere Größe darstellt. Die als möglich erachtenden Ausprägungen werden in einer Dreiecksverteilung abgebildet, genauso wie die umsatzbezogenen Faktoren für die sonstigen Auszahlungen sowie die Auszahlungen für Verwaltung und Vertrieb. Das Risiko der Ein- und Auszahlungen in der Nachlaufphase wird durch eine Gleichverteilung berücksichtigt.

Die den unsicheren Größen zugeteilten Wahrscheinlichkeitsverteilungen sowie die damit verbundenen Verteilungsparameter sind in der Tabelle 3-39 zusammengefasst. Nachdem den unsicheren Größen Wahrscheinlichkeitsverteilungen zugeordnet wurden und die Basis für die Risikosimulation gelegt wurde, gilt es nun die Vorgehensweise bei der Risikobewertung zu beschreiben. Analog zum vorherigen Abschnitt sind für jede Periode Sicherheitsäquivalente gemäß dem μσ-Prinzip zu bilden, die diskontiert mit einem sicheren Kalkulationszinssatz den Kapitalwert des Produktprojekts nach Bewertung des Risikos ergeben. Diese Größe soll den Zielkapitalwert im Kontext des Target Costing darstellen und mit der vorher festgelegten Zielvorgabe, die auch im Folgenden als Kapitalwertrate angegeben wird, übereinstimmen. Demnach gilt es, die Höhe der stückbezogenen Zielauszahlungen unter Berücksichtigung des Risikos zu bestimmen, unter der sich der Zielkapitalwert ergibt. Da eine analytische Berechnung nicht durchführbar ist, muss wieder auf computergestützte Programme zurückgegriffen werden.

Für die vorliegende Problemstellung kann wieder RISKOptimizer verwendet werden, da bei diesem Programm nicht nur eine Maximierung der Verteilung der Zielgröße möglich ist, sondern auch eine Zielwertsuche bezüglich einer Variablen, die unter Berücksichtigung des Risikos den formulierten Ausprägungswert für die Zielgröße ergibt. Bei der Veränderung der anzupassenden Variablen gehen auch die unsicheren Größen innerhalb des Modells gemäß ihren definierten Wahrscheinlichkeitsverteilungen bei der Erzeugung einer Verteilung der Zielgröße ein.

Unsichere Eingangsgrößen	*Wahrscheinlichkeitsverteilung*	*Parameter*	*Annahmen*
Absatzmenge 3. Periode	allgemeine Betaverteilung	α1	2,5
		α2	3,7
		a	22.500
		b	27.500
Absatzmenge 4. Periode	allgemeine Betaverteilung	α1	2,5
		α2	3,7
		a	33.750
		b	41.250
Absatzmenge 5. Periode	allgemeine Betaverteilung	α1	2,5
		α2	3,7
		a	38.250
		b	46.750
Absatzmenge 6. Periode	allgemeine Betaverteilung	α1	2,5
		α2	3,7
		a	14.175
		b	17.325
Absatzpreis in der 3. Periode (erste Periode der Marktphase)	allgemeine Betaverteilung	α1	3,3
		α2	2,3
		a	590
		b	620
Preisänderungsrate	Dreiecksverteilung	a	-2,50%
		H	-2,00%
		b	-1,80%
Lernrate	Dreiecksverteilung	a	4,50%
		H	5,00%
		b	5,50%
sonstige Auszahlungen in % des Umsatzes	Dreiecksverteilung	a	8,50%
		H	9,00%
		b	10,00%
Verwaltung und Vertrieb in % des Umsatzes	Dreiecksverteilung	a	5,00%
		H	6,00%
		b	7,50%
Verkauf von Ersatz- und Zubehörteilen in der 8. Periode	Gleichverteilung	a	580.000
		b	800.000
Verkauf von Ersatz- und Zubehörteilen in der 9. Periode	Gleichverteilung	a	250.000
		b	432.500
Desinvestitionen in der 8. Periode	Gleichverteilung	a	130.000
		b	170.000
Auszahlungen für Garantie und Gewährleistung in der 8. Periode	Gleichverteilung	a	1.600.000
		b	2.100.000
Auszahlungen für Garantie und Gewährleistung in der 9. Periode	Gleichverteilung	a	575.000
		b	925.000
Entsorgungsauszahlungen in der 8. Periode	Gleichverteilung	a	385.000
		b	595.000
Entsorgungsauszahlungen in der 9. Periode	Gleichverteilung	a	100.000
		b	235.000

Tabelle 3-39: ***Wahrscheinlichkeitsverteilungen der Eingangsgrößen (dyn. Target Costing)***

Als nächstes ist bezogen auf den dynamischen Target Costing-Ansatz zu bestimmen, welche Variable anzupassen ist, damit für das Modell die angegebene Zielvorgabe unter Berücksichtigung des Risikos resultiert. Hierfür wird nochmals die Formel zur Ermittlung der stückbezogenen Auszahlungen der ersten Periode dargestellt:[374]

$$zaz_{v+1}^{PN} = \frac{-BWAZ_0^{VP} + zp_{v+1} \cdot \left(1 - faz^{PF}\right) \cdot \frac{(1 - pär)^{t-v-1} \cdot zx_t}{(1+i)^t} + BWEZÜ_0^{NP} - ZKW}{\sum_{t=v+1}^{v+m} \frac{ks_t \cdot zx_t}{(1+i)^t}} \qquad (3\text{-}94)$$

Mit Formel (3-94) können die stückbezogenen Auszahlungen der ersten Periode der Marktphase unter Sicherheit ermittelt werden. Durch die Erweiterung um die Unsicherheit ist diese Formel, bis auf die Auszahlungen in der Vorlaufphase, da diese als sicher unterstellt werden, entsprechend anzupassen. Die restlichen Größen gehen exklusive des Zielkapitalwerts durch ihre definierten Wahrscheinlichkeitsverteilungen in die Berechnung der stückbezogenen Auszahlungen ein. Dementsprechend kommt nur der Zielkapitalwert als anzupassende Variable in Betracht, allerdings nicht der Zielkapitalwert nach Berücksichtigung des Risikos, der bereits die Zielgröße darstellt, sondern der Zielkapitalwert vor Risikobewertung, also auf Basis von Erwartungswerten. Auf diese Weise können, wie im Folgenden gezeigt wird, Wahrscheinlichkeitsverteilungen für die stückbezogenen Auszahlungen für die einzelnen Perioden erzeugt werden, bei denen der Zielkapitalwert nach Risikoberücksichtigung der angegebenen Zielvorgabe entspricht bzw. möglichst nah ist.

Die Grundstruktur des Bewertungsmodells im Kontext des Target Costing ist in Tabelle 3-40 dargestellt. Analog zu der Darstellungsform im vorherigen Abschnitt geben die kursiv und grau hinterlegten Felder unsichere Größen an, denen eine Wahrscheinlichkeitsverteilung zugewiesen wurde.[375] Die kursiven Felder sind ebenfalls unsicher, ergeben sich aber modellintern durch mathematische Verknüpfungen, während nicht kursive Felder für sichere Zahlungen stehen. Der auf Basis der Erwartungswerte berechnete Kapitalwert geht als anzupassende Variable in die Berechnung der Stückauszahlungen der ersten Periode der Marktphase ein, die in der Tabelle 3-40 kursiv und schwarz hinterlegt sind.

---

[374] Vgl. hierzu die Ausführungen auf S. 108.

[375] Genaue Angaben zu den jeweiligen Wahrscheinlichkeitsverteilungen sind in Tabelle 3-39 enthalten.

		Vorlaufphase		Marktphase	
Periode		1	2	3	4
FuE		3.500.000	2.500.000		
Sachinvestitionen			8.000.000		
Werbeauszahlungen			1.500.000		
Absatzmenge				25.000	37.500
Preisänderungsrate	-2%				
Preisänderungsfaktor				1	0,9800
modifizierte Menge I				25.000	36.750
Absatzpreis				600,00	588,00
Umsatz				15.000.000	22.050.000
kumulierte Menge				25.000	62.500
Lernrate	5%				
Senkungsfaktor Stückauszahlungen				1	0,8907
modifizierte Menge II				25.000	33.403
Stückauszahlungen				366,96	326,86
Produktionsauszahlungen				9.173.915	12.257.307
Faktor sonstige Auszahlungen	9%				
sonstige Auszahlungen				1.350.000	1.382.693
Faktor Verwaltung und Vertrieb	6%				
Verwaltung und Vertrieb				900.000	1.323.000
Einzahlungsüberschuss		-3.500.000	-10.000.000	3.576.085	6.485.193
		Marktphase		Nachlaufphase	
Periode		5	6	7	8
Absatzmenge		42.500	15.750		
Preisänderungsfaktor		0,9604	0,9412		
modifizierte Menge I		40.817	14.824		
Absatzpreis		576,24	564,72		
Umsatz		24.490.200	8.894.264		
kumulierte Menge		105.000	120.750		
Senkungsfaktor Stückauszahlungen		0,8475	0,8283		
modifizierte Menge II		36.018	13.046		
Stückauszahlungen		310,99	303,95		
Produktionsauszahlungen		13.217.179	4.787.282		
sonstige Auszahlungen		2.204.118	800.484		
Verwaltung und Vertrieb		1.469.412	533.656		
Verkauf von Ersatz- und Zubehörteilen				725.000	375.000
Einzahlungen aus Desinvestitionen				150.000	
Garantie- und Gewährleistungsverpflichtungen				1.755.000	675.000
Entsorgungsauszahlungen				475.000	125.000
Einzahlungsüberschuss		7.599.491	2.772.843	-1.355.000	-425.000

Tabelle 3-40: ***Basisstruktur des Modells für die Risikosimulation (dyn. Target Costing)***

Die Berechnung der Sicherheitsäquivalente erfolgt gemäß dem μσ-Prinzip mit einem rak von 0,4. Aus der Risikosimulation ergibt sich eine Verteilung für die Einzahlungsüberschüsse der einzelnen Perioden, aus denen der Erwartungswert und die Standardabweichung für die Berechnung der Sicherheitsäquivalente abgeleitet werden können. Die Diskontierung der Sicherheitsäquivalente ergibt den Zielkapitalwert nach Bewertung des Risikos, der gleichzeitig die Zielgröße darstellt. Als Zielvorgabe wird wieder eine Kapitalwertrate i. H. v. 20%

übernommen, allerdings nach der Bewertung des Risikos, so dass ein Zielkapitalwert i. H. v. 2.480.726 GE angestrebt wird. Nun kann RISKOptimizer gestartet werden, mit dem Ziel, eine Verteilung für die Ergebnisgröße in Abhängigkeit der anzupassenden Variable zu simulieren, bei der der Mittelwert der Verteilung der angegebenen Zielvorgabe entspricht bzw. sehr nahe ist.[376]

Für das betrachtete Beispiel hat RISKOptimizer für den Kapitalwert vor der Bewertung des Risikos, der die anzupassende Variable darstellt, einen Wert i. H. v. 2.793.730 GE ermittelt. Anschließend kann unter Verwendung der Größe eine Risikosimulation zur Erzeugung von Wahrscheinlichkeitsverteilungen für die Einzahlungsüberschüsse der einzelnen Perioden durchgeführt werden, um die benötigten Erwartungswerte und Standardabweichungen für die Berechnung der Sicherheitsäquivalente zu erhalten, die in Tabelle 3-41 aufgeführt sind.

Periode	1	2	3	4
Erwartungswert	-3.500.000	-10.000.000	3.666.603	6.568.015
Standardabweichung			163.012	211.084
Sicherheitsäquivalent (rak=0,4)	-3.500.000	-10.000.000	3.601.398	6.483.582
Periode	**5**	**6**	**7**	**8**
Erwartungswert	7.660.463	2.787.887	-1.500.000	-576.250
Standardabweichung	231.866	111.226	170.000	120.264
Sicherheitsäquivalent (rak=0,4)	7.567.717	2.743.396	-1.568.000	-624.356

Tabelle 3-41: ***Berechnung der Sicherheitsäquivalente (dyn. Target-Costing)***

Die Diskontierung der Sicherheitsäquivalente mit einem risikofreien Kalkulationszinssatz von 5% führt hier zu einem Kapitalwert nach Risiko i. H. v. 2.481.186 GE. Durch einen Vergleich mit der Zielvorgabe wird ersichtlich, dass der berechnete Wert sehr nah an dem vorgegebenen Zielwert liegt.[377] Des Weiteren können noch Wahrscheinlichkeitsverteilungen für die stückbezogenen Auszahlungen oder für die gesamten Produktionsauszahlungen erstellt werden. Die Wahrscheinlichkeitsverteilung für die stückbezogenen Auszahlungen der dritten Periode ist beispielhaft in Abbildung 3-8 dargestellt. Es wird ersichtlich, dass der hier bestimmte Mittelwert der stückbezogenen Auszahlungen (364,91) im Vergleich zu den Ausführungen unter der Annahme sicherer Erwartungen

---

376 Es werden die Optimierungseinstellungen aus dem vorherigen Abschnitt übernommen; vgl. dazu die Optimierungsübersicht im Anhang VI, S. 297 f.

377 Auf die weitere Aufteilung der Zielauszahlungen auf die einzelnen Produktkomponenten wird hier verzichtet.

(370,55)[378] niedriger ist. Zunächst mag es verwundern, dass die stückbezogenen Auszahlungen unter Berücksichtigung des Risikos niedriger sind als bei der Annahme sicherer Erwartungen, wodurch ein höherer Kapitalwert unter Risiko suggeriert wird. Im Kontext des Target Costing weisen allerdings höhere Zielauszahlungen auf eine zunehmende Vorteilhaftigkeit des Produktprojekts hin. Somit zeigt eine Senkung der Zielauszahlungen unter Berücksichtigung des Risikos an, dass das Unternehmen mehr Maßnahmen zur Kostenreduktion einleiten muss, um die Zielvorgaben zu erreichen.

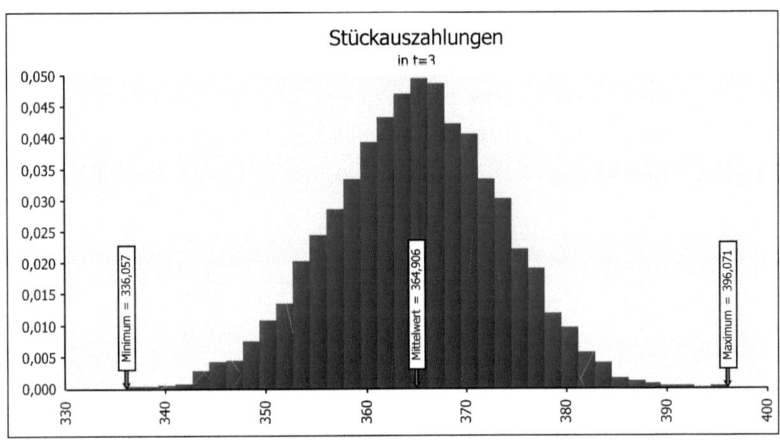

Abbildung 3-8: ***Wahrscheinlichkeitsverteilung für die stückbezogenen Auszahlungen der dritten Periode***

Abschließend kann festgehalten werden, dass hier ein Ansatz vorgestellt wurde, mit dem Informationen über die Zielauszahlungen eines Produktprojekts für die einzelnen Perioden der Marktphase unter Berücksichtigung des Risikos gewonnen werden können. Auf Basis eines Softwareprogramms wurde dabei aufgezeigt, dass die Erweiterung um die Risikodimension bei der Berechnung des Kapitalwerts, dazu führt, dass die Zielauszahlungen sinken und so die um den Risikoabschlag verminderte Vorteilhaftigkeit des Produktprojekts wiedergeben.

[378] Vgl. hierzu Tabelle 3-30.

4 Quantitativ-fundierte Handlungsempfehlungen im Bereichsbezug

4.1 Problemstellung

In den letzten Jahrzehnten hat der Begriff der wirtschaftlichen Globalisierung einen hohen Stellenwert erhalten, der insbesondere durch den zunehmenden internationalen Handel als auch die sprunghaft angestiegene Zahl der wissenschaftlichen Publikationen zum Ausdruck kommt.[379] Dies erschwert die Abgrenzung des Begriffs, was aber hier nicht weiter untersucht werden soll, indem vereinfachend von folgenden Kernmerkmalen der Globalisierung ausgegangen wird:

- Abbau internationaler Handelshemmnisse
- Weltweite Verflechtung moderner Transport- und Kommunikationstechniken
- Liberalisierung der Weltmärkte
- Vernetzung internationaler Finanzmärkte
- Internationalisierung der Warenproduktion

Diese Merkmale führen dazu, dass der internationale Wettbewerb, dem sowohl große Konzerne als auch kleine und mittelständische Unternehmen ausgesetzt sind,[380] weiter zunehmen wird. Diesem Wettbewerbsdruck müssen sich die Unternehmen stellen und Strategien ausarbeiten, wie sie diesem begegnen können. Insbesondere stehen die sich ausweitende länderübergreifende Warenproduktion und der damit verbundene internationale Transfer von Produktionsfaktoren im Fokus. Hier soll im Speziellen untersucht werden, ob die Aufteilung der Wertschöpfungskette auf internationale Standorte lohnend ist.

Unternehmen, die ihre Produkte bisher nur national produziert haben, stehen vor der Entscheidung, ob sie ihre Produkte auch international fertigen sollen. Hierfür ergeben sich mehrere Möglichkeiten, wie beispielsweise ein neues Werk im Ausland zu errichten oder ein im Ausland bereits bestehendes Unternehmen zu akquirieren. Diese strategischen Wachstumsoptionen müssen hinsichtlich

---

379 Vgl. *Emmrich* (2002), S. 331 f.; *Fuchs/Apfelthaler* (2009), S. 7 ff.; *Kutschker/Schmid* (2008), S. 159 ff.; *Holtbrügge/Welge* (2010), S. 26 ff.; *Büter* (2010), S. 2; *Asenkerschbaumer* (2012), S. 338; *von Bartenwerffer* (2000), S. 45; *Porter* (1989), S. 18.

380 Vgl. im Zusammenhang mit mittelständischen Produktionsunternehmen *von Bartenwerffer* (2000), S. 43-64.

ihres Wertsteigerungspotenziales überprüft werden. Dafür werden Bewertungskalküle benötigt, die insbesondere die spezifischen Faktoren und Risiken einer ausländischen Standortinvestition adäquat berücksichtigen. Die Ergebnisse der Kalküle stellen die Grundlage für den Entscheidungsprozess hinsichtlich der langfristig angestrebten räumlichen Verteilung der Standorte dar.

Allerdings muss hinterfragt werden, welche Überlegungen bzw. Faktoren im Rahmen von Standortentscheidungen eine Rolle spielen und wie diese, falls überhaupt, in das Bewertungskalkül einzubeziehen sind. Da realiter Rückverlagerungen und somit falsch getroffene Standortentscheidungen keine Einzelfälle darstellen, kann eine mögliche Fehlerursache in der An- und Verwendung des Bewertungskalküls liegen.

Zumeist wird die Entscheidung für eine ausländische Standortinvestition hauptsächlich aus Kostengründen getroffen, da die Personalkosten in einem Niedriglohnland im Vergleich zum Standort Deutschland ungleich niedriger sind.[381] Aber eine alleinige Betrachtung der Kosten wird der Komplexität einer Auslandsinvestition nicht gerecht, da der Erfolg dieser von einer Vielzahl weiterer Faktoren abhängig ist.[382] So werden insbesondere die vielfältigen Risiken, die bei einer Auslandsverlagerung eintreten, wie z. B. die ungewisse zukünftige Entwicklung der Produktionsfaktorkosten oder Währungsrisiken, bei der Entscheidungsfindung bzw. im Entscheidungskalkül nur unzulänglich berücksichtigt, obwohl diese zweifellos eine hohe Bedeutung für die Bestimmung der Vorteilhaftigkeit eines Standorts haben. Ohnehin müsste vor der Auslandsinvestition eine Analyse der Kostenstruktur des inländischen Standorts vorgenommen werden, um etwaige Einsparungspotenziale zu identifizieren, die sich negativ auf die Investitionsentscheidung der Auslandsalternative auswirken können.

Ein weiteres wichtiges Motiv für den Aufbau von Niederlassungen im Ausland ist der direkte Marktzugang. Bei diesem Motiv mit der Verfolgung des Ziels der Markterschließung darf eine alleinige Betrachtung der möglichen Einsparung von Produktions- bzw. Lohnkosten kein ausschlaggebender Faktor sein. Es sollten vielmehr die zukünftige Entwicklung und das Potenzial des relevanten

---

[381] Vgl. *Wildemann/Baumgärtner* (2007), S. 23.

[382] Siehe Kap. 4.3.2.

Marktes, der erschlossen werden soll, analysiert werden.[383] Hierdurch wird ersichtlich, dass die Standortfaktoren im Rahmen der Entscheidungsfindung je nach unternehmerischer Zielsetzung anders gewichtet werden müssen. Derselbe Standortfaktor eines Landes kann daher für die Auslandsinvestition eines Unternehmens das entscheidende Standortkriterium sein, während es für ein anderes Unternehmen in einem vergleichbaren Kontext bedeutungslos sein kann. Dies liegt zu einem Teil an dem Motiv der Auslandsinvestition des Unternehmens und teils an der spezifisch verfolgten Unternehmensstrategie.

Dieser Zusammenhang zwischen Standortentscheidungen, also der Internationalisierungsstrategie, und der eingeschlagenen Unternehmensstrategie hat eine entscheidende Bedeutung. Diesbezügliche Entscheidungen können nicht unabhängig voneinander getroffen werden, respektive die Ziele der Internationalisierungsstrategie müssen an die Ziele der Unternehmensstrategie angepasst werden. So wäre eine vorwiegend kostengetriebene Verlagerung nur schwer vereinbar mit einer verfolgten Differenzierungsstrategie, mit der beispielsweise eine im Vergleich zu Konkurrenzunternehmen bessere Produktqualität generiert werden soll.[384] Folglich wäre eine kostengetriebene Verlagerung nur in Verbindung mit einer verfolgten Kostenführerschaftsstrategie zweckmäßig. Somit bleibt festzuhalten, dass das Motiv der Auslandsinvestition an die Wettbewerbsstrategie des Unternehmens anzupassen ist, da ansonsten durch den resultierenden Zielkonflikt Probleme bei der Strategieumsetzung auftreten.[385] Dies stellt einen möglichen Erklärungsansatz für zahlreiche Rückverlagerungen dar.

Das übergeordnete Unternehmensziel ist die Steigerung des Unternehmenswerts, an dem sich alle strategischen Entscheidungen im Unternehmen orientieren. Der Erfolg der Internationalisierungsstrategie, die „wie jede Strategie, in das Regelkreissystem der Unternehmensführung“[386] integriert werden muss, wird demzufolge ebenfalls am übergeordneten Unternehmensziel bemessen.

---

383 Vgl. *Kinkel* (2003), S. 132.

384 Vgl. *Mrotzek* (1989), S. 45; *Müller-Stewens/Lechner* (2011), S. 278; *Kinkel* (2003), S.82 ff. Auch *Emmrich* (2002), S. 331 ff. ist der Meinung, dass die internationale Standortstrategie aus der Wertschöpfungsstrategie des Unternehmens abgeleitet werden muss.

385 Vgl. *Lay et al.* (2001), S. 39 ff.

386 *Perlitz* (2004), S. 64.

Demnach hängt der Erfolg einer Standortentscheidung davon ab, ob und in welcher Höhe der Unternehmenswert gesteigert wird und kann daher erst nach Durchführung beurteilt werden, also aus der ex post-Perspektive.

Für eine fundierte Entscheidung muss in der ex ante vorgenommenen Planung der Standortinvestitionsalternativen, respektive der Errichtung eines neuen Produktionswerks im In- oder Ausland, eine detaillierte und umfassende Erfolgsprognose durchgeführt werden, mit dem Ziel, zukünftige Cashflows des Unternehmens zu prognostizieren. In den Modellen zur Erfolgsprognose müssen somit die vielseitigen Standortfaktoren sowie deren monetäre Konsequenzen langfristig berücksichtigt werden. Dazu zählen bei internationalen Handelsverflechtungen zwangsläufig auch länderspezifische Steuersysteme.[387]

An die Erfolgsprognose anschließend gilt es anhand eines geeigneten Kalküls die bestehenden Standortalternativen zu bewerten. Das Kalkül zur Bewertung eines Standorts hat sich an den Kerneigenschaften einer dynamischen Entscheidungsrechnung zu orientieren, d. h.:

- Die Rechengrößen entstammen aus der Finanzrechnung (Ein- und Auszahlungen).
- Der zeitliche Anfall der Zahlungsströme wird berücksichtigt.
- Alle Nutzungsperioden der Standortalternativen werden einbezogen.

Die Alternativen werden demnach anhand investitionstheoretischer Methoden bewertet. Das Ziel der Internationalisierungsstrategie, also die Gesamtheit der internationalen Standortentscheidungen eines Unternehmens, liegt in der langfristigen Erhöhung der Wertbeiträge der Standorte. Dieses Ziel muss mit dem Unternehmensziel harmonieren, so dass eine Erhöhung des „Standortwerts“ auch zu einer Erhöhung des Unternehmenswerts führt (siehe Abbildung 4-1).[388] Zusammenfassend muss eine prospektive Bewertung des Standorts erfolgen, bei der zukünftige zahlungsrelevante Größen erfasst und auf den Betrachtungszeitpunkt diskontiert werden, damit diese die Anforderungen an eine dy-

387 Bei internationalen Direktinvestitionen wirken sich zwei Steuersysteme auf den Kapitalwert der Auslandsinvestition aus; vgl. *Götze* (1998), S. 168 f.

388 Vgl. auch *Faupel/Kornacker* (2012), S. 692, nach denen „[d]ie Ziele der internationalen Tochtergesellschaft [...] aus den Zielen des Stammhauses abgeleitet [werden]“.

namische Entscheidungsrechnung erfüllen. Dabei müssen außerdem die standortspezifischen Aspekte und Risiken in dem Kalkül berücksichtigt werden.

Nach erfolgter Bewertung und damit nach der Wahl der vorteilhaftesten Standortalternative, muss der Erfolg respektive die Performance der Entscheidung aus der ex post-Perspektive beurteilt werden. Hierbei muss das realisierte Ergebnis des zurückliegenden Zeitabschnitts, als auch das zukünftige Erfolgspotenzial des Standorts unter Beachtung des geänderten Informationsstands berücksichtigt werden.[389] Somit fallen traditionelle Steuerungsgrößen der Unternehmensführung, die auf Daten des externen Rechnungswesens basieren, für eine langfristige, (unternehmens-) wertorientierte Erfolgsbeurteilung aus. Anstelle dieser können langfristige wertorientierte Performancemaße als Beurteilungskriterium herangezogen werden.

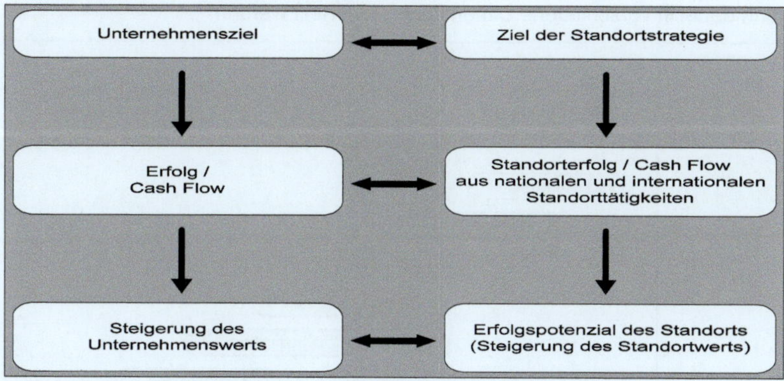

Abbildung 4-1: ***Abstimmung des Standort- und Unternehmensziels***

Die grundlegende Zielsetzung dieses Kapitels besteht darin, dass zunächst die spezifischen Faktoren und Risiken von Standortentscheidungsprozessen aufgezeigt und in geeigneten Bewertungsverfahren berücksichtigt werden. Daher gilt es bei der Konzeption eines wertorientierten Standortcontrolling darzulegen, wie aus der ex post-Perspektive eine Überprüfung der geplanten Ziele vorgenommen werden und wie eine daran anknüpfende adäquate Abweichungsanalyse erfolgen kann.

389 Vgl. *Schumann* (2008), S. 92.

4.1.1 Abgrenzung des Standortbegriffs

Bevor genauer auf den Prozess der Standortentscheidung und auf die zentralen Fragestellungen der Arbeit eingegangen wird, ist zunächst eine Abgrenzung des Standortbegriffs voranzustellen. Allgemein wird unter dem Begriff Standort aus der betriebswirtschaftlichen Perspektive der geographische Ort verstanden, an dem die betriebliche Leistung eines Unternehmens erbracht wird.[390] Dabei müssen sich nicht die gesamten Funktionen des vollständigen betrieblichen Leistungsprozesses an einem Standort befinden, sondern können auch auf mehrere unterschiedliche Orte, national wie international, verteilt sein.[391] Insbesondere die Gründung von Teilen der Wertschöpfung im Ausland steht hierbei im Fokus.

Die Formen bzw. das Ausmaß der Internationalisierung eines Unternehmens kann dabei in verschiedene Dimensionen unterteilt werden:

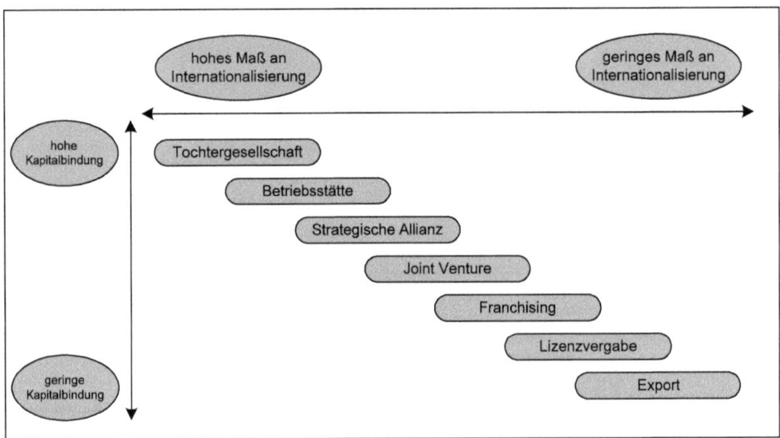

Abbildung 4-2: ***Internationale Markteintrittsformen***[392]

Vor dem Einstieg in einen neuen ausländischen Markt stehen jedem Unternehmen mehrere Optionen zur Verfügung, die sich hinsichtlich des Volumens der Auslandsaktivitäten und des Ressourcenaufwands erheblich voneinander unterscheiden. Der Export von Gütern ins Ausland stellt den einen Extremfall dar, bei dem die Auslandsaktivitäten relativ gering ausfallen und im Ausland annä-

390 Vgl. *Hansmann* (1974), S. 15 f.; *Lüder/Küpper* (1983), S. 4.

391 Zu den Funktionen der innerbetrieblichen Wertschöpfung zählen insbesondere: FuE, Beschaffung, Produktion und Absatz.

392 In Anlehnung an *Meissner/Gerber* (1980), S. 224.

hernd kein Kapitaleinsatz erfolgt, während bei der Gründung einer Tochtergesellschaft der Grad der Internationalisierung sowie der zu erbringende Kapitaleinsatz am höchsten ist.[393] Die Entscheidung, welche Form des Markteintritts gewählt werden sollte bzw. welche Kriterien die Entscheidungsträger eines Unternehmens beachten sollten, wird hier kurz anhand der Betriebsstätte und der rechtlich selbständigen Tochtergesellschaft untersucht.[394]

Insbesondere für die Besteuerung ist es von Bedeutung, welche Rechtsform für die Durchführung der Auslandsgeschäfte gewählt wird. Diese Wahl bildet den Ausgangspunkt für steuerliche Aspekte, welche sich maßgeblich auf zukünftige Zahlungen auswirken und demzufolge Einfluss auf die Investitionsentscheidung haben. Eine Betriebsstätte ist eine rechtlich unselbständige Niederlassung eines Unternehmens im Ausland und wird für das innerstaatliche Recht als „[...] jede feste Geschäftseinrichtung oder Anlage, die der Tätigkeit eines Unternehmens dient",[395] definiert. In der Regel handelt es sich dabei um ein dauerhaftes Engagement, da durch den Aufbau einer Betriebsstätte Kapital im Ausland gebunden ist.[396]

Die Tochtergesellschaft stellt eine rechtlich selbständige Unternehmenseinheit dar, die zusammen mit der Muttergesellschaft einen Konzern bildet. Durch die eigene Rechtspersönlichkeit folgt gemäß dem Trennungsprinzip hinsichtlich der Besteuerung im Gegensatz zur Betriebsstätte eine Unterscheidung in zwei Ebenen: die Ebene der Kapitalgesellschaft und die Ebene der Gesellschafter.[397] Des Weiteren kann unterschieden werden, ob eine Tochtergesellschaft im Ausland neu gegründet wird oder ob durch eine Akquisition ein vorhandenes Unter-

---

393 Zusätzlich könnte noch die Fusion mit einem ausländischen Unternehmen unter Verlust der rechtlichen Selbständigkeit als Markteintrittsform mit aufgeführt werden, welche dann zweifellos den höchsten Grad der Internationalisierung aufweist; vgl. *Mäder/Hirsch* (2011), S. 180.

394 Da in diesem Abschnitt der für die vorliegende Arbeit relevante Begriff des Standorts näher definiert werden soll, erübrigt sich eine nähere Analyse der restlichen Optionen. Zu einer systematischen Entscheidungsvorbereitung hinsichtlich der Markteintrittsform vgl. *Grant/Nippa* (2006), S. 531-539.

395 § 12 AO. Diese Definition gilt dann, wenn kein Doppelbesteuerungsabkommen (DBA) mit dem ausländischen Staat besteht, mit dem eine unangemessen hohe Steuerbelastung für grenzüberschreitende Aktivitäten vermieden werden soll. Besteht ein DBA, so wird in der Regel eine eigenständige Definition der Betriebsstätte nach Art. 5 OECD-MA herangezogen; vgl. *Frotscher* (2009), S. 122.

396 Vgl. *Brähler* (2012), S. 220 f.

397 Vgl. *Frotscher* (2009), S. 181.

nehmen oder Unternehmensteile im ausländischen Markt erworben werden sollen. Man spricht in diesem Zusammenhang auch von Direktinvestitionen, mit denen das Ziel verfolgt wird, langfristig eine Unternehmenseinheit im Ausland zu etablieren bzw. zu kontrollieren und so unabhängig am Markt zu agieren.[398]

Nachfolgend wird im Rahmen dieser Arbeit ein international agierendes Unternehmen betrachtet, das vor der Entscheidung steht, eine Direktinvestition im Ausland durchzuführen. Es soll untersucht werden, ob der Aufbau eines neuen Standorts im Ausland vorteilhaft ist. Dabei steht die Rechtsform der Tochtergesellschaft im Fokus, da diese für Auslandsinvestitionen am häufigsten gewählt wird[399] und so die steuerliche Wirkung mehrerer Gewinnverwendungsmöglichkeiten[400] analysiert werden können, die bei Betriebsstätten nicht gegeben sind.[401] Dabei kann hinsichtlich der Standortentscheidung die Tochtergesellschaft – wie oben bereits beschrieben wurde – im Ausland neu gegründet werden oder durch die Akquisition einer bereits bestehenden Kapitalgesellschaft erfolgen.

Demnach kann von folgender Konstellation und damit verbunden von folgendem Standortbegriff für den Verlauf der Arbeit ausgegangen werden:
Es wird ein Industrieunternehmen betrachtet, das vor der Entscheidung steht, eine Auslandsinvestition respektive eine Investition in einen neuen ausländischen Standort durchzuführen. An dem Standort soll eine Unter–nehmenseinheit in Form einer Kapitalgesellschaft entstehen. Die Spitzeneinheit bzw. der Anteilseigner der Tochtergesellschaft ist ebenfalls eine rechtlich selbständige Kapitalgesellschaft,[402] während die Anteile an der Muttergesellschaft von natürlichen Personen gehalten werden.[403] Daher ist an dem Standort im Ausland eine

---

398 Zur Abgrenzung von internationalen Portfolioinvestitionen vgl. bspw. *Burr/Stephan/Werkmeister* (2011), S. 382.

399 Vgl. *Höhn/Höring* (2010), S. 131.

400 Hiermit sind Gestaltungsmöglichkeiten hinsichtlich der Thesaurierung oder der Ausschüttung von Gewinnen gemeint.

401 Vgl. *Frotscher* (2009), S. 121; *Brähler* (2012), S. 221 f. Betriebsstättengewinne werden im Jahr der Entstehung steuerlich belastet, während bspw. thesaurierte Gewinne in der Tochtergesellschaft erst am Ende des Planungshorizonts an die Muttergesellschaft ausgeschüttet werden und so während diesen Zeitraums auf Ebene der Tochtergesellschaft angelegt werden können.

402 Je nachdem, ob der Anteilseigner eine natürliche Person oder eine Kapitalgesellschaft ist, ergeben sich Unterschiede bei der Bestimmung der steuerlichen Belastung.

403 Hierbei wird bezüglich der Anteilseigner unterstellt, dass sie nicht bei der Muttergesellschaft berufstätig und zu weniger als 25% an der Muttergesellschaft beteiligt sind, so dass für die-

direkte Kapitalbeteiligung vorausgesetzt. Außerdem kann sowohl der gesamte betriebliche Leistungsprozess als auch einzelne Funktionen der Wertschöpfung an dem Standort angesiedelt werden.

4.1.2 Entscheidungsprozess der Standortwahl

Entscheidungen bezüglich der Standortstruktur, wie z. B. den Aufbau eines neuen Standorts, gehören nicht zu den periodischen operativen Aufgaben des Managements, sondern weisen einen strategischen Charakter auf und werden auf oberster Entscheidungsebene getroffen.[404] Handelt es sich bei einem Unternehmen um die ersten grenzüberschreitenden Tätigkeiten, so fehlt dem Unternehmen ein Erfahrungsmuster, auf das in solchen Situationen zurückgegriffen werden kann. Sogar bei bereits vorhergehenden Auslandstätigkeiten kommt es nicht selten vor, dass die Informationen über die damit verbundenen Erfahrungen nicht strukturiert vorliegen und somit eine planmäßige und zielorientierte Vorgehensweise nicht gegeben ist.[405] Dieses Defizit gilt es zu beheben, indem der Entscheidungsprozess in mehrere Phasen aufgeteilt und gleichzeitig optimiert wird.

Zunächst sollte aus der ex ante-Perspektive, also vor der Entscheidungsfindung, eine strategische Analyse durchgeführt werden, in der anhand bestimmter Kriterien untersucht wird, welchem Zielland bzw. -markt die höchsten Erfolgsaussichten beigemessen werden.[406] Hierbei steht das Unternehmen vor der Entscheidung, in welchem Land die Produktion stattfinden soll und im einfachsten Fall bestehen nur zwei Alternativen, zwischen denen sich das Unternehmen entscheiden muss.[407] Zur Entscheidungsvorbereitung sind zunächst die als wichtig und relevant erachteten Informationen über die in Betracht kommen-

---

sen Fall § 32d Abs. 2 Nr. 3 EStG nicht greift. Ansonsten hätten Anteilseigner, wenn sie zu mindestens 25% an der Muttergesellschaft beteiligt oder zu mindestens 1% und zugleich dort berufstätig sind, die Möglichkeit, ihre Dividenden nach dem Teileinkünfteverfahren (§ 3 Nr. 40 EStG) zu besteuern.

404 Vgl. *Wildemann/Baumgärtner* (2007), S. 23.

405 Vgl. *Jung Erceg/Lay* (2009), S. 105 f.

406 Hierbei wird die Entscheidungsfindung hinsichtlich der Durchführung einer Auslandsinvestition vorausgesetzt. Die Entscheidung über die Internationalisierung eines Unternehmens ist folglich dem Standortentscheidungsprozess vorgelagert.

407 Realiter sieht es eher so aus, dass in dieser Phase eine große Bandbreite an Alternativen besteht, die es zunächst einzuengen gilt, bevor eine endgültige Entscheidung getroffen werden kann.

den Länder sowie die damit verbundenen Märkte zu beschaffen. Problematisch sind hierbei insbesondere die Beschaffung sowie die Güte der Informationen.[408]

Die Entscheidung über die Durchführung einer Auslandsinvestition wird auf Basis des Kapitalwerts getroffen,[409] so dass für die Berechnung des Kapitalwerts Prognosen über zukünftige Zahlungsströme unerlässlich sind. Bereits unter der Prämisse der Sicherheit ist die Beurteilung einer Standortalternative auf Basis des Kapitalwerts mit erheblichem zeitlichen und finanziellen Aufwand verbunden. Sobald die Prämisse der Sicherheit aufgehoben wird, steigt der Aufwand drastisch an.[410] Somit sollte die Anzahl der in Betracht kommenden Standortalternativen, für die eine finanzwirtschaftliche Analyse durchgeführt werden soll, gering gehalten werden, um einen beträchtlichen Ressourcenaufwand für die Informationsbeschaffung zu vermeiden.[411] Dementsprechend ist bereits eine Vorauswahl (Grobselektion) Erfolg versprechender Standorte bzw. Auslandsmärkte erforderlich, um daran anschließend die Bewertung der Standortalternativen (Feinselektion) durchzuführen.[412]
Hierbei muss nach dem Zweck des Auslandsengagements differenziert werden. Die Standortentscheidung bei einem Unternehmen, das seine Auslandstätigkeit allein aus dem Grund der Kostenreduzierung von Produktionsfaktoren begründet, wird folglich auf Länder mit niedrigen Lohnniveaus begrenzt. Damit scheiden Hochlohnländer aus der weiteren Betrachtung aus. Des Weiteren werden in der Vorauswahl gesamtwirtschaftliche und politisch-rechtliche Kriterien berücksichtigt. Stehen nicht nur Kostenargumente im Vordergrund, sondern auch die Erschließung eines Auslandsmarktes, können zunächst zwei Ansätze mit unter-

---

408 Vgl. *Holtbrügge/Welge* (2010), S. 93 ff., die nach Art der Information, gegliedert in qualitative und quantitative Informationen, die dazugehörigen Quellen unterscheiden. Die quantitativen Informationen werden nochmals in objektive und subjektive Informationen unterteilt. Ein Beispiel für subjektive Informationsquellen wären die Länderratings international anerkannter Agenturen, die Aussagen über die Zahlungsfähigkeit und Kreditwürdigkeit und somit über die politische und wirtschaftliche Stabilität eines Landes geben.

409 Als alternative Zielgröße verwendet *Götze* (1998), S. 172 f. den Endwert bei der Beurteilung von internationalen Direktinvestitionen.

410 Vgl. *Gann* (1996), S. 30 f.

411 Bereits *Olbert* (1976) stellte die Notwendigkeit zur Beschränkung der Anzahl der Standortalternativen fest, wobei neben dem Informationsaufwand und dem Entscheidungserfolg noch eine anderweitige Investitionsmöglichkeit zu berücksichtigen sind; vgl. ebenda, S. 86 ff.

412 Zunächst werden im Rahmen der Länderanalyse makroökonomische Kriterien der betreffenden Länder untersucht. Anschließend müssen anhand mikroökonomischer Kriterien die entsprechenden Regionen bestimmt werden. Ziel dieser Analysen ist es, quantitative Informationen über die potenziellen Standorte zu gewinnen, die in das Standortbewertungskalkül eingehen und eine Rangfolge der auszuwählenden Standortalternativen ermittelt.

schiedlichen Sichtweisen, der markt- und ressourcenorientierten Sicht, unterschieden werden.

Bei der marktorientierten Sicht steht der (Absatz-)Markt im Zentrum der Analyse und stellt die bedeutendste Einflussgröße für den Erfolg eines Unternehmens dar.[413] Es gilt in der Vorauswahl die ausländischen Märkte zu identifizieren, auf denen beträchtliche Übergewinne realisiert werden können. Allerdings ist die Realisierung dieser Übergewinne zeitlich begrenzt, da „die Konkurrenz auf den Absatzmärkten zu einer Erosion von anfänglichen Übergewinnen führt und auf Dauer nur noch ‚Normalgewinne' zu erwarten“[414] sind. Kritisch an diesem Ansatz ist, dass Wettbewerbsvorteile lediglich durch die Branchen- oder Marktgegebenheiten determiniert sind und Unterschiede hinsichtlich der Ressourcenausstattung der Unternehmen in der Branche nicht berücksichtigt werden bzw. gar nicht existieren. Daher lässt sich der marktorientierten Sicht die ressourcenorientierte Sicht gegenüberstellen. Hier steht das Unternehmen mit seinen einzigartigen Ressourcen im Fokus. Nachhaltige Wettbewerbsvorteile werden demnach durch eine heterogene Ressourcenausstattung der Unternehmen einer Branche gewährleistet, die nicht ohne weiteres kopiert werden können. So lassen sich auch dauerhafte Übergewinne und Wachstum erklären, da die Einzigartigkeit der Ressourcen und deren Stärke im Vergleich zu den Wettbewerbern einen dauerhaften Vorteil begründet, wodurch der Wettbewerb auf dem Markt begrenzt wird.[415]. Folglich liegt der Ursprung für Wettbewerbsvorteile in den Unternehmen selbst. Somit findet hier im Gegensatz zur marktorientierten Sicht eine Betrachtung aus dem Blickwinkel der Unternehmung statt. Für die Standortplanung bedeutet dies, dass der Ausgangspunkt für die Vorauswahl der Standortalternativen nicht der Zielmarkt, sondern das Unternehmen selbst ist. Es gilt, einen Standort zu finden, der nachhaltige Wettbewerbsvorteile gewährleistet, wobei dies nicht nur durch die gegebenen Standortfaktoren erklärt werden kann, da diese i. d. R. nicht unternehmensspezifisch sind.[416] Erst die

---

[413] Vgl. *Meffert/Burmann/Kirchgeorg* (2012), S. 5.

[414] *Dirrigl* (2004b), S. 119.

[415] Vgl. *Götze/Mikus* (2002), S. 411. Die Wettbewerbsvorteile eines Unternehmens in einem Markt stellen für potenzielle Konkurrenten Markteintrittsbarrieren dar, wodurch die Anzahl der Wettbewerber in diesem Markt gering gehalten wird, so dass eine Abschmelzung der Übergewinne verhindert werden kann; vgl. dazu *Gann* (1996), S. 32 f.

[416] Weitere Wettbewerber könnten sich ebenfalls an diesem Standort ansiedeln und deren Vorteile nutzen.

Kombination der internen Ressourcenausstattung eines Unternehmens mit den jeweiligen Standortfaktoren, die eine einzigartige Verbindung ergeben, können Wettbewerbsvorteile generieren.[417] Somit stehen aus der ressourcenorientierten Sicht insbesondere die Stärken des Unternehmens im Vordergrund, wodurch sich im Vergleich zur marktorientierten Sicht eine autonomere Gestaltung der Standortplanung ergibt.

Des Weiteren spielt die eingeschlagene Geschäftsbereichsstrategie eine Rolle im Standortentscheidungsprozess. Verfolgt ein Unternehmen eine Kostenführerschaftsstrategie, hat das Kriterium Lohnniveau eine große Bedeutung, während für ein Unternehmen bei der Verfolgung einer Differenzierungsstrategie mit einer wissensintensiven Produktion, für die kompetente Fachkräfte benötigt werden, die Qualifikation der potenziellen Arbeitskräfte besonders wichtig ist.

Letztlich müssen sowohl interne als auch externe Faktoren im Rahmen der Vorauswahl von Standortalternativen berücksichtigt werden. Die verfolgte Strategie und damit verbunden die Ressourcenausstattung des Unternehmens sind in diesem Zusammenhang interne Faktoren, während es sich bei länder- und marktspezifischen Aspekten um externe Faktoren handelt. Hierbei erleichtern insbesondere die Daten mehrerer Indizes die Informationsbeschaffung.[418] Anhand dieser Daten kann das Risiko einer Auslandsinvestition im potenziellen Zielland durch eine umfassende Berücksichtigung von gesamtwirtschaftlichen und politisch-rechtlichen Faktoren besser eingeschätzt werden.

Mit dem Abschluss der Vorauswahl und dem Ergebnis einer begrenzten Anzahl der Standortalternativen gilt es als nächstes, diese Standortalternativen zu bewerten und in eine Rangfolge gemäß ihres Wertsteigerungspotenzials zu bringen. Bis hierhin hat das Controlling die Aufgabe, das Management bzw. die Entscheidungsträger mit relevanten quantitativen Informationen zu versorgen. Anschließend besteht die Aufgabe darin, aus dem großen Repertoire an Con-

---

417 Vgl. Buhmann (2006), S. 47 f.

418 Dabei stehen den Unternehmen ein- und mehrdimensionale Indizes als Informationsquellen zur Verfügung. Hierbei sind insbesondere der Business Environmental Risk Index (BERI) sowie der International Country Risk Guide Index (ICRG) zu nennen, dessen Daten mithilfe von Scoring-Modellen gewonnen werden; vgl. *Kinkel* (2003), S. 69 ff. sowie *Holtbrügge/Welge* (2010), S. 93 ff.

trolling-Instrumenten ein geeignetes Konzept zu wählen, um eine methodengestützte Entscheidung zu bewirken bzw. ex post die bereits getroffene Entscheidung zu überprüfen. Demzufolge wird hier ein Kalkül benötigt, das die spezifischen Merkmale bei der Bewertung von Standortalternativen berücksichtigt und integriert. Bevor hierauf näher eingegangen wird, sind zunächst die verschiedenen Motive von internationalen Standortinvestitionen zu unterscheiden.

4.2 Motive von internationalen Standortinvestitionen

Zunächst werden ausgewählte Ansätze zur Erklärung der internationalen Unternehmenstätigkeit dargestellt, mit denen Motive internationaler Standortinvestitionen begründet werden. Diese Ansätze beschäftigen sich mit den Gründen für eine grenzüberschreitende Tätigkeit und untersuchen die damit verbundenen Vorteile. Analysiert wird daher, welche Bedingungen ausschlaggebend für eine Verlagerung der Produktionsfaktoren ins Ausland und zur Errichtung von Produktionsstätten sind.

4.2.1 Ausgewählte Erklärungsansätze in der Literatur

4.2.1.1 Monopolistische Theorie der internationalen Direktinvestition

Als einer der ersten Autoren hat sich *Hymer* mit der Thematik der internationalen Direktinvestitionen von Unternehmen beschäftigt.[419] Er entwickelte einen Ansatz, der erklärt, warum Unternehmen überhaupt ausländische Direktinvestitionen durchführen, obwohl sie gegenüber den ansässigen Unternehmen aus verschiedenen Gründen benachteiligt sind. So haben „national firms [...] the general advantage of better information about their country: its economy, its language, its law, and its politics."[420] Des Weiteren sind auch die Rückführungen der Erträge aus dem ausländischen Markt mit Wechselkursrisiken behaftet. Demnach stellt sich die Frage, warum Unternehmen diese Nachteile in Kauf nehmen und nicht Investitionen in ihren heimischen respektive bekannten Märkten durchführen, in denen Investitionsauswirkungen und -erfolge besser planbar sind. Der Grund dafür liegt nach *Hymer* in Marktunvollkommenheiten und damit

419 Vgl. dazu *Hymer* (1976).
420 Ebenda, S. 34.

verbunden in monopolistischen Wettbewerbsvorteilen gegenüber den ansässigen Unternehmen, wodurch die dem Unternehmen entstehenden Nachteile nivelliert und Erfolgspotenziale aufgebaut werden können.[421] Die Anwendung der entwickelten Kernkompetenzen eines Unternehmens im Ausland muss daher die entstehenden Mehrkosten, die durch ein Auslandsengagement entstehen, mindestens ausgleichen, so dass die Entscheidungsträger indifferent zwischen der Durchführung der Auslandsinvestition und der Unterlassung sind.[422] Werden Überrenditen erwartet, ist die Durchführung der Auslandsinvestition vorteilhaft und somit durchzuführen.

Die Organisation of Economic Co-Operation and Development (OECD) definiert ausländische Direktinvestitionen als „[...] the objective of establishing a lasting interest by a resident enterprise in one economy (direct investor) in an enterprise (direct investment enterprise) that is resident in an economy other than that of the direct investor".[423] Es handelt sich hierbei um eine langfristige Investition mit dem Ziel, einen signifikanten Einfluss auf die Unternehmensaktivitäten im ausländischen Markt auszuüben.[424] Nach *Hymer* stellt die unmittelbare Einflussnahme auf die Geschäftstätigkeit eines Unternehmens den Kernaspekt für die Durchführung von Auslandsinvestitionen dar.[425] Daraus ergibt sich die Abgrenzung zu Finanz- und Portfolioinvestitionen, die internationalen Kapitaltransfer insbesondere durch Zins- und Risikozusammenhänge erklären und bei denen die Kontrolle der Geschäftstätigkeit bedeutungslos ist.[426] Demnach handelt es sich nach *Hymer* um eine Direktinvestition, „if the investor directly controls the foreign enterprise [...] [and] if he does not control it, his investment is a portfolio investment".[427]

---

421 Vgl. *Burr/Stephan/Werkmeister* (2011), S. 399 ff.
422 Vgl. *Porter* (1989), S. 19.
423 Vgl. *OECD* (2008), S. 49.
424 Ebenda, S. 49.
425 Vgl. *Hymer* (1976), S. 33 ff.
426 Vgl. ebenda, S. 6 ff. Außerdem können Finanz- und Portfolioinvestitionen von Direktinvestitionen hinsichtlich ihrer Form und ihres Zeithorizonts unterschieden werden. Während Finanz- und Portfolioinvestitionen ausschließlich in monetärer Form erfolgen und i. d. R. kurzfristig angelegt sind, können Direktinvestitionen auch in der Übertragung von materiellen Ressourcen erfolgen und haben einen langfristigen Zeithorizont. Eine Übersicht hierzu findet sich bei *Holtbrügge/Welge* (2010), S. 54 .
427 *Hymer* (1976), S. 1. Früher wurde angenommen, dass durch unterschiedliche Zinssätze in den Ländern internationaler Kapitaltransfer ausgelöst wurde. So konnten allerdings nur unilaterale Kapitalströme erklärt werden. Mit dem Erklärungsansatz von *Hymer*, in dem das

Es werden zwei wesentliche Gründe für die Kontrollübernahme eines Unternehmens in einem ausländischen Zielmarkt genannt.[428] Der erste Grund liegt darin, dass es von Vorteil sein kann, wenn Unternehmen in mehr als einem Land gesteuert werden, um einen nachteiligen Wettbewerb zwischen diesen zu verhindern und so durch die zunehmende Größe Macht auf den Absatz- und Faktormärkten auszuüben, so dass economies of scale erzielt werden können.[429] Der zweite Grund wird in den Ressourcen des Unternehmens gesehen, mit denen unternehmensspezifische Vorteile gegenüber den Konkurrenten geschaffen werden und bspw. durch die Gründung einer Niederlassung im Zielmarkt ausgenutzt und geschützt werden können.

Aus der Theorie nach *Hymer* lässt sich also schlussfolgern, dass unternehmensspezifische Wettbewerbsvorteile eines Unternehmens vorliegen müssen, mit denen ein Unternehmen die Risiken und damit die verbundenen Nachteile eines Auslandsengagements ausgleichen kann, um so im Ausland überhaupt erst erfolgreich tätig zu sein. Durch die Kontrolle der Geschäftstätigkeit eines Unternehmens im ausländischen Zielmarkt, bspw. durch die Gründung einer 100%-igen Tochtergesellschaft, können die Wettbewerbsvorteile optimal genutzt und so maximale Renditen erzielt werden.

4.2.1.2 Produktlebenszyklustheorie

Die Produktlebenszyklustheorie von *Vernon* versucht ebenfalls zur Erklärung von Direktinvestitionen beizutragen.[430] Hiermit ist allerdings nicht gemeint, dass das Konzept des Produktlebenszyklus von *Vernon* selbst entwickelt wurde, sondern dass er diese bereits bestehenden Überlegungen des Konzepts aufgreift und auf das internationale Investitionsverhalten von Unternehmen überträgt.[431]

---

zentrale Motiv die Kontrolle über die Geschäftstätigkeit eines Unternehmens ist, können bilaterale Kapitalströme begründet werden; vgl. *Fuchs/Apfelthaler* (2009), S. 71 f.

428 Vgl. zu den folgenden Ausführungen *Hymer* (1976), S. 33 ff. Außerdem wird die Diversifikation als ein weiterer, aber nicht unbedingt mit der Kontrollausübung in Zusammenhang stehender Grund genannt.

429 Vgl. *Kinkel* (2003), S. 14. *Kinkel* führt hier insbesondere Kapazitätsvorteile bei der Personal- und Kapitalbeschaffung sowie bei der Beschaffung von Faktoreinsatzstoffen auf.

430 Vgl. *Vernon* (1966), S. 190 ff.

431 Vgl. *Kutschker/Schmid* (2008), S. 437.

Hierbei wird von der Grundannahme ausgegangen, dass die Lokalisation der Produktionsfaktoren abhängig ist vom Reifegrad des Produktes. Das Produkt durchläuft verschiedene Entwicklungsstadien, begründet durch die Diffusionsforschung, die die Verbreitung einer Innovation in der Gesellschaft untersucht.[432] Des Weiteren basiert diese Theorie auf dem Ansatz der technologischen Lücke, die untersucht, welche Effekte technologische Unterschiede in einzelnen Ländern auf die Internationalisierung haben.[433] Der Lebenszyklus eines Produkts wurde in dem ursprünglichen Ansatz von *Vernon* in die drei Phasen Einführungs-, Reife- und Standardisierungsphase unterteilt.

- Einführungsphase:
  In dieser Phase sind die Produktionsverfahren kaum standardisiert, da „[...] the product itself may be quite unstandardized",[434] weshalb ein hohes Maß an Flexibilität und hoch qualifiziertem Personal benötigt wird. Daher wird davon ausgegangen, dass der erste Standort für die Herstellung eines neuen Produkts im Innovationsland liegt und dass das Produkt hauptsächlich im heimischen Markt angeboten und abgesetzt wird.[435] Aufgrund des hohen Grades der Neuartigkeit der Innovation ist die Preiselastizität der Nachfrage sehr gering, so dass die Produktionskosten in dieser Phase nur eine untergeordnete Rolle haben.[436]

- Reifephase:
  In dieser Phase steigt die Nachfrage nach dem Produkt an, was gleichzeitig mit einem gewissen Grad an Standardisierung einhergeht. Somit nimmt die Notwendigkeit der Flexibilität der Produktionsverfahren ab. Durch die Standardisierung ergeben sich nun Möglichkeiten, economies of scale durch die

432 Vgl. *Holtbrügge/Welge* (2010), S. 55 f. Vgl. zu den theoretischen Grundlagen der Diffusion einer Innovation insbesondere *Fantapié Altobelli* (1991), S. 26-55.

433 Der Ansatz von *Posner* (1961) versucht zu erklären, „[...] that trade may be caused by technical changes [...]; because particular technical changes originate in one country, 'comparative cost differences' may induce trade in particular goods during the lapse of time taken for the rest of the world to imitate one country's innovation"; *Posner* (1961), S. 323.

434 *Vernon* (1966), S. 195.

435 Vgl. *Vernon* (1966), S. 194 f. Hierfür gibt er drei Gründe an: (1) In der Anfangsphase wird ein hoher Wert auf die Flexibilität und damit auf die Möglichkeit der Veränderung der Inputgrößen gelegt, die seiner Ansicht nach im Ausland nicht in der Weise gegeben ist, wie im Inland. (2) Die Preiselastizität der Nachfrage ist bspw. aufgrund der Monopolstellung des Unternehmens sehr gering, weshalb einem Auslandsengagement aus Kostengründen in dieser Phase kein hoher Stellenwert beigemessen wird. (3) Eine gute und schnelle Kommunikation zwischen dem Produzenten, den Kunden, den Lieferanten und auch den Konkurrenten ist in dieser Phase notwendig.

436 Vgl. *Kinkel* (2003), S. 15.

Massenproduktion zu erzielen. Die Auslandsnachfrage und die Bedeutung der Produktionskosten nehmen ebenfalls zu, da auch neue Wettbewerber in den Markt eintreten, wodurch der Preis aufgrund des erhöhten Wettbewerbs gesenkt werden muss, so dass die Unternehmen anfangen, Standorte im Ausland in Betracht zu ziehen, in denen eine kostengünstigere Produktion möglich wäre. Nach *Vernon* kommt es solange zu keinen ausländischen Direktinvestitionen, „as long as the marginal production cost plus the transport cost of the goods [...] is lower than the average cost of prospective production in the market of import".[437] Die Auslandsnachfrage steigt weiter an, da Unternehmen im Ausland noch nicht über die Technologie verfügen, um das Produkt selbst herzustellen.[438] Aufgrund des mittlerweile hohen Standardisierungsgrades werden kaum noch hoch qualifizierte Arbeitskräfte benötigt, so dass der Anreiz, die Auslandsnachfrage durch den Aufbau neuer Produktionsstätten im Ausland zu bedienen, steigt.

- Standardisierungsphase:
  In dieser Phase werden keine nennenswerten Veränderungen am Produkt vorgenommen. Die Produktionsverfahren sind hoch standardisiert und der Preiswettbewerb ist in dieser Phase am stärksten ausgeprägt, wodurch die Bedeutung der Höhe der Produktionskosten zunimmt. Weitere Einsparungspotenziale werden nur noch in Ländern mit niedrigem Technologieniveau und unqualifizierten Arbeitskräften gesehen. Somit erlangen insbesondere Entwicklungsländer, aufgrund der niedrigen Lohnkosten, Standortvorteile, weshalb die Verlagerung der Produktion in diese Länder zunimmt.[439] Demzufolge werden in dieser Phase neue Standorte für Produktionsstätten nur aus Kostengründen aufgebaut, wobei die Lohnkosten den entscheidenden Faktor darstellen. Somit sind hiervon insbesondere Unternehmen und Branchen

---

437 *Vernon* (1966), S. 197. Allerdings stellt er dabei gleichzeitig fest, dass eine Prognose der Kosten im potenziellen Zielland mit Schwierigkeiten verbunden ist.

438 Vgl. *Holtbrügge/Welge* (2010), S. 56 sowie ausführlich *Posner* (1961) zum Ansatz der technologischen Lücke und der daraus resultierenden Imitationslücke.

439 Hier weist *Vernon* (1966), S. 203, allerdings auf anderweitige Probleme hin, die in Verbindung mit Direktinvestitionen in Entwicklungsländern stehen und seines Erachtens nach sind „[...] industries which produce a standardized product [...] in the best position to avoid the problem, by producing on a vertically-integrated self-sustaining basis".

mit einer personalintensiven Produktion betroffen, da andererseits kein Grund gegeben wäre, niedrigere Produktionskosten zu erwarten.[440]

Nach einiger Zeit übersteigt die Nachfrage aus dem Ausland die Inlandsnachfrage, so dass die gesamte Produktion ins Ausland verlagert wird und die Inlandsnachfrage durch Importe bedient wird.[441] Am Ende des Lebenszyklus versiegt die Nachfrage nach dem Produkt und das Produkt wird nicht mehr produziert.

Zusammenfassend versucht die Produktlebenszyklustheorie von *Vernon* eine Erklärung zu liefern, wie ausländische Direktinvestitionen mit dem Lebenszyklus eines Produktes verbunden sind. Hiernach nehmen die Direktinvestitionen im Laufe des Lebenszyklus zu. Nachdem anfangs die Produktion ausschließlich im Inland erfolgte, steigt der Anteil der Produktion im Ausland mit der Zeit an, bis aus Kostengründen eine vollständige Verlagerung ins Ausland erfolgt. Es werden also unterschiedliche Motive internationaler Standortentscheidungen mit entsprechenden Phasen im Produktlebenszyklus erklärt.

4.2.1.3 Eklektische Theorie

Dieser Ansatz zur Erklärung ausländischer Direktinvestitionen wurde von *Dunning* entwickelt.[442] Die wesentlichen Aussagen aus verschiedenen partialanalytischen Theorien[443] werden herausgegriffen und miteinander verknüpft, weshalb auch vom eklektischen Ansatz gesprochen wird. Der Kern der Theorie besagt, dass die Entscheidung zur Durchführung ausländischer Direktinvestitionen von insgesamt drei zentralen Bedingungen abhängig ist. Sind diese nachfolgend dargestellten Bedingungen zufrieden stellend erfüllt, würden Direktinvestitionen durchgeführt werden:[444]

(1) Ein Unternehmen muss unternehmensspezifische Wettbewerbsvorteile („Ownership advantages") gegenüber anderen ausländischen Unter-

---

[440] Vgl. *Vernon* (1966), S. 203.
[441] Vgl. dazu die Abbildungen bei *Vernon* (1966), S. 109 und *Holtbrügge/Welge* (2010), S. 57.
[442] Vgl. *Dunning* (1981); *Dunning* (1988).
[443] Insbesondere werden Aspekte aus der monopolistischen Theorie, der Standorttheorie und der Internalisierungstheorie kombiniert; vgl. *Kinkel* (2003), S. 27; *Holtbrügge/Welge* (2010), S. 75.
[444] Vgl. zu den folgenden Ausführungen *Dunning* (1981), S. 79 ff.

nehmen aufweisen. Diese unternehmensspezifischen Vorteile bestehen hauptsächlich aus dem Wissen respektive Know-how, das in Unternehmensprozesse, wie z. B. Produktions- und Organisationsprozesse, einfließt.[445] Sie gehören alleinig dem Unternehmen und sind für Konkurrenten zumindest für eine bestimmte Zeitdauer nicht zugänglich und daher nicht imitierbar. *Dunning* unterscheidet diese in drei Kategorien: Unternehmensspezifische Vorteile,

(a) die unabhängig von der Internationalisierung eines Unternehmens sind,
(b) die Tochtergesellschaften gegenüber neuen Unternehmen besitzen und
(c) die speziell infolge multinationaler Organisationsformen entstehen.[446]

(2) Für ein Unternehmen muss der Besitz der unter (1) genannten Vorteile nutzbringender sein, als etwa der Verkauf oder die Vergabe von Lizenzen an ausländische Unternehmen zur Nutzung dieser. Demnach sollte für diesen Fall eher eine Internalisierung der Vorteile durch die Ausweitung der betrieblichen Tätigkeiten als die Weitergabe der Vorteile erfolgen. Diese Form von Vorteilen werden als Internalisierungsvorteile („Internalization Advantages") bezeichnet.[447]

(3) Es muss für ein Unternehmen rentabel sein, diese Vorteile in Verbindung mit Inputfaktoren außerhalb des Inlands zu nutzen, da andererseits die ausländischen Märkte gänzlich über Exporte bedient werden. Also muss der in Betracht gezogene Auslandsstandort Standortvorteile („Location Advantages") gegenüber dem Inlandsstandort aufweisen.[448]

---

[445] Vgl. *Fuchs/Apfelthaler* (2009) S. 93 f.

[446] Den einzelnen Kategorien teilt *Dunning* (1981), S. 80, u. a. folgende Vorteile zu: (a) überlegene Technologien, Markenzeichen, staatlicher Schutz; (b) Zugang zu Kapazitäten der Muttergesellschaft zu begünstigten Preisen, Ersparnisse durch gemeinsame Beschaffung; (c) internationale Unterschiede hinsichtlich der Faktorausstattungen und der Absatzmärkte, Risikodiversifikation.

[447] Hierzu zählen nach *Dunning* (1981), S. 80, u. a. die Reduktion der Transaktionskosten, die Möglichkeiten der Preisdifferenzierung, Qualitätssicherung der Produkte etc.

[448] Hierunter fallen u. a. Faktorkosten, Transport- und Kommunikationskosten, Handelshemmnisse, Infrastruktur etc.

In Bezug zu den Anfangsbuchstaben der drei Vorteilsarten wird dieser Ansatz auch als OLI-Ansatz[449] bezeichnet. Demnach kommen Direktinvestitionen nur dann zustande, wenn alle drei Bedingungen erfüllt sind. Im Umkehrschluss bedeutet dies, ist eine Bedingung nicht erfüllt, ist von Direktinvestitionen ins Ausland abzuraten und evtl. eine andere Markteintrittsform zu wählen. So werden, wie oben bereits beschrieben, bei Fehlen der Standortvorteile unter der Bedingung, dass die anderen Vorteilsarten vorliegen, Exporte anstatt von Direktinvestitionen als Eintrittsform in den Markt gewählt. Für den Fall, dass die zweite Bedingung auch nicht erfüllt ist und letztlich nur unternehmensspezifische Wettbewerbsvorteile vorliegen, stellt nach der eklektischen Theorie der vertragliche Ressourcentransfer, also der Verkauf bzw. die Lizenzvergabe der Vorteile an ausländische Unternehmen, die bessere Alternative dar.[450]

Mit der eklektischen Theorie wird ein Ansatz vorgestellt, der versucht, alle Formen der Internationalisierung mit den genannten Vorteilsarten zu erklären. Dabei wird keine Aussage darüber getroffen, in welche Länder oder Branchen Direktinvestitionen am vorteilhaftesten sind, aber es wird davon ausgegangen, dass die drei Vorteilsarten nicht gleichmäßig unter den Ländern verteilt sind, was in diesem Ansatz die Grundvoraussetzung für Internationalisierungsprozesse darstellt.[451] Mit diesem Ansatz können ausländische Direktinvestionen aus der ex post-Perspektive erklärt werden und aus der ex ante-Perspektive liefert er interessante Anhaltspunkte, welche Voraussetzungen erfüllt sein müssen, um internationale Wettbewerbsvorteile auf unterschiedlichen Märkten zu erlangen.

4.2.1.4 Diamant-Ansatz von Porter

Der Ansatz von *Porter*[452] basiert auf dem Gedanken, dass nicht die alleinige Existenz von bestimmten Ressourcen an Standorten, sondern erst die Kombination mit einem Unternehmen, das aufgrund der Verwendung dieser Ressourcen Wettbewerbsvorteile generieren kann, von Bedeutung sind. *Porter* erweitert diesen Aspekt, indem er die Überlegungen zu den Wettbewerbsvorteilen von

449 **O**wnership-, **L**ocation- und **I**nternalization Advantages.
450 Vgl. *Kinkel* (2003), S. 27 f.
451 Vgl. *Dunning* (1981), S. 81.
452 Siehe *Porter* (1991).

Unternehmen auf Nationen überträgt. So untersuchte er die Entstehungsgründe, warum einige Länder gleich mehrere erfolgreiche Unternehmen einer Branche aufweisen.[453] Daraus lässt sich die These ableiten, dass in manchen Ländern für Unternehmen bestimmter Branchen besonders positive Bedingungen vorliegen, die zu Wettbewerbsvorteilen gegenüber anderen Unternehmen führen und resultierend daraus einen Anreiz zur Internationalisierung der Unternehmen geben.[454] Im Mittelpunkt zur Erklärung nationaler Wettbewerbsvorteile stehen insbesondere vier Bestimmungsfaktoren und zwei ergänzende Faktoren. Das Zusammenwirken und die gegenseitige Beeinflussung dieser Faktoren geben dem Diamant-Ansatz seinen Namen (siehe Abbildung 4-3).

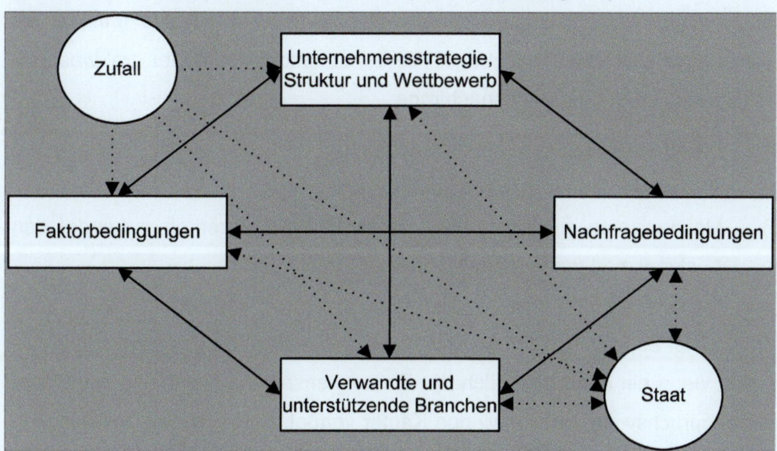

Abbildung 4-3: ***Faktoren der nationalen Wettbewerbsvorteile im Diamant-Ansatz von Porter***[455]

Nachfolgend werden die einzelnen Faktoren des Ansatzes näher erläutert, wobei die Faktorbedingungen den Ausgangspunkt darstellen.

- *Faktorbedingungen*:[456]

Nach *Porter* verfügt jedes Land über eine unterschiedliche Ausstattung an Faktoren, die eine wesentliche Bedeutung für den Wettbewerbsvorteil der Unter-

453 *Porter* (1991), S. 203-261 untersuchte u. a. nationale Wettbewerbsvorteile anhand der deutschen Druckmaschinenindustrie, der amerikanischen Industrie für Geräte zur Patientenüberwachung, der italienischen Keramikindustrie und der japanischen Roboterindustrie.

454 Vgl. *Holtbrügge/Welge* (2010), S. 66; *Kutschker/Schmid* (2008), S. 445.

455 Quelle: *Porter* (1991), S. 151.

456 Vgl. im Folgenden *Porter* (1991), S. 97-109.

nehmen eines Landes haben. Er unterscheidet dabei zwischen Grundfaktoren[457] und fortschrittlichen Faktoren[458] sowie allgemeinen[459] und speziellen[460] Faktoren. Hierbei können allgemeine Faktoren von gleich mehreren Branchen genutzt werden, während spezielle Faktoren nur wenigen oder gar nur einer einzigen Branche zugänglich sind. Insbesondere fortschrittliche und spezielle Faktoren begründen einen deutlichen und beständigen Wettbewerbsvorteil, während „der auf [...] allgemeinen Faktoren beruhende Wettbewerbsvorteil [...] dagegen undifferenziert und oft kurzlebig“[461] ist.

- *Nachfragebedingungen:*[462]

Der zweite Faktor zur Erklärung nationaler Wettbewerbsvorteile umfasst die Bedingungen der Inlandsnachfrage. Hierbei unterscheidet *Porter* drei wesentliche Eigenschaften der Inlandsnachfrage:

(1) Zusammensetzung der Inlandsnachfrage,

(2) Nachfragegröße und Wachstumsstruktur sowie

(3) Mechanismen, mit denen die heimischen Präferenzen eines Landes den Auslandsmärkten vermittelt werden.

Zunächst ist es hiernach für die Schaffung nationaler Wettbewerbsvorteile förderlich, wenn ein Land bezüglich der Zusammensetzung der Inlandsnachfrage über anspruchsvolle und schwierige Käufer verfügt. Diese sorgen bei einheimischen Unternehmen zu einem höheren Innovationsdruck, zu Verbesserungen der Produktqualität und zu Investitionen in fortschrittlichere Bereiche.

Zweitens kann ein großer Inlandsmarkt für eine bestimmte Branche eine hohe Bedeutung hinsichtlich der Entstehung nationaler Wettbewerbsvorteile haben. Insbesondere in den Branchen, in denen Forschung und Entwicklung, economies of scale, Technologiesprünge und ein hoher Unsicherheitsgrad eine große

457 Zu den Grundfaktoren werden u. a. natürliche Ressourcen, Lage, ungelernte und angelernte Arbeitskräfte und Fremdkapital gezählt.

458 Die fortschrittlichen Faktoren bestehen aus hochqualifizierten Arbeitskräften, der Infrastruktur der Kommunikationsmittel und universitären Forschungsinstituten.

459 Die Infrastruktur der Verkehrswege, die Fremdkapitalversorgung oder der Bestand an Akademikern werden den allgemeinen Faktoren zugeordnet.

460 Spezialisierte Fachkräfte oder eine Infrastruktur mit besonderen Merkmalen gehören u. a. zu den speziellen Faktoren.

461 *Porter* (1991), S. 103.

462 Vgl. im Folgenden ebenda, S. 109-124.

Rolle spielen, wirkt ein großer Inlandsmarkt fördernd auf internationale Investitionsentscheidungen, da i. d. R. die Inlandsnachfrage im Vergleich zur Auslandsnachfrage als sicherer gilt.

Drittens erlangt ein Unternehmen einen internationalen Wettbewerbsvorteil nur dann, wenn die heimischen Käufer die Bedürfnisse der Käufer anderer Länder antizipieren. Somit ergeben sich für heimische Unternehmen temporäre Vorteile bezüglich der Produkteinführung in ausländische Märkte gegenüber den dort ansässigen Unternehmen, wodurch internationale Wettbewerbsvorteile geschaffen und gewahrt werden können.[463]

- *Verwandte und unterstützende Branchen:*[464]

Der dritte Bestimmungsfaktor, der ständige Verbesserungsprozesse bei Unternehmen hervorruft, ist die geographisch nahe Gegenwart von international wettbewerbsfähigen Branchen und Zulieferern. Hierdurch ergeben sich auf mehrere Arten Wettbewerbsvorteile, wie z. B. besserer Zugang zu Inputfaktoren, optimierte Koordinierung zwischen Unternehmen und in der Nähe gelegenen Zulieferern[465] sowie dem nach *Porter* bedeutendsten Vorteil, dem Innovations- und Aufwertungsprozess, der sich aus der engen Arbeitsbeziehung zwischen Unternehmen und Zulieferern ergibt. Hierbei wird davon ausgegangen, dass der Erfolg einer Branche die Nachfrage nach komplementären Produkten beflügelt, womit ebenfalls Wettbewerbsvorteile in verwandten Branchen erklärt werden können.[466]

- *Unternehmensstrategie, Struktur und Wettbewerb:*[467]

Für die Erklärung nationaler Wettbewerbsvorteile in einer Branche spielt neben den anderen drei Bestimmungsfaktoren noch die Art und Weise, wie Unternehmen strategisch geführt und organisiert werden und die Konkurrenzsituation auf

---

[463] Vgl. *Davies/Ellis* (2000), S. 1191; *Grant* (1991), S. 538; *Kutschker/Schmid* (2008), S. 447 f.

[464] Vgl. im Folgenden *Porter* (1991), S. 124-131.

[465] Insbesondere in der Automobilbranche kann bei internationalen Standortentscheidungen eine geographische Nähe zwischen den großen Herstellern und den Zulieferern beobachtet werden. Nicht selten verlangen die Hersteller von ihren Zulieferern, dass sie ihnen ins Ausland folgen, womit die Bedeutung dieser Beziehung hervorgehoben wird.

[466] *Porter* (1991), S. 130, gibt beispielhaft an, dass „der Absatz amerikanischer Computer im Ausland […] dort die Nachfrage nach amerikanischen Peripheriegeräten, amerikanischer Software und amerikanischen Datenbankdiensten" auslöste.

[467] Vgl. im Folgenden ebenda, S. 131-148.

dem Inlandsmarkt eine gewichtige Rolle. Nach *Porter* sollte für die Unternehmensführung und demzufolge für das Unternehmensziel eine langfristige Zielorientierung anstatt einer kurzfristigen Erfolgsmaximierung gewählt werden, um nachhaltige Wettbewerbsvorteile zu generieren. Außerdem wird die Bedeutung des Inlandsmarktes für die Schaffung und Wahrung von Wettbewerbsvorteilen hervorgehoben, da „inländischer Wettbewerb [...], wie jeder Wettbewerb, Druck auf die Firmen aus[übt], [sich] zu verbessern und zu innovieren."[468]

Zusätzlich zu den vier Bestimmungsfaktoren werden noch zwei ergänzende Faktoren betrachtet. Der Faktor *Zufall*, auf den die Unternehmen weitgehend keinen Einfluss haben, kann sich auf den Wettbewerbsvorteil einer Branche auswirken.[469] Auch die Funktion des *Staates* muss bei der Erklärung nationaler Wettbewerbsvorteile untersucht werden. Dieser kann die anderen Faktoren des Diamanten positiv oder negativ beeinflussen und so die Erzielung von Wettbewerbsvorteilen beschleunigen oder behindern.[470]

Der Kern des Diamant-Ansatzes ist, dass Wettbewerbsvorteile durch die vier Bestimmungsfaktoren, den zwei ergänzenden Faktoren sowie dem Verhältnis zueinander erklärt werden. Insbesondere die Interaktion dieser Faktoren ist maßgeblich für die Durchführung von Direktinvestitionen im Ausland. Eine positive Interaktion zwischen den einzelnen Faktoren wirkt sich auch positiv auf die Entscheidung aus, Direktinvestitionen durchzuführen.

4.2.1.5 Resümee

Die dargestellten Theorien zur Internationalisierung unterscheiden sich hinsichtlich der Annahmen und der Untersuchungsebenen, bei denen die Betrachtungen entweder auf Produkte, Unternehmungen und Branchen oder Länder gerichtet ist. Da die Ansätze zum Teil sehr alt und erheblicher Kritik ausgesetzt sind,[471] ist deren Aussagekraft begrenzt. Trotzdem tragen die Kernaussagen der

[468] Ebenda, S. 142.

[469] Vgl. ebenda, S. 148 ff. Einige beispielhafte Ereignisse sind wesentliche technologische Erfindungen, extreme Schwankungen bei Rohstoffpreisen wie bei der Ölkrise und Kriege.

[470] Vgl. ebenda, S. 150 ff. Insbesondere gehören Steuern, Subventionen oder auch Sicherheits- bzw. Stabilitätsaspekte zu den wesentlichen Elementen der staatlichen Politik.

[471] Vgl. zu einer kritischen Gesamtbetrachtung dieser Ansätze *Kutschker/Schmid* (2008), S. 471-479; *Holtbrügge/Welge* (2010), S. 77 f. und die dort angegebenen Quellen.

einzelnen Ansätze noch heute bei Erklärungsansätzen von Internationalisierungsentscheidungen der Unternehmen bei.

Werden die Kernaussagen der einzelnen Ansätze zusammengefasst, lassen sich verschiedene strategische Entscheidungsmotive internationaler Standortverlagerungen ableiten. Mit den bisherigen Ansätzen wurden umfassende Konzepte zur Erklärung der Internationalisierung vorgestellt. Diese stellen die Basis für die folgenden wesentlichen Einzelmotive internationaler Standortentscheidungen dar.

4.2.2 Strategische Motive internationaler Standortentscheidungen

4.2.2.1 Kosteneinsparung

Die Faktorkosten nehmen einen wichtigen Stellenwert bei internationalen Standortentscheidungen ein. Nicht selten werden Standortentscheidungen alleinig aus Kostengründen getroffen, wobei insbesondere Lohnkosten im Vordergrund stehen. Die in den letzten Jahren bzw. Jahrzehnten zu beobachtende Zunahme von Direktinvestitionen in Niedriglohnländer bzw. -regionen, wie z. B. Osteuropa und Asien kann anhand von Kostenaspekten erklärt werden. Hierbei handelt es sich um vertikale Direktinvestitionen, bei denen Unternehmen durch das Ausnutzen von internationalen Faktorpreisdifferenzen das Ziel der Kosteneinsparung verfolgen, indem entweder vor- oder nachgelagerte Produktionsebenen auf unterschiedliche Länder verteilt werden.[472]

Allerdings ist eine statische Betrachtung, der Vergleich der Lohnniveaus mehrerer Länder zu einem gewissen Zeitpunkt, abzulehnen. Es muss eine prospektive Betrachtung vorgenommen werden,[473] in der die zukünftige Entwicklung der Lohnniveaus entscheidend ist. Nur so kann sichergestellt werden, dass der Faktorkostenvorteil langfristig Bestand und einen positiven Effekt auf die Standortentscheidung hat. Ansonsten könnte bei einer statischen Betrachtung, durch eine schnelle Angleichung der Löhne im Zeitverlauf, der Kostenvorteil hinfällig werden und eine Standortentscheidung, die aufgrund dieses Vorteils

472 Vgl. *Zapkau/Schwens/Kabst* (2010), S. 803.
473 Eine prospektive Betrachtung ist auch für die anderen Entscheidungsmotive heranzuziehen.

getroffen wurde, mit hohen Verlusten einhergehen.[474] Neben den Lohnkosten sind noch weitere Faktorkosten, wie z. B. Transport- und Materialkosten, in der Entscheidung über die Errichtung eines neuen Standorts zu berücksichtigen. Weitere Anreize zur Investition in Niedriglohnländer und strukturschwache Regionen werden durch eine Vielzahl von Förderprogrammen gegeben, die es Unternehmen ermöglichen, ihre Investitionen zum Aufbau eines neuen Standorts in nicht unbedeutendem Umfang mit Subventionen zu finanzieren.

Damit der Kostenvorteil bei einer Auslandsproduktion in einem Niedriglohnland auch bestmöglich ausgenutzt wird, sollten die Produktionsprozesse einen hohen Anteil an manueller Arbeit beinhalten.[475] Daher kann insbesondere bei ausländischen Produktionsstätten, die aus Kostengesichtspunkten errichtet wurden, beobachtet werden, dass die Produktionsprozesse eher arbeitsintensiv als kapitalintensiv betrieben werden.[476] Des Weiteren sollten die Produktionsprozesse möglichst standardisiert sein, so dass eher vertraute statt unerwartete Probleme auftreten, für die bereits standardisierte Lösungsmaßnahmen bekannt sind und zur Verfügung stehen und daher für diese Tätigkeiten keine hoch qualifizierten Arbeitskräfte benötigt werden. Die Errichtung eines ausländischen Produktionsstandorts mit dem Entscheidungsmotiv der Kosteneinsparung ist demnach umso erfolgreicher, je höher der Anteil manueller Arbeit und je höher der Standardisierungsgrad der Produktionsprozesse ist.

Allerdings müssen insbesondere Unternehmen, die aus Kostengründen den Aufbau eines neuen Standorts in einem Niedriglohnland in Erwägung ziehen, vor der Standortentscheidung mehrere negative Kostenfaktoren berücksichtigen. So werden die Anlaufzeiten zur Sicherung der Qualität und Produktivität nicht selten unterschätzt, was erhebliche Kosten mit sich zieht, so dass zu Produktionsbeginn keine Kostenvorteile realisiert werden können.[477] Des Weite-

---

474 Aufgrund der schnellen Angleichung des Lohnniveaus mancher Länder in Osteuropa an das Lohnniveau in Westeuropa, verlieren diese Länder zunehmend ihren Status als Niedriglohnland, was zu rückläufigen Direktinvestitionen führt; vgl. *Zschiedrich* (2006), S. 87 ff.; *Buhmann/Kinkel/Jung Erceg* (2002), S. 10; *Kinkel* (2003), S. 129 f.

475 Aus diesem Grund werden insbesondere arbeitsintensive Prozesse, wie die Montage ins Ausland verlagert.

476 Vgl. *Kinkel/Zanker* (2007), S. 107.

477 Zu den Anlaufkosten können z. B. die Kosten für die Abstellung inländischer Ingenieure, die zur Einweisung der ausländischen Arbeitskräfte benötigt werden und Fixkosten, die durch

ren muss beachtet werden, dass durch das Auslandsengagement ein höherer Koordinationsaufwand auf das Unternehmen zukommt, was gewiss mit Kosten verbunden ist.[478] In diesem Zusammenhang tritt das Problem der falschen Kostenzurechnung häufig auf, indem die Koordinationskosten nicht selten dem inländischen, statt dem ausländischen Standort zugerechnet werden, „was zu einer Verzerrung der tatsächlichen Performance zu seinen Gunsten und zu Lasten des inländischen Stammsitzes führt."[479] Eine nicht vollständige respektive fehlerhafte Kostenzurechnung führt zu erheblichen Fehlinformationen hinsichtlich einer internationalen Standortentscheidung mit dem Motiv der Kosteneinsparung. Gerade bei diesem Motiv stellen die geplanten Kosten bzw. -einsparungen den zentralen Grund für das Auslandsengagement dar und wenn diesbezüglich bereits in der Planungsphase Fehler durch die Nichtberücksichtigung relevanter Kosten begangen werden, wird die Gefahr einer Fehlinvestition massiv erhöht.

Wie bereits vorher beschrieben, ist für Unternehmen eine dynamische Sichtweise entscheidend, in der Prognosen eine wesentliche Rolle spielen. Es müssen alle relevanten Kostenfaktoren, welche den Kostenvorteil begründen, daraufhin untersucht werden, ob sie in ihrer Höhe konstant bleiben oder Veränderungen unterworfen sind. Erst eine dynamische Betrachtung, in der neben den zukünftigen Lohnkosten auch die zukünftigen Transport- und Materialkosten berücksichtigt werden, minimiert das Risiko einer Fehlentscheidung und schafft für unsichere Entscheidungssituationen eine bessere Informationsgrundlage.[480] Gerade bei diesem Entscheidungsmotiv werden vor allem Investitionen in Niedriglohnländer getätigt, so dass die rechtlichen und wirtschaftlichen Rahmenbedingungen genauestens zu überprüfen sind. Sind diese nicht stabil, steigt das mit der Investition verbundene Risiko immens an, was dazu führen kann, dass trotz hoher Kostenvorteile keine Investition durchgeführt wird.

---

die Unterauslastung der Anlagen zu Produktionsbeginn sehr hoch sind, gezählt werden; vgl. *Buhmann/Kinkel/Jung Erceg* (2002), S. 11.

478 Hierzu zählen insbesondere Kosten für Betreuung, Kontrolle, Kommunikation und Reisen. So zeigt *Kinkel* (2003), S. 131, dass diese Kosten regelmäßig unterschätzt werden, weil die Unternehmen „[…] vermeiden wollen, sich schon zu Beginn ‚tot zu kalkulieren', […] [und daher] von vielen Firmen nicht adäquat analysiert und angemessen ins Kalkül gezogen" werden. Vgl. auch *Büter* (2010), S. 143 f.

479 *Kinkel* (2003), S. 131. Insbesondere bei Überlegungen der Verlagerung der Produktion aus dem Inland ins Ausland, kann eine falsche Kostenzurechnung zu einer Fehlentscheidung mit erheblichen Konsequenzen führen.

480 Vgl. *Hummel* (1997), S. 227; *Buhmann/Schön/Kinkel* (2004), S. 20.

Allerdings sollten bei Auslandsstandorten zur Kosteneinsparung auch Marktfaktoren berücksichtigt werden. Die Berücksichtigung der spezifischen Marktgegebenheiten am Auslandsstandort sowie eine genaue Analyse können sich im Nachhinein als richtig erweisen. Die so gewonnenen Informationen werden dann relevant, wenn das Ziel der Kosteneinsparung trotz aller Maßnahmen nicht erzielt werden kann. Ohne weitere Möglichkeiten wäre die Aufgabe des Standorts unvermeidbar, allerdings ergeben sich durch das Vorhandensein eines Absatzmarktes am Standort strategische Möglichkeiten für das Unternehmen. Vorab können daher für den Fall der negativen Zielerreichung marktorientierte Nebenziele aufgestellt werden, mit denen der Auslandsstandort gesichert werden kann oder die zumindest verlustmindernd wirken.[481]

Für Unternehmen, die den Aufbau eines Auslandsstandorts aus Kostengründen in Erwägung ziehen, kann festgehalten werden, dass ein vergleichsweise niedriger Kapitaleinsatz benötigt wird. Der Grund dafür ist, wie bereits beschrieben, darauf zurückzuführen, dass die Produktionsprozesse der Unternehmen stärker arbeitsintensiv als kapitalintensiv ausgerichtet sind. Daher sind der Investitionsaufwand zu Beginn und die damit verbundenen Kapitalkosten verhältnismäßig gering. Die Zahl der Mitarbeiter ist aufgrund der arbeitsintensiven Ausrichtung hoch, wodurch die Produktionsstätten relativ groß sind, um entsprechende Skaleneffekte zu realisieren. Diese spielen hier eine wichtige Rolle, da nur solche Unternehmen internationale Standorte aus Kostengründen errichten sollten, die eine Kostenführerschaftsstrategie verfolgen und daher über den Preis mit ihren Wettbewerbern konkurrieren.[482]

4.2.2.2 Markterschließung

Eine internationale Standortentscheidung mit dem Motiv der Markterschließung stellt den Auslandsmarkt in den Mittelpunkt der Betrachtung. Die Faktorkosten spielen in diesem Fall zwar keine unbedeutende, aber eine untergeordnete Rolle. Neben dem Entscheidungsmotiv der Kosteneinsparung stellen Auslandsstandorte zur Markterschließung den wichtigsten Beweggrund der Internationalisierung von Unternehmen dar. Es handelt sich hierbei überwiegend um horizontale Direktinvestitionen, die sich auf dieselbe Wertschöpfungsstufe be-

[481] Vgl. *Kinkel* (2003), S. 130.
[482] Vgl. *Kinkel/Zanker* (2007), S. 109.

ziehen und das Ziel des direkten Marktzugangs verfolgen.[483] Hierbei hängt der Erfolg der getroffenen Standortentscheidung maßgeblich von der Auswahl des Auslandsmarktes ab. Vor der Entscheidung für die Auswahl des Zielmarktes ist daher eine detaillierte Marktanalyse unabdingbar, mit der für die Standortentscheidung wichtige Marktfaktoren identifiziert werden sollen. Ziel der Analyse ist es, einen attraktiven Markt mit einem kalkulierbaren Risiko zu lokalisieren.[484] Welche Faktoren einen Markt letztendlich als attraktiv kennzeichnen und welche Risiken berücksichtigt werden müssen, soll im Folgenden näher betrachtet werden.

Zunächst müssen spezifische Informationen der Branche, in der ein Unternehmen aktiv ist, beschafft werden.[485] Den Ausgangspunkt stellen Informationen über das Marktpotenzial respektive das noch nicht ausgeschöpfte Marktpotenzial dar. Daneben muss die herrschende Wettbewerbssituation auf dem betrachteten Zielmarkt untersucht werden. Eine alleinige Betrachtung des noch ausschöpfbaren Marktpotenzials ist nicht ausreichend, da erst die Konzentration der Konkurrenten auf dem Markt nähere Aufschlüsse über das mögliche Absatzpotenzial eines Unternehmens bringt.[486] So kann der Aufbau eines Standorts in einem Markt mit wenigen Konkurrenten vorteilhafter sein, als in einem Markt mit einer hohen Anzahl von Wettbewerbern. Allgemeingültige Aussagen lassen sich hierfür jedoch nicht ableiten. Ein Markt mit wenigen Konkurrenten, die aufgrund des niedrigen Wettbewerbdrucks große Macht innehaben, ergeben für neue Unternehmen deutliche Markteintrittsbarrieren und erschweren somit den Marktzugang.[487] Genauso kann auch eine hohe Konzentration von Unternehmen, die im selben Markt aktiv sind, gegen einen neuen Standort sprechen, da ein negativer Zusammenhang zwischen den Faktoren Marktgröße und Absatzpreise, welche sich maßgeblich auf die Rentabilität einer Standortin-

483 Vgl. *Zapkau/Schwens/Kabst* (2010), S. 802.
484 Vgl. *Fuchs/Apfelthaler* (2009), S. 300.
485 Vgl. hierzu und im Folgenden, wenn nicht anders angegeben *Kinkel* (2009), S. 66 ff.
486 Vgl *Hermann/Stadtmann/Weigand* (2003), S. 50.
487 Vgl. ebenda, S. 57 ff. Insbesondere besitzen die bereits etablierten Unternehmen Kosten- und Absatzvorteile aufgrund von Skaleneffekten gegenüber neuen Unternehmen. Die Autoren geben an, dass die Wettbewerbssituation auf dem Zielmarkt von Unternehmen häufig vernachlässigt und nur das Marktpotenzial betrachtet wird. Unabhängig von positiven Marktfaktoren kann es zu Preiskämpfen kommen, die die Unternehmen zum Rückzug zwingen, deren Produktionskosten noch kein effizientes Niveau haben.

vestition auswirken, beobachtet werden kann.[488] In der Regel gilt: Je größer die Anzahl der Wettbewerber im Markt, umso vergleichsweise niedriger die Absatzpreise und Gewinnspanne pro abgesetzter Produkteinheit, was folglich eine negative Wirkung auf den Erfolg der Standortinvestition hat. Mehrere Faktoren können einen Hinweis darauf geben, ob ein Unternehmen durch den Markteinstieg mit einem aggressiven Preiskampf seitens der etablierten Unternehmen rechnen muss. So ist bspw. die Höhe der irreversiblen Investitionen (sunk costs) der potenziellen Wettbewerber ein guter Indikator für die Gefahr eines Preiskampfes.[489]

Ein häufiger Fehler, der von Unternehmen bei dem Aufbau neuer Auslandsstandorte zur Markterschließung begangen wird, ist die fehlerhafte Einschätzung des Marktpotenzials. Hierbei zeigt sich eine regelmäßige Überschätzung des Marktpotenzials, was insbesondere auf unzureichende Kenntnisse des Auslandsmarktes zurückzuführen ist. Diese Fehleinschätzung muss nicht zwingend dazu führen, dass die Investition abgelehnt wird, aber sie gibt definitiv einen Anreiz zum Aufbau nicht benötigter Produktionskapazitäten, die Kosten verursachen und sich daher negativ auf die Investitionsentscheidung auswirken. Daher könnte es vor der Durchführung der Auslandsinvestition für Unternehmen lohnend sein, falls es noch nicht der Fall sein sollte, zunächst Exportaktivitäten am Zielmarkt durchzuführen, nicht nur um ein genaueres Bild des Marktpotenzials, sondern auch um allgemeine Marktkenntnisse zu erhalten. Neben den i. d. R. von Externen durchgeführten Markt- und Wettbewerbsanalysen kommt eigenen Erfahrungen eines Unternehmens für die Prognose des Marktpotenzials und vor allem für die Wettbewerbssituation vor Ort eine hohe Bedeutung zu. Des Weiteren müssen wie bei kostenorientierten Auslandsstandorten auch hier lange Produktionsanlaufzeiten einkalkuliert werden.

Einen weiteren wichtigen Faktor stellt der Wechselkurs dar. Das Wechselkursrisiko tritt speziell bei Auslandsinvestitionen auf. Bedient ein Unternehmen einen ausländischen Zielmarkt nur über Exporte, so ist das Unternehmen dem Risiko der Währungsschwankungen ausgesetzt. Durch den Aufbau eines Auslandsstandorts kann dieses Risiko bis zur Rückführung der Gewinne an die Mutter-

---

488 Vgl. *Buhmann/Schön* (2009), S. 290.
489 Vgl. *Hermann/Weigand/Stadtmann* (2003), S. 57 f.

gesellschaft eliminiert werden und eröffnet dem Unternehmen weitere Optionen.[490] So kann es bspw. in Abhängigkeit vom Wechselkurs vorteilhaft sein, Produkte vom Auslandsstandort zu importieren, mit denen temporär der Inlandsmarkt bedient werden kann.

4.2.2.3 Following Customer

Bei einem internationalen Standortaufbau mit dem Entscheidungsmotiv „following customer“[491] handelt es sich um eine kundenorientierte Internationalisierungsstrategie, die insbesondere für kleine und mittlere Unternehmen[492] immer mehr an Bedeutung gewinnt, da diese abwägen müssen, ob es für das Unternehmen rentabel ist, einem Kunden zu folgen.[493] Häufig ist es bei kleinen und mittleren Unternehmen der Fall, dass diese noch keine internationalen Erfahrungen haben und durch die Forderung der Kunden, in ihrer Nähe ein weiteres Werk zu errichten, zum ersten Mal mit Internationalisierungsaktivitäten ihres Unternehmens konfrontiert werden. Haben diese Unternehmen bereits am inländischen Standort eine wichtige Position als Zulieferer in der Wertschöpfungskette des Kunden inne, wird der Druck des Kunden, ihm ins Ausland zu folgen, hoch sein.[494] Dementsprechend ist es wichtig, die Chancen und Risiken solch einer Entscheidung im Vorhinein zu analysieren und erst bei einem positiven Ergebnis, also einem positiven Kapitalwert, die Entscheidung zu treffen, dem Kunden ins Ausland zu folgen. Bei einem erwarteten negativen Ergebnis sollte trotz des vom Kunden ausgeübten Drucks unter unveränderten Rahmenbedingungen von einer Investition Abstand genommen werden.

---

490 Sobald die Gewinne der ausländischen Tochtergesellschaft an die inländische Muttergesellschaft ausgeschüttet werden, unterliegen diese wieder dem Wechselkursrisiko. Allerdings besteht die Möglichkeit, bei einem günstigen Wechselkurs die Gewinne auszuschütten und bei einem ungünstigen Wechselkurs die Gewinne bei der Tochtergesellschaft zu „parken“.

491 Diese Strategie wird auch als „Kielwasserinvestition“ oder „Huckepack-Strategie“ bzw. aus Herstellersicht als „follow sourcing“ bezeichnet; vgl. *Gerlach/Brussig* (2004), S. 99; *Neumair/Werneck* (2006), S. 218.

492 Da hiervon besonders Unternehmen der Zulieferbranche betroffen sind, ist im Folgenden von Zulieferern die Rede. Speziell in der Automobilbranche spielt dieses Motiv eine wichtige Rolle, weshalb sich die folgenden Ausführungen insbesondere auf diese Branche beziehen.

493 Vgl. hierzu und im Folgenden, wenn nicht anders angegeben *Kinkel* (2009), S. 72 ff.

494 Zum Teil werden neue Aufträge der Kunden, die einen Standort im Ausland planen, nur dann an die Zulieferer gegeben, wenn diese bereit sind, ebenfalls eine neue Produktionsstätte in der Nähe der Kunden zu errichten. Für den Fall, dass der Zulieferer sich gegen den Kundenwunsch entscheiden sollte, wird mit dem Verlust von inländischen Aufträgen gedroht, um so eine Entscheidung im Sinne des Kunden zu erzwingen; vgl. dazu die Ausführungen bei *Kinkel/Zanker* (2007), S. 96.

Es ist daher aus Sicht des Zulieferunternehmens zunächst zu untersuchen, welche Bedeutung dem Kunden langfristig zukommt. Dafür ist eine langfristige Prognose aller relevanten Erfolgsgrößen notwendig. Die Entscheidung wird erheblich erleichtert für den Fall, dass der Kunde bereit ist, eine bestimmte Abnahmemenge zu garantieren oder einen Korridor zu definieren, innerhalb dessen sich die Abnahmemenge bewegt. Dadurch wird das Risiko der Investition bedeutend reduziert, die Planungssicherheit erhöht und der Erfolg der Investition lässt sich besser kalkulieren. Fehlen solche Zusagen seitens des Kunden, ist das Zulieferunternehmen stark abhängig von der Prognosegüte des Kunden. Denn bei der Planung des Aufbaus des Standorts und den damit verbundenen Produktionskapazitäten werden die Planzahlen des Kunden als Basis genommen.[495] Treten die Erwartungen des Kunden nicht ein und es wird weniger abgesetzt als geplant, führt dies zu einem geringeren Bedarf in der Produktion, was für das Zulieferunternehmen mit Einbußen auf der Erlösseite verbunden ist. Außerdem entstehen Leerkosten, da die Produktionskapazitäten des Zulieferers nicht ausgelastet sind. Somit ist eine genaue Überprüfung der Planungszahlen notwendig, um evtl. zu optimistische Prognosen des Kunden durch realistischere Prognosen zu ersetzen und darauf aufbauend die Kapazitätsplanung vorzunehmen.

Damit der Erfolg des Auslandsstandorts des Zulieferunternehmens nicht nur von dem einen Kunden abhängt, sollte der Standort vorab auf weitere Optionen untersucht werden. Für den Zulieferer ergibt sich durch den stark eingeschränkten Entscheidungsspielraum bei dem „following customer"-Motiv ein Zeitgewinn, der eine detailliertere Analyse hinsichtlich weiterer strategischer Optionen ermöglicht. Der Zeitgewinn resultiert daraus, dass das Zulieferunternehmen sich nicht mit der aufwendigen Suche nach dem Ort der Produktionsstätte auseinandersetzen muss, da dies durch den Kunden vorgegeben wird, sondern lediglich „[...] die Frage des Folgens oder Nicht-Folgens"[496] beantworten muss. Allerdings wird der Zeitgewinn oft dadurch gemindert, dass die Entscheidung für oder gegen die Auslandsinvestition des Zulieferers in kurzer Zeit getroffen werden muss.[497] Zusätzlich sollte daher an dem Zielstandort untersucht werden, ob

---

495 Vgl. *Kinkel/Zanker* (2007), S. 131 f.
496 Ebenda, S. 132.
497 Vgl. *Gerlach/Brussig* (2004), S. 108.

auch weitere Kunden gewonnen werden können oder eine im Vergleich zum inländischen Standort kostengünstigere Produktion erfolgen kann. Durch die Existenz zusätzlicher Markterschließungs- und Kostensenkungspotenziale kann die Produktion am Standort langfristig gesichert bzw. die Performance des Standorts gesteigert werden.

Ein weiterer Faktor, der bei der Planung von Auslandsstandorten mit dem Entscheidungsmotiv „following customer" berücksichtigt werden muss, sind die einmaligen Investitionskosten, die durch den Standortaufbau entstehen.[498] Die Investitionen in neue Maschinen und Anlagen wirken sich negativ auf die Folgen-Entscheidung aus und sind bei kundenorientierten Auslandsstandorten i. d. R. besonders hoch. Der Grund dafür liegt darin, dass ausländische Produktionsstätten möglichst ähnlich zu den inländischen Produktionsstätten gestaltet werden, mit dem Ziel, weltweit hoch standardisierte Prozesse zu implementieren, die gegen externe Einflüsse resistenter sind und bei denen auf große Erfahrungswerte hinsichtlich häufig auftretender Probleme zurückgegriffen werden kann. Da inländische Produktionsstätten für gewöhnlich ein hohes Automatisierungsniveau aufweisen, stellen kundenorientierte Auslandsstandorte kapitalintensive Investitionen dar.[499] Demnach sollte vorab aus Sicht des Zulieferunternehmens und Kunden überprüft werden, ob nicht eine vergrößerte Produktion vom inländischen Standort aus vorteilhafter wäre.[500]

Des Weiteren muss die Situation am Zielstandort hinsichtlich der Verfügbarkeit personeller Ressourcen untersucht werden. Aufgrund des hohen Technologieniveaus wird entsprechend qualifiziertes Personal benötigt. Die Personalsuche wird dann problematisch, falls der Aufbau der Produktionsstätte des Kunden am Zielstandort vorher abgeschlossen ist und er somit hinsichtlich der Personalsuche einen zeitlichen Vorteil gegenüber dem Zulieferunternehmen besitzt.[501] Der zeitliche Vorteil spielt insofern eine Rolle, da der Kunde und das Zulieferunter-

---

498 Bei Following-Customer-Entscheidungen handelt es sich i. d. R. nicht um Produktionsverlagerungen, sondern um den Aufbau eines neuen zusätzlichen Standorts im Ausland. Der inländische Standort und die Lieferbeziehung zum Kunden bleibt bestehen.

499 Vgl. *Kinkel/Zanker* (2007), S. 129.

500 Ein Kriterium hierfür könnten u. a. kritische Mindestmengen sein, die angeben, wie viele zusätzliche Produkte verkauft werden müssen, damit die einmaligen Investitionskosten gedeckt werden. Je höher die kritische Mindestmenge ist, desto geringer wird der Anreiz zum Aufbau des Auslandsstandorts.

501 Vgl. *Gerlach/Brussig* (2004), S. 109.

nehmen am Arbeitsmarkt wie Konkurrenten auftreten und sich dadurch die Suche nach qualifiziertem Personal für das Zulieferunternehmen erschwert. Die Konsequenz daraus ist, dass es einen Engpass an qualifizierten Mitarbeitern am Zielstandort gibt, weshalb das Zulieferunternehmen hier mit vergleichsweise hohen Weiterbildungs- und Anlernkosten planen muss. Es werden vermehrt unqualifizierte Mitarbeiter eingestellt, die im Rahmen von Schulungskursen ausgebildet werden müssen. In diesem Zusammenhang spielt auch die durchschnittliche Verweildauer von Arbeitskräften am Standort eine wichtige Rolle. Ist die Fluktuationsrate der Arbeitskräfte am Zielort hoch, bedeutet dies für Unternehmen, die den Aufbau eines Standorts planen, erhöhte Ausbildungskosten, da die Gefahr hoch ist, dass die ausgebildeten Mitarbeiter aufgrund der höheren Qualifikation das Unternehmen wieder verlassen.[502] Folglich muss wieder neues Personal eingestellt und ausgebildet werden, was weitere Kosten verursacht.

Zusammenfassend kann bei Standortentscheidungen mit dem „following customer“-Motiv festgehalten werden, dass zwar die für Standortentscheidungen typische Problematik der geographischen Lage nicht beachtet werden muss, allerdings die Unternehmen einem hohen Kundendruck ausgesetzt sind, wodurch die Gefahr einer Fehlentscheidung erhöht wird, da nur die Bedeutung des Kunden für das Unternehmen gesehen und andere Faktoren vernachlässigt werden. Daher müssen Unternehmen trotz der Forderung der Kunden ihnen zu folgen, die oben aufgeführten Faktoren analysieren und in ihrem Kalkül zur Standortbewertung berücksichtigen.

4.2.2.4 Sonstige Einflussfaktoren, insbesondere Steuersysteme und staatliche Investitionsförderung

Bei Standortentscheidungen sind weitere ergänzende Faktoren zu berücksichtigen, die auf das Ergebnis der Entscheidung einen nicht unwesentlichen Einfluss ausüben. Hierzu sind insbesondere steuerliche Aspekte sowie finanzielle Fördermittel zu zählen. Steuern wirken sich negativ auf die relevante Erfolgs-

[502] Diese Fluktuation der Arbeitskräfte wird auch als Job-Hopping bezeichnet und muss insbesondere bei Auslandsstandorten in Niedriglohnländer beachtet werden.

größe aus und müssen daher im Bewertungskalkül berücksichtigt werden.[503] Ebenso muss die Möglichkeit der Ausschöpfung finanzieller Fördermittel überprüft und gegebenenfalls ins Kalkül einbezogen werden, da diese die Investitionskosten mindern und somit evtl. die Finanzierung der Auslandsinvestition erheblich erleichtern.[504] Auf diese zwei Faktoren wird im Folgenden näher eingegangen.

Mittlerweile ist es unstrittig, dass steuerliche Bedingungen bei der Standortwahl zu berücksichtigen sind. Es besteht ein negativer Zusammenhang zwischen der Höhe der Steuerbelastung und dem quantitativen Aufkommen ausländischer Direktinvestitionen.[505] So zeigten Studien, in denen der Zusammenhang zwischen Direktinvestitionen und Steuern untersucht wurde, dass unter sonst gleich bleibenden Bedingungen eine zehnprozentige Erhöhung der effektiven Durchschnittssteuerbelastung die Wahrscheinlichkeit der Durchführung ausländischer Direktinvestitionen um bis zu 12,5% reduziert.[506] Diese Ergebnisse zeigen, dass, auch wenn Steuern als alleiniges Motiv für Standortentscheidungen deutlich an Bedeutung verloren haben,[507] sie den Entscheidungsausgang maßgeblich beeinflussen können.[508]

---

[503] Vgl. allgemein *Dirrigl* (1988), S. 50 ff. So stellt *Dirrigl* klar, dass „alle steuerrechtlichen Regelungen prinzipiell von Relevanz [sind], welche einmal die Besteuerungssphäre der Kapitalgesellschaft und zum anderen aber auch die Besteuerungssphäre der Gesellschafter betreffen"; ebenda, S. 50.

[504] Hierbei werden finanzielle Fördermittel insbesondere in Form von Subventionen gewährt; vgl. *Merten* (2004), S. 130.

[505] Vgl. *Hebous/Ruf/Weichenrieder* (2010), S. 2.

[506] Die Studie von *Büttner* und *Ruf*, die auf einen firmenspezifischen Datensatz der Bundesbank zurückgreift, kommt zu dem Ergebnis der Reduzierung der Wahrscheinlichkeit in Höhe von 12,5% für ausländische Direktinvestitionen; vgl. *Büttner/Ruf* (2005), S. 14. In einer weiteren Studie von *Hebous*, *Ruf* und *Weichenrieder* werden Direktinvestitionen in Unternehmensübernahmen („M&A") und Neugründungen („Greenfield Investment") unterschieden und der Zusammenhang zwischen der Steuerbelastung und der Durchführung der Investition aufgezeigt. Dabei kommen *Hebous/Ruf/Weichenrieder* (2010), S. 3 zu folgendem Ergebnis:„[A]n increase in the statutory corporate income tax rate of 10 percent reduces the probability of choosing a country to host a Greenfield investment by about 6.4 percent".

[507] So zeigen *Kinkel/Maloca* (2009), S. 30 f., anhand einer Studie des *Fraunhofer Institus*, dass Steuern und Subventionen bei Standortentscheidungen nur etwa in jedem zehnten Unternehmen eine wesentliche Rolle spielen und somit eher als ergänzender Standortfaktor einzuordnen sind. Hierbei spielt auch die Unternehmensgröße eine wichtige Rolle. Bei Kleinunternehmen haben steuerliche Überlegungen eine untergeordnete Bedeutung, während größere Unternehmen internationale Steuergefälle häufig als Wettbewerbsfaktor nutzen; vgl. *Littkemann* (1998), S. 529 ff.

[508] Vgl. hierzu auch die Ausführungen von *Heckemeyer/Overesch* (2012), S. 468 nach denen „die lokale Besteuerung die grenzübeschreitenden Investitionsentscheidungen [...] erheblich beeinflusst [und] zu umfangreichen Steuerplanungsaktivitäten der Unternehmen führt."

Ziel einer Standortentscheidung ist es, die Standortalternative zu wählen, die den höchsten Wertzuwachs verspricht. Die zentrale Größe, mit der der Wertzuwachs gemessen werden soll, ist im Rahmen dieser Arbeit der Kapitalwert. Demnach müssen in diesem Zusammenhang die steuerlichen Regelungen berücksichtigt werden, welche zum einen die Besteuerungsebene der Kapitalgesellschaft und zum anderen die Besteuerungsebene der Gesellschafter betreffen.[509] Auf der Ebene der Kapitalgesellschaft fallen Ertragsteuern an, zu denen die Gewerbe- und Körperschaftsteuer zzgl. Solidaritätszuschlag[510] zählen, während auf der Ebene der Gesellschafter persönliche Ertragsteuern in Form der Einkommensteuer und des Solidaritätszuschlags anfallen.[511]

Im Rahmen dieser Arbeit werden insbesondere internationale Standortentscheidungen untersucht, so dass zusätzlich neben den nationalen die steuerlichen Regelungen des Ziellandes beachtet werden müssen. Hierdurch wird das Entscheidungsproblem ungleich komplexer. Für das investierende Unternehmen besteht die Gefahr von Rentabilitätseinbußen durch die Doppelbesteuerung der Gewinne. Zur Doppelbesteuerung kommt es, wenn die Gewinne des ausländischen Produktionsstandorts im Ausland besteuert werden und bei Ausschüttung an die Muttergesellschaft im Inland wiederum der Besteuerung unterliegen.[512] Die von den Staaten getroffenen Maßnahmen zur Vermeidung internationaler Doppelbesteuerung können in unilaterale und bilaterale Maßnahmen unterschieden werden.[513] Bei unilateralen Maßnahmen handelt es sich um den einseitigen Verzicht auf Besteuerungsansprüche, während ein Doppelbesteuerungsabkommen (DBA) zwischen zwei Ländern eine bilaterale Maßnahme dar-

---

509 Vgl. *Dirrigl* (1988), S. 50. Des Weiteren müssen im Falle einer Liquidation respektive Aufgabe des Standorts steuerrechtliche Regelungen berücksichtigt werden, die mit der Beendigung der Kapitalgesellschaft verbunden sind.

510 Der bei nationalen Investitionen zu berücksichtigende Körperschaftsteuersatz beträgt 15% zzgl. Solidaritätszuschlag. Der Gewerbesteuersatz hängt von der Höhe des Hebesatzes einer Gemeinde ab, der nach unten durch § 16 Abs. 4 S. 2 GewStG auf 200% begrenzt wird. Multipliziert mit der Gewerbesteuermesszahl, die nach § 11 Abs. 2 GewStG 3,5% beträgt, erhält man einen nach unten begrenzten Gewerbesteuersatz i. H. v. 7%.

511 Vgl. *Baetge et al.* (2012), S. 413 f. Gegebenenfalls müsste noch die Kirchensteuer, die wie der Solidaritätszuschlag zu den Zuschlagsteuern zu zählen ist, berücksichtigt werden. Aber aus Gründen der Übersichtlichkeit wird die Kirchensteuer im weiteren Verlauf der Arbeit nicht betrachtet. Zur zwingenden Relevanz persönlicher Steuern im Rahmen der Berechnung des Ertragswerts, vgl. bereits *Engels* (1962), S. 553-558; *Wagner/Dirrigl* (1980), S. 7.

512 Vgl. *Kußmaul* (2010), S. 661 ff. Hier sei auf die im Rahmen dieser Arbeit zugrunde gelegte Rechtsform der Standortalternative hingewiesen; vgl. Kap. 4.1.1.

513 Außerdem können noch multilaterale Maßnahmen (EG-Abkommen, Nordische Konvention etc.) aufgeführt werden; vgl. *Höhn/Höring* (2010), S. 106 f.

stellt, mit dem die Ausübung von Besteuerungsansprüchen wechselseitig beschränkt wird.[514] Die Ausgestaltung der DBA richtet sich hierbei hauptsächlich nach dem Musterabkommen der OECD.[515] Für den Fall, dass zwischen dem Sitzland der Muttergesellschaft und dem Zielland der Investition kein DBA besteht, werden die unilateralen Maßnahmen zur Vermeidung der Doppelbesteuerung angewendet.[516]

Allein dieser (sehr) kurze Überblick über die zusätzlich zu berücksichtigenden steuerlichen Aspekte durch die Internationalisierung macht deutlich, mit welchen steuerlichen Problemen Unternehmen bei internationalen Standortentscheidungen konfrontiert werden. Anschließend an die Frage, ob ein DBA mit dem Zielland besteht oder nicht und welche steuerlichen Regelungen folglich zu beachten sind, müssen weitere Faktoren berücksichtigt werden.[517] Hierbei reicht es nicht aus, nur die geltenden relevanten Steuersätze zu ermitteln, da auch Unterschiede bei der Bestimmung der jeweiligen Bemessungsgrundlage beachtet werden müssen.[518] Für das Erfassen der relevanten Steuerbelastungen muss ein erhöhter Informationsaufwand betrieben werden, der insbesondere für kleine und mittlere Unternehmen einen abschreckenden Charakter hat.

Den zweiten Faktor, der in diesem Abschnitt betrachtet wird, stellen finanzielle Fördermaßnahmen dar. Viele Staaten sind bereit, ausländischen Unternehmen beachtliche Investitionsanreize zu bieten,[519] damit für diese die Durchführung von Investitionsprojekten attraktiver wird.[520] Gerade für KMU stellt die Finanzierung der Investitionssumme ein großes Hindernis für die Durchführung internationaler Investitionsprojekte dar. Dieses Hindernis könnte durch das Ausschöpfen finanzieller Fördermittel gemindert werden, weshalb vorab Informationen

---

514 Vgl. *Schreiber* (2009), S. 362. Gemäß *Jacobs* (2011), S. 35, „regeln die Vertragspartner durch Verteilungs- und Verzichtsnormen, wie die Besteuerung durchzuführen ist, wenn sich die Steueransprüche der beteiligten Staaten überschneiden."

515 Vgl. *Kußmaul* (2010), S. 678 f.

516 Vgl. § 26 KStG bzw. § 34c EStG.

517 Vgl. zu weiteren relevanten Faktoren bei steuerlichen Überlegungen *Kaminski/Strunk* (2006), S. 73.

518 Vgl. ebenda S. 75.

519 Die Vergabe von Subventionen ist dabei i. d. R. an strikte Bedingungen gebunden.

520 So können bspw. Unternehmen, die in Ungarn investieren, mit einer Hilfe von 5 bis 10% der Investitionssumme rechnen; vgl. *Menzel* (2010). Auch die USA subventioniert in erheblicher Höhe Investitionsprojekte ausländischer Unternehmen. So gewährte die USA der Honda Motor Co. schätzungsweise ein Investitionsanreizpaket i. H. v. 158 Mio. Dollar für die Errichtung eines Montagewerks im Wert von 400 Mio. Dollar; vgl. UNCTAD (2002), S. 205.

hinsichtlich finanzieller Förderprogramme der Zielländer etc. beschafft werden sollten. Eine Nichtberücksichtigung von Investitionsvergünstigungen kann zu einer falschen Auswahlentscheidung der Standortalternativen führen.

4.2.3 Abstimmung der Unternehmens- und Internationalisierungsstrategie

Es ist unstrittig, dass die Auswahl der Internationalisierungsstrategie auf die Wettbewerbsstrategie des Unternehmens abgestimmt werden muss. In Bezug auf die Wettbewerbsstrategie werden die zwei Grundstrategien Kostenführerschaft und Differenzierungsstrategie unterschieden. Hiernach können Unternehmen Wettbewerbsvorteile gegenüber Konkurrenten entweder durch niedrigere Kosten oder durch Differenzierung erlangen.

Unternehmen müssen vor ihrem ersten Auslandsengagement prüfen, ob die geplante Auslandsinvestition mit den Zielen der individuell verfolgten Wettbewerbsstrategie abgestimmt ist. Es ist daher notwendig, dass Unternehmen vor der Durchführung von Auslandsinvestitionen eine Internationalisierungsstrategie festlegen, die mit der Unternehmensstrategie kompatibel ist. Demnach wäre für Unternehmen, die eine Kostenführerschaftsstrategie verfolgen, eine Internationalisierungsstrategie mit dem Motiv der Kosteneinsparung geeignet. Für Unternehmen, die eine Differenzierungsstrategie verfolgen, wie es für den Großteil deutscher Unternehmen der Fall ist,[521] würde allerdings eine ausschließlich kostenorientierte Internationalisierungsstrategie nicht mit der verfolgten Wettbewerbsstrategie der Unternehmen harmonisieren, so dass in diesem Fall Auslandsinvestitionen mit dem ausschließlichen Ziel, internationale Faktorpreisdifferenzen auszunutzen als strategisch nicht zweckmäßig erscheinen.[522] Statt nur auf Kostenaspekte zu achten und folglich die Auslandsinvestition am kostenniedrigsten Standort durchzuführen, sollte eine strategieorientierte Analyse der Standortfaktoren vorgenommen werden. Demzufolge muss erstens die Internationalisierungsstrategie aus der Wettbewerbsstrategie des Unternehmens abgeleitet werden und zweitens die Standortfaktoren bestimmt werden, die für die Strategie eine besondere Bedeutung haben.[523] Somit ergeben sich unterschiedliche bzw. unterschiedlich stark gewichtete Standortfaktoren für die

---

[521] Vgl. bspw. *Zanker* (2011), S. 145 f.
[522] Vgl. *Lay et al.* (2001), S. 39 f.
[523] Vgl. *Emmrich* (2002), S. 331 f. sowie *Kinkel* (2009), S. 60.

verschiedenen Internationalisierungsmotive. So werden bspw. für Unternehmen, die vor der Entscheidung stehen, einem Schlüsselkunden ins Ausland zu folgen (following customer), andere Standortfaktoren bei der Entscheidung relevant als bei Unternehmen, die eine Auslandsinvestition aus Kostengründen in Erwägung ziehen. Die zu berücksichtigenden Standortfaktoren sind dementsprechend an die Strategie anzupassen.[524]

4.2.4 Ziele der Standortentscheidung im Kontext der wertorientierten Unternehmensführung

Die wertorientierte Unternehmensführung[525] hat sich mittlerweile bei dem Großteil der Unternehmen als unternehmerisches Leitziel etabliert.[526] Die Unternehmensaktivitäten sind dabei auf das Ziel der langfristigen Steigerung des Unternehmenswerts ausgerichtet. Es stehen also die Ziele der Anteilseigner (Shareholder) im Vordergrund, weshalb auch von einer Investor-Orientierung gesprochen werden kann.[527] Da sich hierdurch eine zunehmende Orientierung am Unternehmenswert ergibt, hat sich der Anwendungsbereich für Methoden der Unternehmensbewertung über Bewertungen mit transaktionsabhängigem Charakter, wie z. B. beim Kauf oder Verkauf von Unternehmensanteilen, stark erweitert.[528] Hierbei sind insbesondere Aufgaben im Bereich der Rechnungslegung, bei strategischen Problemstellungen sowie bei der wertorientierten Performancemessung zu nennen.[529]

Um dem Ziel der langfristigen Steigerung des Unternehmenswerts zu entsprechen, muss ein unternehmenswertorientiertes Steuerungssystem im Unterneh-

---

524 Hierzu hat *Kinkel* differenziert nach den Internationalisierungsstrategien Kosteneinsparung, Markterschließung und following customer Checklisten mit den zehn erfolgskritischsten Standortfaktoren entwickelt; vgl. *Kinkel* (2009), S. 63-74. Vgl. außerdem zur Abhängigkeit der Standortfaktoren von der verfolgten Internationalisierungsstrategie *Bleuel/Schmitting* (2000), S. 77.

525 Vgl. grundlegend *Rappaport* (1998).

526 Vgl. *Coenenberg/Salfeld* (2007), S. 3.

527 Hierunter soll nicht verstanden werden, dass die Interessen anderer Unternehmensbeteiligter (Stakeholder) missachtet werden, sondern ganz im Gegenteil, es kann eher davon ausgegangen werden, dass eine langfristige Steigerung des Unternehmenswerts gleichbedeutend mit einer Wahrung der finanziellen Interessen der Stakeholder ist; vgl. *Dreher* (2010), S. 38 m.w.N.

528 Vgl. *Dirrigl* (2004b), S. 95 f. sowie *Dinstuhl* (2003), S. 140 ff.

529 Vgl. *Dirrigl* (1998a), S. 3. Im Bereich der Rechnungslegung ist im Rahmen des Impairment-Tests gemäß IAS 36 eine Unternehmensbewertung durchzuführen; vgl. grundlegend *Schumann* (2008). Vgl. zur Unternehmensbewertung im Kontext der wertorientierten Performancemessung *Dirrigl* (2003) und speziell bei der Integration der Goodwill-Abschreibung in die wertorientierte Performancemessung *Dirrigl/Große-Frericks* (2011).

men implementiert werden, welches dezentral konzipiert ist und mit dem der Wertbeitrag strategischer und operativer Entscheidungen auf unterschiedlichen Hierarchieebenen des Unternehmens gemessen werden kann.[530] In diesem Zusammenhang kann die wertorientierte Unternehmensführung als ganzheitliches Konzept, das sowohl das strategische als auch das operative Management betrifft, verstanden werden.[531] Zur Zielerreichung muss in Bezug auf die strategische Planungsrechnung gewährleistet sein, dass aus der ex ante-Sicht, also vor der Durchführung einer Investition, die Investition hinsichtlich ihres Wertbeitrags zum Unternehmenswert beurteilt wird und daher nur Investitionsprojekte mit erwartetem positiven Kapitalwert realisiert werden. Für bereits durchgeführte Investitionsprojekte (ex post-Sicht), die noch nicht beendet sind, muss eine laufende Beurteilung vorgenommen werden, um periodenbezogen zu überprüfen, ob die Investitionsprojekte zu einer Unternehmenswertsteigerung beigetragen haben.[532] Somit erfolgt entsprechend des Controlling-Regelkreises eine Verknüpfung der beiden Kernfunktionen Planung und Kontrolle.

Um den Bezug zu den Zielen einer internationalen Standortentscheidung im Kontext einer wertorientierten Unternehmensführung herzustellen, muss zunächst geklärt werden, welche Beurteilungsperspektive eingenommen wird.[533] In der Literatur wird zwischen der objekt- und investorbezogenen Sichtweise unterschieden.[534] Bei der objektbezogenen Sichtweise steht der Erfolg der ausländischen Tochtergesellschaft im Vordergrund, während bei der investorbezogenen Sichtweise die ausländische Tochtergesellschaft als Investitionsobjekt betrachtet wird und somit der Fokus auf dem Erfolg der inländischen Muttergesellschaft (Investor) liegt. Je nachdem welche Sichtweise eingenommen wird, ergeben sich Konsequenzen für die relevante Erfolgsgröße. Bei der objektbezo-

---

530 Vgl. *Aders/Hebertinger/Wiedemann* (2003), S. 356 f.

531 *Faupel/Stremmel* (2011), S. 299.

532 Nach *Pfaff/Bärtl* (1999), S. 88 stellen die Beurteilung von Investitionsprojekten in der Planungsphase und die periodenbezogene Kontrolle von bereits durchgeführten Investitionsprojekten die zwei zentralen Aufgaben der wertorientierten Unternehmensführung dar. Auch *Dirrigl* (1998b), S. 576 hebt die Verknüpfung der Planungs- mit der Kontrollrechnung für die wertorientierte Unternehmensführung hervor: „Eine wertorientierte Unternehmensrechnung baut auf einer zahlungsstrombezogenen [...], strategischen Planungsrechnung auf, die mit einer wertorientierten Kontrollrechnung [...] verknüpft werden sollte".

533 Vgl. *Pausenberger* (2002), S. 1167 ff.

534 Vgl. *Holtbrügge/Welge* (2010), S. 387; *Hoffjan* (2009), S. 14; *Berens/Dörges/ Hoffjan* (2000), S. 24. *Gann* (1996), S. 238 unterscheidet in diesem Zusammenhang die projekt- und investorenbezogene Sichtweise.

genen Sichtweise stellt die relevante Erfolgsgröße der lokal erwirtschaftete Cashflow und bei der investorbezogenen Sichtweise der an die Anteilseigner der Muttergesellschaft transferierte Cashflow dar. Aufgrund bestimmter Einflussfaktoren wie z. B. Wechselkursschwankungen oder steuerlicher Aspekte können sich diese beiden Größen erheblich unterscheiden.[535] Für die vorliegende Arbeit wird die investorbezogene Sichtweise eingenommen, da der Wertbeitrag der ausländischen Standortinvestition zur Unternehmenswertsteigerung der inländischen Muttergesellschaft gemessen werden soll, so dass in dem zu verwendenden Bewertungskalkül standortspezifische Risiken, wie bspw. Wechselkursschwankungen, zu berücksichtigen sind und daher der Erfolg der ausländischen Standortinvestition am transferierten Cashflow zu beurteilen ist.

Vor der Durchführung der ausländischen Standortinvestition (ex ante) ist zunächst anhand des Kapitalwerts zu untersuchen, ob die Auslandsinvestition zu einer Unternehmenswertsteigerung beiträgt. Entscheidend hierfür ist der Cashflow, der bei der Muttergesellschaft ankommt. Demnach ist der Kapitalwert in der Währung des Heimatlandes zu messen und somit eine vorherige Umrechnung notwendig. Für die wertorientierte Steuerung einer Auslandsgesellschaft, also für bereits durchgeführte ausländische Standortinvestitionen (ex post), ist für die abgelaufene Periode zu prüfen, ob eine Unternehmenswertsteigerung stattgefunden hat.[536] In diesem Zusammenhang werden also neben Prognosegrößen bereits realisierte Erfolgsgrößen berücksichtigt.[537] Speziell bei Auslandsinvestitionen ergibt sich somit bei der Gegenüberstellung von geplanten mit bereits realisierten Erfolgsgrößen das Problem, dass sich der Wechselkurs zwischen den beiden Betrachtungszeitpunkten verändern könnte.[538] Dieser Effekt müsste bei der Bestimmung des Wertbeitrags der Auslandsinvestition zur Unternehmenswertsteigerung berücksichtigt werden, um Rückschlüsse auf eine tatsächliche Wertentwicklung zu enthalten.

---

535 Vgl. *Pausenberger* (2002), S. 1168.
536 Vgl. *Dirrigl* (1998b), S. 549.
537 Vgl. *Dreher (2010)*, S. 41 m.w.N.
538 Vgl. hierzu grundlegend *Lessard/Lorange* (1977).

4.2.5 Notwendigkeit eines wertorientierten Standortcontrolling im internationalen Kontext

Vor der Durchführung einer Investition müssen die damit verbundenen finanziellen Konsequenzen offengelegt werden, so dass die Investition hinsichtlich ihres Beitrags zur Erreichung des übergeordneten Unternehmensziels, der Steigerung des Unternehmenswerts, bewertet werden kann. Dies ist generell in der Planungsphase einer Investition, also vor Investitionsdurchführung; eine wichtige Aufgabe des Controlling, wobei insbesondere die Berücksichtigung des Risikos ein wichtiges Problem darstellt. Handelt es sich dabei nicht um eine nationale, sondern um eine grenzüberschreitende Investition, wie es bei dem Aufbau eines Auslandsstandorts der Fall ist, steigt die Planungsunsicherheit erheblich an. Es müssen im Vergleich zu einer nationalen Investition weitere Planungsparameter berücksichtigt werden, die sich auf die Planungstätigkeit eines Unternehmens erschwerend auswirken. Des Weiteren ergeben sich auch nach der Errichtung eines ausländischen Standorts, also nach Durchführung einer Auslandsinvestition, hohe Anforderungen an das Controlling. Gründe dafür liegen insbesondere in der Koordination internationaler Geschäfts- und Entscheidungsprozesse.[539] Dadurch hat das Controlling in den verschiedenen Phasen des Standortinvestitionsprozesses spezifische Aufgaben zu übernehmen.

Abbildung 4-4: ***Aufgaben des Controlling in den Phasen des Standortinvestitionsprozesses***

[539] Vgl. *Fox* (1999), S. 75 f.

Die Planungs- und Entscheidungsphase umfasst insbesondere die Analyse und Findung möglicher Standortalternativen sowie die Bewertung dieser und verfolgt das Ziel, die Standortalternative auszuwählen, die den höchsten Zielbeitrag verspricht. Das Controlling stellt hierfür Methoden und Instrumente zur Verfügung, mit denen speziell die mit einer grenzüberschreitenden Investition auftretenden Risiken, wie z. B. Länder- und Währungsrisiken, berücksichtigt und in das Bewertungskalkül integriert werden können.[540] In der anschließenden Realisations- und Kontrollphase besteht ein großer Aufgabenkern des Controlling in der Koordination der Prozesse zwischen Stammsitz und Auslandsstandort[541] sowie der zielorientierten Steuerung des Auslandsstandorts. Hierbei ergeben sich durch die Umsetzung der Investition neue Informationen, die sich auf die zuvor abgeleiteten Entscheidungsdaten auswirken können und so zu laufenden Nachbesserungen mit der Folge zusätzlicher Investitionen führen.[542] Mit fortschreitender Investitionsdauer stellt sich die Frage, inwieweit der Auslandsstandort rentabel ist und zu einer Steigerung des Unternehmenswerts des Stammsitzes führt. Vor diesem Hintergrund sollte überprüft werden, ob eventuell eine Desinvestition des Auslandsstandorts vorteilhafter ist als eine Weiterführung.

Da von einer unternehmenswertorientierten Konzeption des Controlling ausgegangen wird, muss in diesem Zusammenhang betont werden, dass sowohl in der Planungs- als auch in der Kontrollphase die vorzunehmenden Bewertungen einen strategisch-prospektiven Charakter haben.[543] Im Vergleich zur Planungsphase können die Entscheidungsträger in der Kontrollphase auf bereits realisierte Ist-Größen und aktuelle Informationen zurückgreifen.[544] Somit kann zusammenfassend festgehalten werden, dass es Aufgabe des Controlling ist, den

540 Vgl. *Berens/Dörges/Hoffjan* (2000), S. 21.

541 Bspw. die Bestimmung von Verrechnungspreisen bei internen Leistungsverflechtungen.

542 Vgl auch *Adam* (2002), Sp. 840.

543 Vgl. in diesem Zusammenhang *Schumann* (2008), S. 87 ff. Des Weiteren hebt *Schumann* (2008), S. 93 mit Verweis auf *Drukarczyk/Schüler* (2000), S. 264 hervor, dass „nur im Bereich der Performancemessung von Einzelinvestitionen […] eine abschließende Beurteilung der Wertgenerierung möglich ist.“ Bei Unternehmen wird hingegen von einer unendlichen Lebensdauer ausgegangen, so dass eine endgültige Beurteilung der Performance nicht vorgenommen werden kann. Dieser Aspekt ist auch bei Standortinvestitionen zu berücksichtigen, wobei diese sowohl eine begrenzte als auch unendliche Lebensdauer haben können.

544 Vgl. *Dreher (2010)*, S. 330

Zielbeitrag des Auslandsstandorts mit Hilfe geeigneter Instrumente zu planen, bewerten, steuern und kontrollieren.

4.3 Standort-bezogene Erfolgsprognose

4.3.1 Überblick

Der Erfolg einer internationalen Standortentscheidung hängt maßgeblich von wertbeeinflussenden Standortfaktoren ab, so dass diese vor Durchführung der Investition zunächst zu identifizieren sind. Liegen die relevanten Faktoren vor, gilt es für eine dynamische Betrachtungsweise, die Entwicklung dieser zu prognostizieren. Da es sich bei internationalen Standortentscheidungen oft um Investitionen handelt, für die keine vergangenheitsbezogenen Daten vorliegen und dementsprechend die Unternehmen nicht auf Erfahrungswerte zurückgreifen können, stellt die Erfolgsprognose ein zentrales Problem dar. Hierbei ist aufgrund der Komplexität der Entscheidung und dem oft beachtlichen wirtschaftlichen Risiko auf ein Planungsmodell mit hohem Detaillierungsgrad zurückzugreifen, das sowohl leistungs- als auch finanzwirtschaftliche Unternehmensprozesse berücksichtigt. Vor allem die Finanzierung des benötigten Kapitaleinsatzes nimmt eine wichtige Stellung ein, so dass in dem Planungsmodell auch mehrere Finanzierungsalternativen sowie die Einhaltung bestimmter Finanzierungsrestriktionen explizit berücksichtigt werden sollten.

Daher wird im Folgenden für die Erfolgsprognose ein Modell vorgestellt, welches die leistungs- und finanzwirtschaftlichen Unternehmensprozesse berücksichtigt und außerdem durch ein Mengengerüst fundiert ist.

4.3.2 Identifikation standortspezifischer Werttreiber

Aus der Sicht des Investors hängt die Vorteilhaftigkeit einer bestimmten Standortalternative im besonderen Maße von dem Zusammenwirken der spezifischen Standortfaktoren und den Ressourcen des jeweiligen Unternehmens ab. Demnach ist es notwendig, in der ex ante-Situation die Standortfaktoren bei der Investitionsentscheidung im Bewertungskalkül zu berücksichtigen.[545] Diese lassen

[545] Einen Überblick über in der Literatur bestehende Standortfaktorensystematiken geben *Kinkel/Zanker* (2007), S. 151 ff.

sich zunächst einmal grob in quantitative und qualitative Standortfaktoren unterteilen.[546] Da in der vorliegenden Arbeit das Ziel verfolgt wird, ein investitionstheoretisches Bewertungskalkül zu konzipieren, welches Standortalternativen hinsichtlich ihrer Vorteilhaftigkeit beurteilt und aus dem der Investor eine konkrete Handlungsempfehlung in Form eines monetären Zielwerts erhalten soll, stehen quantitative Standortfaktoren im Fokus. Daraus sollte nicht der Rückschluss gezogen werden, dass qualitative Standortfaktoren bei der Investitionsentscheidung unberücksichtigt bleiben sollen, sondern dass keine Quantifizierung qualitativer Faktoren erfolgen wird. Stattdessen sollen qualitative Standortfaktoren einer zusätzlichen Analyse unterzogen werden, deren Ergebnisse im Entscheidungsprozess einbezogen werden müssen. So können qualitative Standortfaktoren auch K.O.-Kriterium für eine Auslandsinvestition sein, wie bspw. die Investition in ein politisch instabiles Land. Aufgrund der Zielausrichtung dieser Arbeit werden im Folgenden für das Bewertungskalkül nur quantifizierbare Standortfaktoren betrachtet.

Als nächstes müssen die entscheidungsrelevanten Standortfaktoren für eine Auslandsinvestition in Form einer Standorterrichtung bestimmt werden. Wesentliche Faktoren wie die Lohn- und Gehaltsauszahlungen sowie das potenzielle Absatzvolumen am Zielstandort sind hier zu nennen. Dabei müssen eine Reihe weiterer Standortfaktoren Eingang finden in das Bewertungskalkül[547], wobei statt einer einmaligen, statischen eine dynamische Betrachtung der zentralen Faktoren vorzunehmen ist.

Wie sich die Standortfaktoren auf den Erfolg einer Standortalternative auswirken, wird im folgenden Abschnitt auf Basis eines integrierten Erfolgsprognosemodells, das um problemspezifische Aspekte erweitert wird, gezeigt.

[546] Vgl. zu einem Überblick *Steven* (2007), S. 139 f.
[547] Siehe hierzu die Ausführungen in 4.2.2.

4.3.3 Erfolgsprognose für eine Auslandsinvestition im Kontext einer Wachstumsstrategie

4.3.3.1 Grundlegende Struktur und Aufbau des Modells

Ziel dieses Abschnitts ist die Darstellung eines Modells, mit dem sich die Prognose von Erfolgsgrößen für eine Auslandsinvestition durchführen lässt. Die Darstellung des Modells wird unterstützt durch eine Beispielsrechnung, auf deren Vorgehensweise und Prämissen im Folgenden näher eingegangen werden soll. Es wird eine im Heimatland steuerpflichtige Kapitalgesellschaft (X AG) betrachtet, die zum Bewertungszeitpunkt ein einziges Produkt auf dem heimischen und einem ausländischen Markt absetzt. Aufgrund fehlender Kapazitäten kann die Nachfrage auf dem Auslandsmarkt nicht vollständig befriedigt werden. Daher steht die X AG vor der Entscheidung, entweder im Ausland einen neuen Standort ebenfalls in Form einer Kapitalgesellschaft (AS AG[548]) aufzubauen (Alternative 1) oder die finanziellen Mittel im Heimatland zu investieren (Alternative 2).[549] Weitere Informationen zur Beispielsrechnung folgen in den jeweiligen Abschnitten.

Im Rahmen des Bewertungskalküls werden Kapitalwerte für die zwei betrachteten Alternativen ermittelt. Dem Kapitalwert der Auslandsinvestition wird der Kapitalwert der Investition im Heimatland gegenübergestellt. Insofern ist eine zahlungsstromorientierte Planungsrechnung, die strategisch-prospektiv ausgerichtet ist, notwendig für die Prognose der Erfolgsgrößen.[550] Dieses erfolgt auf Basis des IUP-Modells nach *Dirrigl*[551], das insbesondere auf spezifische Aspekte einer Auslandsinvestition angepasst wird. Es wird für beide Alternativen von einem unendlichen Planungshorizont ausgegangen, wobei für die Detailprognosephase ein Zeitraum von sechs Jahren unterstellt wird.[552] Das Modell kann zunächst grob hinsichtlich der Prognose der Mengengrößen und der sich anschließenden

---

548 Die Bezeichnung AG ist nur in deutschsprachigen Ländern verbreitet und soll hier nur eine körperschaftsteuerpflichtige Auslandsgesellschaft kennzeichnen.

549 Aus Gründen der Übersicht wird nur eine Auslandsinvestitionsalternative betrachtet, eine vorherige Alternativenvorauswahl also bereits vorausgesetzt. Das Modell könnte ohne weiteres auf mehrere Auslandsinvestitionsalternativen ausgeweitet werden, worauf hier aber aufgrund der Übersichtlichkeit und mangels zusätzlicher Erkenntnisgewinne verzichtet wird. Daneben

550 Vgl. hierzu auch *Götze* (1998), S. 182 ff.

551 Vgl. *Dirrigl* (1988), S. 174-228.

552 Im Unterschied dazu geht *Götze* (1998), S. 182 in seinem Beispiel von einem befristeten Planungszeitraum von fünf Jahren für die Beurteilung einer Direktinvestition aus. Allerdings kann realiter von einem längeren Planungszeitraum ausgegangen werden, insbesondere wenn im Ausland ein Unternehmen gegründet wird, ist i. d. R. für die Berechnung ein unendlicher Zeithorizont heranzuziehen.

Monetarisierung dieser Größen differenziert werden. Den Ausgangspunkt stellt die Planung im Absatzbereich dar, da die weiteren Planungsgrößen weitestgehend von dieser abhängig sind.

Zunächst wird eine detaillierte Erfolgsprognose für die Auslandsinvestition mithilfe des IUP-Modells durchgeführt. Im Anschluss an die Erfolgsprognose wird bei der Bewertung ermittelt, inwiefern diese zu einem Wertzuwachs bei der X AG führt. Dazu werden unabhängig von den beiden Alternativen relevante Daten für die X AG prognostiziert, auf deren Basis eine Bewertung durchgeführt wird. Im nächsten Schritt wird untersucht, wie sich der Wert durch die Alternative 1 bzw. 2 verändert. Die Alternative, die zu einem höheren Wertzuwachs führt, ist vorteilhafter und sollte gewählt werden.

4.3.3.2 Prognose des Wechselkurses

Verfolgt ein Unternehmen die Strategie, einen Absatzmarkt im Ausland durch die Errichtung eines neuen Standorts zu erschließen, und befindet sich das Zielland in einem anderen Währungsraum, wird die Wechselkursprognose für die Beurteilung des Auslandsstandorts unerlässlich. Zunächst muss der bewertungsrelevante Cashflow des Auslandsstandorts in der Währung des Investitionslandes ermittelt werden. Anschließend muss die Ausschüttung an die Muttergesellschaft in die Währung des Heimatlandes konvertiert werden, die die Basis für die Bestimmung des Kapitalwerts der Auslandsinvestition darstellt.[553] Bei dem Rücktransfer des Kapitals wird für die Konvertierung in die heimische Währung der zu diesem Zeitpunkt aktuelle Wechselkurs benötigt. Daher müssen für die jeweiligen Zeitpunkte die zukünftigen Wechselkurse prognostiziert werden.

Dabei können die Schwankungen von Wechselkursen einen erheblichen Einfluss auf den Erfolg von international agierenden Unternehmen haben. Für den

553 Als Alternative zur hier aufgezeigten Vorgehensweise kann der Kapitalwert in der Fremdwährung bestimmt und erst dann in die Heimatwährung mit dem im Bewertungszeitpunkt gegenwärtigen Wechselkurs konvertiert werden, wodurch sich eine Prognose des Wechselkurses erübrigt; vgl. *Brealey/Myers/Allen* (2011), S. 718-720. Aber nur unter bestimmten Gleichgewichtsbedingungen führen beide Ansätze zum selben Ergebnis; vgl. *Bruner et al.* (2003), S. 71. Daher beziehen sich die weiteren Ausführungen auf die im Text dargestellte Vorgehensweise.

Fall, dass ein Unternehmen das mit den Wechselkursänderungen verbundene Risiko vollständig auf die Kunden überwälzen kann, besteht keine Notwendigkeit bzw. kein großer Anreiz, den Wechselkurs zu prognostizieren. Allerdings dürfte in vielen Branchen aufgrund von hohem Markt- und Wettbewerbsdruck eine Risikoüberwälzung auf die Kunden nur begrenzt möglich sein.[554] In der Automobilbranche bspw. sind die Listenpreise von Fahrzeugen in verschiedenen Ländern starr, so dass „die Autobauer die Risiken aus Wechselkursänderungen vollständig in den eigenen Unternehmen [schultern]".[555] Eine Möglichkeit, diesen Risiken zu begegnen, ist die Ansiedlung der Produktion in den gleichen Währungsraum wie der Absatz (sogenanntes natural hedging).[556] Die in Fremdwährung erzielten Umsatzerlöse werden dabei für die Finanzierung der Produktion verwendet.[557] Als Beispiel hierfür lässt sich das von VW in Chattanooga errichtete Werk anführen, mit dem der US-Markt besser erschlossen und Währungsrisiken reduziert werden sollen.[558]

Die Wechselkursrisiken lassen sich durch das natural hedging jedoch nur solange eliminieren, bis die Gewinne des Auslandsstandorts an die Muttergesellschaft transferiert werden. Zum Zeitpunkt des Transfers „entsteht wieder ein Wechselkursrisiko und das ursprüngliche Wechselkursrisiko [...] ist lediglich auf die Höhe der Gewinnabführung begrenzt worden".[559] Allerdings kann das Unternehmen den Zeitpunkt der Gewinnausschüttung wählen und so die Ausschüttung bei einem für die Muttergesellschaft günstigen Wechselkurs vornehmen.[560]

Der Wechselkurs kann entweder als Preis- oder Mengennotierung angegeben werden.[561] Die Preisnotierung gibt den Preis einer Fremdwährungseinheit in Einheiten der Heimatwährung an, während die Mengennotierung den Preis einer heimischen Währungseinheit in Einheiten der Fremdwährung wiedergibt.[562]

---

554 Vgl. *Brealey/Myers/Allen* (2011), S. 716 f.
555 *Dudenhöffer* (2010), S. 624.
556 Vgl. u.a. *Alter* (2011), S. 209. *Brealey/Myers/Allen* (2011), S. 716 sprechen hierbei auch von operational hedging.
557 Vgl. *Wolke* (2008), S. 136.
558 Vgl. *Volkswagen* (2011), S. 27.
559 *Wolke* (2008), S. 136.
560 Vgl. ebenda.
561 Vgl. *Stocker* (2006), S. 151 ff.
562 Vgl. *Schäfer* (1995), S. 90.

Dabei ist das Verhältnis der beiden Notierungen zueinander reziprok.[563] Für die Prognose des Wechselkurses gibt es verschiedene Theorien, die als wesentliche Faktoren die Inflationsraten sowie Zinsen beinhalten.[564]

Hier ist zum einen die Kaufkraftparitätentheorie zu nennen, nach der sich der Wechselkurs gemäß den in- und ausländischen Preisniveaus entwickelt.[565] Dabei sorgt der Wechselkurs dafür, dass bezogen auf ein Produkt, welches am in- und ausländischen Absatzmarkt gehandelt wird, die unterschiedlichen Währungen dieselbe Kaufkraft haben. Bei bestehenden Preisdifferenzen passt sich anhand einer eintretenden Güterarbitrage der Wechselkurs an, so dass die Preisdifferenzen beseitigt werden.[566] Der Zusammenhang zwischen der in- und ausländischen Inflationsrate (π^{Heiml} und π^{Invl}) und der Veränderung der Wechselkurse (*wk*) ergibt sich nach der Kaufkraftparitätentheorie wie folgt:[567]

$$\frac{E\left[1+\pi^{Heiml}\right]}{E\left[1+\pi^{Invl}\right]}=\frac{E[wk]}{wk} \tag{4-1}$$

Nach der Kaufkraftparitätentheorie entspricht die erwartete Differenz der Inflationsraten der erwarteten Wechselkursveränderung.[568] Liegt über einen bestimmten Zeitraum die Inflationsrate im Ausland über der Inflationsrate im Inland, müsste dies mit einer Aufwertung der inländischen Währung einhergehen. Somit können anhand von zukünftigen Inflationsraten Aussagen über die Entwicklung des Wechselkurses getroffen werden.

Eine weitere Theorie zur Erklärung der Entwicklung der Wechselkurse stellt die Zinsparitätentheorie dar. Hiernach müssen vergleichbare Finanzanlagen im In- und Ausland, die in unterschiedlichen Währungen getätigt werden, unter Bereinigung von Wechselkurseffekten die gleichen Renditen aufweisen. Bei einem unterschiedlichen Zinsniveau zwischen In- und Ausland wird eine Anpassung des Wechselkurses erwartet, bis ein Anleger zwischen der in- und ausländi-

563 Wird bspw. die Preisnotierung mit x symbolisiert, ergibt sich für die Mengennotierung 1/x; vgl. *Obermaier* (2009), S. 617.
564 Vgl. *Copeland/Koller/Murrin* (2002), S. 408 ff.
565 Vgl. bspw. *Kolbe* (1989), S. 39 und *Sperber/Sprink* (2007), S. 161 f.
566 Vgl. *Bofinger* (2011), S. 526.
567 Vg. u.a. *Brealey/Myers/Allen* (2011), S. 709. Der Wechselkurs wird hier und im Folgenden in der Mengennotierung angegeben.
568 Vgl. ebenda.

schen Finanzanlage indifferent ist.[569] Entsprechen sich das Zinsniveau des In- und Auslands und wird bspw. eine Aufwertung der inländischen Währung erwartet, fließt so lange Kapital aus dem Ausland ins Inland, bis eine Zinssatzdifferenz zwischen dem In- und Ausland besteht, bei dem ein Anleger wiederum indifferent zwischen den beiden Anlagealternativen ist.[570] Die Zinsparitätentheorie besagt demnach, dass die Zinssatzdifferenz maßgebend für die Wechselkursentwicklung ist:[571]

$$\frac{E[wk]}{wk} = \frac{1+i^{Invl}}{1+i^{Heiml}} \tag{4-2}$$

Bei Angabe des Wechselkurses in der Mengennotierung wird aus Formel (4-2) ersichtlich, dass bei einem höheren Zinsniveau im Investitionsland gegenüber dem Heimatland eine Abwertung der Währung im Investitionsland (Anstieg des Wechselkurses) erwartet wird. Aus den zukünftigen Zinssätzen lassen sich somit Aussagen über die Entwicklung des Wechselkurses treffen.

Allerdings liegen den Theorien einige Annahmen zugrunde,[572] die in der Realität regelmäßig nicht erfüllt sind, so dass der nach den Theorien ermittelte Gleichgewichtskurs von dem realen Kurs abweicht. Für die langfristige Wechselkursprognose kann jedoch die Kaufkraftparitätentheorie herangezogen werden, die für die langfristige Sicht auch in empirischen Studien bestätigt wurde.[573] Für die kurzfristige Wechselkursprognose konnte für die Theorien kein empirischer Zusammenhang festgestellt werden. Auch andere Marktprognosen können hierbei nicht überzeugen.[574]

---

569 Vgl. *Sperber/Sprink* (2007), S. 163 f.

570 Vgl. *Bofinger* (2011), S. 534 f.

571 Vgl. *Kolbe* (1989), S. 42 f.

572 Siehe zu den Annahmen *Stocker* (2006), S. 190.

573 Vgl. bspw. *Mrotzek* (1989), S. 122 f.; *Obermaier* (2009), S. 620; *Kesten/Lühn/Schmidt* (2012), S. 27. *Buckley* (2004), S. 116-122 hat dazu Studien der letzten 50 Jahre ausgewertet und kommt für die Kaufkraftparitätentheorie zu folgendem Resümee (S. 121):„[I]t seems that PPP offers a reasonably good guide to long run exchange rate movements." Die langfristige Anpassung an den Gleichgewichtskurs kann etwa mit der sich nur langsam vollziehenden Güterarbitrage erklärt werden; vgl. *Kolbe* (1989), S. 40. Allerdings stellt *Bofinger* (2011), S. 530, für die lange Sicht klar, dass „oft nicht mehr geklärt werden kann, ob tatsächlich die Wechselkurse von den Inflationsraten bestimmt wurden oder ob es umgekehrt durch starke Wechselkursausschläge zu entsprechenden Veränderungen in den nationalen Preisniveaus gekommen ist".

574 So sind *Bofinger/Schmidt* in einer von ihnen durchgeführten Studie *Bofinger/Schmidt* (2003), S. 13 zum Ergebnis gekommen, in der der Euro/US-Dollar-Wechselkurs im Fokus steht, „dass die Marktprognosen [...] keine sinnvolle Entscheidungshilfe für international tätige Unternehmen und Investoren darstellen."

Für die vorliegende Arbeit wird folgende Vorgehensweise bei der Wechselkursprognose gewählt. Auf lange Sicht wird davon ausgegangen, dass sich der gegenwärtige Wechselkurs an dem Gleichgewichtskurs nach der Kaufkraftparitätentheorie annähert.[575] Für die kurze Sicht wird von einem von dem Gleichgewichtskurs nach der Kaufkraftparitätentheorie abweichendem Wechselkurs ausgegangen. Hierbei sind für die kurzfristige Wechselkursprognose Experten heranzuziehen, die ihre Einschätzungen zu der kurzfristigen Entwicklung des Wechselkurses wiedergeben sollen. Dies stellt keine klassische Aufgabe des Controlling dar, so dass hier auf die Kompetenzen anderer Bereiche zurückgegriffen werden muss. Um dem Risiko Rechnung zu tragen, wird eine mehrwertige Prognose durchgeführt, in der mehrere mögliche Wechselkursentwicklungen berücksichtigt werden.

Für das folgende Beispiel wird für den Wechselkurs zwischen dem Heimatland und dem Investitionsland von einem auf der Basis der Kaufkraftparitätentheorie berechneten Wechselkurs (wk^{KKP}) von 0,475 ausgegangen.[576] Der Wechselkurs der letzten Periode (t=0) lag bei 0,55. Daher ergibt sich im Verhältnis zur Währung des Heimatlandes eine Überbewertung der Währung des Investitionslandes, so dass für diese auf lange Sicht eine Abwertung erwartet wird. Für die nächsten Perioden werden die folgenden auf Basis von Expertenschätzungen ermittelten Wechselkurse unterstellt:

Periode	0	1	2	3	4	5	6 ff.
Wechselkurs GE^{Heiml}/GE^{Invl}	0,55	0,565	0,5305	0,515	0,5075	0,495	0,475

Tabelle 4-1: ***Prognose des Wechselkurses zwischen Heimat- und Investitionsland***[577]

Der Wechselkurs zwischen dem Investitions- und dem Drittland muss ebenfalls prognostiziert werden. Hierfür wird von einem Gleichgewichtskurs in Höhe von 1,70 ausgegangen.[578] Der Wechselkurs der letzten Periode betrug 1,50.

---

[575] Vgl. dazu auch *Götze* (1998), S. 183.

[576] Aus der Sicht der im Heimatland sitzenden Muttergesellschaft (X AG) ist der Wechselkurs in Form der Preisnotierung und aus der im Investitionsland sitzenden Tochtergesellschaft (AS AG) in Form der Mengennotierung angegeben. Also gibt der Wechselkurs ein Verhältnis von 0,475 Geldeinheiten der heimischen Währung pro einer Geldeinheit der Währung des Investitionslandes an.

[577] Das Risiko wird in Form von mehrwertigen Prognosen in den entsprechenden Abschnitten berücksichtigt, so dass hier die Prognosen zunächst nur in einwertiger Form dargestellt sind.

[578] Aus der Sicht der im Investitionsland sitzenden AS AG ist der Wechselkurs in Form der Mengennotierung und aus der des Drittlandes in Form der Preisnotierung angegeben.

Periode	0	1	2	3	4	5	6 ff.
Wechselkurs GE^{Drittl}/GE^{Invl}	1,50	1,515	1,5675	1,5815	1,6325	1,665	1,70

Tabelle 4-2: ***Prognose des Wechselkurses zwischen Investitions- und Drittland***

Außerdem kann auf Basis dieser Informationen noch der Wechselkurs zwischen dem Heimat- und Drittland bestimmt werden, der durch den Kreuzwechselkurs angegeben wird:[579]

Periode	0	1	2	3	4	5	6 ff.
Wechselkurs GE^{Drittl}/GE^{Heiml}	0,3667	0,3729	0,3384	0,3256	0,3109	0,2973	0,2794

Tabelle 4-3: ***Prognose des Wechselkurses zwischen Heimat- und Drittland***

4.3.3.3 IUP-Modell nach *Dirrigl*

4.3.3.3.1 Leistungswirtschaftlicher Bereich

4.3.3.3.1.1 Absatzbereich

Bei der Anwendung des IUP-Modells nach *Dirrigl*[580] wird im vorliegenden Beispiel angenommen, dass die Errichtung des Standorts im Investitionsland ein Jahr in Anspruch nehmen wird und somit eine Belieferung des Heimat- und Auslandsmarkts vom neuen Standort aus erst ab der Periode t=2 erfolgen wird. In der Tabelle 4-4 ist die Entwicklung der Absatzmenge im Investitionsland sowie im Heimatland angegeben.

Periode	2	3	4	5	6 ff.
Absatzmenge Heimatland	25.000	83.750	122.500	131.250	137.500
Absatzmenge Investitionsland	55.000	231.250	327.500	368.750	392.500

Tabelle 4-4: ***Prognostizierte Absatzmengen***

Im Allgemeinen ist zur Prognose der Absatzmenge eine fundierte Analyse des Zielmarkts unerlässlich. Informationen über das Marktpotenzial sowie über die Anzahl der Konkurrenten sind hierbei notwendig.[581] Je nachdem wie viele Unternehmen bereits in dem Markt agieren und wie hoch die Wettbewerbsintensität ist, ergibt sich eine hohe oder geringe Marktattraktivität. Kommen die Entscheidungsträger eines Unternehmens zu dem Ergebnis, dass der Zielmarkt eine hohe Marktattraktivität aufweist und wird dem Produkt gegenüber den Konkurrenzprodukten ein langfristiger Wettbewerbsvorteil zugesprochen, wirkt

579 Dementsprechend ergibt sich der Wechselkurs aus der Verkettung der bereits bestimmten Wechselkurse. Damit werden mögliche Arbitragegewinne durch den Umtausch der Währungen ausgeschlossen.

580 Vgl. zu der allgemeinen Darstellung des IUP-Modells ausführlich *Dirrigl* (1988), S. 174-228.

581 Vgl. *Kinkel* (2009), S. 66 f.

sich dies positiv auf die Ausführung der Auslandsinvestition und auf die Entwicklung der Absatzmenge aus.

Die erwarteten Absatzmengen im Investitionsland (x_t^{AS}) und im Heimatland (x_t^{Heiml}) der Perioden t=2 bis t=6 ff. stellen die relevanten Mengengrößen für die Alternative 1 dar. Für die Berechnung der Umsatzerlöse in den einzelnen Perioden (UE_t) wird der entsprechende Preis pro Absatzeinheit (p_t) benötigt, der sich jährlich um die Preiswachstumsrate (wrp_t) verändert.[582] In der Tabelle 4-5 sind die erwarteten Umsatzerlöse für das Heimat- und Investitionsland angegeben. Da zunächst die Einzahlungsüberschüsse der AS AG erfasst werden sollen, also eine objektorientierte Sichtweise eingenommen wird[583], ist für die erwarteten Umsatzerlöse im Heimatland eine Umrechnung mit dem Wechselkurs in Währungseinheiten der AS AG (GE^{Invl}) vorzunehmen.[584]

Periode	2	3	4	5	6 ff.
Heimatland:					
Preiswachstumsrate	-1%	-1%	-1%	-1%	-1%
Preis (in GE^{Heiml})	68,61	67,92	67,24	66,57	65,90
Umsatzerlöse (in GE^{Heiml})	1.715.175	5.688.378	8.237.111	8.737.221	9.061.746
Wechselkurs	0,5305	0,5150	0,5075	0,4950	0,4750
Umsatzerlöse (in GE^{Invl})	3.233.129	11.045.394	16.230.760	17.650.952	19.077.361
Investitionsland:					
Preiswachstumsrate	-2%	-2%	-2%	-2%	-2%
Preis (in GE^{Invl})	48,02	47,06	46,12	45,20	44,29
Umsatzerlöse (in GE^{Invl})	2.641.100	10.882.533	15.103.779	16.666.040	17.384.657
Gesamt:					
Gesamte Umsatzerlöse der AS AG (in GE^{Invl})	5.874.229	21.927.926	31.334.539	34.316.991	36.462.018

Tabelle 4-5: ***Berechnung der Umsatzerlöse***

582 Hierbei wird von einem abnehmenden Preisniveau ausgegangen; vgl. dazu *Buhmann/Schön* (2009), S. 287.

583 Siehe Abschnitt 4.2.4.

584 Eine Veränderung des Wechselkurses hat einen Effekt auf die Umsatzerlöse der AS AG in GE^{Invl}. Der Wechselkurs hat in dem vorliegenden Fall keine Auswirkung auf Absatzpreis und Absatzmenge, so dass die damit zusammenhängenden Risiken vollständig bei der AS AG liegen. Diese Konstellation ist in der Automobilbranche zu beobachten. Die Listenpreise von Fahrzeugen sind in den Absatzländern starr, so dass Preiswirkungen durch Wechselkursschwankungen unterdrückt werden. Der ausländische Absatzpreis bleibt auch bei einer Abwertung der heimischen Währung konstant und führt daher zu keinen Nachfrageveränderungen auf dem ausländischen Absatzmarkt; vgl. *Dudenhöffer* (2010), S. 624 f.

Periode	2	3	4	5	6 ff.
Heimatland					
Forderungsbestand (in GE^{Heiml})	142.931	474.031	686.426	728.102	755.146
Forderungsbestand (in GE^{Invl})	269.427	920.449	1.352.563	1.470.913	1.589.780
Einz. aus Ford. Vorperiode (in GE^{Invl})[585]	0	277.536	934.052	1.386.719	1.532.846
Wechselkursgewinn durch periodenübergreifende Forderungsbegleichung[586]	0	8.109	13.603	34.156	61.933
Einz. aus Umsatzerlösen in GE^{Invl}	2.963.702	10.402.481	15.812.249	17.566.758	19.020.427
Investitionsland:					
Forderungsbestand (in GE^{Invl})	330.138	1.360.317	1.887.972	2.083.255	2.173.082
Einz. aus Ford. Vorperiode (in GE^{Invl})	0	330.138	1.360.317	1.887.972	2.083.255
Einz. aus Umsatzerlösen in GE^{Invl}	2.310.963	9.852.353	14.576.123	16.470.757	17.294.830
Gesamt:					
Gesamte Einz. aus Umsatzerlösen (in GE^{Invl})	5.274.664	20.254.834	30.388.372	34.037.515	36.315.256

Tabelle 4-6: ***Zahlungsgrößen und Wechselkurserträge im Absatzbereich***

Für die Ermittlung der Einzahlungen im Absatzbereich wird von einem Zahlungsziel für das Heimatland von 30 Tagen und für das Investitionsland von 45 Tagen ausgegangen.[587] Ein Teil der Umsatzerlöse einer Periode führt erst in der Folgeperiode zu einer Einzahlung, was bei der Währungsumrechnung zu berücksichtigen ist. Die Forderungsbestände in GE^{Heiml} und GE^{Invl}, der damit verbundene Ertrag aus den Wechselkursveränderungen sowie der gesamte Einzahlungsüberschuss aus Umsatzerlösen sind in der Tabelle 4-6 dargestellt.

4.3.3.3.1.2 Materialbereich

Bevor mit der Materialmengenplanung begonnen werden kann, ist zunächst eine Berechnung der herzustellenden Produktionsmenge vorzunehmen. Auf Basis der jährlichen Absatzmengen lässt sich der Lagerbestand an Fertigprodukten (x_t^{FP}) prospektiv ermitteln, indem eine Lagerbestandsquote (f^{FP}), das Verhältnis des Lagerbestands zur erwarteten Absatzmenge, festgelegt wird. Somit gilt:

585 Die Einzahlungen aus Forderungen aus der Vorperiode ergeben sich, indem die Forderungen der Vorperiode in GE^{Heiml} mit dem Wechselkurs der laufenden Periode umgerechnet werden.

586 Die Differenz aus den Forderungen der Vorperiode und der Einzahlungen aus den Forderungen der Vorperiode, die durch die Umrechnung der Forderungen der Vorperiode mit dem Wechselkurs der laufenden Periode entsteht, ergibt den Wechselkursgewinn durch die periodenübergreifende Forderungsbegleichung, der aus der Abwertung der Währung des Investitionslandes resultiert. Wechselkursgewinne bzw. –verluste sind erfolgswirksam, aber nicht zahlungswirksam.

587 Es kann regelmäßig davon ausgegangen werden, dass im Vergleich zu Deutschland die Forderungslaufzeiten im Ausland länger sind, was bei der Erfolgsprognose zu berücksichtigen ist.

$$x_t^{FP} = x_{t+1}^{AS} \cdot f^{FP} \tag{4-3}$$

Daraus folgt für die Produktionsmenge am Auslandsstandort (xp_t^{AS}) die Gleichung:

$$xp_t^{AS} = x_t^{AS} + x_t^{FP} - x_{t-1}^{FP} \tag{4-4}$$

Auf Basis der Produktionsmenge kann als nächstes der erforderliche Materialverbrauch in ME (MV_t^{ME}) ermittelt werden. Hierfür wird die Materialmenge pro Endprodukt benötigt, die durch den Materialverbrauchskoeffizienten (f^{MV}) dargestellt wird.

Für den Materialzugang (MZ_t) wird eine konstante Anzahl an Lieferungen in einer Periode (*u*) unterstellt. Von *u* Lieferungen beziehen sich *u* - 1 Lieferungen auf den Materialverbrauch der jeweiligen Periode (MV_t^{ME}), während die letzte Lieferung einer Periode auf den Materialverbrauch der folgenden Periode (MV_{t+1}^{ME}) ausgerichtet ist.[588] Somit ergibt sich für MZ_t:

$$MZ_t = (u-1) \cdot \frac{MV_t^{ME}}{u} + \frac{MV_{t+1}^{ME}}{u} \tag{4-5}$$

Für den Materiallagerendbestand einer Periode (MEB_t^{ME}) gelten folgende Gleichungen:[589]

$$MEB_t^{ME} = MEB_{t-1}^{ME} + MZ_t - MV_t \quad \text{oder} \quad MEB_t^{ME} = \frac{MV_{t+1}^{ME}}{u} \tag{4-6}$$

Für die Beispielsrechnung wird angenommen, dass die AS AG für die Produktion des Endprodukts drei Materialarten (a, b und c) benötigt, die sie aus drei verschiedenen Ländern bezieht.[590]

Materialart	Menge pro Endprodukt (f^{MV})	Beschaffungsland
a	4	Investitionsland
b	3	Drittland
c	2	Heimatland

Tabelle 4-7: ***Einsatzverhältnis und Beschaffungsland der Materialarten***

Die Materialarten werden der AS AG monatlich geliefert, so dass *u* = 12 ist. Des Weiteren muss der für die jeweilige Lieferung geltende Materialpreis (mp_t oder mp_{t-1}) festgelegt werden. Hierfür wird *u* unterteilt in *u*1 und *u*2,

588 Vgl. *Dirrigl* (1988), S. 186.

589 Die Ergebnisse beider Formeln entsprechen sich.

590 Die Aufteilung der Beschaffungen auf drei verschiedene Länder ist an das Beispiel von *Götze* (1998), S. 182 f. angelehnt.

die die Anzahl der Lieferungen zu mp_{t-1} und mp_t angeben. Somit kann die Gleichung (4-5), wie folgt in drei Komponenten zerlegt werden:

$$MZ_t = \overbrace{u1 \cdot \frac{MV_t^{ME}}{u}}^{1.\,Komp.} + \overbrace{(u2-1) \cdot \frac{MV_t^{ME}}{u}}^{2.\,Komp.} + \overbrace{\frac{MV_{t+1}^{ME}}{u}}^{3.\,Komp.} \tag{4-7}$$

Die erste Komponente gibt die Materialmenge an, die zum Preis mp_{t-1} geliefert wird, während mit der zweiten Komponente die Menge angegeben wird, die zum Preis mp_t bezogen wird. Die dritte Komponente zeigt die Materialmenge der letzten Lieferung separat an, da sich diese am Materialverbrauch der Folgeperiode orientiert und stellt auch zeitgleich den mengenmäßigen Materiallagerbestand der Periode dar. Für das vorliegende Rechenbeispiel beträgt $u1$ = 1 und $u2$ = 11. Daraus resultiert folgende Gesamt-Verbindlichkeit aus dem Materialzugang (MZ_t^{GE}):

$$MZ_t^{GE} = u1 \cdot \frac{MV_t^{ME}}{u} \cdot mp_{t-1} + \left((u2-1) \cdot \frac{MV_t^{ME}}{u} + \frac{MV_{t+1}^{ME}}{u} \right) \cdot mp_t \tag{4-8}$$

Des Weiteren wird bei der Ableitung der finanziellen Konsequenzen für den Materialbereich angenommen, dass die letzte Lieferung einer Periode, also die 3. Komponente der Formel (4-7), erst in der darauf folgenden Periode bezahlt wird. Somit wird ein Teil der in einer Periode entstehenden Gesamt-Verbindlichkeit aus Materialbeschaffungen nicht getilgt und führt erst in der Folgeperiode zu einer Auszahlung. Die Materialauszahlung einer Periode (MAZ_t) ergibt sich demnach wie folgt:

$$MAZ_t = (1+u1) \cdot \frac{MV_t^{ME}}{u} \cdot mp_{t-1} + (u2-1) \cdot \frac{MV_t^{ME}}{u} \cdot mp_t \tag{4-9}$$

Der Teil der Gesamt-Verbindlichkeit aus Materialbeschaffungen, der in einer Periode nicht zu einer Auszahlung führt, ergibt den Endbestand an Verbindlichkeiten aus Lieferungen und Leistungen (*VLL*). Der Bestand an *VLL* der Vorperiode wird in der laufenden Periode zahlungswirksam.

Zur Ermittlung des Endbestands an Material (MEB_t) wird zunächst der wertmäßige Materialverbrauch (MV_t^{GE}) benötigt, der hier auf Basis des periodischen Durchschnittspreises (dp_t)[591] bewertet wird:

$$MV_t^{GE} = dp_t \cdot MV_t^{ME} \tag{4-10}$$

Daraus ergibt sich für MEB_t folgende Gleichung:

$$MEB_t = MEB_{t-1} + MZ_t^{GE} - MV_t^{GE} \tag{4-11}$$

Aufgrund der objektorientierten Sichtweise ist eine Umrechnung der entsprechenden Zahlungsgrößen mit dem Wechselkurs in Währungseinheiten der AS AG (GE^{Invl}) vorzunehmen.[592]

Für das Rechenbeispiel sind noch Angaben für die zeitliche Entwicklung des Materialpreises zu machen, wobei länderspezifische Preissteigerungssätze für die Materialbeschaffung unterschieden werden. Für das Investitionsland wird ein Materialpreissteigerungssatz i. H. v. 5%, für das Heimatland i. H. v. 2% und für das Drittland i. H. v. 7% angenommen. Die daraus resultierenden Zahlungs-, Aufwands- und Bestandsgrößen im Materialbereich können der Tabelle 4-9 entnommen werden.

Für die Prognose der Entwicklung der Materialpreise sind im Vorhinein Informationen über die Materialpreise vor Ort zu besorgen. Hierfür kann die Anzahl der potenziellen Zulieferunternehmen den Entscheidungsträgern Aufschlüsse geben. Eine hohe Anzahl von potenziellen Zulieferunternehmen zeigt dabei einen hohen Wettbewerb an, so dass davon ausgegangen werden kann, dass die Preise der Zulieferunternehmen zukünftig nicht beliebig seitens der Zulieferunternehmen erhöht werden können, während bei einer geringen Anzahl von Zulieferunternehmen diese Risiken durch die erhöhte Lieferantenmacht bestehen.

---

591 Der periodische Durchschnittspreis berechnet sich wie folgt: $dp_t = \frac{MEB_{t-1} + MZ_t^{GE}}{MEB_{t-1}^{ME} + MZ_t}$.

592 Hier wird unterstellt, dass die aus den Liefer- und Leistungsbeziehungen mit dem Drittland entstehenden Zahlungen in der Währung des Drittlandes (GE^{Drittl}) erfolgen.

Mengengrößen						
Periode	1	2	3	4	5	6 ff.
Gesamte Absatzmenge für Heimat- und Investitionsland		80.000	315.000	450.000	500.000	530.000
Lagerbestand Fertigprodukte (5%)		15.750	22.500	25.000	26.500	26.500
Produktionsmenge		95.750	321.750	452.500	501.500	530.000
Investitionsland:						
Materialverbrauch von a in ME		383.000	1.287.000	1.810.000	2.006.000	2.120.000
Materialzugang in ME	31.917	458.333	1.330.583	1.826.333	2.015.500	2.120.000
Lagerbestand Material	31.917	107.250	150.833	167.167	176.667	176.667
Drittland						
Materialverbrauch von b in ME		287.250	965.250	1.357.500	1.504.500	1.590.000
Materialzugang in ME	23.938	343.750	997.938	1.369.750	1.511.625	1.590.000
Lagerbestand Material	23.938	80.438	113.125	125.375	132.500	132.500
Heimatland						
Materialverbrauch von c in ME		191.500	643.500	905.000	1.003.000	1.060.000
Materialzugang in ME	15.958	229.167	665.292	913.167	1.007.750	1.060.000
Lagerbestand Material	15.958	53.625	75.417	83.583	88.333	88.333

Tabelle 4-8: ***Mengengrößen für den Materialbereich***

Wertgrößen:						
Investitionsland						
Materialpreis für a in GE^{Invl} pro ME	1,2372	1,2990	1,3640	1,4322	1,5038	1,5790
Gesamt-Verbindlichkeiten	39.486	593.408	1.807.904	2.605.322	3.018.882	3.334.114
Erhöhung VLL	39.486	139.319	205.731	239.410	265.666	278.950
Tilgung VLL		39.486	139.319	205.731	239.410	265.666
Bestand VLL	39.486	139.319	205.731	239.410	265.666	278.950
Gesamt-Ausz. Material a (+ VLL Vj.) in GE^{Invl}		493.574	1.741.492	2.571.644	2.992.626	3.320.830
periodischer Durchschnittspreis		1,2910	1,3537	1,4210	1,4919	1,5665
Materialverbrauch		494.438	1.742.180	2.571.962	2.992.845	3.320.945
Drittland:						
Materialpreis für b in GE^{Drittl}	1,6585	1,7746	1,8988	2,0317	2,1740	2,3261
Gesamt-Verbindlichkeiten in GE^{Drittl}	39.700	607.238	1.884.908	2.767.931	3.268.374	3.678.387
Wechselkurs Investitions- und Drittland	1,515	1,5675	1,5815	1,6325	1,665	1,70
Gesamt-Verbindlichkeiten in GE^{Invl}	26.205	387.393	1.191.848	1.695.517	1.962.987	2.163.757
Erhöhung VLL	26.205	91.065	135.823	156.036	173.002	181.301
Tilgung VLL		25.327	90.259	131.580	152.990	169.441
Bestand VLL	26.205	91.065	135.823	156.036	173.002	181.301
Wechselkursgewinn[593]		878	806	4.243	3.046	3.562
Gesamt-Ausz. Material b (+ VLL Vj.) in GE^{Invl}		321.655	1.146.284	1.671.060	1.942.975	2.151.896
periodischer Durchschnittspreis		1,7595	1,8792	2,0100	2,1505	2,3009
Materialverbrauch in GE^{Invl}		322.431	1.146.922	1.671.371	1.943.201	2.152.033
Heimatland:						
Materialpreis für c in GE-$_{Heiml}$	0,5610	0,5722	0,5837	0,5953	0,6072	0,6194
Gesamt-Verbindlichkeiten in GE^{Heiml}	8.953	130.955	387.693	542.762	610.955	655.480
Wechselkurs Investitions- und Heimatland	0,565	0,5305	0,515	0,5075	0,495	0,475
Gesamt-Verbindlichkeiten in GE^{Invl}	15.845	246.851	752.803	1.069.482	1.234.253	1.379.958
Erhöhung VLL	15.845	57.842	85.472	98.050	108.363	115.185
Tilgung VLL		16.876	59.583	86.735	100.526	112.926
Bestand VLL	15.845	57.842	85.472	98.050	108.363	115.185
Wechselkursverlust[594]		-1.030	-1.741	-1.263	-2.476	-4.563
Gesamt-Ausz. Material c (+ VLL Vj.) in GE^{Invl}		205.885	726.914	1.058.167	1.226.416	1.377.699
periodischer Durchschnittspreis		0,5708	0,5818	0,5934	0,6053	0,6174
Materialverbrauch in GE^{Invl}		206.033	727.028	1.058.214	1.226.443	1.377.708
Gesamt:						
Gesamt-Ausz. für Material in GE^{Invl}		**1.021.114**	**3.614.690**	**5.300.871**	**6.162.017**	**6.850.425**
Bestand VLL in GE^{Invl}	**81.536**	**288.226**	**427.026**	**493.496**	**547.032**	**575.436**
Materialverbrauch in GE^{Invl}	**0**	**1.022.901**	**3.616.130**	**5.301.547**	**6.162.489**	**6.850.687**
Materialbestand in GE^{Invl}	**81.536**	**286.286**	**422.712**	**491.486**	**545.120**	**572.261**

Tabelle 4-9: ***Wertgrößen für den Materialbereich***

593 Der Wechselkursgewinn aus den Lieferbeziehungen zum Drittland ergibt sich aufgrund der Abwertung der Währung des Drittlands im Vergleich zur Währung des Investitionslands. Dadurch ist die Tilgung VLL einer Periode geringer als der Bestand VLL der Vorperiode.

594 Der Wechselkursverlust aus den Lieferbeziehungen zum Heimatland ergibt sich aufgrund der Abwertung der Währung des Investitionslandes im Vergleich zur Währung des Heimatlandes. Dadurch ist die Tilgung VLL einer Periode höher als der Bestand VLL der Vorperiode.

4.3.3.3.1.3 Anlagenbereich

Die für die Herstellung der Produktionsmenge benötigten Anlagen[595] werden ebenfalls prospektiv bestimmt, indem anhand der Kapazität der Anlage (*KP*) und eines Kapazitätskoeffizienten (f^{KP}) die benötigte Anzahl an Anlagen ($ANL^{\min}$) ermittelt wird:[596]

$$ANL_t^{\min} = \frac{xp_{t+1}^{AS}}{KP} \cdot f^{KP} \qquad (4\text{-}12)$$

Der Zugang an Anlagen einer Periode ($ANLZ_t$) ergibt sich aus dem Vergleich der benötigten Anzahl an Anlagen einer Periode und dem Anlagenbestand der Vorperiode:

$$ANLZ_t = ANL_t^{\min} - ANL_{t-1}^{\min} \qquad (4\text{-}13)$$

Für den Fall, dass der Anlagenbestand der Vorperiode größer ist als die benötigte Anzahl an Anlagen der betrachteten Periode, erfolgt in der Periode kein Anlagenzugang und bei auftretenden Überkapazitäten werden keine Desinvestitionen vorgenommen.

Zur Ermittlung der finanziellen Konsequenzen durch den mengenmäßigen Anlagenzugang wird der Anschaffungspreis pro Anlage (p^{ANL}) benötigt, der jährlich um den Faktor f^{PANL} steigt. Für die Investitionsauszahlungen gilt:

$$INV_t = ANLZ_t \cdot p_{t-1}^{ANL} \cdot \left(1 + f^{PANL}\right) \qquad (4\text{-}14)$$

Hinsichtlich der Abschreibungen wird von einer durchschnittlichen Nutzungsdauer für die im Unternehmen befindlichen Anlagen ausgegangen, die durch einen Abschreibungsfaktor (f^{AfA}) im Modell berücksichtigt werden:

$$AfA_t = ANL_{t-1} \cdot f^{AfA} \qquad (4\text{-}15)$$

Für die Beispielsrechnung werden für die Faktoren folgende Werte angenommen:

---

595 Für die folgenden Ausführungen und das Beispiel wird unterstellt, dass die Produktion auf einem Anlagetyp erfolgt.

596 Hierbei ist für die Ermittlung der benötigten Anzahl an Anlagen die Ganzzahligkeitsbedingung zu beachten und zwar so, dass eine Aufrundung erfolgt; vgl. *Dirrigl* (1988), S. 185.

Faktor	Wert
Kapazitätskoeffizient (f^{KP})	1,5
Preissteigerungssatz für Anlagen (f^{PANL})	2%
Abschreibungsfaktor (f^{AfA})	0,25

Tabelle 4-10: ***Faktoren Anlagenbereich***

Zum Betrachtungszeitpunkt t=0 betragen die Anschaffungskosten für eine Anlage 1.850.000 GE[Invl], die eine periodische Produktionskapazität in Höhe von 45.000 ME aufweist und eine Nutzungsdauer von 4 Jahren hat. Folgende Informationen ergeben sich für das bewegliche Anlagevermögen:

Periode	1	2	3	4	5	6 ff.
Benötigte Anlagen	4	11	16	17	18	18
Anlagenabgang[597]	0	0	0	0	4	7
Anlagenzugang	4	7	5	1	5	7
Anschaffungs-kosten pro Anlage	1.887.000	1.924.740	1.963.235	2.002.499	2.042.549	2.083.400
Investitionen	7.548.000	13.473.180	9.816.174	2.002.499	10.212.747	14.583.803
Abschreibungen		1.887.000	4.783.545	6.041.702	5.031.902	6.327.113
Bilanzbestand	7.548.000	19.134.180	24.166.809	20.127.606	25.308.452	33.565.142

Tabelle 4-11: ***Ermittlung der Anlageinvestitionen und -abschreibungen***

Des Weiteren ergeben sich im Anlagevermögen finanzielle Konsequenzen aus dem Kauf eines Grundstücks und dem Bau von Gebäuden. Während der Wert des Grundstücks über den Betrachtungszeitraum konstant bleibt, ergeben sich für den Posten „Gebäude“ Wertveränderungen:[598] Es werden Auszahlungen für die Erhaltung oder Erweiterung des Gebäudes (AZ^{GEB}) erforderlich. Im Modell ist die Höhe der Auszahlung abhängig vom Gebäudebestand (GEB) und wird durch den Faktor f^{GEB} berücksichtigt. Außerdem werden noch Preissteigerungen der Gebäudekosten durch den Faktor p^{GEB} erfasst:

$$AZ^{GEB} = GEB_{t-1} \cdot f^{GEB} \cdot \left(1 + p^{GEB}\right) \tag{4-16}$$

Hierbei ist in Bezug auf die Gebäudeauszahlungen aus steuerlicher Sicht zu unterscheiden, ob es sich um Herstellungs- oder Erhaltungsaufwand für Gebäude handelt.[599] Während der Herstellungsaufwand (HA^{GEB}) zu aktivieren und über die Nutzungsdauer abzuschreiben ist, wird der Erhaltungsaufwand (EA^{GEB}) in der Entstehungsperiode erfolgswirksam behandelt. Eine Aufteilung erfolgt durch den Faktor f^{GEB1}.

597 Die Maschinen werden neu angeschafft, so dass die ersten mengenmäßigen Anlagenabgänge erst nach Ablauf der Nutzungsdauer zu verzeichnen sind.
598 Bspw. durch Gebäudeanbau und Gebäudeabschreibungen.
599 In diesem Schritt müssen die steuerlichen Regelungen des Investitionslandes bei der Bestimmung der Bemessungsgrundlagen angewendet werden.

In der Beispielsrechnung wird angenommen, dass zum Ende der Periode t=0 ein Grundstück im Wert von 1,5 Mio. GE^{InvI} gekauft wird, auf dem zum Ende der Periode t=1 Gebäude im Wert von 1,5 Mio. GE^{InvI} gebaut werden. Für das Modell werden die folgenden Faktoren angenommen:

Faktor	Wert
Auszahlungsfaktor für Gebäude (f^{GEB})	0,1
Preissteigerungssatz Gebäudekosten (p^{GEB})	1%
Aufteilungsfaktor (f^{GEB1})	0,3
Abschreibungsfaktor (f^{AFG})	0,05

Tabelle 4-12: ***Faktoren Gebäude***

Dadurch ergeben sich folgende relevante Informationen für die Posten Grundstücke und Gebäude:

Periode	0	1	2	3	4	5	6 ff.
Bestand Grundstück	1.500.000	1.500.000	1.500.000	1.500.000	1.500.000	1.500.000	1.500.000
Bestand Gebäude		1.500.000	1.470.450	1.441.482	1.413.085	1.385.247	1.357.958
Gebäude-auszahlung			151.500	148.515	145.590	142.722	139.910
Herstel-lungs-aufwand			45.450	44.555	43.677	42.816	41.973
Erhaltungs-aufwand			106.050	103.961	101.913	99.905	97.937
Gebäudeab-schreibung			75.000	73.523	72.074	70.654	69.262
bilanzieller Aufwand			181.050	177.483	173.987	170.559	167.199

Tabelle 4-13: ***Berechnung finanzieller und bilanzieller Konsequenzen für die Posten Grundstücke und Gebäude***

4.3.3.3.1.4 Personalbereich

Bei der Ermittlung der benötigten Anzahl an Personal wird zwischen produktionsabhängigem und -unabhängigem Personal differenziert. Die Anzahl des Personals, die unabhängig von der Produktionsmenge ist (P^{fix}), muss dem Modell exogen vorgegeben werden, während die produktionsabhängige Anzahl (P^{var}) endogen über einen sog. „Personalbeanspruchungskoeffizienten" (f^{P})[600] ermittelt wird. P^{var} ergibt sich wie folgt:

[600] Dieser Koeffizient gibt an, wie viel der Jahresleistung einer Arbeitskraft durch die Herstellung eines Endprodukts beansprucht wird; vgl. *Dirrigl* (1988), S. 188.

$$P_t^{var} = xp_t^{AS} \cdot f^P \quad (4\text{-}17)$$

Um die aus der Beschäftigung von Arbeitskräften resultierenden Lohn- und Gehaltsauszahlungen zu bestimmen, wird die durchschnittliche Bruttovergütung für P^{fix} (BV^{fix}) und P^{var} (BV^{var}) benötigt. Im Zeitablauf wird angenommen, dass BV^{fix} bzw. BV^{var} steigen. Hierbei liegen die Wachstumsraten für die durchschnittliche Bruttovergütung im Investitionsland deutlich über denen im Heimatland, womit der Angleichung der Lohnniveaus im Investitions- und Heimatland über den Zeitablauf Rechnung getragen werden soll.[601] Es wird angenommen, dass die Löhne und Gehälter im Investitionsland konstant mit einer Wachstumsrate i. H. v. 7% wachsen.

Periode	0	1	2	3	4	5	6
Anzahl P^{fix}[602]			60	70	80	80	80
Anzahl P^{var} (f^P=0,0005)			48	161	227	251	265
BV^{fix}	20.000	21.400	22.898	24.501	26.216	28.051	30.015
Gehaltsauszahlung		0	1.373.880	1.715.060	2.097.274	2.244.083	2.401.169
BV^{var}	10.000	10.700	11.449	12.250	13.108	14.026	15.007
Lohnauszahlung			549.552	1.972.319	2.975.507	3.520.405	3.976.935
Gesamtauszahlung			1.923.432	3.687.379	5.072.781	5.764.488	6.378.104

Tabelle 4-14: ***Ermittlung der Lohn- und Gehaltsauszahlungen***

4.3.3.3.1.5 Bewertung des Bestands an fertigen Erzeugnissen

Die Veränderung von Beständen an fertigen Erzeugnissen sind erfolgswirksam und müssen dementsprechend bewertet werden. Für die Bewertung der fertigen Erzeugnisse sind die Herstellungskosten des Produkts zu bestimmen.

---

601 Vgl. auch 4.2.2.1.

602 In der Periode 1 werden noch keine Arbeitskräfte ausgewiesen, da die Muttergesellschaft (X AG) Mitarbeiter abstellt, die in der Gründungsphase der AS AG die Koordination übernehmen und später separat als Koordinationskosten bei der Standortbewertung berücksichtigt werden.

Periode	2	3	4	5	6 ff.
Material:					
Materialverbrauch	1.022.901	3.616.130	5.301.547	6.162.489	6.850.687
Materialeinzelkosten pro Stück	10,68	11,24	11,72	12,29	12,93
Personal:					
Löhne	549.552	1.972.319	2.975.507	3.520.405	3.976.935
Fertigungseinzelkosten	5,74	6,13	6,58	7,02	7,50
Maschinen:					
Abschreibungen	1.887.000	4.783.545	6.041.702	5.031.902	6.327.113
Fertigungs-GK pro Stück	19,71	14,87	13,35	10,03	11,94
Gebäude:					
Erhaltungsaufwendungen	106.050	103.961	101.913	99.905	97.937
Abschreibungen	75.000	73.523	72.074	70.654	69.262
Gebäudegemeinkosten	181.050	177.483	173.987	170.559	167.199
relevante Gebäude-GK (80%)	144.840	141.987	139.190	136.447	133.759
Fertigungs-GK pro Stück	1,51	0,44	0,31	0,27	0,25
Gesamte Herstellungskosten pro Stück					
Materialeinzelkosten	10,68	11,24	11,72	12,29	12,93
Fertigungseinzelkosten	5,74	6,13	6,58	7,02	7,50
Fertigungs-GK	21,22	15,31	13,66	10,31	12,19
Herstellungskosten pro Stück	37,64	32,68	31,95	29,61	32,62

Tabelle 4-15: ***Bestimmung der Herstellungskosten***

Der Wert des Bestands an fertigen Erzeugnissen ergibt sich demnach wie folgt:

Periode	2	3	4	5	6 ff.
Lagerbestand in ME	15.750	22.500	25.000	26.500	26.500
Bestand fert. Erz. in GE	592.873	735.243	798.782	784.762	864.425
Bestandsveränderung in GE	592.873	142.370	63.538	-14.020	79.663

Tabelle 4-16: ***Wert des Bestands an fertigen Erzeugnissen und Bestandsveränderungen***

4.3.3.3.2 Finanzbereich

In diesem Abschnitt des IUP-Modells werden die finanziellen Konsequenzen aus den Vorgängen des leistungswirtschaftlichen Bereichs erfasst und so überprüft, ob die Liquidität des ausländischen Produktionsstandorts (AS AG) sichergestellt ist. Hierfür werden die Bedingungen der Finanzmittelaufnahme und -anlage sowie die Einhaltung bestimmter Finanzierungsrestriktionen berücksichtigt. Die Finanzierungsmöglichkeiten bei einem evtl. vorliegenden Finanzmittelbedarf bestehen in der Aufnahme von kurz- und langfristigem Fremdkapital bis zu einer bestimmten Obergrenze. Reicht die maximal mögliche Fremdkapitalaufnahme nicht aus, um den Finanzmittelbedarf zu decken, stellt die Aufnahme von Eigenkapital die letzte Finanzierungsmöglichkeit dar. Etwaige Finanzmittelüberschüsse können in unbegrenzter Höhe angelegt werden. Für das Rechenbeispiel wird angenommen, dass die AS AG Finanzmittel auf dem lokalen Kapitalmarkt aufnimmt und anlegt. Hiermit wird auch ein Vorteil dieses Modells für den Zweck der Erfolgsprognose bei internationalen Direktinvestitionen deutlich, nämlich die Möglichkeit, differenzierte Prämissen hinsichtlich der Finanzmittelaufnahme und -anlage zu treffen.[603]

Folgende Daten für die Finanzierung der AS AG gelten für das Rechenbeispiel:

kurzfristige Finanzmittelanlage:	
Zinssatz	2,00%
kurzfristige Fremdkapitalaufnahme:	
Zinssatz	12,00%
langfristige Fremdkapitalaufnahme:	
Zinssatz	10,00%
Tilgungsplan	5,00% des Vorjahresbestands

Tabelle 4-17: ***Finanzierungsdaten***

Nun werden die finanziellen Konsequenzen der Vorgänge des leistungswirtschaftlichen Bereichs und die finanziellen Konsequenzen, die sich durch die Besteuerung und Gewinnverwendung ergeben, betrachtet.

4.3.3.3.2.1 Finanzielle Konsequenzen des leistungswirtschaftlichen Bereichs und aufgrund von Besteuerung und Gewinnverwendung

Zunächst werden im Modell die finanziellen Vorgänge des leistungswirtschaftlichen Bereichs erfasst. Diese ergeben sich aus den bisherigen Berechnungen und sind in der Tabelle 4-18 dargestellt.

Periode	1	2	3	4	5	6 ff.
Einzahlungen aus Umsatzerlösen		5.274.664	20.254.834	30.388.372	34.037.515	36.315.256
Materialauszahlungen	0	1.021.114	3.614.690	5.300.871	6.162.017	6.850.425
Investition Anlagen	7.548.000	13.473.180	9.816.174	2.002.499	10.212.747	14.583.803
Investition Gebäude	1.500.000					
Auszahlungen für Gebäudeerhaltung		151.500	148.515	145.590	142.722	139.910
Lohn- und Gehaltsauszahlungen		1.923.432	3.687.379	5.072.781	5.764.488	6.378.104
Zahlungssaldo des leistungswirtschaftlichen Bereichs	-9.048.000	-11.294.562	2.988.075	17.866.631	11.755.542	8.363.014

Tabelle 4-18: ***Zahlungssaldo des leistungswirtschaftlichen Bereichs***

Die finanziellen Konsequenzen aus der Besteuerung und Gewinnverwendung resultieren aus der Steuerzahlung und Ausschüttung an die im Heimatland ansässige Muttergesellschaft. Hierfür ist eine Aufstellung der zukünftigen steuerlichen Gewinn- und Verlustrechnungen notwendig, aus denen sich die zukünfti-

603 Vgl. hierzu auch das Beispiel von *Götze* (1998), S. 172 ff., der die Bedeutung unterschiedlicher Zinssätze für die Finanzmittelaufnahme und -anlage im Zusammenhang mit internationalen Direktinvestitionen hervorhebt.

gen Steuerbelastungen sowie unter Einbeziehung einer Ausschüttungsquote die zukünftigen Ausschüttungen ergeben.

Da alle erfolgswirksamen Positionen erfasst werden müssen, sind neben den bereits berücksichtigten Bereichen die relevanten Prozesse des Verwaltungs- und Vertriebsbereichs einzubeziehen.[604] Es fallen folgende erfolgs- und zahlungswirksame Größen im Verwaltungsbereich an:

Periode	1	2	3	4	5	6
durchschnittliche Kosten pro Bestellvorgang[605]	14.000	13.930	13.860	13.791	13.722	13.653
Anzahl Bestellungen	1	12	12	12	12	12
Verwaltungskosten	14.000	167.160	166.324	165.493	164.665	163.842

Tabelle 4-19: ***Verwaltungskosten***

Im Vertriebsbereich wird zwischen dem Vertrieb ins Investitions- und Heimatland differenziert. Dabei entstehen die folgenden Vertriebskosten:

Periode	2	3	4	5	6
Investitionsland:					
durchschnittl. Kosten pro Auslieferung[606]	12.000	12.300	12.608	12.923	13.246
Anzahl der Auslieferungen[607]	30	33	37	41	46
Vertriebskosten	360.000	405.900	466.478	529.830	609.305
Heimatland:					
durchschnittl. Kosten pro Auslieferung	21.000	21.525	22.063	22.615	23.180
Anzahl der Auslieferungen	10	11	13	15	17
Vertriebskosten	210.000	236.775	286.821	339.221	394.061
Summe	570.000	642.675	753.298	869.051	1.003.366

Tabelle 4-20: ***Anfallende Kosten im Vertriebsbereich***

Unter Berücksichtigung der bisherigen Information kann ein operatives Ergebnis vor Zinsen und Steuern ausgewiesen werden:

---

604 Vgl. zur Anwendung der Prozesskostenrechnung im Verwaltungs- und Vertriebsbereich *Dolny* (2003), S. 188-190.

605 Es wird angenommen, dass die durchschnittlichen Kosten pro Bestellvorgang von Periode zu Periode um 0,5% sinken.

606 Es wird sowohl für das Investitions- als auch Heimatland angenommen, dass die durchschnittlichen Kosten pro Auslieferung jährlich aufgrund steigender Transportkosten um 2,5% wachsen.

607 Es wird sowohl für das Investitions- als auch Heimatland angenommen, dass die Anzahl der Auslieferungen jährlich aufgrund des zunehmenden Absatzes um 10% steigen.

Periode	1	2	3	4	5	6 ff.
Umsatzerlöse		5.874.229	21.927.926	31.334.539	34.316.991	36.462.018
Bestandsveränderung		592.873	142.370	63.538	(-)14.020	79.663
Erhaltungsaufwand Gebäude		106.050	103.961	101.913	99.905	97.937
Abschreibungen Gebäude		75.000	73.523	72.074	70.654	69.262
Abschreibungen Anlagen		1.887.000	4.783.545	6.041.702	5.031.902	6.327.113
Materialverbrauch		1.022.901	3.616.130	5.301.547	6.162.489	6.850.687
Personalaufwand		1.923.432	3.687.379	5.072.781	5.764.488	6.378.104
Verwaltungsaufwand	14.000	167.160	166.324	165.493	164.665	163.842
Vertriebsaufwand		570.000	642.675	753.298	869.051	1.003.366
Wechselkursgewinn durch Forderungsbegleichung			8.109	13.603	34.156	61.933
Wechselkursgewinn/-verlust durch Begleichung von Verbindlichkeiten		(-)153	(-)935	(+)2.980	(+)570	(-)1.001
operatives Ergebnis vor Zinsen und Steuern	- 14.000	715.406	9.003.934	13.905.853	16.174.543	15.712.302

Tabelle 4-21: ***Ermittlung des Ergebnisses vor Zinsen und Steuern***

Als nächstes gilt es die finanziellen Verpflichtungen aus der Aufnahme von Fremdkapital für die erste Periode zu bestimmen.[608] Diese resultieren zum einen daraus, dass am Ende der Periode t=0 ein Grundstück zum Preis von 1.500.000 GE^{Invl} erworben wird. Daneben soll ein Mindestbestand an liquiden Mitteln in Höhe von 200.000 GE^{Invl} vorgehalten werden, so dass sich zum Ende der Periode t=0 ein Finanzierungsbedarf in Höhe von 1.700.000 GE^{Invl} ergibt. Die Finanzierung soll zu 75% durch die X-AG und zu 25% durch langfristiges Fremdkapital erfolgen. Unter Berücksichtigung der Finanzierungsdaten der Tabelle 4-17 beträgt in der Periode 1 der Zinsaufwand für das langfristige Fremdkapital 42.500 GE^{Invl}. Somit kann für die erste Periode der Gewinn vor Steuern berechnet werden, der die Bemessungsgrundlage für die Steuerzahlung im Investitionsland wiedergeben soll:

operatives Ergebnis vor Zi. u. St.	-14.000
Zinsaufwendungen langfr. FK	-42.500
Ergebnis vor Steuern	-56.500

Da in der ersten Periode noch keine Absatzaktivitäten stattgefunden haben und in der Gewinn- und Verlustrechnung nur Verwaltungs- und Zinsaufwendungen enthalten sind, ergeben sich auch keine finanziellen Konsequenzen aus der Besteuerung und Gewinnverwendung. Somit stehen für die erste Periode alle notwendigen Informationen zur Verfügung, um den Finanzierungsbedarf zu er-

[608] Die Zinsverpflichtungen der folgenden Jahre ergeben sich aus dem jeweiligen Finanzierungsbedarf und der Berücksichtigung der Finanzierungsrestriktionen und werden in Abschnitt 4.3.3.3.2.2 näher betrachtet.

mitteln und mit einer „Liquiditätsroutine“[609] das finanzielle Gleichgewicht herzustellen.

4.3.3.3.2.2 Herstellung des finanziellen Gleichgewichts

In diesem Abschnitt wird beispielhaft anhand der Periode 1 dargestellt, wie im Modell bei einem vorliegenden Finanzmittelbedarf bzw. -überschuss die erforderlichen Schritte zum Erreichen der Zielliquidität erfolgen. Im Modell wird die Zielliquidität einer Periode vorausschauend geplant, indem sich die Zielliquidität, dargestellt durch den Kassenbestand, an den Umsatzerlösen der nachfolgenden Periode orientiert. Im Rechenbeispiel beträgt der Kassenbestand einer Periode (KAS_t) 1,5% der Umsatzerlöse der nächsten Periode (UE_{t+1}).[610] Den Ausgangspunkt zur Erreichung des Zielbestands stellt der aus den bisherigen finanziellen Konsequenzen sich ergebende vorläufige Zahlungssaldo (*ZS*) dar.

Periode	1
Einzahlungen aus Umsatzerlösen	0
Zinseinzahlungen aus kurzfr. Finanzanlagen	0
Materialauszahlungen	0
Investitionsauszahlungen Maschinen	7.548.000
Investitionsauszahlungen Gebäude	1.500.000
Auszahlungen für Gebäudeerhaltung	0
Lohn- und Gehaltsauszahlungen	0
Verwaltungsauszahlungen	14.000
Vertriebsauszahlungen Investitionsland	0
Vertriebsauszahlungen Heimatland	0
Steuerauszahlung[611]	0
Ausschüttungen[612]	0
Veränderung des Kassenbestands	(-)111.887
Zinsauszahlungen kurzfristiges Fremdkapital	0
Zinsauszahlungen langfristiges Fremdkapital	42.500
Tilgung langfristiges Fremdkapital[613]	0
vorläufiger Zahlungssaldo I	-8.992.613

Tabelle 4-22: ***Vorläufiger Zahlungssaldo I für Periode 1***[614]

Gemäß Tabelle 4-22 ergibt sich für die erste Periode ein Finanzmitteldefizit, das ausgeglichen werden muss. Hierbei geht das Modell nach folgender Prioritäts-

[609] *Dirrigl* (1988), S. 205.

[610] Nur zum Betrachtungszeitpunkt t=0 wird ein Mindestbestand von 200.000 GE[Invl] vorgehalten, da in t=1 keine Umsatzerlöse vorliegen.

[611] Es wird aus Vereinfachungsgründen angenommen, dass die Steuerzahlungen in der Periode der Steuerentstehung erfolgen.

[612] Es wird aus Gründen der Übersichtlichkeit angenommen, dass die Ausschüttungen in den Jahren der Gewinnentstehung erfolgen.

[613] Für die erste Periode wird angenommen, dass der FK-Geber der AS AG entgegenkommt und ihr ein tilgungsfreies Jahr gewährt, da die AS AG erst ab der zweiten Periode Umsatzerlöse erzielt. Somit fallen Tilgungen erst ab der zweiten Periode an.

[614] Die Angaben zu den nachfolgenden Perioden können dem Anhang VII, S. 298 entnommen werden.

rangfolge vor: Als erstes werden kurzfristige Finanzanlagen aufgelöst, bis das Finanzmitteldefizit ausgeglichen ist. Besteht nach der Auflösung der gesamten kurzfristigen Finanzanlagen weiterhin ein Finanzmitteldefizit, ist als nächstes Fremdkapital aufzunehmen. Bei der Aufnahme von Fremdkapital werden im Modell Finanzierungsrestriktionen berücksichtigt. Die oberste Finanzierungsrestriktion ist, dass eine bestimmte Obergrenze des Verschuldungsgrades nicht überschritten werden darf.[615] Ist die Obergrenze erreicht und das Defizit noch nicht gedeckt, kann ein weiterer Ausgleich nur über die Aufnahme von Eigenkapital erfolgen. Andernfalls kann kurz- und langfristiges Fremdkapital aufgenommen werden. Kurzfristiges Fremdkapital kann nur bis zu einer bestimmten absoluten Obergrenze aufgenommen werden: Im Beispiel ist eine maximale Aufnahme von kurzfristigem Fremdkapital in Höhe von 1,5 Mio. GE^{Invl} möglich. Reichen die bisherigen Finanzierungsmaßnahmen nicht zur Deckung des Defizits aus, ist langfristiges Fremdkapital aufzunehmen. Hier wird nicht eine absolute Obergrenze, wie bei der Aufnahme von kurzfristigem Fremdkapital, sondern eine von der Höhe des Anlagevermögens abhängige Obergrenze berücksichtigt. Im Beispiel darf der maximale langfristige Fremdkapitalbestand einer Periode die Höhe des Anlagevermögens der Periode nicht übersteigen. Hierbei muss aber immer die Einhaltung der Obergrenze des Verschuldungsgrades gewährleistet sein. Besteht weiterhin ein Defizit, muss Eigenkapital aufgenommen werden. Allerdings soll das Finanzmitteldefizit anteilig durch Eigen- und Fremdkapital ausgeglichen werden. Ist vor der EK-Aufnahme die Obergrenze für den Verschuldungsgrad bereits erreicht, ergibt sich durch die EK-Aufnahme ein neuer Spielraum, da c. p. der Verschuldungsgrad sinkt. Die EK- und FK-Aufnahme muss so erfolgen, dass die Finanzierungsrestriktionen weiterhin eingehalten werden. Demnach wird bis zur Obergrenze des Verschuldungsgrades EK und FK aufgenommen. Unter Berücksichtigung der Einhaltung der Finanzierungsrestriktionen muss für die anteilige EK- und FK-Aufnahme gelten:

$$\frac{vorl.\,FK + FK\text{–}Aufnahme}{vorl.\,EK + EK\text{–}Aufnahme} = \max VG \tag{4-18}$$

Stellen x_1 den relativen Anteil der EK-Aufnahme und x_2 den relativen Anteil der FK-Aufnahme zur Deckung des restlichen Finanzmitteldefizits (DEF) dar, gelten:

---

615 In dem Beispiel darf ein maximaler Verschuldungsgrad von 1,5 nicht überschritten werden.

$x_1 \cdot DEF = EK\text{–}Aufnahme$, $x_2 \cdot DEF = FK\text{–}Aufnahme$ und $x_1 + x_2 = 1$. Somit kann x_1 wie folgt berechnet werden:

$$\frac{vorl.\,FK + DEF - vorl.\,EK \cdot \max VG}{DEF \cdot (1 + \max VG)} = x_1 \qquad (4\text{-}19)$$

Durch die Bedingung $x_2 = 1 - x_1$ kann der relative Anteil der FK-Aufnahme abgeleitet werden. Steht die Höhe der EK- und FK-Aufnahme fest, muss noch überprüft werden, ob die weitere Finanzierungsrestriktion, in der die Höhe des Anlagevermögens die Obergrenze für den FK-Bestand darstellt, eingehalten wird.
Ergibt sich am Ende einer Periode ein Finanzmittelüberschuss, gilt die folgende Prioritätsrangfolge:[616] Zunächst wird kurzfristiges Fremdkapital getilgt. Besteht weiterhin ein Überschuss, werden die restlichen Finanzmittel unbegrenzt in kurzfristige Finanzanlagen investiert.

Unter Berücksichtigung der vorherigen Berechnungen und Finanzierungsmaßnahmen aus der Tabelle 4-23 können nun anhand der dargestellten Vorgehensweise die finanziellen Konsequenzen für die folgenden Perioden bestimmt werden. Somit sind als nächstes sämtliche Teilrechnungen des IUP-Modells für die zukünftigen Perioden zu erstellen.

---

[616] Siehe zu einer allgemeinen und ausführlichen Erläuterung der Prioritätsrangfolge *Dirrigl* (1988), S. 205-212.

Periode	1
vorläufiger ZS I	-8.992.613
bei positivem vorl. ZS I:	
1. wenn kurzfr. $FK_{t-1} > 0$ => Tilgung 2. wenn kurzfr. $FK_{t-1} = 0$ => Investition in kurzfr. Finanzanlagen	
bei negativem vorl. ZS I:	
1. Verkauf kurzfr. Finanzanlagen	0
vorläufiger ZS II	-8.992.613
2. Prüfung Aufnahme kurzfr. Fremdkapital:	
vorläufiger EK-Bestand I[617] vorläufiger FK-Bestand I[618]	1.218.500 506.536
a) Obergrenze für zusätzl. kurzfr. FK b) Obergrenze für zusätzl. FK bei max. Verschuldungsgrad von 1,5[619]	1.500.000 1.321.214
Minimum von a) und b) Aufnahme kurzfr. FK	1.321.214 1.321.214
vorläufiger ZS III	-7.671.400
3. Prüfung Aufnahme langfr. FK:	
Höhe des Anlagevermögens	10.548.000
a) Obergrenze für Erhöhung des langfr. FK-Bestand (Mindestdeckungsgrad = 1) b) Obergrenze für zusätzl. FK bei max. Verschuldungsgrad von 1,5	10.123.000 0
Minimum von a) und b) Aufnahme langfr. FK	0 0
4. Anteilige Eigen- und Fremdkapitalaufnahme	
vorläufiger EK-Bestand I vorläufiger FK-Bestand II[620]	1.218.500 1.827.750
relativer Anteil EK relativer Anteil FK	0,4 0,6
anteilige Erhöhung EK anteilige Erhöhung FK	3.068.560 4.602.840
Prüfung, ob Mindestdeckungsgrad des AV größer als 1[621]	2,0979
endgültiger ZS	0

Tabelle 4-23: ***Herstellung des finanziellen Gleichgewichts für die Periode 1***[622]

4.3.3.3.2.3 Dreiteilige Planungsrechnung des IUP-Modells

Die Plan-Gewinn- und Verlustrechnungen der AS AG der folgenden Perioden und die sich daraus ergebenden Ausschüttungen sehen wie folgt aus:

---

617 Der vorläufige EK-Bestand ergibt sich aus dem Eigenkapital der Periode t=0 i. H. v. 1.275.000 GE^{Invl} und dem negativen Ergebnis der Periode t=1 i. H. v. -56.500 GE^{Invl}.

618 Der vorläufige FK-Bestand ergibt sich aus dem lang- und kurzfristigen FK und den VLL der Periode t=0 (425.000 + 0 +81.536 = 506.536 GE^{Invl})

619 Der vorläufige Verschuldungsgrad beträgt 0,4157, so dass maximal 1.321.214 GE^{Invl} (= 1.218.500 · 1,5 – 506.536) an kurzfristigem FK aufgenommen werden können, da bei diesem Betrag der maximale Verschuldungsgrad von 1,5 erreicht wird.

620 Der vorläufige FK-Bestand II ergibt sich aus dem vorläufigen FK-Bestand I zuzüglich der kurzfr. und langfr. FK-Aufnahme (506.536 + 1.321.214 + 0 = 1.827.750).

621 Das AV in t=1 in Relation gesetzt zum langfristigen FK-Bestand in t=1 (425.000 + 4.602.840 = 5.027.840) ergibt einen Deckungsgrad von 2,0979, so dass die Restriktion eingehalten wird.

622 Die Angaben zu den nachfolgenden Perioden können dem Anhang VII, S. 299 entnommen werden.

Periode	1	2	3	4	5	6 ff.
Umsatzerlöse	0	5.874.229	21.927.926	31.334.539	34.316.991	36.462.018
Bestandsveränderung	0	592.873	142.370	63.538	(-)14.020	79.663
Zinserträge kurzfr. Finanzanlagen	0	0	0	0	51.846	0
Erhaltungsaufwand Gebäude	0	106.050	103.961	101.913	99.905	97.937
Abschreibungen Gebäude	0	75.000	73.523	72.074	70.654	69.262
Abschreibungen Anlagen	0	1.887.000	4.783.545	6.041.702	5.031.902	6.327.113
Materialaufwand	0	1.022.901	3.616.130	5.301.547	6.162.489	6.850.687
Personalaufwand	0	1.923.432	3.687.379	5.072.781	5.764.488	6.378.104
Verwaltungsaufwand	14.000	167.160	166.324	165.493	164.665	163.842
Vertriebsaufwand	0	570.000	642.675	753.298	869.051	1.003.366
Wechselkursertrag (Forderungen)			8.109	13.603	34.156	61.933
Wechselkursertrag/ -aufwand (Verbindlichkeiten)		(-)153	(-)935	2.980	570	(-)1.001
Zinsaufwand kurzfr. Fremdkapital	0	158.546	165.467	180.000	0	161.089
Zinsaufwand langfr. Fremdkapital	42.500	502.784	1.268.024	1.668.319	1.584.903	1.505.658
Ergebnis vor Steuern	- 56.500	54.077	7.570.442	12.057.533	14.641.486	14.045.555
Steuern (20%)[623]	0	10.815	1.514.088	2.411.507	2.928.297	2.809.111
Jahresüberschuss	- 56.500	43.261	6.056.354	9.646.027	11.713.189	11.236.444
Ausschüttung[624]		34.609	4.845.083	7.716.821	9.370.551	11.236.444
Thesaurierung	0	8.652	1.211.271	1.929.205	2.342.638	0

Tabelle 4-24: ***Plan-Gewinn- und Verlustrechnungen für die Perioden 1 bis 6 ff.***

Die Abbildung sämtlicher finanzieller Konsequenzen erfolgt in den Finanzplänen:

623 Aus Vereinfachungsgründen wird für das Investitionsland ein Unternehmenssteuersatz von 20% unterstellt

624 Bis zur Periode 5 wird eine Ausschüttungsquote von 80% angenommen, während aus Vereinfachungsgründen ab der Periode 6 von einer Vollausschüttung der Gewinne ausgegangen wird.

Periode	1	2	3	4	5	6 ff.
Kassenbestand Vorperiode	200.000	88.113	328.919	470.018	514.755	546.930
Gesamt-Einzahlungen aus Umsatzerlösen	0	5.274.664	20.254.834	30.388.372	34.037.515	36.315.256
Gesamt-Auszahlungen für Material	0	1.021.114	3.614.690	5.300.871	6.162.017	6.850.425
Investitionen Anlagen	7.548.000	13.473.180	9.816.174	2.002.499	10.212.747	14.583.803
Investitionen Gebäude	1.500.000	0	0	0	0	0
Auszahlung für Gebäudeerhaltung	0	151.500	148.515	145.590	142.722	139.910
Lohn- und Gehaltsauszahlungen	0	1.923.432	3.687.379	5.072.781	5.764.488	6.378.104
Verwaltungsauszahlungen	14.000	167.160	166.324	165.493	164.665	163.842
Vertriebsauszahlungen	0	570.000	642.675	753.298	869.051	1.003.366
Steuerauszahlungen	0	10.815	1.514.088	2.411.507	2.928.297	2.809.111
Zinseinzahlungen kurzfr Finanzanlagen	0	0	0	0	51.846	0
Zinsauszahlungen kurzfr. Fremdkapital	0	158.546	165.467	180.000	0	161.089
Zinsauszahlungen langfr. Fremdkapital	42.500	502.784	1.268.024	1.668.319	1.584.903	1.505.658
Investition in kurzfr. FA	0	0	0	2.592.296	0	0
Desinvestition kurzfr. FA	0	0	0	0	2.592.296	0
Aufnahme kurzfr FK	1.321.214	57.680	121.106	0	1.342.410	157.590
Tilgung kurzfr FK	0	0	0	1.500.000	0	0
Aufnahme langfr FK	4.602.840	7.903.796	4.636.961	0	0	8.922.559
Tilgung langfr. FK	0	251.392	634.012	834.160	792.452	752.829
Aufnahme EK	3.068.560	5.269.197	1.630.632	0	0	189.176
Ausschüttung	0	34.609	4.845.083	7.716.821	9.370.551	11.236.444
Kassenendbestand	88.113	328.919	470.018	514.755	546.930	546.930

Tabelle 4-25: ***Finanzpläne der AS AG für die Perioden 1 bis 6 ff.***

Auf Basis der vereinfachten Gründungsbilanz in t=0 und den Daten der Plan-Gewinn- und Verlustrechnungen und der Finanzpläne können abschließend die Plan-Bilanzen der AS AG erstellt werden:

Periode	0	1	2	3	4	5	6 ff.
Aktiva							
Grundst.	1.500.000	1.500.000	1.500.000	1.500.000	1.500.000	1.500.000	1.500.000
Gebäude	0	1.500.000	1.470.450	1.441.482	1.413.085	1.385.247	1.357.958
Maschinen	0	7.548.000	19.134.180	24.166.809	20.127.606	25.308.452	33.565.142
Material	0	81.536	286.286	422.712	491.486	545.120	572.261
Fertige Erzeugnisse	0	0	592.873	735.243	798.782	784.762	864.425
FLL	0	0	599.565	2.280.766	3.240.536	3.554.168	3.762.862
Finanzanl.	0	0	0	0	2.592.296	0	0
Kasse	200.000	88.113	328.919	470.018	514.755	546.930	546.930
Summe	1.700.000	10.717.650	23.912.273	31.017.030	30.678.546	33.624.679	42.169.579
Passiva							
Stammkap.	1.000.000	4.068.560	9.337.757	10.968.389	10.968.389	10.968.389	11.157.565
Andere Rücklagen	275.000	218.500	227.152	1.438.423	3.367.628	5.710.266	5.710.266
Langfr. FK	425.000	5.027.840	12.680.244	16.683.192	15.849.033	15.056.581	23.226.311
Kurzfr. FK	0	1.321.214	1.378.894	1.500.000	0	1.342.410	1.500.000
VLL	0	81.536	288.226	427.026	493.496	547.032	575.436
Summe	1.700.000	10.717.650	23.912.273	31.017.030	30.678.546	33.624.679	42.169.579

Tabelle 4-26: ***Planbilanzen der AS AG für die Perioden 0 bis 6 ff.***

4.3.3.3.3 Bestimmung der Ausschüttung an die Muttergesellschaft

Es liegen nun alle Informationen vor, um die Ausschüttung der AS AG an die X AG zu bestimmen. Da für die Untersuchung eine investorbezogene Sichtweise gewählt wurde,[625] stellen die Ausschüttungen der AS AG an die X AG die Ausgangsbasis für die Bewertung der Auslandsinvestition dar. Hierbei sind auch steuerliche Aspekte zu berücksichtigen. Neben der Besteuerung des im Investitionsland erwirtschafteten Gewinns der AS AG fallen auch durch die Ausschüttung Steuern an. Im Investitionsland werden in der Regel Quellensteuern einbehalten. Es wird eine Quellensteuer in Höhe von 5% unterstellt.[626] Somit ergeben sich für den vorliegenden Fall folgende finanzielle Belastungen durch die Quellensteuer:

Periode	2	3	4	5	6 ff.
Ausschüttung in GE^{Invl} der AS AG an die X AG	34.609	4.845.083	7.716.821	9.370.551	11.236.444
ausl. Quellensteuer	1.730	242.254	385.841	468.528	561.822
Ausschüttung nach Quellensteuer (in GE^{Invl})	32.879	4.602.829	7.330.980	8.902.023	10.674.622

Tabelle 4-27: ***Berechnung der Quellensteuer***

Anschließend kann der Kapitalwert der Auslandsinvestition berechnet werden. Dabei wird eine Differenzbetrachtung durchgeführt, indem der Wert der X AG ohne Durchführung der Auslandsinvestition (status quo) dem Wert der X AG mit der Auslandsinvestition gegenübergestellt wird. Die Differenz dieser beiden Werte, unter Berücksichtigung aller relevanten Zahlungsströme und der in t= 0 getätigten Anschaffungsauszahlungen, ergibt den Kapitalwert der Auslandsinvestition. Des Weiteren ist auch der Kapitalwert für die Alternative 2, die Durchführung einer Investition im Heimatland (Inlandsinvestition), zu bestimmen. Die Alternative mit dem höheren positiven Kapitalwert ist vorteilhaft und sollte aus der Sicht der X AG durchgeführt werden.

4.3.3.4 Erweiterungsmöglichkeiten des Modells

Bevor auf die Bewertung der einzelnen Alternativen eingegangen wird, soll aufgezeigt werden, wie das oben dargestellte Modell um einige Aspekte erweitert werden kann, die sich bei der Errichtung eines ausländischen Produktionsstandorts des Öfteren ergeben, aber zugunsten der Übersichtlichkeit vernach-

[625] Vgl. Kap. 4.2.4.

[626] Eine Quellensteuer in Höhe von 5% entspricht in diesem Fall dem OECD-Musterabkommen zur Vermeidung von Doppelbesteuerung nach Art. 10 Abs. 2a OECD-MA.

lässigt wurden. So können interne Liefer- und Leistungsbeziehungen zwischen der heimischen Muttergesellschaft und dem ausländischen Standort erfolgen, die im Modell zu berücksichtigen sind.[627] So muss bspw. bei der Lieferung eines Vorprodukts seitens der Muttergesellschaft an den Auslandsstandort die Liefermenge und ein Verrechnungspreis pro Periode festgelegt werden. Der weitere Ablauf der Erfolgsprognose entspricht dann der obigen Vorgehensweise. Allerdings sind bei der Berechnung des Kapitalwerts des Auslandsstandorts die aus den internen Liefer- und Leistungsbeziehungen resultierenden Zahlungsströme entsprechend zu berücksichtigen.

Es kann auch anders als im obigen Beispiel, in dem unterstellt wird, dass sich die ausländische Produktionsgesellschaft mit Fremdkapital am lokalen Finanzmarkt versorgt, eine fremdkapitalbezogene Finanzierung durch die Muttergesellschaft erfolgen. So könnte die Muttergesellschaft Fremdkapital aufnehmen und an die Auslandsgesellschaft weiterleiten. In der Regel wird die Muttergesellschaft Fremdkapital zu besseren Konditionen erhalten als die Tochtergesellschaft. Diese Möglichkeit kann entsprechend im Modell berücksichtigt werden, je nachdem welche Finanzierungskonditionen vorteilhafter sind, die Aufnahme von Fremdkapital im Ausland oder die Fremdkapitalaufnahme durch die Muttergesellschaft.

Ebenfalls lassen sich verschiedene Formen von Subventionen, die einen nicht unerheblichen Einfluss auf die Investitionsdurchführung haben,[628] im Modell berücksichtigen. Beispielsweise können subventionierte Kredite, bei denen der vereinbarte Fremdkapitalzinssatz unter dem üblichen Marktzinssatz für Fremdkapital liegt, aufgrund der Berücksichtigung heterogener Zinssätze im Modell ohne weiteres erfasst werden. Dies gilt auch im Fall, dass Fördermittel in absoluten Beträgen zur Verfügung gestellt werden, wodurch sich im Modell ein geringerer Kapitaleinsatz für die Finanzierung der Auslandsinvestition seitens der Muttergesellschaft ergibt.

Somit lässt sich festhalten, dass das Modell ohne größere Schwierigkeiten an spezifische Aspekte einer Auslandsinvestition angepasst werden kann.

---

627 Hierzu könnten auch Funktionsverlagerungen zählen, da diese quasi eine Art von Leistungsbeziehung zwischen der Mutter- und der Tochtergesellschaft darstellen.

628 Vgl. dazu Kap. 4.2.2.4.

4.4 Risikobezogene Standortbewertung und -performance

Risiko ist bei internationalen Standortentscheidungen ein zentraler Einflussfaktor. Aufgrund oft fehlender Erfahrungswerte bei internationalen Standortentscheidungen und der im Zusammenhang mit internationalen Geschäftsprozessen äußerst unsicheren Entwicklung der Wechselkurse ist eine Abschätzung der relevanten Größen schwierig, so dass eine einwertige Erfolgsprognose problematisch ist und zu falschen Entscheidungen führen kann.[629] Dementsprechend sollte eine mehrwertige Schätzung der Eingangsgrößen im Rahmen der Bewertung der Standortinvestition erfolgen, mit der die Risikostruktur der Investition offengelegt werden kann. Im Anschluss daran ist eine Risikobewertung auf Basis der Sicherheitsäquivalentmethode vorzunehmen. Da die Offenlegung des Risikos bei Auslandsinvestitionen einen besonderen Stellenwert hat, erfolgt diese gesondert anhand von zwei Instrumenten, der Szenariotechnik und Risikosimulation. Die Ausführungen werden anhand eines Beispiels verdeutlicht, bei dem die X AG in der status quo-Situation die Ausgangssituation darstellt. Als Investitionsalternativen stehen der X AG eine Auslandsinvestition (AS AG) und eine Inlandsinvestition (Z GmbH) zur Auswahl. Hierbei werden die Alternativen als Investitionsobjekte angesehen, so dass die Perspektive der Anteilseigner der X AG eingenommen wird und der bewertungsrelevante Cashflow in den Ausschüttungen an die X AG besteht. Der Kapitalwert für die Investitionsalternativen ergibt sich aus einer Differenzbetrachtung, bei der der Wert der X AG mit und ohne die Durchführung der entsprechenden Investitionsalternative verglichen wird. Dabei wird sowohl für die Auslands- als auch Inlandsinvestition die Risikostruktur offengelegt und mit der Sicherheitsäquivalentmethode bewertet.

Außerdem wird eine Standort-bezogene Performanceanalyse mit dem Instrument der Erfolgspotenzialrechnung durchgeführt. Dadurch zeigt sich, worauf die in der ex post-Perspektive aufgetretenen Abweichungen zurückzuführen sind. Dabei erfolgt u. a. eine Aufteilung in endogene und exogene Abweichungen, je nachdem, ob sie von den Entscheidungsträgern beeinflussbar sind oder nicht. Dadurch sind Fehlentwicklungen frühzeitig erkennbar und können Gegenmaßnahmen eingeleitet werden, um die gesetzten Unternehmensziele zu erreichen.

---

[629] Vgl. auch *Götze* (1998), S. 171 f.

4.4.1 Bewertung der X AG unter Sicherheit

4.4.1.1 Bewertung der X AG in der status quo-Situation

Wie bereits vorher erwähnt, wird bei der Bewertung der Auslandsinvestition untersucht, inwiefern sich ein Wertzuwachs bei der X AG im Vergleich zur status quo-Situation ergibt. Hierfür werden zunächst die relevanten Informationen der Erfolgsprognose für die X AG ohne Berücksichtigung der Alternativen vorgestellt.[630] Für die X AG ergeben sich folgende Plan-Gewinn- und Verlustrechnungen und Finanzpläne für die nachfolgenden Perioden:

Periode	1	2	3	4	5	6 ff.
Umsatzerlöse	56.430.000	56.331.248	58.994.179	58.860.521	58.723.636	58.136.399
Bestandsveränderung fertige Erzeugnisse	13.140	84.771	28.866	21.520	16.061	24.338
Erhaltungsaufwand Gebäude	318.150	311.882	305.738	299.715	293.811	288.023
Abschreibungen Gebäude	225.000	220.568	216.222	211.963	207.787	203.694
Abschreibungen Maschinen	7.471.154	7.018.615	7.188.702	6.863.952	6.649.839	6.519.291
Materialaufwand	12.196.659	12.583.579	13.544.421	13.923.237	14.306.223	14.592.346
Personalaufwand	12.420.900	12.920.208	14.459.985	15.585.615	16.169.534	16.703.286
Verwaltungsaufwand	168.000	167.160	166.324	165.493	164.665	163.842
Vertriebsaufwand	210.000	236.775	286.821	339.221	394.061	451.432
Zinserträge kurzfr. Finanzanlagen	30.000	30.000	4.393	4.393	4.393	4.393
Zinsaufwand kurzfr. Fremdkapital	360.000	224.628	224.628	153.350	103.273	88.922
Zinsaufwand langfr. Fremdkapital	1.200.000	1.140.000	1.083.000	1.028.850	977.408	928.537
Gewinn v. Steuern	21.903.277	21.622.603	21.551.598	20.315.039	19.477.489	18.225.757
BMGL GewSt	22.293.277	21.963.760	21.878.505	20.610.589	19.747.659	18.480.122
GewSt	3.121.059	3.074.926	3.062.991	2.885.482	2.764.672	2.587.217
KSt	3.466.194	3.421.777	3.410.540	3.214.855	3.082.313	2.884.226
Jahresüberschuss	15.316.025	15.125.900	15.078.067	14.214.701	13.630.504	12.754.314

Tabelle 4-28: ***Plan-Gewinn- und Verlustrechnungen der X AG***[631]

[630] Gemäß *Götze* (1998), S. 173 ist für die Beurteilung einer Direktinvestition auch eine Erfolgsprognose auf Ebene der Muttergesellschaft vorzunehmen.

[631] Zur Bestimmung der Bemessungsgrundlage für die Gewerbesteuer sind nach § 8 Nr. 1a) GewStG 25% der Finanzierungsaufwendungen hinzuzurechnen. Dabei wird ein Hebesatz von 400% angenommen.

Periode	1	2	3	4	5	6 ff.
Kassenbestand Vorperiode.	815.000	844.969	884.913	882.908	880.855	872.046
Einz. aus UE	56.310.833	56.339.477	58.772.268	58.871.659	58.735.043	58.185.336
Materialausz.	12.205.083	12.583.995	13.544.361	13.923.137	14.306.145	14.592.268
Investitionen Maschinen	5.661.000	7.698.960	5.889.704	6.007.498	6.127.648	6.250.201
Ausz. für Gebäudeerhaltung	454.500	445.546	436.769	428.165	419.730	411.461
L und G-Auszahlungen	12.420.900	12.920.208	14.459.985	15.585.615	16.169.534	16.703.286
Verw.ausz.	168.000	167.160	166.324	165.493	164.665	163.842
Vertriebsausz.	210.000	236.775	286.821	339.221	394.061	451.432
Unternehmenssteuern	6.587.252	6.496.703	6.473.531	6.100.337	5.846.985	5.471.443
Zinseinz. kurzfr. Finanzanlagen	30.000	30.000	4.393	4.393	4.393	4.393
Zinsausz. kurzfr. Fremdkapital	360.000	224.628	224.628	153.350	103.273	88.922
Zinsausz. langfr. Fremdkapital	1.200.000	1.140.000	1.083.000	1.028.850	977.408	928.537
Inv. in kurzfr. Finanzanlagen	0	0	0	0	0	0
Desinv. kurzfr. Finanzanlagen	0	1.280342	0	0	0	90.247
Tilgung kurzfr. Fremdkapital	1.128.104	0	593.977	417.313	119.587	0
Tilgung langfr. Fremdkapital	600.000	570.000	541.500	514.425	488.704	464.269
Ausschüttung	15.316.025	15.125.900	15.078.067	14.214.701	13.630.504	12.754.314
Kasse am Ende der Periode	844.969	884.913	882.908	880.855	872.046	872.046

Tabelle 4-29: ***Finanzpläne der X AG***[632]

Auf Basis dieser Informationen lässt sich nun folgender Wert für die X AG unter Berücksichtigung der Besteuerung auf Ebene der Anteilseigner bestimmen:

Periode	1	2	3	4	5	6 ff.
Ausschüttung v. pers. Steuern	15.316.025	15.125.900	15.078.067	14.214.701	13.630.504	12.754.314
Abgeltungsteuer	4.039.602	3.989.456	3.976.840	3.749.127	3.595.046	3.363.950
Netto-Aussch.	11.276.423	11.136.444	11.101.227	10.465.574	10.035.459	9.390.364
Barwert (i_s = 2,945%)	325.421.063					

Tabelle 4-30: ***Bewertung der X AG***[633]

In der status quo-Situation ergibt sich ein Barwert der Netto-Ausschüttungen in Höhe von 325.421.063 GE^{Heiml}.

632 Für die X AG wird angenommen, dass die Gewinne zu 100% an die Anteilseigner ausgeschüttet werden.

633 Bei den Anteilseignern der X AG handelt es sich annahmegemäß um natürliche Personen, die ihre Anteile im Privatvermögen halten, so dass § 32d Abs. 1 Satz 1 EStG anzuwenden ist, nach dem die Dividende mit einem Einkommensteuersatz von 25% (auch als Abgeltungsteuer bezeichnet) zzgl. Solidaritätszuschlag besteuert wird. § 32d Abs. 2 Satz 3 EStG kann annahmegemäß vernachlässigt werden; vgl. dazu die Fn. 403.

4.4.1.2 Bewertung der X AG (Alternative: Auslandsinvestition)

In diesem Abschnitt werden die Auswirkungen der Auslandsinvestition auf den Erfolg der X AG untersucht. Hierzu stellen die Ergebnisse des IUP-Modells den Ausgangspunkt dar,[634] in dem die Ausschüttungen der AS AG an die X AG bestimmt wurden[635]. Bei dem Transfer der Ausschüttung vom Investitionsland ins Heimatland muss an die Finanzverwaltung des Investitionslandes eine Quellensteuer entrichtet werden. Die X AG erhält demnach die Ausschüttung der AS AG nach Abzug von Quellensteuern. Die Ausschüttungen nach Abzug von Quellensteuern sind bereits in der Tabelle 4-27 angegeben, allerdings in Geldeinheiten des Investitionslandes. Es ist zunächst eine Umrechnung der Ausschüttung in die Währung des Heimatlandes mittels des in der jeweiligen Periode prognostizierten Wechselkurses vorzunehmen:[636]

Periode	2	3	4	5	6 ff.
Ausschüttung vor Quellensteuer in GE^{Invl}	34.609	4.845.083	7.716.821	9.370.551	11.236.444
Ausschüttung nach Quellensteuer in GE^{Invl}	32.879	4.602.829	7.330.980	8.902.023	10.674.622
Wechselkurs	0,5305	0,5150	0,5075	0,4950	0,4750
Ausschüttung der AS AG in GE^{Heiml}	17.442	2.370.457	3.720.473	4.406.502	5.070.445

Tabelle 4-31: ***Währungsumrechnung der Ausschüttung an die X AG***

Hinsichtlich der Besteuerung der Ausschüttung der AS AG bei der X AG gilt § 8b Abs. 1 KStG. Dadurch bleibt die Ausschüttung im Heimatland unbesteuert, womit eine Doppelbesteuerung von Gewinnen mit der Körperschaftsteuer vermieden werden soll. Für die Besteuerung mit der Gewerbesteuer werden nach § 8 Nr. 5 GewStG der gewerbesteuerlichen Bemessungsgrundlage „die nach […] § 8b Abs. 1 des Körperschaftsteuergesetzes außer Ansatz bleibenden Gewinnanteile (Dividenden) […], soweit sie nicht die Voraussetzungen des § 9 Nr. 2a oder 7 erfüllen“ wieder hinzugerechnet. Da im vorliegenden Fall die Voraussetzungen des § 9 Nr. 7 GewStG erfüllt sind, erfolgt keine Hinzurechnung zu der steuerlichen Bemessungsgrundlage.[637] Allerdings gelten nach § 8b Abs. 5 Satz 1 KStG 5% der steuerfreien Dividenden „als Ausgaben, die nicht als Betriebsausgaben abgezogen werden dürfen“. Die Bemessungsgrundlage für die nichtabzugsfähigen Betriebsausgaben sind die Dividenden vor Abzug von Quel-

634 Vgl. hierzu Kap. 4.3.3.3.

635 Vgl. hierzu Kap. 4.3.3.3.3.

636 Für die Höhe der Wechselkurse siehe Tabelle 4-1.

637 U. a. erfolgt gemäß § 9 Nr. 7 GewStG keine Hinzurechnung, wenn die Muttergesellschaft „seit Beginn des Erhebungszeitraums ununterbrochen mindestens zu 15 Prozent beteiligt ist […] und die ihre Bruttoerträge ausschliesslich oder fast ausschliesslich“ aus der Herstellung von Produkten bezieht.

lensteuern.[638] Somit sind faktisch die Ausschüttungen der AS AG an die X AG nur zu 95% von der Körperschaftsteuer befreit. Hierbei gilt für die Gewerbesteuer, dass nach § 9 Nr. 2a Satz 4 GewStG die nach § 8b Abs. 5 KStG nichtabzugsfähigen Betriebsausgaben keine Dividenden darstellen und somit ebenso die Bemessungsgrundlage für die Gewerbesteuer erhöhen. Die Steuerbelastung der X AG (S_X) durch den Erhalt der Ausschüttung der AS AG ($Div_{AS}^{GE^{Heiml}}$) kann wie folgt bestimmt werden:

$$S_X = Div_{AS}^{GE^{Heiml}} \cdot 5\% \cdot \left(s_{ge} + s_k^{SolZ} + s_q\right) \tag{4-20}$$

Des Weiteren fallen bei der X AG Kosten für die Betreuung und Koordination der AS AG an.[639] Für die Periode t=1, also zu Beginn der Standorterrichtung, werden insgesamt sechs Mitarbeiter für die Koordinationsabläufe zwischen der X AG und der AS AG eingeplant. In der Periode t=2 besteht das Team noch aus drei und in den Perioden t=3 bis t=5 noch aus zwei Mitarbeitern. Ab der Periode t=6 wird nur noch ein Mitarbeiter für die Steuerung der Koordinationsabläufe zwischen der X AG und der AS AG benötigt, da der Koordinationsaufwand im Verhältnis zur Standorterrichtung erheblich geringer ist.[640] Das durchschnittliche Jahresgehalt eines Mitarbeiters aus dem Koordinationsteam beträgt 70.000 GE^{Heiml} und steigt im Zeitablauf konstant um 3%. Die Koordinationskosten stellen Personalaufwendungen dar und mindern die Steuerbemessungsgrundlage der X AG. Außerdem müssen im IUP-Modell die finanziellen Konsequenzen der Eigenkapitaleinlagen der X AG bei der AS AG berücksichtigt werden. Aufgrund dieser Informationen kann der folgende Gewinn für die X AG ermittelt werden:

---

638 Vgl. *Frotscher* (2009), S. 187; *Grotherr/Herfort/Strunk* (2010), S. 70; *Schoss* (2011), S. 64; *Seidel* (2011), S. 107.

639 Häufig werden diese Kosten fälschlicherweise bei internationalen Standortentscheidungen vernachlässigt oder dem inländischen Standort zugerechnet; vgl. *Kinkel/Zanker* (2007), S. 5 und 147 f.

640 Eine Vernachlässigung der Koordinationskosten würde dazu führen, dass Kosten, die durch die Errichtung des ausländischen Produktionsstandorts verursacht werden, fälschlicherweise zu Lasten der X AG gehen würden. Somit kommt es in diesem Fall nach *Kinkel/Zanker* (2007), S. 29 dazu, dass „der ausländische Standort künstlich vorteilhaft und der [heimische] Standort künstlich nachteilhaft gerechnet“ wird.

Periode	1	2	3	4	5	6 ff.
Gewinn v. Zinsen und Steuern vor Auslands-investition	23.433.277	22.957.231	22.854.832	21.492.846	20.553.777	19.238.824
Koordinations-kosten	432.600	222.789	152.982	157.571	162.298	83.584
Gewinn v. Zinsen und Steuern	23.000.677	22.734.442	22.701.851	21.335.274	20.391.478	19.155.240
Zinsaufwand	1.560.000	1.500.000	1.771.128	1.741.558	1.642.965	1.582.525
Nichtabzugsfähige Betriebsausgaben nach § 8b Abs. 5 KStG[641]	0	918	124.761	195.814	231.921	266.866
BMGL Körper-schaftsteuer	21.470.677	21.253.247	21.055.483	19.789.531	18.980.434	17.839.580
Körperschaft-steuer	3.397.735	3.363.326	3.332.030	3.131.693	3.003.654	2.823.114
BMGL Gewerbe-steuer	21.860.677	21.628.247	21.498.265	20.224.920	19.391.175	18.235.212
Gewerbesteuer	3.060.495	3.027.955	3.009.757	2.831.489	2.714.765	2.552.930
Ausschüttung der AS AG an die X AG in GE^{Heiml}	0	17.442	2.370.457	3.720.473	4.406.502	5.070.445
Gewinn	15.012.448	14.878.490	16.959.392	17.351.007	17.436.596	17.267.117

Tabelle 4-32: ***Gewinn nach Unternehmenssteuern der X AG (Auslandsinvestition)***

Ein Vergleich des Gewinns der ersten Periode mit dem Gewinn der X AG in der status quo-Situation zeigt,[642] dass der Gewinn in der status quo-Situation um 303.577 GE^{Heiml} höher ist. Der Grund dafür liegt darin, dass die Auslandsinvestition in der ersten Periode keine Umsatzerlöse erwirtschaftet und somit nur Kosten in Form von Koordinationskosten anfallen. Allerdings entspricht die Differenz in der ersten Periode nicht den Koordinationskosten, weil diese die Bemessungsgrundlage für die Körperschaft- und Gewerbesteuer senken und sich somit durch den Anfall der Koordinationskosten eine Steuerersparnis ergibt. Für die erste Periode kann die Differenz auch wie folgt berechnet werden:

$$432.600 \cdot \left(1 - s_k - s_{ge}\right) = 303.577 \qquad (4\text{-}21)$$

Die Differenz resultiert demnach aus den um die Steuern verminderten Koordinationskosten. In den darauf folgenden Perioden ergibt sich aufgrund der Koordinationskosten und der mit der Ausschüttung der AS AG an die X AG zusammenhängenden steuerlichen Aspekte bei der X AG eine gegenüber der status quo-Situation veränderte Finanzierungsstruktur im IUP-Modell, so dass die zu-

641 Die nichtabzugsfähigen Betriebsausgaben nach § 8b Abs. 5 KStG betragen 5% von den Ausschüttungen der AS AG in GE^{Inl} vor Abzug der Quellensteuer, die anschließend mit dem Wechselkurs in die Währung des Heimatlandes umgerechnet wird.

642 Siehe Tabelle 4-28.

künftigen Differenzbeträge neben einem Steuereffekt noch zusätzlich einen Zinseffekt beinhalten.

Der ermittelte Gewinn in der Tabelle 4-32 stellt die Ausgangsbasis für die Bestimmung der Ausschüttungen an die Anteilseigner der X AG dar. Wird von einer Vollausschüttung der Gewinne ausgegangen, lassen sich unter Berücksichtigung der Besteuerung auf Ebene der Anteilseigner folgende Netto-Ausschüttungen ermitteln:

Periode	1	2	3	4	5	6 ff.
Ausschüttung vor pers. Steuern	15.012.448	14.878.490	16.959.392	17.351.007	17.436.596	17.267.117
Abgoltungsteuer	3.959.533	3.924.202	4.473.040	4.576.328	4.598.902	4.554.202
Netto-Ausschüttungen	11.052.915	10.954.288	12.486.352	12.774.679	12.837.694	12.712.915

Tabelle 4-33: ***Netto-Ausschüttungen an die Anteilseigner der X-AG (Auslandsinvestition)***

Die Netto-Ausschüttungen an die Anteilseigner der X AG stellen den bewertungsrelevanten Cashflow dar. Für die X AG ergibt sich demnach ein Wert in Höhe von 428.361.211 GE^{Heiml}. Zur Berechnung des Werts der Auslandsinvestition wird als nächstes der Barwert dem Barwert in der status quo-Situation gegenübergestellt. Die Differenz der beiden Barwerte beträgt 102.940.148 GE^{Heiml}. Der Wert der Auslandsinvestition wird bestimmt, indem noch die Auszahlungen in t=0 in Höhe von 701.250 GE^{Heiml} für die Auslandsinvestition berücksichtigt werden,[643] so dass sich ein Kapitalwert in Höhe von 102.238.898 GE^{Heiml} ergibt.

4.4.1.3 Bewertung der X AG (Alternative: Inlandsinvestition)

Alternativ zur oben aufgeführten Auslandsinvestition hat die X AG die Möglichkeit, eine Investition am heimischen Standort auszuführen und den Absatzmarkt im Investitionsland durch Export zu erschließen. Hierfür wird die Z GmbH gegründet. Die Erfolgsprognose für die Z GmbH basiert wieder auf dem IUP-Modell.[644] Die Annahmen zur Erfolgsprognose werden, soweit nicht anderes angegeben, aus dem IUP-Modell für die Auslandsinvestition übernommen, so dass eine weitgehende Vergleichbarkeit der Ergebnisse gewährleistet wird. So bleiben beispielsweise die Entwicklung der geplanten Absatzmengen, Absatz-

---

[643] Die restlichen Eigenkapitaleinlagen seitens der X AG bei der AS AG werden im IUP-Modell im Rahmen der Herstellung der finanziellen Gleichgewichte berücksichtigt.

[644] Die ausführlichen Tabellen des IUP-Modells für die Inlandsinvestition befinden sich im Anhang VIII, S. 300-305.

preise auf dem Heimatmarkt und dem ausländischen Absatzmarkt, Materialpreise, Anlagenpreise etc. unverändert.[645] Anpassungen erfolgen bei den Personalkosten, bei der Produktivität, bei der Materialbeschaffung sowie bei der Besteuerung.[646] Im Folgenden werden die wesentlichen Veränderungen in den Annahmen gegenüber der Auslandsinvestition näher dargestellt.

Im Materialbereich wird im Unterschied zur Auslandsinvestition die Materialart a nicht mehr im Investitionsland, sondern wie die Materialart c im Heimatland beschafft. Die Materialart b wird weiterhin aus dem Drittland beschafft.

Materialart	Menge pro Endprodukt (f^{MV})	Beschaffungsland
a	2	Heimatland
b	3	Drittland
c	2	Heimatland

Tabelle 4-34: ***Einsatzverhältnis und Beschaffungsland des benötigten Materials***

Im Vergleich zur Auslandsinvestition ist im Personalbereich die Anzahl an Personal geringer, das von der Produktionsmenge unabhängig ist. Der Personalbeanspruchungskoeffizient ist ebenfalls niedriger, womit der höheren Produktivität im Heimatland Rechnung getragen werden soll. Durch den niedrigeren Personalbeanspruchungskoeffizienten ist auch die produktionsabhängige Anzahl an Personal geringer. Dafür ist die durchschnittliche Bruttovergütung pro Arbeitnehmer wesentlich höher, deren jährliche Steigerungsrate im Vergleich zum Ausland allerdings niedriger.[647]

Da die Z GmbH im Heimatland angesiedelt ist, gelten hierfür auch die steuerlichen Regelungen des Heimatlandes, die wie vorher schon erwähnt, in vereinfachter Form dem Steuersystem der Bundesrepublik Deutschland entspricht.

---

[645] Das Modell ist, so angelegt, dass die Parameter an andere spezifische Situationen angepasst werden können. Realiter kann davon ausgegangen werden, dass Unternehmen, die in ausländischen Märkten Werke betreiben, mehr Absatzpotenzial und andere Beschaffungsbedingungen aufweisen.

[646] Personalkosten und Produktivität sind die beiden wesentlichen Entscheidungsfaktoren. Die geringen Personalkosten im Ausland wirken positiv auf die Durchführung der Auslandsinvestition, während die damit zusammenhängende geringere Produktivität sich negativ auswirkt. Daher müssen hier für die Inlandsinvestition im IUP-Modell Anpassungen vorgenommen werden, da hier davon ausgegangen werden kann, dass erhebliche Unterschiede zwischen Heimat- und Investitionsland bestehen.

[647] Der Steigerungssatz pro Periode für die Gehälter beträgt 4% und für die Löhne 3%.

Periode	0	1	2	3	4	5	6
Anzahl P^{fix}			40	45	50	50	50
Anzahl P^{var} (f^P=0,0001)			10	33	46	51	53
BV^{fix}	50.000	52.000	54.080	56.243	58.493	60.833	63.266
Gehaltsauszahlung	0	0	2.163.200	2.530.944	2.924.646	3.041.632	3.163.298
BV^{var}	30.000	30.900	31.827	32.782	33.765	34.778	35.822
Lohnauszahlung			318.270	1.081.800	1.553.202	1.773.689	1.898.543
Gesamtauszahlung	0	0	2.481.470	3.612.744	4.477.849	4.815.322	5.061.841

Tabelle 4-35: ***Berechnung der Lohn- und Gehaltsauszahlungen***[648]

Auf Basis dieser Veränderungen ergeben sich für die Z GmbH folgende zukünftige Gewinn- und Verlustrechnungen:

Periode	1	2	3	4	5	6 ff.
Umsatzerlöse	0	3.116.279	11.292.882	15.902.278	16.986.911	17.319.458
Bestandsveränderung fertige Erzeugnisse	0	305.456	50.482	17.594	(-)20.176	24.974
Erhaltungsaufwand Gebäude	0	59.918	58.738	57.581	56.446	55.334
Abschreibungen Gebäude	0	42.375	41.540	40.722	39.920	39.133
Abschreibungen Maschinen	0	1.066.155	2.586.497	3.203.705	2.656.846	3.256.462
Materialaufwand	0	390.720	1.341.393	1.925.384	2.179.469	2.336.020
Personalaufwand	0	2.481.470	3.612.744	4.477.849	4.815.322	5.061.841
Verwaltungsaufwand	10.000	119.400	118.803	118.209	117.618	117.030
Vertriebsaufwand	0	302.385	340.939	399.625	461.031	532.286
Wechselkursaufwand Forderungen	0	0	-5.117	-10.202	-23.600	-41.665
Wechselkursertrag Verbindlichkeiten	0	1.370	1.827	3.172	3.458	5.152
Zinserträge kurzfr. Finanzanlagen	0	0	0	0	8.916	0
Zinsaufwand kurzfr. Fremdkapital	0	91.175	91.175	180.000	0	180.000
Zinsaufwand langfr. Fremdkapital	23.750	277.245	682.800	812.533	771.907	743.866
Gewinn v. Steuern	-33.750	- 1.407.738	2.465.445	4.697.235	5.856.950	4.985.928
BMGL GewSt	-27.813	- 1.315.634	2.658.939	4.945.369	6.049.927	5.216.899
GewSt[649]	0	0	372.251	692.352	846.990	730.366
KSt	0	0	390.157	743.338	926.862	789.023
Jahresüberschuss	-33.750	- 1.407.738	1.703.037	3.261.546	4.083.098	3.466.539

Tabelle 4-36: ***Plan-Gewinn- und Verlustrechnungen der Z GmbH***

Die Finanzpläne sehen wie folgt aus:

[648] In der Periode 1 werden noch keine Arbeitskräfte ausgewiesen, da die Muttergesellschaft (X AG) Mitarbeiter abstellt, die in der Gründungsphase der AS AG die Koordination übernehmen und später separat als Koordinationskosten bei der Standortbewertung berücksichtigt werden.

[649] Für die Besteuerung mit der Gewerbesteuer wird bei der Z GmbH ebenfalls ein Hebesatz von 400% angenommen.

Periode	1	2	3	4	5	6 ff.
Kassenbestand Vorperiode.	200.000	46.744	169.393	238.534	254.804	259.792
Einz. aus UE	0	2.798.209	10.431.240	15.422.099	16.848.570	17.249.747
Materialausz.	0	389.082	1.339.058	1.922.103	2.175.924	2.330.965
Investitionen Maschinen	4.264.620	7.147.522	5.055.330	1.016.268	5.055.310	6.927.307
Investitionen Gebäude	847.500	0	0	0	0	0
Auszahlung für Gebäude-erhaltung	0	85.598	83.911	82.258	80.638	79.049
Lohn- und Gehaltsausz.	0	2.481.470	3.612.744	4.477.849	4.815.322	5.061.841
Verwaltungs-auszahlungen	10.000	119.400	118.803	118.209	117.618	117.030
Vertriebsausz.	0	302.385	340.939	399.625	461.031	532.286
Unternehmens-steuern	0	0	762.408	1.435.689	1.773.852	1.519.389
Zinseinz. kurzfr. Finanzanlagen	0	0	0	0	8.916	0
Zinsausz. kurzfr. Fremdkapital	0	91.175	91.175	180.000	0	180.000
Zinsausz. langfr. Fremdkapital	23.750	277.245	682.800	812.533	771.907	743.886
Inv. in kurzfr. Finanzanlagen	0	0	0	445.791	0	0
Desinv. kurzfr. Finanzanlagen	0	0	0	0	445.791	0
Aufnahme kurzfr. Fremdkapital	759.789	0	740.211	0	1.500.000	0
Tilgung kurzfr. Fremdkapital	0	0	0	1.500.000	0	0
Aufnahme langfr. Fremdkapital	2.546.820	4.194.181	1.638.731	0	105.745	3.737.993
Tilgung langfr. Fremdkapital	11.875	138.622	341.400	406.267	385.953	371.943
EK-Einlagen	1.697.880	4.162.757	1.049.957	0	0	342.494
Ausschüttungen	0	0	1.362.430	2.609.237	3.266.479	3.466.539
Kasse am Ende der Periode	46.744	169.393	238.534	254.804	259.792	259.792

Tabelle 4-37: ***Finanzpläne der Z GmbH***[650]

Als nächstes sind wiederum die durch die Ausschüttungen der Z GmbH an die X AG resultierenden finanziellen Konsequenzen bei der X AG zu untersuchen, um daran anschließend den Wert der Inlandsinvestition zu ermitteln. Die Besteuerung der Ausschüttung bei der X AG unterscheidet sich kaum im Vergleich zur Auslandsinvestition, da das deutsche Steuerrecht nicht zwischen Ausschüttungen einer Auslands- und Inlandsgesellschaft differenziert. Da es sich hier um einen inländischen Kapitaltransfer handelt, sind lediglich keine Quellensteuern zu zahlen.

650 Für die Z GmbH wird ebenfalls bis einschließlich Periode 5 eine Ausschüttungsquote von 80% unterstellt, während ab der Periode 6 von einer Vollausschüttung der Gewinne ausgegangen wird.

Bei der X AG fallen wieder Koordinationskosten an, allerdings sind diese im Unterschied zur Auslandsinvestition geringer, da hier weniger Personal benötigt wird.[651] Für die X AG ergibt sich aufgrund dieser Umstände folgender Gewinn:

Periode	1	2	3	4	5	6 ff.
Gewinn v. Zinsen und Steuern vor Ausl.inv.	23.433.277	22.957.231	22.854.832	21.492.846	20.553.777	19.238.824
Koordinationskost.	288.400	148.526	76.491	78.786	81.149	83.584
Gewinn v. Zinsen und Steuern	23.144.877	22.808.705	22.778.341	21.414.060	20.472.627	19.155.240
Zinsaufwand	1.560.000	1.500.000	1.904.288	1.895.735	1.798.684	1.739.709
Nichtabzugsfähige Betriebsausgaben nach § 8b Abs. 5 KStG	0	0	68.121	130.462	163.324	173.327
BMGL Körper-schaftsteuer	21.614.877	21.327.309	20.942.175	19.648.786	18.837.267	17.588.858
Körperschaftsteuer	3.420.554	3.375.047	3.314.099	3.109.420	2.980.997	2.783.437
BMGL Gewerbe-steuer	22.004.877	21.702.309	21.418.247	20.122.720	19.286.938	18.023.785
Gewerbesteuer	3.080.683	3.038.323	2.998.555	2.817.181	2.700.171	2.523.330
Ausschüttung der Z GmbH an die X AG	0	0	1.362.430	2.609.237	3.266.479	3.466.539
Gewinn	15.113.640	14.913.939	15.923.830	16.200.960	16.259.253	15.575.303

Tabelle 4-38: ***Gewinn nach Unternehmenssteuern der X AG (Inlandsinvestition)***[652]

Ausgehend vom ermittelten Gewinn in Tabelle 4-38 können die Ausschüttungen an die Anteilseigner der X AG unter Berücksichtigung der persönlichen Besteuerung bestimmt werden. Hierfür wird, wie bei der Beurteilung der Auslandsinvestition, von einer Vollausschüttung der Gewinne ausgegangen:

Periode	1	2	3	4	5	6 ff.
Ausschüttung vor pers. Steuern	15.113.640	14.913.939	15.923.830	16.200.960	16.259.253	15.575.303
Abgeltungsteuer	3.986.223	3.933.551	4.199.910	4.273.003	4.288.378	4.107.986
Netto-Ausschüttungen	11.127.418	10.980.388	11.723.920	11.927.957	11.970.875	11.467.317

Tabelle 4-39: ***Netto-Ausschüttungen an die Anteilseigner der X AG (Inlandsinvestition)***

Für die X AG resultiert ein Wert in Höhe von 389.673.821 GE^{Heiml}. Die Differenz zum Barwert in der status quo-Situation beträgt 64.252.758 GE^{Heiml}. Hiervon sind zur Beurteilung der Inlandsinvestition die Auszahlungen in t= 0 in Höhe von 500.000 GE^{Heiml} abzuziehen, so dass sich ein Kapitalwert in Höhe von 63.752.758 GE^{Heiml} ergibt.

[651] Vgl. Anhang IX, S. 306.

[652] Die nichtabzugsfähigen Betriebsausgaben nach § 8b Abs. 5 KStG betragen 5% der Ausschüttung der Z GmbH an die X AG.

4.4.1.4 Alternativenbeurteilung

Bei dem Vergleich der Alternativen wird ersichtlich, dass sowohl die Auslands- als auch die Inlandsinvestition einen Kapitalwert > 0 haben. Wie die Tabelle 4-40 zeigt, kann in beiden Fällen ein höherer Wert für die X AG im Vergleich zur status quo-Situation berechnet werden.

	Status quo	Alternative Auslandsinvestition	Alternative Inlandsinvestition
Wert der X AG in GE^{Heiml}	325.421.063	428.361.211	389.673.821
Kapitalwert der Alternative in GE^{Heiml}	0	102.238.898	63.752.758

Tabelle 4-40: ***Wertvergleich der Alternativen***

Die Alternative Auslandsinvestition weist gegenüber der Alternative Inlandsinvestition einen höheren Kapitalwert auf, so dass die Auslandsinvestition die vorteilhafte Alternative darstellt. Folglich sollte die Auslandsinvestition durchgeführt werden. Allerdings wäre eine Entscheidungsfindung allein auf Basis dieser Ergebnisse nicht geeignet, da die Ermittlung der Werte auf einer einwertigen Erfolgsprognose beruht.[653] Hierbei wird das Risiko vernachlässigt und eine Entscheidungssituation unter Sicherheit unterstellt. Dem soll im nächsten Abschnitt Rechnung getragen werden, in dem eine mehrwertige Erfolgsprognose zur Offenlegung der Risikostruktur und eine anschließende Risikobewertung durchgeführt werden.

4.4.2 Risikoberücksichtigung bei der Vorteilhaftigkeitsanalyse der Alternativen

In diesem Abschnitt wird die Risikotransparenz hergestellt, wofür - wie schon vorher dargestellt[654] - zwei Methoden, die Szenariotechnik und die Risikosimulation, in Frage kommen. Beide Verfahren werden sowohl für die Auslands- als auch Inlandsinvestition angewendet[655] und ihre Ergebnisse abschließend miteinander verglichen. Ziel ist es, das Risiko der Auslands- und Inlandsinvestition offenzulegen und zu bewerten. Dabei wird die Basisplanung der X AG in der status quo-Situation weiterhin einwertig durchgeführt, damit ausschließlich die Risikoeffekte der Alternativen sichtbar werden und ein konsistenter Vergleich der Risikostruktur erfolgen kann.

---

653 Vgl. in Bezug zum Beteiligungscontrolling *Dolny* (2003), S. 202.
654 Vgl. Kap. 2.3.1.1 und 2.3.1.2.
655 Die status quo-Situation kann im Folgenden vernachlässigt werden.

4.4.2.1 Alternative: Auslandsinvestition

4.4.2.1.1 Offenlegung mittels Szenariotechnik

In dem obigen Beispiel wurde der Kapitalwert auf Basis einer einwertigen Erfolgsprognose berechnet. Es wird also Sicherheit hinsichtlich der prognostizierten Daten unterstellt. Allerdings sind aufgrund der Zukunftsbezogenheit bei der Beurteilung von Investitionen mehrwertige Prognosen durchzuführen, mit denen das Eintreten mehrerer Umweltzustände berücksichtigt wird.[656] Ein Konzept, mit dem die Risikostruktur der Auslandsinvestition offengelegt werden kann, ist die in dieser Arbeit bereits dargestellte Szenariotechnik.[657] Hier wird vereinfacht von drei möglichen Szenarien ausgegangen, dem worst-, base- und best-case. Die oben durchgeführte Erfolgsprognose repräsentiert den base-case. In den folgenden Tabellen Tabelle 4-41 und Tabelle 4-42 sind die Daten für das worst-case-Szenario der AS AG angegeben.

Absatzbereich:						
Periode		2	3	4	5	6 ff.
Absatzmenge Heimatland		15.000	58.250	73.500	78.500	82.500
Absatzmenge Investitionsl.		52.500	221.750	316.500	351.500	372.500
Preiswachstumsrate Heimatl.	-1,5%					
Preiswachstumsrate Investitionsl.	-2,5%					
Materialbereich:						
Materialpreissteigerungssatz Heimatland	4%					
Materialpreissteigerungssatz Investitionsland	7%					
Materialpreissteigerungssatz Drittland	9%					
Materialverbrauchs-koeffizient Investitionsland	5					
Materialverbrauchs-koeffizient Heimatland	3					
Materialverbrauchs-koeffizient Drittland	5					
Anlagenbereich:						
Preissteigerungssatz von Gebäudekosten	2%					
Preissteigerungssatz für Anlagen	3%					

Tabelle 4-41: ***Prämissen für das worst-case-Szenario der AS AG (1. Teil)***[658]

656 Vgl. auch Kap. 2.3.1.

657 *Buhmann/Schön* (2009), S. 282 ff. verwenden ebenfalls die Szenariotechnik bei der Bewertung eines Standorts. Im Zusammenhang mit der Bewertung von Unternehmen in Schwellenländern kommt *Rullkötter* (2010), S. 72 zu dem Schluss, dass „die Anwendung des Szenario-Ansatzes zu befürworten" ist.

658 Der Materialverbrauchskoeffizient hängt von der Personalqualifikation und der Lieferantenqualität ab, so dass es bei den verschiedenen Beschaffungsmärkten zu Unterschieden kommen kann; vgl. zu einer Übersicht der Einflussfaktoren auf die Inputgrößen *Buhmann/Schön* (2009), S. 284.

Personalbereich:						
Personalbeanspruchungskoeffizient	0,0006					
Wachstumsrate für Gehälter	9%					
Wachstumsrate für Löhne	9%					
Verwaltungs- und Vertriebsbereich						
Veränderungsrate Lieferungen	5%					
Veränderungsrate Kosten pro Lieferung	4%					
Wechselkurs[659]*:*						
Periode	1	2	3	4	5	6 ff.
Wechselkurs Heimat- und Investitionsland	0,595	0,575	0,56	0,545	0,54	0,53
Wechselkurs Investitions- und Drittland	1,49	1,51	1,495	1,51	1,53	1,55

Tabelle 4-42: ***Prämissen für das worst-case-Szenario der AS AG (2. Teil)***

Für das best-case-Szenario sind die herangezogenen Werte und Faktoren in den TabellenTabelle 4-43 undTabelle 4-44 dargestellt.

Absatzbereich:						
Periode		2	3	4	5	6 ff.
Absatzmenge Heimatland		28.500	89.500	130.500	144.000	149.500
Absatzmenge Investitionsland		106.500	330.500	479.500	511.000	550.500
Preiswachstumsrate Heimatland	0%					
Preiswachstumsrate Investitionsl.	-1%					
Materialbereich:						
Preissteigerungssatz Heimatland	0%					
Preissteigerungssatz Investitionsl.	3%					
Preissteigerungssatz Drittland	5%					
Verbrauchskoeffizient Investitionsl.	3					
Verbrauchskoeffizient Heimatl.	1					
Verbrauchskoeffizient Drittland	2					
Anlagenbereich:						
Preissteigerungssatz von Gebäudekosten	0%					
Preissteigerungssatz für Anlagen	1%					

Tabelle 4-43: ***Prämissen für das best-case-Szenario der AS AG (1. Teil)***

[659] Der Wechselkurs zwischen dem Investitionsland und dem Heimatland hat in zweifacher Weise eine Wirkung auf die Zahlungsströme der AS AG, da zum einen aus der Sicht der AS AG Produkte in das Heimatland exportiert werden und Materialien aus dem Heimatland importiert werden. Dementsprechend führt eine Abwertung der Währung im Investitionsland zu höheren Umsatzerlösen aus dem Exportgeschäft, aber auch zu höheren Materialauszahlungen aus den Importbeziehungen. Da in diesem Beispiel die Export- im Verhältnis zu den Importbeziehungen gewichtiger sind, schlägt sich eine Abwertung der Währung im Investitionsland gegenüber der heimischen Währung im Bewertungsergebnis positiv aus. Der Wechselkurs zwischen dem Investitionsland und dem Drittland wirkt sich nur auf den Materialbereich aus, da die AS AG nur Importgeschäfte mit dem Drittland betreibt. Somit wirken sich diesbezüglich eine Abwertung der Währung des Investitionslandes gegenüber der Währung des Drittlandes negativ und eine Aufwertung positiv auf den Erfolg der Auslandsinvestition aus.

Absatzbereich:						
Periode		2	3	4	5	6 ff.
Absatzmenge Heimatland		28.500	89.500	130.500	144.000	149.500
Absatzmenge Investitionsland		106.500	330.500	479.500	511.000	550.500
Preiswachstumsrate Heimatland	0%					
Preiswachstumsrate Investitionsl.	-1%					
Materialbereich:						
Preissteigerungssatz Heimatland	0%					
Preissteigerungssatz Investitionsl.	3%					
Preissteigerungssatz Drittland	5%					
Verbrauchskoeffizient Investitionsl.	3					
Verbrauchskoeffizient Heimatl.	1					
Verbrauchskoeffizient Drittland	2					
Anlagenbereich:						
Preissteigerungssatz von Gebäudekosten	0%					
Preissteigerungssatz für Anlagen	1%					
Personalbereich:						
Personalbeanspruchungskoeffizient	0,0004					
Wachstumsrate für Gehälter	5%					
Wachstumsrate für Löhne	5%					
Verwaltungs- und Vertriebsbereich						
Veränderungsrate Lieferungen	15%					
Veränderungsrate Kosten pro Lieferung	1,5%					
Wechselkurs:						
Periode	1	2	3	4	5	6 ff.
Wechselkurs Heimat- und Investitionsland	0,54	0,50	0,475	0,445	0,425	0,41
Wechselkurs Investitions- und Drittland	1,545	1,625	1,67	1,78	1,88	1,95

Tabelle 4-44: ***Prämissen für das best-case-Szenario der AS AG (2. Teil)***

Aus der Anpassung der Daten für das jeweilige Szenario ergeben sich folgende Plan-Gewinn- und Verlustrechnungen und Ausschüttungen der AS AG für das worst-case-Szenario:

Periode	1	2	3	4	5	6 ff.
Umsatzerlöse	0	4.267.106	17.235.037	23.187.423	24.920.543	25.951.761
Bestandserhöhung	0	591.852	210.548	77.820	23.302	86.970
Zinserträge kurzfr. Finanzanlagen	0	0	0	0	14.504	0
Erhaltungsaufwand Gebäude	0	107.100	105.022	102.985	100.987	99.028
Abschreibungen Gebäude	0	75.000	73.545	72.118	70.719	69.347
Abschreibungen Anlagen	0	1.429.125	4.506.508	5.401.426	4.571.617	5.573.370
Materialaufwand	0	1.288.447	4.871.137	7.175.814	8.433.179	9.523.273
Personalaufwand	0	2.007.889	4.040.490	5.589.863	6.446.834	7.261.843
Verwaltungsaufwand	14.000	167.160	166.324	165.493	164.665	163.842
Vertriebsaufwand	0	570.000	639.600	713.856	793.029	877.394
Wechselkursertrag Forderungen	0	0	3.955	15.960	6.857	14.835
Wechselkursertrag Verbindlichkeiten	0	(-)171	(-)3.434	(-)801	2.225	1.153
Zinsaufwand kurzfr. Fremdkapital	0	156.221	156.221	180.000	0	180.000
Zinsaufwand langfr. Fremdkapital	42.500	392.610	1.192.846	1.480.657	1.406.624	1.557.758
Ergebnis vor St.	-56.500	-1.334.766	1.694.413	2.398.191	2.979.776	748.864
Steuern	0	-266.953	338.883	479.638	595.955	149.773
Jahresüberschuss	-56.500	-1.067.813	1.355.530	1.918.553	2.383.821	599.092
Ausschüttung	0	0	1.084.424	1.534.842	1.907.057	599.092
Thesaurierung	0	0	271.106	383.711	476.764	0

Tabelle 4-45: ***Plan-Gewinn- und Verlustrechnungen des worst-case-Szenarios***

Für das best-case-Szenario ergeben sich folgende Plan-Gewinn- und Verlustrechnungen und Ausschüttungen:

Periode	1	2	3	4	5	6 ff.
Umsatzerlöse	0	9.209.033	29.223.665	43.558.379	48.015.443	51.438.631
Bestandserhöhung	0	635.600	184.245	(-)6.605	(-)36.197	111.950
Zinserträge kurzfr. Finanzanlagen	0	0	0	0	106.512	0
Erhaltungsaufwand Gebäude	0	105.000	102.900	100.842	98.825	96.849
Abschreibungen Gebäude	0	75.000	73.500	72.030	70.589	69.178
Abschreibungen Anlagen	0	2.802.750	6.348.229	7.620.257	6.196.472	8.536.091
Materialaufwand	0	1.080.276	3.064.564	4.466.697	4.903.135	5.358.686
Personalaufwand	0	2.017.575	3.611.790	4.922.800	5.398.671	5.896.421
Verwaltungsaufw.	14.000	167.160	166.324	165.493	164.665	163.842
Vertriebsaufwand	0	570.000	682.080	809.757	975.618	1.159.009
Wechselkursertrag Forderungen	0	0	17.500	74.098	80.502	72.310
Wechselkursertrag Verbindlichkeiten	0	289	-44	2.793	2.982	1.645
Zinsaufwand kurzfr. Fremdkapital	0	157.775	180.000	180.000	0	109.822
Zinsaufwand langfr. Fremdkapital	42.500	725.951	1.665.307	2.115.173	2.009.414	1.908.944
Ergebnis vor St.	-56.500	2.143.435	13.530.672	23.175.617	28.351.852	28.325.696
Steuern	0	428.687	2.706.134	4.635.123	5.670.370	5.665.139
Jahresüberschuss	-56.500	1.714.748	10.824.538	18.540.493	22.681.482	22.660.557
Ausschüttung	0	1.371.798	8.659.630	14.832.395	18.145.186	22.660.557
Thesaurierung	0	342.950	2.164.908	3.708.099	4.536.296	0

Tabelle 4-46: ***Plan-Gewinn- und Verlustrechnungen des best-case-Szenarios***

Zusammenfassend resultiert aus der Szenariostruktur folgende Wahrscheinlichkeitsverteilung der Ausschüttungen an die X AG:

Szenario	Periode	2	3	4	5	6 ff.
worst (0,3)	Ausschüttung der AS AG in GE^{Invl} an die X AG	0	1.084.424	1.534.842	1.907.057	599.092
base (0,5)		34.609	4.845.083	7.716.821	9.370.551	11.236.444
best (0,2)		1.371.798	8.659.630	14.832.395	18.145.186	22.660.557

Tabelle 4-47: ***Wahrscheinlichkeitsverteilung der Ausschüttungen der AS AG an die X AG***

4.4.2.1.2 Risikobewertung auf Basis der Szenariostruktur

Hinsichtlich der Risikoberücksichtigung können zwei Schritte unterschieden werden: zum einen die Offenlegung der Risikostruktur und zum anderen die Bewertung des Risikos. Im vorherigen Abschnitt wurde mittels der Szenariotechnik die Risikostruktur der Auslandsinvestition abgebildet. Als nächstes gilt es, die mehrwertige Erfolgsprognose mittels der Sicherheitsäquivalentmethode auf einen einwertigen Kapitalwert zu verdichten.[660] Da der Kapitalwert den Wertzuwachs bei der X AG darstellt und sich aus einer Differenzbetrachtung ergibt, bei der der Wert der X AG ohne Durchführung dem Wert der X AG mit Durchführung der Auslandsinvestition gegenübergestellt wird, stellt die Erfolgsprognose der X AG den Ausgangspunkt dar. Hierbei werden die Daten für die X AG weiter als sicher unterstellt, damit nur das Risiko der Auslandsinvestition berücksichtigt wird.[661]

In den folgenden Tabellen sind die Ergebnisse der Risikooffenlegung zusammengefasst, die die Basis für die anschließende Sicherheitsäquivalentmethode bilden.

[660] Vgl. im Zusammenhang mit dem Beteiligungscontrolling *Dolny* (2003), S. 202.
[661] Daher entsprechen sich die Daten der X AG in der ersten Zeile der Tabelle 4-48 für die einzelnen Szenarien. Differenzen bei den weiteren Daten ergeben sich aufgrund der Koordinationskosten, die für die einzelnen Szenarien unterschiedlich hoch sind und damit verbundenen Finanzierungseffekten.

w	Periode	1	2	3	4	5	6 ff.
0,3	Gewinn v. Zi. u. St. v. Auslands-investition der X AG	23.433.277	22.957.231	22.854.832	21.492.846	20.553.777	19.238.824
0,5		23.433.277	22.957.231	22.854.832	21.492.846	20.553.777	19.238.824
0,2		23.433.277	22.957.231	22.854.832	21.492.846	20.553.777	19.238.824
0,3	Koordinations-kosten	436.800	302.848	157.481	163.780	170.331	88.572
0,5		432.600	222.789	152.982	157.571	162.298	83.584
0,2		428.400	145.656	148.569	75.770	77.286	78.831
0,3	Gewinn vor Zinsen, Steuern und Beteiligungsertrag	22.996.477	22.654.383	22.697.351	21.329.065	20.383.445	19.150.251
0,5		23.000.677	22.734.442	22.701.851	21.335.274	20.391.478	19.155.240
0,2		23.004.877	22.811.575	22.706.263	21.417.075	20.476.491	19.159.992
0,3	Zinsertrag	30.000	24.787	0	0	0	0
0,5		30.000	17.887	0	0	0	0
0,2		30.000	3.354	0	0	0	0
0,3	gesamter Zinsaufwand	1.560.000	1.500.000	1.835.933	1.828.917	1.731.198	1.671.587
0,5		1.560.000	1.500.000	1.771.128	1.741.558	1.642.965	1.582.525
0,2		1.560.000	1.500.000	1.871.774	1.801.554	1.703.561	1.643.690
0,3	Gewinn vor Steuern der X AG vor Beteiligungs-ertrag	21.466.477	21.179.169	20.861.419	19.500.149	18.652.248	17.478.664
0,5		21.470.677	21.252.329	20.930.722	19.593.716	18.748.513	17.572.715
0,2		21.474.877	21.314.928	20.834.489	19.615.522	18.772.930	17.516.302

Tabelle 4-48: ***Gewinn vor Steuern der X AG ohne Beteiligungsertrag der AS AG in der Szenariostruktur***

Aufbauend auf den Informationen der Tabelle 4-48 werden als nächstes die steuerlichen Bemessungsgrundlagen und die daraus resultierenden Steuerzahlungen unter Berücksichtigung der Ausschüttung der AS AG an die X AG geplant:

w	Periode	1	2	3	4	5	6 ff.
0,3	Gew. v. St. X AG ohne Beteiligungsertrag	21.466.477	21.179.169	20.861.419	19.500.149	18.652.248	17.478.664
0,5		21.470.677	21.252.329	20.930.722	19.593.716	18.748.513	17.572.715
0,2		21.474.877	21.314.928	20.834.489	19.615.522	18.772.930	17.516.302
0,3	Ausschüttung der AS AG an die X AG in GE^{Invl}	0	0	1.084.424	1.534.842	1.907.057	599.092
0,5		0	34.609	4.845.083	7.716.821	9.370.551	11.236.444
0,2		0	1.371.798	8.659.630	14.832.395	18.145.186	22.660.557
0,3	Quellensteuer in GE^{Invl}	0	0	54.221	76.742	95.353	29.955
0,5		0	1.730	242.254	385.841	468.528	561.822
0,2		0	68.590	432.982	741.620	907.259	1.133.028
0,3	Wechselkurs	0,60	0,5750	0,5600	0,5450	0,5400	0,5300
0,5		0,57	0,5305	0,5150	0,5075	0,4950	0,4750
0,2		0,54	0,5000	0,4750	0,4450	0,4250	0,4100
0,3	Ausschüttung der AS AG an die X AG nach QSt in GE^{Heiml}	0	0	576.914	794.664	978.320	301.643
0,5		0	17.442	2.370.457	3.720.473	4.406.502	5.070.445
0,2		0	651.604	3.907.658	6.270.395	7.326.119	8.826.287
0,3	Nichtabzugsfähige Betriebsausgabe nach §8b KStG	0	0	30.364	41.824	51.491	15.876
0,5		0	918	124.761	195.814	231.921	266.866
0,2		0	34.295	205.666	330.021	385.585	464.541
0,3	BMGL GewSt	21.856.477	21.554.169	21.350.766	19.999.202	19.136.537	17.912.437
0,5		21.860.677	21.628.247	21.498.265	20.224.920	19.391.175	18.235.212
0,2		21.864.877	21.724.223	21.508.099	20.395.931	19.584.406	18.391.766
0,3	GewSt	3.059.907	3.017.584	2.989.107	2.799.888	2.679.115	2.507.741
0,5		3.060.495	3.027.955	3.009.757	2.831.489	2.714.765	2.552.930
0,2		3.061.083	3.041.391	3.011.134	2.855.430	2.741.817	2.574.847
0,3	BMGL KSt	21.466.477	21.179.169	20.891.783	19.541.973	18.703.738	17.494.540
0,5		21.470.677	21.253.247	21.055.483	19.789.531	18.980.434	17.839.580
0,2		21.474.877	21.349.223	21.040.155	19.945.543	19.158.515	17.980.843
0,3	KSt	3.397.070	3.351.604	3.306.125	3.092.517	2.959.867	2.768.511
0,5		3.397.735	3.363.326	3.332.030	3.131.693	3.003.654	2.823.114
0,2		3.398.399	3.378.515	3.329.605	3.156.382	3.031.835	2.845.468
0,3	Gewinn der X AG	15.009.500	14.809.982	15.143.101	14.402.407	13.991.586	12.504.054
0,5		15.012.448	14.878.490	16.959.392	17.351.007	17.436.596	17.267.117
0,2		15.015.395	15.546.627	18.401.409	19.874.104	20.325.397	20.922.273

Tabelle 4-49: ***Gewinn der X AG nach Steuern mit Beteiligungsertrag der AS AG in der Szenariostruktur***

Aufgrund der Vollausschüttung der Gewinne ergeben sich für die X AG unter der Berücksichtigung der persönlichen Besteuerung auf der Ebene der Anteilseigner der X AG folgende Netto-Ausschüttungen:

w	Periode	1	2	3	4	5	6 ff.
0,3	Brutto-AS an Anteilseigner der X AG	15.009.500	14.809.982	15.143.101	14.402.407	13.991.586	12.504.054
0,5		15.012.448	14.878.490	16.959.392	17.351.007	17.436.596	17.267.117
0,2		15.015.395	15.546.627	18.401.409	19.874.104	20.325.397	20.922.273
0,3	AbgeltungSt	3.958.756	3.906.133	3.993.993	3.798.635	3.690.281	3.297.944
0,5		3.959.533	3.924.202	4.473.040	4.576.328	4.598.902	4.554.202
0,2		3.960.310	4.100.423	4.853.371	5.241.795	5.360.823	5.518.249
0,3	Netto-AS	11.050.745	10.903.849	11.149.108	10.603.773	10.301.305	9.206.110
0,5		11.052.915	10.954.288	12.486.352	12.774.679	12.837.694	12.712.915
0,2		11.055.085	11.446.204	13.548.037	14.632.309	14.964.574	15.404.023

Tabelle 4-50: ***Nettoausschüttungen an die Anteilseigner der X AG in der Szenariostruktur (Auslandsinvestition)***

Im Anschluss an die Ermittlung der möglichen Ausprägungen der Netto-Ausschüttungen sind für jede einzelne Periode Sicherheitsäquivalente zu bilden. Hierfür wird im vorliegenden Fall eine diskrete Wahrscheinlichkeitsverteilung zugrunde gelegt,[662] indem für die einzelnen Szenarien Eintrittswahrscheinlichkeiten (w_1, w_2 und w_3) herangezogen werden, für die gilt $w_1 + w_2 + w_3 = 1$. Der Erwartungswert (µ) wird gemäß der folgenden Formel berechnet:

$$\mu = w_1 \cdot Netto-AS_1 + w_2 \cdot Netto-AS_2 + w_3 \cdot Netto-AS_3 \qquad (4\text{-}22)$$

Neben dem Erwartungswert wird für die Bestimmung der Sicherheitsäquivalente noch das Risikomaß für die Bestimmung der „Risikomenge" benötigt. Es kommen die Varianz oder die Standardabweichung in Frage, wobei für das vorliegende Beispiel die Standardabweichung verwendet wird,[663] die sich wie folgt ergibt:

$$\sigma = \sqrt{w_1 \cdot (Netto-AS_1 - \mu)^2 + w_2 \cdot (Netto-AS_2 - \mu)^2 + w_3 \cdot (Netto-AS_3 - \mu)^2} \qquad (4\text{-}23)$$

Mit diesen Informationen können die Sicherheitsäquivalente für die einzelnen Perioden gemäß dem µσ-Prinzip bestimmt werden:

Periode		1	2	3	4	5	6 ff.
Zahlungs-überschuss auf Ebene der Anteils-eigner	w_1 = 0,3	11.050.745	10.903.849	11.149.108	10.603.773	10.301.305	9.206.110
	w_2 = 0,5	11.052.915	10.954.288	12.486.352	12.774.679	12.837.694	12.712.915
	w_3 = 0,2	11.055.085	11.446.204	13.548.037	14.632.309	14.964.574	15.404.023
µ		11.052.698	11.037.540	12.297.516	12.494.933	12.502.153	12.199.095
σ		1.519	205.496	852.199	1.423.289	1.649.884	2.207.647
SÄ	rak = 0,4	11.052.090	10.955.341	11.956.636	11.925.617	11.842.200	11.316.036

Tabelle 4-51: ***Risikobewertung gemäß dem µσ-Prinzip (Auslandsinvestition)***

Nun können die Sicherheitsäquivalente mit einem risikolosen Zinssatz nach Steuern i. H. v. 2,945% diskontiert werden. Hieraus resultiert ein Ertragswert für die X AG i. H. v. 385.233.994 GE^{Heiml}. Zur Bestimmung des Kapitalwerts der Auslandsinvestition wird hiervon der Wert der X AG, der sich in der status quo-

---

662 Alternativ können in der Szenariostruktur auch stetige Wahrscheinlichkeitsverteilungen zugrunde gelegt werden. Hierfür bieten sich insbesondere die Dreiecksverteilung und die aus der Netzplantechnik bekannte Betaverteilung an. Vgl. zur Verwendung der Dreiecksverteilung *Dirrigl* (2004b), S. 110 ff.; *Dirrigl* (2009), S. 30 sowie *Dreher* (2010), S. 296 ff. Zur Verwendung der Betaverteilung vgl. *Dirrigl* (2002), Sp. 422 und *Dolny* (2003), S. 212 ff.

663 Für die Verwendung der Standardabweichung im Vergleich zur Varianz spricht, dass bei Verwendung des Streuungsmaßes Varianz der Risikoaversionskoeffizient in Abhängigkeit von der Höhe des Erwartungswerts zu bestimmen ist, da es ansonsten zu widersprüchlichen Ergebnissen kommen kann, was bei Verwendung der Standardabweichung nicht der Fall ist; vgl. *Dreher* (2010), S. 470 f.

Situation ergibt, und die Eigenkapitaleinlage in t= 0 i. H. v. 701.250 GE^{Heiml} abgezogen. Der Kapitalwert der Auslandsinvestition beträgt hiernach 59.111.680 GE^{Heiml}.

4.4.2.1.3 Offenlegung mittels Risikosimulation

Alternativ zur Szenariotechnik kann die Risikosimulation zur Herstellung von Risikotransparenz angewendet werden. Die Anwendung der Risikosimulation ist, insbesondere wenn mehr als ein unsicherer Einflussfaktor in das Modell einbezogen wird, vorteilhafter als die Szenariotechnik. Bei der Szenariotechnik wird beispielsweise im Fall von zwei unsicheren Einflussfaktoren die schlechteste bzw. beste Ausprägung des einen Faktors mit der schlechtesten bzw. besten Ausprägung des anderen Faktors kombiniert. Diese Annahme ist nicht unproblematisch und wird bei dem Konzept der Risikosimulation aufgehoben. Hier können durch die Simulation verschiedener Ausprägungen der unsicheren Einflussfaktoren mehrere Kombinationen betrachtet werden. Gerade in dem in der Arbeit betrachteten Fall mit mehreren unsicheren Einflussfaktoren ist die Risikosimulation vorzuziehen.

Zuerst müssen die unsicheren Inputgrößen des Modells identifiziert und ihnen Wahrscheinlichkeitsverteilungen zugeordnet werden. Die unsicheren Inputgrößen wurden bereits bei der Offenlegung der Risikostruktur mittels der Szenariotechnik für das worst-, base- und best-case-Szenario angegeben. Somit bieten sich für die Inputgrößen insbesondere dreipunkt-orientierte Verteilungen wie die Dreiecks- und die PERT-Verteilung als speziellen Fall der Betaverteilung[664] an, da diese Verteilungen begrenzt werden durch einen Minimal- (a) und Maximalwert (b) und zusätzlich den Modalwert (H) verwenden. Außerdem wird als zusätzlicher Verteilungstyp noch die allgemeine Betaverteilung verwendet, für die neben a und b noch die Formparameter $\alpha 1$ und $\alpha 2$ zu bestimmen sind.

Zunächst werden für die AS AG die Daten für die Risikosimulation modelliert. Basismodell ist das im Rahmen dieser Arbeit bereits vorgestellte IUP-Modell, bei dem die periodenspezifischen Ausschüttungen die Zielgröße darstellen und

[664] Die PERT-Verteilung ist ein spezieller Fall der Betaverteilung und benötigt dieselben drei Parameter wie die Dreiecksverteilung; vgl. *Vose* (2008), S. 672 ff.

für diese Wahrscheinlichkeitsverteilungen ermittelt werden sollen. Folgende Ausprägungen und Verteilungen der Inputgrößen der AS AG werden für die Risikosimulation angenommen, wobei hier auf die obigen Angaben zurückgegriffen wird:

Absatzbereich:							
Periode			2	3	4	5	6 ff.
Absatzmenge Heimatland (allgemeine Betaverteilung)	a		15.000	58.250	73.500	78.500	82.500
	b		28.500	89.500	130.500	144.000	149.500
	α1		1,5	1,5	1,5	1,5	1,5
	α2		3,6	3,6	3,6	3,6	3,6
Absatzmenge Investitionsland (allgemeine Betaverteilung)	a		52.500	221.750	316.500	351.500	372.500
	b		106.500	330.500	479.500	511.000	550.500
	α1		1,4	1,4	1,4	1,4	1,4
	α2		4,5	4,5	4,5	4,5	4,5
Preiswachstumsrate Heimatland (allgemeine Betaverteilung)	a	-1,5%					
	b	0%					
	α1	2,4					
	α2	3,2					
Preiswachstumsrate Investitionsland (allgemeine Betaverteilung)	a	-2,5%					
	b	-1%					
	α1	2,1					
	α2	3,7					
Materialbereich:							
Materialverbrauchskoeffizient Investitionsland (Dreiecksverteilung)	a	3					
	H	4					
	b	5					
Materialverbrauchskoeffizient Heimatland (Dreiecksverteilung)	a	1					
	H	2					
	b	3					
Materialverbrauchskoeffizient Drittland (Dreiecksverteilung)	a	2					
	H	3					
	b	5					
Materialpreissteigerungssatz Investitionsland (Dreiecksverteilung)	a	3%					
	H	5%					
	b	7%					
Materialpreissteigerungssatz Heimatland (Dreiecksverteilung)	a	0%					
	H	2%					
	b	4%					
Materialpreissteigerungssatz Drittland (Dreiecksverteilung)	a	5%					
	H	7%					
	b	9%					
Anlagenbereich:							
Preissteigerungssatz von Gebäudekosten (diskrete Vert.)	0,3	2%					
	0,5	1%					
	0,2	0%					
Preissteigerungssatz für Anlagen (diskrete Vert.)	0,3	3%					
	0,5	2%					
	0,2	1%					

Tabelle 4-52: ***Ausprägungen und Wahrscheinlichkeitsverteilungen der Inputgrößen (Absatz-, Material- und Anlagenbereich / Auslandsinvestition)***

Personalbereich:							
Personalbeanspruchungs-koeffizient (Dreiecksverteilung)	a H b	0,0004 0,0005 0,0006					
Wachstumsrate für Gehälter (Dreiecksverteilung)	a H b	5% 7% 9%					
Wachstumsrate für Löhne (Dreiecksverteilung)	a H b	5% 7% 9%					
Verwaltungs- und Vertriebsbereich:							
Veränderungsrate Lieferungen (PERT-Verteilung	a H b	5% 10% 15%					
Veränderungsrate Kosten pro Lieferung (PERT-Verteilung)	a H b	1,5% 2,5% 4%					
Wechselkurse:							
Periode		1	2	3	4	5	6 ff.
Wechselkurs Heim- und Investitionsland (Dreiecksverteilung)	a H b	0,595 0,5650 0,54	0,575 0,5305 0,50	0,56 0,5150 0,475	0,545 0,5075 0,445	0,54 0,4950 0,425	0,53 0,4750 0,41
Wechselkurs Investitions- und Drittland (Dreiecksverteilung)	a H b	1,49 1,5150 1,545	1,51 1,5675 1,625	1,495 1,5815 1,67	1,51 1,6325 1,78	1,53 1,6650 1,88	1,55 1,7000 1,95

Tabelle 4-53: ***Ausprägungen und Wahrscheinlichkeitsverteilungen der Inputgrößen (Personal-, Verwaltungs- und Vertriebsbereich und Wechselkurse / Auslandsinvestition)***

Für die Entwicklung der Absatzmenge und der Preiswachstumsrate wird, wie in Tabelle 4-52 ersichtlich, eine allgemeine Betaverteilung unterstellt. Des Weiteren wird davon ausgegangen, dass diese beiden Größen negativ miteinander korreliert sind.[665] Weitere Abhängigkeiten werden modellintern durch funktionelle Zusammenhänge berücksichtigt.

Da die Investition danach beurteilt wird, inwiefern sie zu einem Wertzuwachs bei der X AG führt und dafür die Ausschüttungen der AS AG an die X AG ausschlaggebend sind, gehen die Ausschüttungen der AS AG bei der Ermittlung der periodenspezifischen Ausschüttungen auf der Ebene der X AG an die Anteilseigner mit ein. Im Folgenden wird diese Vorgehensweise anhand der Periode 3 näher vorgestellt.

Im Beispiel wurden 10.000 Iterationen mit dem Excel Add-In @Risk durchgeführt. Unter Berücksichtigung der Angaben in Tabelle 4-52 ergibt sich die in Abbildung 4-5 dargestellte Wahrscheinlichkeitsverteilung für die Ausschüttung der AS AG an die X AG in der dritten Periode. Auf der Ebene der X AG sind im Zu-

[665] Für die Korrelationsmatrix vgl. Anhang X, S. 306.

sammenhang mit der Auslandsinvestition neben der Ausschüttung der AS AG noch die anfallenden Koordinationskosten unsicher. Hierfür wird folgende Wahrscheinlichkeitsverteilung angenommen:

Koordination:							
Periode			2	3	4	5	6
Anzahl Koordinatoren (Dreiecksverteilung)	a		2	2	1	1	1
	H		3	2	2	2	1
	b		4	2	2	2	1
Wachstumsrate Jahresgehalt (Dreiecksverteilung)	a	2%					
	H	3%					
	b	4%					

Tabelle 4-54: ***Wahrscheinlichkeitsverteilung der Koordinationskosten (Auslandsinvestition)***

Somit gehen in das IUP-Modell der X AG die Ausschüttungen der AS AG sowie die Koordinationskosten als unsichere Größen ein.

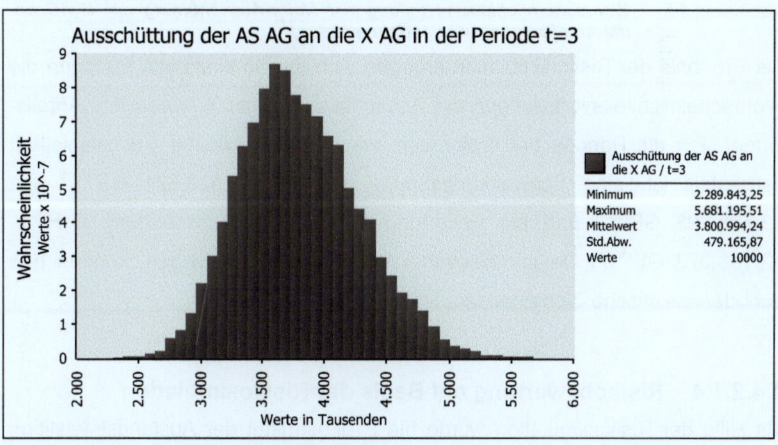

Abbildung 4-5: ***Wahrscheinlichkeitsverteilung der Ausschüttung der AS AG in GE^{Invl} an die X AG***

Durch den Einbezug der Wahrscheinlichkeitsverteilung der Koordinationskosten und der Ausschüttung der AS AG ergibt sich folgende Wahrscheinlichkeitsverteilung der Zielgröße, der Ausschüttung der X AG an die Anteilseigner:

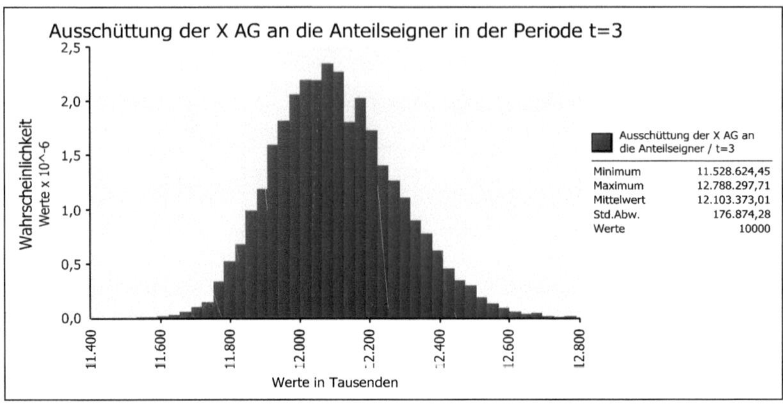

Abbildung 4-6: ***Wahrscheinlichkeitsverteilung der Netto-Ausschüttung der X AG an die Anteilseigner (Auslandsinvestition)***[666]

Als Ergebnis der Risikosimulation ergeben sich für die einzelnen Perioden die Wahrscheinlichkeitsverteilungen der Ausschüttungen der X AG an ihre Anteilseigner. Für die Periode t=3 ergibt sich, wie in der Abbildung 4-6 beispielhaft dargestellt ist, eine Schwankungsbreite zwischen 11.528.624 GE^{Heiml} und 12.788.298 GE^{Heiml} und ein Erwartungswert für die Ausschüttung i. H. v. 12.103.373 GE^{Heiml}. Da alle relevanten Informationen vorliegen, können nun periodenspezifische Sicherheitsäquivalente bestimmt werden.

4.4.2.1.4 Risikobewertung auf Basis der Risikosimulation

Mit Hilfe der Risikosimulation wurde die Risikostruktur der Auslandsinvestition offengelegt. Für jede Periode ist eine Wahrscheinlichkeitsverteilung des bewertungsrelevanten Cashflows vorhanden, aus denen der entsprechende Erwartungswert und die Standardabweichung abgeleitet werden können. Somit kann eine Risikobewertung gemäß des µσ-Prinzips durchgeführt werden.

Periode	1	2	3	4	5	6 ff.
Erwartungswert	11.052.915	10.949.413	12.103.373	12.201.048	12.129.300	11.727.597
Standardabw.	886	27.512	176.874	294.057	345.441	452.959
Risikoabschlag (rak=0,4)	354	11.005	70.750	117.623	138.176	181.184
SÄ	11.052.560	10.938.408	12.032.623	12.083.425	11.991.124	11.546.413

Tabelle 4-55: ***Ermittlung periodenspezifischer Sicherheitsäquivalente (Auslandsinvestition)***

[666] Die Besteuerung auf Ebene der Anteilseigner ist bereits berücksichtigt.

Hieraus ergibt sich ein Ertragswert für die X AG in Höhe von 392.323.376 GE-Heiml. Unter Berücksichtigung der Eigenkapitaleinlage in t= 0 (701.250 GE^{Heiml}) beträgt der Kapitalwert für die Auslandsinvestition 66.201.062 GE^{Heiml}.

4.4.2.2 Alternative: Inlandsinvestition

4.4.2.2.1 Offenlegung mittels Szenariotechnik

Die Risikostruktur der Alternative Inlandsinvestition ist ebenfalls offenzulegen. Hierbei ist die Vorgehensweise analog zur Offenlegung der Risikostruktur bei der Auslandsinvestition. In der folgenden Tabelle 4-56 sind die Werte und Faktoren für das worst-case-Szenario der Z GmbH angegeben.

Absatzbereich:						
Periode		2	3	4	5	6 ff.
Absatzmenge Heimatland		20.000	76.250	101.250	108.875	112.500
Absatzmenge Investitionsland		50.000	218.750	313.750	346.125	362.500
Preiswachstumsrate Heimatland	-1,5%					
Preiswachstumsrate Inv.land	-2,5%					
Materialbereich:						
Materialpreissteigerungssatz Heimatland	2,5%					
Materialpreissteigerungssatz Drittland	7,5%					
Materialverbrauchskoeffizient Heimatland	4,5					
Materialverbrauchskoeffizient Drittland	3,5					
Anlagenbereich:						
Preissteigerungssatz von Gebäudekosten	1,5%					
Preissteigerungssatz für Anlagen	2,5%					
Personalbereich:						
Personalbeanspruchungskoeffizient	0,00025					
Wachstumsrate für Gehälter	5%					
Wachstumsrate für Löhne	4%					
Verwaltungs- und Vertriebsbereich						
Veränderungsrate Lieferungen	7,5%					
Veränderungsrate Kosten pro Lieferung	3,5%					
Wechselkurs:						
Periode	1	2	3	4	5	6 ff.
Wechselkurs Heimat- und Investitionsland	0,595	0,575	0,56	0,545	0,54	0,53
Wechselkurs Investitions- und Drittland	1,49	1,51	1,495	1,51	1,53	1,55
Wechselkurs Heimat- und Drittland	0,3993	0,3808	0,3746	0,3609	0,3529	0,3419

Tabelle 4-56: ***Prämissen für das worst-case-Szenario der Z GmbH***

Für das best-case-Szenario werden folgende Werte und Faktoren angenommen:

Absatzbereich:						
Periode		2	3	4	5	6 ff.
Absatzmenge Heimatland		32.500	101.250	146.250	163.750	172.500
Absatzmenge Investitionsland		72.500	283.750	423.750	481.250	502.500
Preiswachstumsrate Heimatland	0%					
Preiswachstumsrate Investitionsland	-1%					
Materialbereich:						
Materialpreissteigerungssatz Heimatland	1,5%					
Materialpreissteigerungssatz Drittland	6,5%					
Materialverbrauchskoeffizient Heimatland	3,5					
Materialverbrauchskoeffizient Drittland	2,5					
Anlagenbereich:						
Preissteigerungssatz von Gebäudekosten	0,5%					
Preissteigerungssatz für Anlagen	1,5%					
Personalbereich:						
Personalbeanspruchungskoeffizient	0,00008					
Wachstumsrate für Gehälter	3%					
Wachstumsrate für Löhne	2%					
Verwaltungs- und Vertriebsbereich						
Veränderungsrate Lieferungen	12,5%					
Veränderungsrate Kosten pro Lieferung	1,5%					
Wechselkurs:						
Periode	1	2	3	4	5	6 ff.
Wechselkurs Heimat- und Investitionsland	0,54	0,50	0,475	0,445	0,425	0,41
Wechselkurs Investitions- und Drittland	1,545	1,625	1,67	1,78	1,88	1,95
Wechselkurs Heimat- und Drittland	0,3495	0,3077	0,2844	0,2500	0,2261	0,2103

Tabelle 4-57: ***Prämissen für das best-case-Szenario der Z GmbH***

Durch die Anpassung der Daten im IUP-Modell für die Z GmbH ergibt sich folgende Wahrscheinlichkeitsverteilung für die Ausschüttungen an die X AG:

Szenario	Periode	2	3	4	5	6 ff.
worst	Ausschüttung der Z GmbH an die X AG	0	0	463.526	569.303	124.675
base		0	1.362.430	2.609.237	3.266.479	3.466.539
best		0	2.417.321	4.249.113	5.370.533	6.548.922

Tabelle 4-58: ***Wahrscheinlichkeitsverteilung der Ausschüttungen der Z GmbH an die X AG***

4.4.2.2.2 Risikobewertung auf Basis der Szenariostruktur

Um eine Vergleichbarkeit der Ergebnisse zu erreichen, ist auch das Risiko der Alternative Inlandsinvestition zu bewerten. Auf Basis der Daten in 4.4.2.2.1 wird das Risiko analog zur Vorgehensweise bei der Alternative Auslandsinvestition auf periodenspezifische Sicherheitsäquivalente verdichtet. Dafür ist zunächst wieder der bewertungsrelevante Cashflow zu bestimmen, wobei hier im Unterschied zur Auslandsinvestition das Eintreten des worst-case-Szenarios mit einer niedrigeren Eintrittswahrscheinlichkeit bemessen wird.

Sz.	Periode	1	2	3	4	5	6 ff.
worst (0,2)	Gewinn vor Zinsen und Steuern vor Inlands-investition der X AG	23.433.277	22.957.231	22.854.832	21.492.846	20.553.777	19.238.824
base (0,5)		23.433.277	22.957.231	22.854.832	21.492.846	20.553.777	19.238.824
best (0,3)		23.433.277	22.957.231	22.854.832	21.492.846	20.553.777	19.238.824
0,2	Koordinations-kosten	367.500	231.525	162.068	170.171	89.340	93.807
0,5		288.400	148.526	76.491	78.786	81.149	83.584
0,3		282.800	142.814	72.121	72.842	73.571	74.306
0,2	Gew. v. Zi, St und Beteili-gungsertrag X AG	23.065.777	22.725.706	22.692.765	21.322.675	20.464.437	19.145.017
0,5		23.144.877	22.808.705	22.778.341	21.414.060	20.472.627	19.155.240
0,3		23.150.477	22.814.417	22.782.711	21.420.003	20.480.206	19.164.517
0,2	Zinsertrag	30.000	25.804	0	0	0	0
0,5		30.000	18.604	0	0	0	0
0,3		30.000	12.818	0	0	0	0
0,2	gesamter Zins-aufwand	1.560.000	1.500.000	2.007.219	1.970.332	1.874.027	1.815.760
0,5		1.560.000	1.500.000	1.904.288	1.895.735	1.798.684	1.739.709
0,3		1.560.000	1.500.000	1.913.098	1.883.564	1.786.391	1.727.300
0,2	Gew. v. St. und v. Beteiligungs-ertrag X AG	21.535.777	21.251.510	20.685.545	19.352.343	18.590.410	17.329.257
0,5		21.614.877	21.327.309	20.874.054	19.518.325	18.673.943	17.415.531
0,3		21.620.477	21.327.234	20.869.613	19.536.439	18.693.815	17.437.217

Tabelle 4-59: ***Gewinn vor Steuern der X AG ohne Beteiligungsertrag der Z GmbH in der Szenariostruktur***

Daraus ergeben sich unter Berücksichtigung der Ausschüttung der Z GmbH die folgenden Steuerzahlungen der X AG:

w	Periode	1	2	3	4	5	6 ff.
0,2	Gew. v. St. X AG ohne Bet.ertrag	21.535.777	21.251.510	20.685.545	19.352.343	18.590.410	17.329.257
0,5		21.614.877	21.327.309	20.874.054	19.518.325	18.673.943	17.415.531
0,3		21.620.477	21.327.234	20.869.613	19.536.439	18.693.815	17.437.217
0,2	Aussch. der Z GmbH an die X AG	0	0	0	463.526	569.303	124.675
0,5		0	0	1.362.430	2.609.237	3.266.479	3.466.539
0,3		0	0	2.417.321	4.249.113	5.370.533	6.548.922
0,2	Nichtabz. Betriebs-ausgabe §8b KStG	0	0	0	23.176	28.465	6.234
0,5		0	0	68.121	130.462	163.324	173.327
0,3		0	0	120.866	212.456	268.527	327.446
0,2	BMGL GewSt	21.925.777	21.626.510	21.187.350	19.868.102	19.087.382	17.789.431
0,5		22.004.877	21.702.309	21.418.247	20.122.720	19.286.938	18.023.785
0,3		22.010.477	21.702.234	21.468.754	20.219.786	19.408.939	18.196.488
0,2	GewSt	3.069.609	3.027.711	2.966.229	2.781.534	2.672.233	2.490.520
0,5		3.080.683	3.038.323	2.998.555	2.817.181	2.700.171	2.523.330
0,3		3.081.467	3.038.313	3.005.625	2.830.770	2.717.251	2.547.508
0,2	BMGL KSt	21.535.777	21.251.510	20.685.545	19.375.519	18.618.875	17.335.491
0,5		21.614.877	21.327.309	20.942.175	19.648.786	18.837.267	17.588.858
0,3		21.620.477	21.327.234	20.990.479	19.748.895	18.962.341	17.764.663
0,2	KSt	3.408.037	3.363.051	3.273.488	3.066.176	2.946.437	2.743.341
0,5		3.420.554	3.375.047	3.314.099	3.109.420	2.980.997	2.783.437
0,3		3.421.441	3.375.035	3.321.743	3.125.263	3.000.791	2.811.258
0,2	Gewinn der X AG	15.058.132	14.860.747	14.445.829	13.968.159	13.541.042	12.220.070
0,5		15.113.640	14.913.939	15.923.830	16.200.960	16.259.253	15.575.303
0,3		15.117.570	14.913.887	16.959.566	17.829.520	18.346.306	18.627.373

Tabelle 4-60: ***Gewinn der X AG nach Steuern mit Beteiligungsertrag der Z GmbH in der Szenariostruktur***

Somit können wiederum unter Berücksichtigung der persönlichen Besteuerung die Netto-Ausschüttungen an die Anteilseigner der X AG bestimmt werden:

w	Periode	1	2	3	4	5	6 ff.
0,2	Brutto-AS an	15.058.132	14.860.747	14.445.829	13.968.159	13.541.042	12.220.070
0,5	Anteilseigner	15.113.640	14.913.939	15.923.830	16.200.960	16.259.253	15.575.303
0,3	X AG	15.117.570	14.913.887	16.959.566	17.829.520	18.346.306	18.627.373
0,2		3.971.582	3.919.522	3.810.087	3.684.102	3.571.450	3.223.043
0,5	AbgeltungSt	3.986.223	3.933.551	4.199.910	4.273.003	4.288.378	4.107.986
0,3		3.987.259	3.933.538	4.473.085	4.702.536	4.838.838	4.912.970
0,2		11.086.550	10.941.225	10.635.742	10.284.057	9.969.592	8.997.027
0,5	Netto-AS	11.127.418	10.980.388	11.723.920	11.927.957	11.970.875	11.467.317
0,3		11.130.311	10.980.349	12.486.480	13.126.984	13.507.468	13.714.403

Tabelle 4-61: ***Netto-Ausschüttungen an die Anteilseigner der X AG in der Szenariostruktur (Inlandsinvestition)***

Daraufhin können die periodenspezifischen Sicherheitsäquivalente gemäß dem μσ-Prinzip berechnet werden:

Periode		1	2	3	4	5	6 ff.
Zahlungs-überschuss auf Ebene der Anteils-eigner	w_1 = 0,2	11.086.550	10.941.225	10.635.742	10.284.057	9.969.592	8.997.027
	w_2 = 0,5	11.127.418	10.980.640	11.722.460	11.926.996	11.969.996	11.465.824
	w_3 = 0,3	11.130.311	10.980.349	12.486.480	13.126.984	13.507.468	13.714.403
μ		11.120.112	10.972.544	11.735.052	11.958.885	12.031.596	11.647.385
σ		16.828	15.659	641.211	985.304	1.227.059	1.644.038
SÄ	rak = 0,4	11.113.381	10.966.280	11.478.568	11.564.763	11.540.773	10.989.769

Tabelle 4-62: ***Risikobewertung gemäß dem μσ-Prinzip (Inlandsinvestition)***

Für die X AG ergibt sich ein Ertragswert i. H. v. 374.701.531 GE^{Heiml}. Der Kapitalwert bei dem wiederum die Eigenkapitaleinlage bei der Z GmbH seitens der X AG berücksichtigt werden muss, beträgt 48.579.217 GE^{Heiml}.

4.4.2.2.3 Offenlegung mittels Risikosimulation

Analog zur Vorgehensweise bei der Auslandsinvestition wird im Folgenden die Risikostruktur der Inlandsinvestition mittels der Risikosimulation offengelegt. Für die Z GmbH werden folgende Ausprägungen und Verteilungen der Inputgrößen für die Risikosimulation angenommen, wobei hier wiederum auf die Angaben zur Offenlegung der Risikostruktur mittels der Szenariotechnik zurückgegriffen wird:

Absatzbereich:							
Periode			2	3	4	5	6
Absatzmenge Heimatland (allgemeine Betaverteilung)	a b α1 α2		20.000 32.500 3,2 2,1	76.250 101.250 3,2 2,1	101.250 146.250 3,2 2,1	108.875 163.750 3,2 2,1	112.500 172.500 3,2 2,1
Absatzmenge Investitionsland (allgemeine Betaverteilung)	a b α1 α2		50.000 72.500 3,1 2,9	218.750 283.750 3,1 2,9	313.750 423.750 3,1 2,9	346.125 481.250 3,1 2,9	362.500 502.500 3,1 2,9
Preiswachstumsrate Heimatland (allgemeine Betaverteilung)	a b α1 α2	-1,5% 0% 3,2 2,4					
Preiswachstumsrate Investitionsland (allgemeine Betaverteilung)	a b α1 α2	-2,5% -1% 3,7 2,1					
Materialbereich:							
Materialverbrauchskoeffizient Heimatland (PERT-Verteilung)	a H b	3,5 4,0 4,5					
Materialverbrauchskoeffizient Drittland (PERT-Verteilung)	a H b	2,5 3,0 3,5					
Materialpreissteigerungssatz Heimatland (Dreiecksverteilung)	a H b	1,5% 2,0% 2,5%					
Materialpreissteigerungssatz Drittland (Dreiecksverteilung)	a H b	6,50% 7,00% 7,50%					
Anlagenbereich:							
Preissteigerungssatz von Gebäudekosten (diskrete Vert.)	0,2 0,5 0,3	1,50% 1,00% 0,50%					
Preissteigerungssatz für Anlagen (diskrete Vert.)	0,2 0,5 0,3	2,50% 2,00% 1,50%					
Personalbereich:							
Personalbeanspruchungskoeffizient (Dreiecksverteilung)	a H b	0,00008 0,0001 0,00025					
Wachstumsrate für Gehälter (Dreiecksverteilung)	a H b	3,00% 4,00% 5,00%					
Wachstumsrate für Löhne (Dreiecksverteilung)	a H b	2,00% 3,00% 4,00%					

Tabelle 4-63: ***Ausprägungen und Wahrscheinlichkeitsverteilungen der Inputgrößen (Inlandsinvestition) (Teil 1)***

Annahmegemäß ist die Entwicklung der Absatzmengen und der Preiswachstumsrate negativ miteinander korreliert.[667]

[667] Vgl. dazu die Korrelationsmatrix im Anhang X, S. 308.

Verwaltungs- und Vertriebsbereich:							
Veränderungsrate Lieferungen (PERT-Verteilung)	a	7,50%					
	H	10,00%					
	b	12,50%					
Veränderungsrate Kosten pro Lieferung (PERT-Verteilung)	a	1,50%					
	H	2,50%					
	b	3,50%					
Wechselkurs:							
Wechselkurs zwischen Investitions- und Heimatland	a	0,595	0,575	0,56	0,545	0,54	0,53
	H	0,5650	0,5305	0,5150	0,5075	0,4950	0,475
	b	0,54	0,50	0,475	0,445	0,425	0,41
Wechselkurs zwischen Investitions und Drittland	a	1,49	1,51	1,495	1,51	1,53	1,55
	H	1,5150	1,5675	1,5815	1,6325	1,6650	1,70
	b	1,625	1,67	1,78	1,88	1,95	1,625

Tabelle 4-64: ***Ausprägungen und Wahrscheinlichkeitsverteilungen der Inputgrößen (Inlandsinvestition) (Teil 2)***

Für die bei der X AG anfallenden Koordinationskosten wird folgende Wahrscheinlichkeitsverteilung unterstellt:

Koordination:								
Periode			1	2	3	4	5	6
Anzahl Koordinatoren (Dreiecksverteilung)	a		4	2	1	1		
	H		4	2	1	1	1	1
	b		5	3	2	2		
Wachstumsrate Jahresgehalt (Dreiecksverteilung)	a	1%						
	H	3%						
	b	5%						

Tabelle 4-65: ***Wahrscheinlichkeitsverteilung der Koordinationskosten (Inlandsinvestition)***

Als Ergebnis der Risikosimulation ergibt sich folgende Wahrscheinlichkeitsverteilung der Netto-Ausschüttung der X AG an ihre Anteilseigner, wieder exemplarisch dargestellt für die Periode t=3:

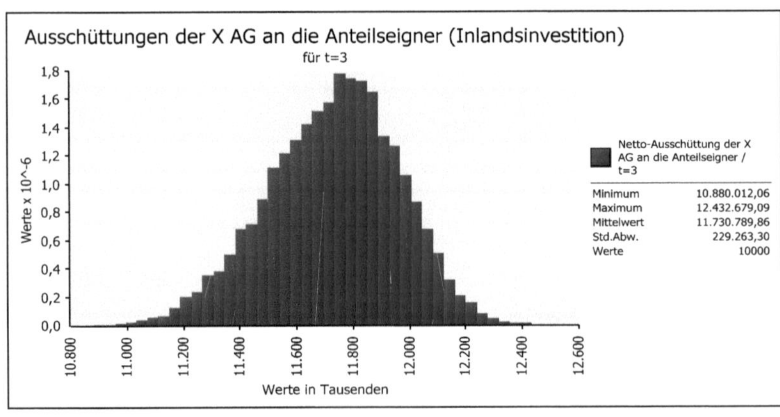

Abbildung 4-7: ***Wahrscheinlichkeitsverteilung der Netto-Ausschüttung der X AG an die Anteilseigner (Inlandsinvestition)***

Für die einzelnen Perioden liegen Wahrscheinlichkeitsverteilungen des bewertungsrelevanten Cashflows vor, die die Ausgangsbasis für die Risikobewertung darstellen.

4.4.2.2.4 Risikobewertung auf Basis der Risikosimulation

Für die Alternative Inlandsinvestition liegen folgende Erwartungswerte und Standardabweichungen für die Netto-Ausschüttung der X AG an die Anteilseigner vor:

Periode	1	2	3	4	5	6 ff.
Erwartungswert	11.115.001	10.967.496	11.730.790	11.939.136	12.029.389	11.645.841
Standardabw.	8.866	9.160	229.263	358.555	425.659	572.547
Risikoabschlag (rak=0,4)	3.547	3.664	91.705	143.422	170.264	229.019
SÄ	11.111.454	10.963.833	11.639.085	11.795.714	11.859.126	11.416.822

Tabelle 4-66: ***Ermittlung periodenspezifischer Sicherheitsäquivalente (Inlandsinvestition)***

Hieraus resultiert ein Ertragswert für die X AG in Höhe von 387.867.545 GE^{Heiml}. Unter Berücksichtigung der Eigenkapitaleinlage in t= 0 ergibt sich ein Kapitalwert für die Auslandsinvestition in Höhe von 61.946.481 GE^{Heiml}.

4.4.2.3 Vergleich der Alternativen

Nachdem das Risiko für beide Alternativen bewertet und der entscheidungsrelevante Kapitalwert bestimmt wurde, kann die vorteilhafte Alternative ausgewählt werden. In der Tabelle 4-67 sind die Ergebnisse der obigen Berechnungen gegenübergestellt:

	Auslandsinvestition	Inlandsinvestition
Ohne Risikoberücksichtigung:		
Kapitalwert	102.238.898	63.752.758
Mit Risikoberücksichtigung:		
- *Szenariotechnik:*		
Kapitalwert	59.111.680	48.579.217
Risikoabschlag	43.127.218	15.173.541
- *Risikosimulation:*		
Kapitalwert	66.201.062	61.946.481
Risikoabschlag	36.037.836	1.806.277

Tabelle 4-67: ***Alternativenvergleich***

Wie hieraus ersichtlich wird, ist der Risikoeffekt unter Verwendung der Szenariostruktur mit Eintrittswahrscheinlichkeiten signifikant höher als bei der Risikosimulation. Der Grund dafür ist, dass bei der Szenariostruktur die unsicheren Einflussgrößen szenarioabhängig miteinander verknüpft werden, somit nur eine

Kombination von worst-case mit worst-case, base-case mit base-case und best-case mit best-case erfolgt.[668] Dadurch ergibt sich als Ergebnis eine diskrete Verteilung, in der für die Zielgröße ein worst-case, ein base-case und ein best-case angegeben werden und die die Ausgangsbasis für die weitere Bewertung darstellt. Somit ist die Streuung maximal, was sich auch in den Risikoabschlägen widerspiegelt. Dagegen ergibt sich für die Risikosimulation eine quasi-stetige Wahrscheinlichkeitsverteilung der Zielgröße, bei der die möglichen Ausprägungen der unsicheren Einflussgrößen unter Berücksichtigung von Korrelationen miteinander kombiniert werden. Bestehende Abhängigkeiten zwischen zwei unsicheren Einflussgrößen können durch die Verwendung von Korrelationsmatrizen berücksichtigt werden. Somit gehen im Gegensatz zur Szenariostruktur nicht nur die Extremwerte und der wahrscheinliche Fall in die Risikobewertung ein, sondern auch die möglichen Ausprägungen, die zwischen den Extremszenarien liegen. Daher ergibt sich ein geringeres Risikoausmaß, so dass auch die Risikoabschläge im Vergleich zur Szenariostruktur geringer ausfallen. Aufgrund dieser flexiblen Vorgehensweise und des Weiteren noch der Möglichkeit, den unsicheren Einflussgrößen unterschiedliche Verteilungstypen zuzuordnen, ist die Risikosimulation der Szenariostruktur vorzuziehen.

4.4.3 Standort-bezogene Performanceanalyse auf Basis einer strategischen Abweichungsanalyse

Die oben ermittelten Werte basieren auf Plandaten aus der ex ante-Perspektive, deren Eintreten in der Zukunft unsicher sind. Somit ist es wahrscheinlich, dass es gegenüber der Planung zu abweichenden Ergebnissen kommt. Im Aufgabenbereich des Controlling liegt es, die Höhe der Abweichungen zu bestimmen und die Ursachen dafür zu identifizieren. Es ist aus der ex post-Perspektive zu untersuchen, ob die ex ante bestimmten Performanceziele auch erreicht wurden. Für einen konsistenten Vergleich sind bei der Ermittlung des Zielwerts aus der ex post-Perspektive die gleichen Eingangsgrößen wie bei der Bewertung aus der ex ante-Perspektive zu verwenden, jedoch unter Be-

---

[668] Bspw. erfolgt im worst-case-Szenario für die Ermittlung der Umsatzerlöse eine Verknüpfung der pessimistischen Ausprägung für den Absatzpreis mit der pessimistischen Ausprägung für die Absatzmenge.

rücksichtigung des veränderten Informationsstands.[669] Stellt die Zielgröße im Allgemeinen eine barwertähnliche Größe dar, werden im Rahmen des Plan-Ist-Vergleichs Differenzen von Barwerten betrachtet. Diese Vorgehensweise kann den strategischen Abweichungsanalysen zugeordnet werden, „da diese Informationen liefern, die im Rahmen einer strategischen Kontrolle zur rechtzeitigen Erkennung von Fehlentwicklungen und zur Beurteilung der eingeleiteten Unternehmensstrategien von entscheidender Bedeutung sind."[670] Eine rein vergangenheitsbezogene Betrachtung reicht für die Zwecke eines wertorientierten Controlling nicht aus, da insbesondere die neuen Informationen aus der ex post-Perspektive Erwartungsrevisionen auslösen, die einen erheblichen Anteil an der Wertabweichung haben.[671] Ein solches Instrument, das diese Aspekte berücksichtigt und mit dem auch Maßnahmen der Entscheidungsträger beurteilt werden können, stellt die Erfolgspotenzialrechnung dar. Sie soll im Folgenden näher vorgestellt werden.

4.4.3.1 Grundstruktur der Erfolgspotenzialrechnung

Die Erfolgspotenzialrechnung (EPR) ist ein Instrument, welches innerhalb der Performanceanalyse einzusetzen ist. Die EPR wurde von *Breid*[672] konzipiert und von *Dirrigl*[673] um wesentliche Aspekte erweitert. Ausgangspunkt der EPR ist die „ertragswertorientierte Erfolgspotenzialbewertung"[674], bei der die Wertbestimmung ex ante auf der Basis einer prospektiven zahlungsstromorientierten Bestandsrechnung erfolgt. Aus der ex post-Perspektive ist zu überprüfen, inwieweit sich die Erwartungen erfüllt bzw. getroffene Maßnahmen gelohnt haben. Dafür ist dem ex ante berechneten Erfolgspotenzial ($EW(A)_0$) ex post ein vergleichbares Erfolgspotenzial gegenüberzustellen ($EW(P)_1$), das auf der Basis des neuen Informationsstands und unter Berücksichtigung bereits getroffener Steuerungsmaßnahmen seitens der Entscheidungsträger bestimmt wird:[675]

---

669 Vgl. *Dreher* (2010), S. 386 f.

670 *Stüker* (2008), S. 124 f.

671 Vgl. *Dolny* (2003), S. 220. In diesem Zusammenhang spricht *Schmidbauer* (1998), S. 273 von Planfortschrittskontrollen.

672 Vgl. *Breid* (1994).

673 Vgl. *Dirrigl* (2002), Sp. 419-431.

674 *Dirrigl* (2002), Sp. 420.

675 Die Bestimmung der Erfolgspotenziale erfolgt auf Basis von Ertragswerten. Außerdem hebt *Laux* (1995), S. 387 hervor, dass am Ende einer Periode im Rahmen der strategischen Kon-

$$\Delta EW = EW(P)_1 - EW(A)_0 \tag{4-24}$$

Die sich aus der Formel (4-24) ergebende Gesamtabweichung stellt die Ausgangsbasis für die anschließende erfolgspotenzialbasierte Abweichungsanalyse dar, in der die Gesamtabweichung zwischen dem Ist-Erfolgspotenzial und dem Plan-Erfolgspotenzial auf die Abweichungsursachen aufgeteilt wird, so dass die Summe der Teilabweichungen der Gesamtabweichung entspricht. Dementsprechend wird im Rahmen der EPR die Methode der kumulativen Abweichungsanalyse verwendet.

Im Rahmen der Aufteilung der Gesamtabweichung sind weitere Erfolgspotenziale zu bestimmen, die sich hinsichtlich der unterstellten Prämissen unterscheiden und für den Vergleich als Referenzgrößen fungieren.[676] Hierfür wird eine fiktive Perspektive eingenommen, in der davon ausgegangen wird, dass die Entscheidungsträger trotz aufgetretener Erwartungsrevisionen keine Gegensteuerungsmaßnahmen einleiten und somit in ihrem Verhalten beharren.[677] Durch die Zwischenschaltung dieser Perspektive ist es möglich, einzelnen Abweichungsursachen Teilbeträge zuzuordnen, die einen endogenen bzw. exogenen Ursprung haben, also durch die Entscheidungsträger beeinflussbar bzw. nicht beeinflussbar sind. Die Teilabweichung, die in diesem Zusammenhang exogenen Ursprungs ist, wird als Informationseffekt (*IE*) bezeichnet und ergibt sich wie folgt:[678]

$$\Delta EW^{IE} = EW(B)_1 - EW(A)_1 \tag{4-25}$$

Dagegen gibt der Aktionseffekt (*AE*) die Teilabweichung wieder, die auf die Maßnahmen der Entscheidungsträger zurückgeht und demnach endogenen Ursprungs ist:

---

trolle die Maßnahmen der Entscheidungsträger hinsichtlich ihres Erfolgs überprüft werden müssen.

676 Vgl. *Dirrigl* (2002), Sp. 421, der in diesem Zusammenhang die weiteren Erfolgspotenziale als Sollwerte bezeichnet, „die auf unterschiedlichen Prämissen hinsichtlich der Wertbestimmungsfaktoren basieren."

677 Vgl. *Schmidbauer* (1998), S. 276; *Dirrigl* (2002), Sp. 424 *Dolny* (2003), S. 227; *Stüker* (2008), S. 137; *Dreher* (2010), S. 342. Da mit anderen Worten unterstellt wird, dass die Entscheidungsträger auf die neue Situation träge reagieren, wird in der Literatur häufig auch der Begriff Trägheitsprojektion verwendet.

678 B steht hier für Beharrungszustand.

$$\Delta EW^{AE} = EW(P)_1 - EW(B)_1 \tag{4-26}$$

Des Weiteren kann die Gesamtabweichung neben dem Informations- und Aktionseffekt noch auf einen Zeit-, Zinsänderungs- und Risikopräferenzänderungseffekt aufgeteilt werden.[679] Damit ein Vergleich zwischen Erfolgspotenzialen einer Periode ermöglicht wird, ist der Zeiteffekt (*ZE*) zu separieren, der sich wie folgt ergibt:[680]

$$\Delta EW^{ZE} = EW(A)_1^{[0,0]} - EW(A)_0^{[0,0]} \tag{4-27}$$

Der Zinsänderungseffekt (*ZÄE*) ergibt sich durch eine Berechnung des Ertragswertes mittels eines veränderten Kalkulationszinssatzes. Dies kann notwendig werden, wenn es zu einer Veränderung des risikolosen Basiszinses gekommen ist. Dabei kann der ZÄE, wie in der Abbildung 4-8 dargestellt ist (Rechenschritt 2 und 4a), sowohl für die ex ante- als auch ex post-Ebene angegeben werden.

$$\Delta EW^{ZÄE} = EW(\bullet)_1^{[1,0]} - EW(\bullet)_1^{[0,0]} \tag{4-28}$$

Falls eine Anpassung des Risikoaversionskoeffizienten (rak) notwendig wird, ergibt sich durch die Verwendung des angepassten rak ein neuer Ertragswert, auf dessen Basis der Risikopräferenzänderungseffekt (*RE*) bestimmt wird. Analog zum ZÄE kann der RE ebenfalls für die ex ante- und die ex post-Ebene ermittelt werden (Rechenschritt 3 und 5ab):

$$\Delta EW^{RE} = EW(\bullet)_1^{[1,0]} - EW(\bullet)_1^{[1,1]} \tag{4-29}$$

Die Summe der fünf Effekte gibt die Gesamtabweichung wieder.

679 Vgl. *Dirrigl* (2002), Sp. 427 ff.; *Stüker* (2008), S. 134 ff.

680 Hierbei wird die Symbolik von *Dirrigl* (2002), Sp. 425 ff. übernommen, bei dem in der hochgestellten eckigen Klammer die Bewertungsparameter erfasst werden, wobei die erste Ziffer für den verwendeten Kalkulationszinsfuß und die zweite Ziffer für den angenommenen Risikoaversionskoeffizienten steht. Für beide Parameter gibt die Ziffer 0 den Informationsstand der ex ante-Perspektive und die Ziffer 1 den Informationsstand der ex post-Perspektive wieder.

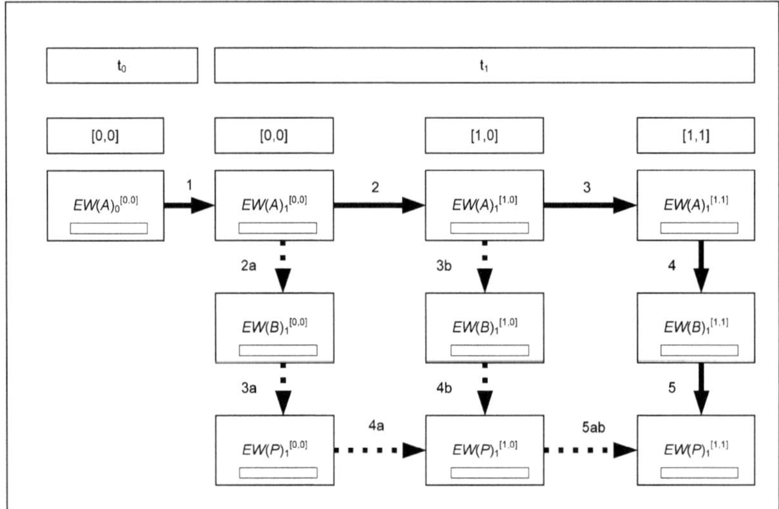

Abbildung 4-8: ***Grundstruktur der erfolgspotenzialbasierten Abweichungsanalyse***[681]

Im Anschluss an die erfolgspotenzialbasierte Abweichungsanalyse kann die Periodenperformance bestimmt werden, für die der realisierte Zahlungsüberschuss der abgelaufenen Periode und die Gesamtabweichung der Ertragswerte maßgeblich sind. Das Performancemaß beinhaltet daher eine operative und eine strategische Komponente und wird daher auch als ökonomischer Periodenerfolg (*PE*) bezeichnet, der wie folgt bestimmt wird:[682]

$$PE_1 = \underbrace{CF_1 - SÄ(CF_1)}_{\text{operative Abweichung}} + \underbrace{i_0 \cdot EW(A)_0^{[0,0]}}_{\text{Mindestverzinsung}} + \underbrace{EW(P)_1^{[1,1]} - EW(A)_1^{[0,0]}}_{\text{strategische Abweichung}} \tag{4-30}$$

Somit setzt sich *PE* aus drei Komponenten zusammen:

- der Differenz zwischen dem realisierten Zahlungsüberschuss und dem Sicherheitsäquivalent, bezeichnet als operative Abweichung,
- der Mindestverzinsung auf den Ertragswert und
- der strategischen Abweichung, in der die Veränderung der Bewertungsparameter und der neue Informationsstand berücksichtigt werden.

---

681 In Anlehnung an *Dirrigl* (2002), Sp. 425 f. Nach der Grundstruktur der erfolgspotenzialbasierten Abweichungsanalyse kann die Gesamtabweichung nach drei Pfaden aufgeteilt werden, wobei die daraus resultierenden Teilabweichungen je nach Pfad unterschiedlich hoch sind. *Stüker* (2008), S. 135 f. präferiert in diesem Zusammenhang den Pfad 2-3-4-5, da nach diesem Pfad der Aktionseffekt unter Berücksichtigung des neuen Informationsstands und der angepassten Bewertungsparameter bestimmt wird.

682 Vgl. *Stüker* (2008), S. 138.

Damit eine Aussage darüber getroffen werden kann, ob in der abgelaufenen Periode Wert geschaffen oder vernichtet wurde, können ausgehend von *PE* weitere Beurteilungsgrößen bestimmt werden. Die Mindestverzinsung auf den Ertragswert kann als Opportunitätskosten der Kapitalgeber verstanden werden und ist daher von *PE* abzuziehen, so dass sich ein modifizierter Periodenerfolg ergibt:[683]

$$PE_1^{mod} = CF_1 - SÄ(CF_1) + EW(P)_1^{[1,1]} - EW(A)_1^{[0,0]} \tag{4-31}$$

Allerdings kann auch die operative Abweichung als Mindestforderung der Kapitalgeber interpretiert werden. Bei einem erwartungskonformen Eintritt der Cashflows entspricht die operative Abweichung dem Risikoabschlag auf den Erwartungswert des unsicheren Cashflows, so dass diese Komponente auch als „Preis der Risikoentschädigung interpretiert werden kann."[684] Daher ist zusätzlich zur Mindestverzinsung auf den Ertragswert auch die operative Abweichung von *PE* abzuziehen, so dass als Ergebnis der residuale ökonomische Periodenerfolg (*RPE*) verbleibt, der wie folgt berechnet wird:[685]

$$RPE_1 = CF_1 - \mu(CF_1) + EW(P)_1^{[1,1]} - EW(A)_1^{[0,0]} \tag{4-32}$$

4.4.3.2 Standortcontrolling auf Basis der Erfolgspotenzialrechnung

In diesem Abschnitt wird das Konzept der Erfolgspotenzialrechnung für die Zwecke des Standortcontrolling angewendet. Dafür dient das oben konzipierte Rechenbeispiel als Ausgangsbasis, wobei angenommen wird, dass die X AG die vorteilhafte Auslandsinvestition durchführt. Der oben ermittelte Kapitalwert für die Auslandsinvestition stellt das ex ante erklärte Performanceziel der X AG dar und wird somit in der Symbolik der Erfolgspotenzialrechnung als $EW(A)_0^{[0,0]}$ bezeichnet. Da diesem ex post ein vergleichbares Erfolgspotenzial gegenübergestellt werden muss, wird die ex ante verwendete Methodik der Erfolgsprognose und Bewertung auch in der ex post-Perspektive angewendet. Dementsprechend ist das IUP-Modell an den neuen Informationsstand anzupassen. Weil im obigen Rechenbeispiel in der Periode 1 keine Absatzaktivitäten der AS

683 Vgl. ebenda, S. 138 f.

684 *Dreher* (2010), S. 344.

685 Vgl. ebenda, S. 343. Im Ergebnis entspricht der RPE dem Residualen Ökonomischen Gewinn, wobei allerdings bei der Berechnung neben dem aktualisierten Informationsstand noch Steuerungsaktionen der Entscheidungsträger, eine Veränderung des Basiszinssatzes sowie Veränderungen hinsichtlich des Risikoaversionskoeffizienten berücksichtigt werden.

AG stattfinden, werden für den Übergang von der ex ante- in die ex post-Perspektive nicht die Perioden 0 und 1, sondern die Perioden 1 und 2 betrachtet.[686] Erst ab der Periode 2 ist die AS AG dem Absatzrisiko ausgesetzt, so dass eine Performanceanalyse für die vorherige Periode nur wenig Erkenntnisse bringt. Dementsprechend wird die Symbolik der Erfolgspotenzialrechnung angepasst, so dass der Bewertungszeitpunkt im tiefgestellten Index von 0 auf 1 und von 1 auf 2 verändert wird.[687] Für die ex ante-Perspektive können die Sicherheitsäquivalente aus der Tabelle 4-55 übernommen werden. Die Risikostruktur wird mittels der Risikosimulation offengelegt. Hierbei ist darauf zu achten, dass aufgrund der engen Beziehung zwischen der Planungs- und Kontrollaufgabe des Controlling auch die Instrumente der Planung mit den Instrumenten der Kontrolle verknüpft werden. In Bezug auf die Verwendung der Risikosimulation bedeutet dies, dass sich die Verteilungstypen in der ex ante- und ex post-Situation, mit denen das Risiko der Eingangsgrößen berücksichtigt wird, entsprechen, um eine Konsistenz von Planung und Kontrolle zu gewährleisten. Somit ist bspw. das Risiko der Absatzmenge des Heimatlandes, wie in der ex ante-Situation,[688] weiterhin durch eine allgemeine Betaverteilung darzustellen, die allerdings um die Auswirkungen der Erwartungsrevisionen anzupassen sind. In diesem Zusammenhang werden für die Trägheitsprojektion auf der Ebene der AS AG die folgenden Ist-Größen festgestellt und folgende Erwartungsrevisionen hinsichtlich der unsicheren Größen vorgenommen:

686 Dabei kann unterstellt werden, dass sich die Periode 1 bis auf die Wechselkurse erwartungskonform entwickelt hat.

687 Somit verändert sich die Ausgangsgröße der Erfolgspotenzialrechnung von $EW(A)_0^{[0,0]}$ zu $EW(A)_1^{[0,0]}$ und aus der ursprünglichen Symbolik für $EW(A)_1^{[0,0]}$ wird $EW(A)_2^{[0,0]}$.

688 Vgl. hierzu die Angaben der Tabelle 4-52 mit denen der Tabelle 4-68 und Tabelle 4-70.

Absatzbereich:[689]							
Periode			2 (Ist)	3 (Plan)	4 (Plan)	5 (Plan)	6 ff. (Plan)
Absatzmenge Heimatland (allgemeine Betaverteilung)	a			50.250	65.500	68.500	70.000
	b			81.500	122.500	132.000	140.500
	$\alpha 1$		19.500	2,8	2,8	2,8	2,8
	$\alpha 2$			3,2	3,2	3,2	3,2
Absatzmenge Investitionsland (allgemeine Betaverteilung)	a			203.750	286.500	315.500	342.500
	b			305.500	459.500	491.000	525.500
	$\alpha 1$		70.000	1,9	1,9	1,9	1,9
	$\alpha 2$			3	3	3	3
Absatzpreis Heimatland			67,50				
Absatzpreis Investitionsland			47,00				
Materialbereich:[690]							
Materialverbrauchskoeffizient Investitionsland (Dreiecksverteilung)	a	3					
	H	4					
	b	6					
Materialverbrauchskoeffizient Heimatland (Dreiecksverteilung)	a	1					
	H	2					
	b	3					
Materialverbrauchskoeffizient Drittland (Dreiecksverteilung)	a	3					
	H	4					
	b	5					
Materialpreis Investitionsland			1,34				
Materialpreis Heimatland			0,58				
Materialpreis Drittland			1,81				
Personalbereich:							
Personalbeanspruchungskoeffizient (Dreiecksverteilung)	a	0,0004					
	H	0,0006					
	b	0,0007					
durchschnittl. Bruttogehalt			23.500				
Wachstumsrate für Gehälter (Dreiecksverteilung)	a	6%					
	H	8%					
	b	10%					
durchschnittl. Bruttolohn			12.600				
Wachstumsrate für Löhne (Dreiecksverteilung)	a	6%					
	H	8%					
	b	10%					
Wechselkurs:							
Wechselkurs Invl.-Heiml. (Dreiecksverteilung)	a			0,455	0,4250	0,405	0,390
	H		0,51	0,495	0,4875	0,475	0,475
	b			0,540	0,5250	0,520	0,510
Wechselkurs Invl.-Drittl. (Dreiecksverteilung)	a			1,5150	1,5350	1,545	1,56
	H		1,61	1,6215	1,6525	1,680	1,70
	b			1,6900	1,7900	1,90	2,05

Tabelle 4-68: ***Ist-Größen und Erwartungsrevisionen in der Trägheitsprojektion***[691]

Auf der Ebene der X AG sind noch die Ist-Größen und zukünftigen Erwartungen der Koordinationskosten anzugeben:

---

689 Die zukünftigen Absatzpreise im jeweiligen Land ergeben sich durch die unterstellte Wahrscheinlichkeitsverteilung für die Preiswachstumsrate, die gegenüber der Ausgangsplanung unverändert bleibt; siehe Tabelle 4-52.

690 Die zukünftigen Materialpreise im jeweiligen Land ergeben sich durch die unterstellte Wahrscheinlichkeitsverteilung für den Materialpreissteigerungssatz, der gegenüber der Ausgangsplanung unverändert bleibt; siehe Tabelle 4-52.

691 Die Plangrößen, die hier nicht explizit aufgeführt sind, entsprechen den Plangrößen der Ausgangsplanung; siehe Tabelle 4-52.

Koordination:							
Periode			2 (Ist)	3 (Plan)	4	5	6
Anzahl Koordinatoren (Dreiecksverteilung)	a			2	2	1	1
	H		4	3	3	2	2
	b			4	4	3	2
Wachstumsrate Jahresgehalt (Dreiecksverteilung)	a	3%					
	H	4%	75.700				
	b	5%					

Tabelle 4-69: ***Erwartete Koordinatoren in der Trägheitsprojektion***

Gegensteuerungsmaßnahmen							
Periode			2 (Ist)	3 (Plan)	4 (Plan)	5 (Plan)	6 ff. (Plan)
Auszahlungen in GE^{InvI}			500.000	500.000	500.000	500.000	500.000
Absatzbereich:[692]							
Absatzmenge Heimatland (allgemeine Betaverteilung)	a			60.250	75.500	78.500	79.500
	b			90.500	138.500	145.500	151.750
	α1		19.500	3,2	3,2	3,2	3,2
	α2			2,8	2,8	2,8	2,8
Absatzmenge Investitionsland (allgemeine Betaverteilung)	a			218.750	310.500	342.250	365.750
	b			325.800	475.500	517.450	565.450
	α1		70.000	2,1	2,1	2,1	2,1
	α2			3,7	3,7	3,7	3,7
Absatzpreis Heimatland			67,50				
Absatzpreis Investitionsland			47,00				
Materialbereich:[693]							
Materialverbrauchskoeffizient Investitionsland (Dreiecksverteilung)	a	3					
	H	4					
	b	5					
Materialverbrauchskoeffizient Heimatland (Dreiecksverteilung)	a	1					
	H	2					
	b	3					
Materialverbrauchskoeffizient Drittland (Dreiecksverteilung)	a	2					
	H	3					
	b	5					
Personalbereich:							
Personalbeanspruchungskoeffizient (Dreiecksverteilung)	a	0,0004					
	H	0,0005					
	b	0,0006					

Tabelle 4-70: ***Planungsdaten aus der ex post-Perspektive***[694]

Aufgrund der abgelaufenen Periode und der negativen Erwartungen über die zukünftige Entwicklung beschließen die Entscheidungsträger, Gegensteuerungsmaßnahmen umzusetzen. Zum Ende der Periode 2 und in den zukünftigen Perioden werden zusätzliche Auszahlungen i. H. v. 750.000 GE^{InvI} auf der Ebene der AS AG geplant, mit denen der negativen Entwicklung entgegen-

[692] Die zukünftigen Absatzpreise im jeweiligen Land können aus der unterstellten Wahrscheinlichkeitsverteilung für die Preiswachstumsrate, die gegenüber der Ausgangsplanung unverändert bleibt, entnommen werden; siehe Tabelle 4-52.

[693] Die zukünftigen Materialpreise im jeweiligen Land ergeben sich durch die unterstellte Wahrscheinlichkeitsverteilung für den Materialpreissteigerungssatz, der gegenüber der Ausgangsplanung unverändert bleibt; siehe Tabelle 4-52.

[694] Die hier nicht angegebenen Plangrößen, wie bspw. die zukünftigen Wechselkurse, entsprechen den Daten der Trägheitsprojektion.

gewirkt werden soll. Die Entscheidungsträger erwarten dadurch im Vergleich zur Trägheitsprojektion höhere Absatzmengen im Investitions- und Heimatland sowie positive Effekte auf den Materialverbrauch und die Personalbeanspruchung.[695] Im Rahmen der Erfolgspotenzialrechnung stellt dies die Planungsrechnung aus der ex post-Perspektive dar (siehe Tabelle 4-70).

Hinsichtlich der Bewertungsparameter wird eine Anpassung des Risikoaversionskoeffizienten auf 0,5 und des risikolosen Zinssatzes vor Steuern von 4% auf 4,1% vorgenommen. Basierend auf diesen Angaben können als nächstes für die drei Perspektiven mittels der Risikosimulation die Erwartungswerte und Standardabweichungen der Netto-Ausschüttungen der X AG ermittelt werden. Die daraus resultierenden Sicherheitsäquivalente für die ex ante- und ex post-Perspektive sowie für die Trägheitsprojektion sind in der folgenden Tabelle angegeben:

	Periode	2	3	4	5	6 ff.
ex ante	Erwartungswert	10.949.413	12.103.373	12.201.048	12.129.300	11.727.597
	Standardabw.	27.512	176.874	294.057	345.441	452.959
	Risikoabschlag (rak=0,4)	11.005	70.750	117.623	138.176	181.184
	Risikoabschlag (rak=0,5)	13.756	88.437	147.029	172.721	226.480
	SÄ(rak=0,4)	10.938.408	12.032.623	12.083.425	11.991.124	11.546.413
	SÄ (rak=0,5)	10.935.657	12.014.936	12.054.020	11.956.580	11.501.118
Trägheits-projektion	Erwartungswert		11.786.056	11.815.750	11.692.533	11.068.934
	Standardabw.		175.351	304.997	356.500	479.678
	Risikoabschlag (rak=0,4)		70.140	121.999	142.600	191.871
	Risikoabschlag (rak=0,5)		87.676	152.498	178.250	239.839
	SÄ (rak=0,4)		11.715.915	11.693.751	11.549.933	10.877.062
	SÄ (rak=0,5)		11.698.380	11.663.251	11.514.283	10.829.095
ex post	Erwartungswert		11.943.315	12.161.503	12.059.873	11.631.317
	Standardabw.		174.310	322.247	370.680	490.361
	Risikoabschlag (rak=0,4)		69.724	128.899	148.272	196.144
	Risikoabschlag (rak=0,5)		87.155	161.123	185.340	245.180
	SÄ (rak=0,4)		11.873.591	12.032.605	11.911.601	11.435.173
	SÄ (rak=0,5)		11.856.160	12.000.380	11.874.533	11.386.137

Tabelle 4-71: ***Risikobewertung im Rahmen der Erfolgspotenzialrechnung***

695 So könnten bspw. Auszahlungen für die Werbung zu einem höheren Bekanntheitsgrad im Investitionsland führen und so zu steigenden Absätzen führen. Optimierungen bei den Anlagen können zu weniger Materialausschuss führen und Personalschulungen dazu beitragen, dass die Personalproduktivität steigt.

Mit den Daten der Tabelle 4-71 kann nun die erfolgspotenzialbasierte Abweichungsanalyse durchgeführt werden. Gemäß des Pfades 1, 2, 3, 4 und 5 in der Abbildung 4-8, der nach *Stüker* der geeignetste Weg zur Aufteilung der Abweichung ist,[696] wird das Konzept der Erfolgspotenzialrechnung im Folgenden dargestellt. Hierbei ist wiederum zu beachten, dass für die Ertragswertberechnung der Auslandsinvestition von dem Ertragswert der X AG bei Durchführung der Auslandsinvestition der Ertragswert der X AG in der status quo-Situation abgezogen wird.[697] Es ergeben sich in der Struktur der Erfolgspotenzialrechnung folgende Ertragswerte für die Auslandsinvestition:

- $EW(A)_1^{[0,0]}$ = 69.096.448 GE^{Heiml},
- $EW(A)_2^{[0,0]}$ = 71.329.374 GE^{Heiml},
- $EW(A)_2^{[1,0]}$ = 61.764.796 GE^{Heiml},
- $EW(A)_2^{[1,1]}$ = 60.315.855 GE^{Heiml},
- $EW(B)_2^{[1,1]}$ = 38.873.485 GE^{Heiml} und
- $EW(P)_2^{[1,1]}$ = 56.552.221 GE^{Heiml}.

Als nächstes können nun die einzelnen Teilabweichungen bestimmt werden: Gemäß der Formel (4-27) beträgt der Zeiteffekt 2.232.926 GE^{Heiml}. Der Zinsänderungseffekt i. H. v. -9.564.578 GE^{Heiml} durch die Anpassung des risikolosen Zinssatzes ergibt sich gemäß der Formel (4-28). Die Teilabweichung, die auf die Anpassung des Risikoaversionskoeffizienten zurückzuführen ist, kann gemäß der Formel (4-29) bestimmt werden und beträgt -1.448.941 GE^{Heiml}. Der Informationseffekt, der sich durch den aktualisierten Informationsstand ergibt und nicht von den Entscheidungsträgern beeinflussbar ist, wird gemäß der Formel (4-25) berechnet und beträgt -21.442.370 GE^{Heiml}. Der Erfolg der Gegensteuerungsmaßnahmen wird im Aktionseffekt dargestellt und gibt somit eine Teilabweichung wieder, für die Entscheidungsträger verantwortlich sind. Der Aktionseffekt beträgt in diesem Beispiel 17.678.735 GE^{Heiml} und zeigt somit auf, dass die Maßnahmen der Entscheidungsträger in der ex post-Situation lohnend für den Auslandsstandort sind.

[696] Nach *Stüker* (2008), S. 135 f. ist die Abspaltung des Aktionseffekts zuletzt am sinnvollsten, weil dabei die aktualisierten Informationen und Bewertungsparameter „für die Aufgabe einer Beurteilung des Managements respektive der neuen Strategie" berücksichtigt werden.

[697] Hierbei wird aus Gründen der Vergleichbarkeit weiterhin Sicherheit in der status quo-Situation unterstellt. Für den Bewertungszeitpunkt t=1 ergibt sich ein Ertragswert in der status quo-Situation i. H. v. 323.728.290 GE^{Heiml} und für den Bewertungszeitpunkt t=2 i.H.v. 322.125.645 GE^{Heiml}; vgl. dazu die Tabelle 4-30.

Anknüpfend an die Abweichungsanalyse kann die erfolgspotenzialbasierte Performancemessung durchgeführt werden, mit dem Ziel, den ökonomischen Periodenerfolg (*PE*) bzw. residualen ökonomischen Periodenerfolg (*RPE*) zu bestimmen, mit dem eine Aussage über die Änderung des Werts des Auslandsstandorts getroffen werden kann. Für die Berechnung des *PE* für die Periode 2 ist die Formel (4-30), angepasst für die Periode 2, anzuwenden. Dabei wird in der Periode 2 eine Ausschüttung i. H. v. 10.901.110 GE^{Heiml} realisiert, so dass der *PE* -12.779.561 GE^{Heiml} beträgt. Werden hiervon die Opportunitätskosten der Kapitalgeber i. H. v. 2.045.895 GE^{Heiml} abgezogen,[698] ergibt sich der *RPE* für die Periode 2 i. H. v. -14.825.456 GE^{Heiml}.

Zusammenfassend kann festgehalten werden, dass die erfolgspotenzialbasierte Abweichungsanalyse und Performancemessung für Zwecke des Standortcontrolling als besonders geeignet angesehen werden kann, da beim Standortcontrolling eine unternehmensinterne Perspektive einzunehmen ist, die sich mit der Grundkonzeption der Erfolgspotenzialrechnung deckt. So wird anhand der erfolgspotenzialbasierten Performancemessung ermittelt, ob in der Betrachtungsperiode ein Mehrwert geschaffen wurde oder ob es zu einer Wertvernichtung gekommen ist. Für das obige Rechenbeispiel wird ersichtlich, dass es in der Periode 2 zu einem Wertverlust gekommen ist. Allerdings ist ein entscheidendes Merkmal der Erfolgspotenzialrechnung, dass ergriffene Steuerungsmaßnahmen seitens der Entscheidungsträger in die Berechnungen einbezogen und diesen im Rahmen der Abweichungsanalyse Teilabweichungen zugeordnet werden, so dass eine Aufteilung der Gesamtabweichung in exogene und endogene Ursachen erfolgt. Im vorgestellten Rechenbeispiel wird für die Maßnahmen der Entscheidungsträger trotz des in der Periode 2 ermittelten Wertverlusts ein positives Ergebnis ausgewiesen, welches sich im Aktionseffekt widerspiegelt.

[698] Die Opportunitätskosten der Kapitalgeber ergeben sich aus der Mindestverzinsung des Ertragswerts i. H. v. 2.034.890 GE^{Heiml} (=2,945% · 69.096.448) und dem Preis für die Risikoentschädigung i. H. v. 11.005 GE^{Heiml} (=10.949.413 – 10.938.408); siehe Tabelle 4-71).

4.5 Funktionsverlagerung als kostenorientierte Standortentscheidung: Besteuerung und steuerorientierte Unternehmensbewertung

4.5.1 Überblick

Wie bereits in Abschnitt 4.2.2.1 beschrieben, stellt die Einsparung von Kosten für internationale Standortinvestitionen einen wichtigen Beweggrund da. Durch im Vergleich zum Inland niedrigere Faktorkosten im Ausland erhoffen sich Unternehmen positive Effekte im Wettbewerb gegenüber ihren Konkurrenten. Dabei werden regelmäßig Bereiche der Wertschöpfungskette vom Inland ins Ausland verlagert, wobei dies insbesondere personalintensive Produktionsprozesse betrifft, um so möglichst große Lohnkosteneinsparungen zu realisieren. Aus der Sicht des Inlandes führen Verlagerungen von Bereichen der Wertschöpfungskette ins Ausland aufgrund von Differenzen im Lohnniveau „zu einem Anpassungsdruck auf die inländischen Löhne“.[699] Geht man für das Inland von den rechtlichen und wirtschaftlichen Bedingungen Deutschlands aus, gilt für das Lohnniveau nach unten eine gewisse Starrheit, so dass sich dieses nicht anpassen kann und es somit im Inland zum Abbau von Arbeitsplätzen kommt.[700] Außerdem handelt es sich bei Verlagerungen von Bereichen der Wertschöpfungskette auch um eine „Verlagerung von Steuersubstrat ins Ausland“.[701] Diese soll durch „negative Anreize [...] gebremst werden“[702], indem der Gesetzgeber versucht, mit den Regelungen zur Funktionsverlagerung „die Besteuerung in Deutschland geschaffener Werte sicherzustellen“[703].[704] Somit müssen diese steuerlichen Regelungen insbesondere bei kostenorientierten Standortinvestitionen beachtet werden.

---

699 *Zapkau/Schwens/Kabst* (2010), S. 803.

700 Vgl. ebenda.

701 *BR-Gesetzentwurf Drucksache 220/07*, S. 1.

702 Ebenda.

703 Ebenda, S. 141.

704 Hiermit soll nicht die Entscheidungsfreiheit der Unternehmen, inwieweit sie Funktionen auf mehrere Unternehmen aufteilen oder selbst wahrnehmen, eingegrenzt werden. Auch die Verlagerung bzw. Nutzungsüberlassung von Wirtschaftsgütern gehört zur unternehmerischen Entscheidungsfreiheit, allerdings hindert diese „die Finanzbehörde nicht daran, dem Fremdvergleichsgrundsatz entsprechende Konsequenzen aus der Ausübung dieser Freiheit zu ziehen“; *BMF-Schreiben* (2010), Tz. 145.

4.5.2 Tatbestand der Funktionsverlagerung

Nicht jede internationale Standortinvestition erfüllt den Tatbestand einer Funktionsverlagerung. Bei dem im Abschnitt 4.3.2 vorgestellten Beispiel wird eine Standortinvestition im Kontext einer Wachstumsstrategie untersucht, bei dem es annahmegemäß zu keiner Einschränkung der Ausübung dieser Funktion für das bisher tätige Unternehmen kommt.[705] Damit ist bereits die Voraussetzung für den Tatbestand einer Funktionsverlagerung angesprochen. Führt die Verlagerung einer Funktion[706], von dem verlagernden Unternehmen zu einem anderen nahe stehenden Unternehmen, das die damit verbundenen Chancen und Risiken übernimmt, zu einer Einschränkung der Ausübung der Funktion beim verlagernden Unternehmen, liegt eine Funktionsverlagerung vor.[707] Kommt es im Zeitpunkt der Verlagerung und innerhalb von fünf Jahren zu keiner Einschränkung beim verlagernden Unternehmen,[708] bezeichnet man dies als Funktionsverdoppelung.[709]

4.5.2.1 Steuerliche Voraussetzungen und Konsequenzen

Bei einer Funktionsverlagerung handelt es sich um eine Transaktion zwischen zwei nahestehenden Unternehmen. Dadurch haben diese die Möglichkeit, für die Funktion einen anderen Preis anzusetzen, als es unabhängige Dritte tun würden. Um dieser Problematik zu begegnen und um „die Besteuerung in Deutschland geschaffener Werte sicherzustellen“[710], hat der Gesetzgeber in § 1 Abs. 1 AStG den Fremdvergleichsgrundsatz festgelegt, nach dem Verrechnungspreise für die Funktion so zu bestimmen sind, „wie sie unter den zwischen voneinander unabhängigen Dritten vereinbarten Bedingungen angefallen wären.“[711] Im Regelfall erfolgt die Bestimmung des Verrechnungspreises der Funk-

[705] Vgl. dazu die Ausführungen im *BMF-Schreiben* (2010), Tz. 42 zur Abgrenzung zur Funktionsverlagerung.

[706] Im *BMF-Schreiben* (2010), Tz. 15 werden Beispiele für Funktionen genannt, wie „Geschäftstätigkeiten, die zur Geschäftsleitung, Forschung und Entwicklung, Materialbeschaffung, Lagerhaltung, Produktion, Verpackung, Vertrieb, Montage. Bearbeitung oder Veredelung von Produkten, Qualitätskontrolle, Finanzierung, Transport, Organisation, Verwaltung, Marketing, Kundendienst usw. gehören.“ Vgl. zu einer kritischen Auffassung der Begriffsabgrenzung durch den Fiskus *Baumhoff* (2012), S. 613-618.

[707] Vgl. *BMF-Schreiben* (2010), Tz. 19.

[708] Vgl. in diesem Zusammenhang zu einer näheren Erläuterung des Begriffs Einschränkung *Baumhoff* (2012), S. 619 ff.

[709] Vgl. § 1 Abs. 6 Satz 1 FVerlV.

[710] *BR-Gesetzentwurf Drucksache 220/07*, S. 141.

[711] Vgl. § 1 Abs. 1 AStG.

tion als Ganzes (Transferpaket).[712] Dabei wird bei der Bestimmung des Verrechnungspreises zunächst geprüft, ob ein tatsächlicher Fremdvergleich, anhand zuverlässiger Fremdvergleichswerte, durchführbar ist.[713] Ansonsten muss, wenn „mangels verwendbarer Vergleichswerte keine andere Möglichkeit zur Bestimmung des Verrechnungspreises besteht",[714] ein hypothetischer Fremdvergleich durchgeführt werden.[715] Allerdings kann davon ausgegangen werden, dass aufgrund der hohen Spezifität von Funktionen ein tatsächlicher Fremdvergleich in der Regel nicht möglich sein wird.[716] Die Verrechnungspreisbestimmung nach dem hypothetischen Fremdvergleich erfolgt auf der Basis eines „kapitalwertorientierten"[717] Bewertungsverfahrens.[718] Demnach gilt es den zukünftigen finanziellen Nutzen aus der Funktion zu prognostizieren.

Beim hypothetischen Fremdvergleich müssen sowohl für das verlagernde als auch für das übernehmende Unternehmen Grenzpreise ermittelt werden. Für

---

712 Vgl. § 1 Abs. 3 Satz 9 AStG. In Fällen, in denen nach § 1 Abs. 3 Satz 10 AStG „keine wesentlichen immateriellen Wirtschaftsgüter oder Vorteile Gegenstand" der Funktionsverlagerung sind „oder dass die Summe der angesetzten Einzelverrechnungspreise [...] dem Fremdvergleichsgrundsatz entspricht", können Einzelverrechnungspreise für die Bestandteile der Funktionsverlagerung anerkannt werden. Diese drei Fälle werden auch als eigenständige Öffnungsklauseln des § 1 Abs. 3 Satz 10 AStG bezeichnet; vgl. *BMF-Schreiben* (2010), Tz. 69-81. Sobald nur eine Klausel als erfüllt gilt, können Einzelverrechnungspreise bestimmt werden. In dieser Arbeit wird der Fokus auf der ganzheitlichen Bewertung von Funktionsverlagerungen liegen.

713 Vgl. § 1 Abs. 3 Satz 1 bis 4 AStG. Liegen uneingeschränkt vergleichbare Werte vor, ist der Verrechnungspreis nach § 1 Abs. 3 Satz 1 AStG nach der Preisvergleichs-, der Wiederverkaufspreis- oder der Kostenaufschlagsmethode zu bestimmen. Anderenfalls sind eingeschränkt vergleichbare Werte zugrunde zu legen.

714 *BR-Gesetzentwurf Drucksache 220/07*, S. 143.

715 Vgl. § 1 Abs. 3 Satz 5 bis 8 AStG.

716 Vgl. *BMF-Schreiben* (2010), Tz. 62. Gleicher Auffassung ist *Luckhaupt* (2012), S. 1571, der davon ausgeht, dass „[a]ufgrund der Individualität von Funktionen [...] ein tatsächlicher Fremdvergleich anhand uneingeschränkt oder eingeschränkt vergleichbarer Fremdvergleichswerte regelmäßig scheitern [wird], so dass der hypothetische Fremdvergleich anzuwenden ist." Allerdings wenden *Ditz/Liebchen* (2012), S. 1469 ein, dass „die pauschale Auffassung der Finanzverwaltung unzutreffend [ist], dass es ‚regelmäßig nicht möglich' sei, die Bewertung eines Transferpakets anhand des tatsächlichen Fremdvergleichs durchzuführen." Gleicher Auffassung wie die letzt genannten Autoren ist *Baumhoff* (2012), S. 643 der aber gleichzeitig anführt, dass „es in der Praxis regelmäßig mit erheblichen Schwierigkeiten verbunden sein wird, die Anforderungen an die uneingeschränkte bzw. eingeschränkte Vergleichbarkeit im Rahmen des tatsächlichen Fremdvergleichs für die Bewertung eines konkreten Transferpakets zu erfüllen." Als Beispiele für Funktionen für die uneingeschränkte bzw. eingeschränkte Fremdvergleichswerte vorliegen und ein tatsächlicher Fremdvergleich durchgeführt werden könnte, werden Routinefunktionen wie EDV, Transport und Logistik oder Buchhaltung genannt.

717 *BMF-Schreiben* (2010), Tz. 63.

718 Vgl. ebenda. Als Bewertungsverfahren können das Discounted-Cashflow-Verfahren oder das Ertragswertverfahren angewendet werden; vgl. ebenda, Tz. 88. Hierbei handelt es sich demnach um einen steuerlichen Anlass für Unternehmensbewertungen; vgl. zu Unternehmensbewertungen im Kontext der Erbschaftsteuer *Dirrigl* (2009), S. 23-38.

das verlagernde Unternehmen stellt der Grenzpreis einen Mindestpreis dar, der mindestens einen Ausgleich für den verlorenen finanziellen Nutzen der Funktionsüberlassung widerspiegeln soll. Dagegen stellt der Grenzpreis aus Sicht des übernehmenden Unternehmens einen Höchstpreis dar, der auf Basis der zukünftigen Erfolgsbeiträge bestimmt wird.

Die zukünftigen Erfolgsbeiträge definiert der Gesetzgeber als „Reingewinne nach Steuern […], auf die ein ordentlicher und gewissenhafter Geschäftsleiter […] aus der Sicht des verlagernden Unternehmens nicht unentgeltlich verzichten würde und für die ein solcher Geschäftsleiter aus der Sicht des übernehmenden Unternehmens bereit wäre, ein Entgelt zu zahlen."[719] Dabei wird hinsichtlich der genaueren Bestimmung des „Reingewinns" nur angeführt, dass es sich um eine Netto-Cashflowgröße nach Fremdkapitalkosten und Steuern handelt.[720] Es ist der Zeitraum zu bestimmen, über den die Erfolgsbeiträge aus der Funktion anfallen.[721] und im Anschluss daran sind die periodenspezifischen Reingewinne nach Steuern mit einem „angemessenen Kapitalisierungszinssatz"[722] zu diskontieren. Nach dieser Vorgehensweise wird der Wert der Funktion zum einen aus der Sicht des verlagernden und zum anderen aus der Sicht des übernehmenden Unternehmens ermittelt. Des Weiteren ist bei der Berechnung des Mindestpreises auch die steuerliche Belastung aus der Veräußerung der Bestandteile der Funktion zu berücksichtigen.[723] Bei der Berechnung des Höchstpreises „sind auch die steuerlichen Auswirkungen der Aufwendungen für den Erwerb von Bestandteilen des Transferpakets der verlagerten Funktion (Abschreibungen auf erworbene Wirtschaftsgüter) zu berücksichtigen."[724] Im Normalfall kann davon ausgegangen werden, dass der Grenzpreis des übernehmenden Unternehmens höher ist als der des verlagernden Unternehmens,

---

719 § 1 Abs. 4 FVerlV.

720 Vgl. *BMF-Schreiben* (2010), Tz. 31. Des Weiteren wird darauf hingewiesen, dass die Reingewinne nach Steuern aus aufeinander abgestimmten Finanzplänen, Plan-Gewinn- und Verlustrechnungen sowie Planbilanzen abzuleiten sind.

721 Vgl. § 6 FVerlV. Der relevante Zeitraum wird als Kapitalisierungszeitraum bezeichnet, der je nach Funktion unendlich oder begrenzt sein kann. Ein begrenzter Kapitalisierungszeitraum muss begründet werden, sonst wird regelmäßig ein unendlicher Kapitalisierungszeitraum zugrunde gelegt. Anhaltspunkte für einen begrenzten Zeitraum können bspw. der Technologie- oder Produktlebenszyklus sein; vgl. *BMF-Schreiben* (2010), Tz. 110.

722 § 5 FVerlV Satz 1. Der Kapitalisierungszinssatz setzt sich aus einem risikolosen Zinssatz und funktions- und risikoadäquaten Zuschlägen zusammen; vgl. § 5 Satz 1 FVerlV.

723 Vgl. *BMF-Schreiben* (2010), Tz. 118.

724 Ebenda, Tz. 125.

so dass regelmäßig ein Einigungsbereich entsteht, „innerhalb dessen voneinander unabhängige Dritte verhandeln würden“[725].[726]

Für die Funktion ist der Verrechnungspreis innerhalb des Einigungsbereichs „zugrunde zu legen, der dem Fremdvergleichsgrundsatz mit der höchsten Wahrscheinlichkeit entspricht“[727]. Kann kein anderer Verrechnungspreis innerhalb des Einigungsbereichs glaubhaft gemacht werden, ist der Mittelwert des Einigungsbereichs zugrunde zu legen.[728]

4.5.2.2 Grenzpreisermittlung im Rahmen des hypothetischen Fremdvergleichs

Im Folgenden wird die Ermittlung von Grenzpreisen im Rahmen des hypothetischen Fremdvergleichs anhand eines Beispiels dargestellt. Dafür lässt sich die Struktur des konzipierten Beispiels heranziehen. Es wird davon ausgegangen, dass die X AG die Herstellung eines Produkts zur AS AG verlagern möchte, weil die Produktionskosten, insbesondere das Lohnkostenniveau, im Investitionsland wesentlich niedrigerer sind als im Heimatland. Die X AG stellt die Produktion an ihrem bisherigen Standort im Heimatland gänzlich ein. Da die AS AG das Produkt auch vertreibt, gehen die damit verbundenen Chancen und Risiken von der X AG auf die AS AG über. Damit ist der Tatbestand der Funktionsverlagerung erfüllt.[729] Es wird ein begrenzter Kapitalisierungszeitraum zugrunde gelegt, indem für das übertragene Produkt ein restlicher Lebenszyklus von sechs Jahren der Finanzverwaltung glaubhaft gemacht wird.[730] Des Weiteren wird angenommen, dass am Standort der AS AG ausreichend räumliche Kapazitäten für die zu übernehmende Funktion vorhanden sind, so dass keine weiteren Investitionen in Gebäude oder Grundstücke notwendig sind.

---

725 Ebenda, Tz. 126.

726 Vgl. § 1 Abs. 3 Satz 6 AStG.

727 § 1 Abs. 3 Satz 7 AStG.

728 Vgl. § 1 Abs. 3 Satz 7 AStG. *Luckhaupt* (2012), S. 1571 geht davon aus, dass „das Glaubhaftmachen eines anderen Werts als den Mittelwert mit der höchsten Wahrscheinlichkeit im Einigungsbereich [regelmäßig] nicht gelingen“ wird.

729 Hier wird unterstellt, dass es sich um keine geringfügige Einschränkung im Sinne der „Bagatellregelung“ handelt, so dass innerhalb von fünf Jahren ab dem Zeitpunkt der Funktionsüberlassung der Umsatz aus der Funktion um mehr als 1 Mio. Euro absinkt im Vergleich zum Umsatz des letzten vollen Wirtschaftsjahres der X AG; vgl. *BMF-Schreiben* (2010), Tz. 48 und 49.

730 Vgl. dazu *BMF-Schreiben* (2010), Tz. 110.

Im nächsten Abschnitt wird die Bewertung des Transferpakets im Rahmen des hypothetischen Fremdvergleichs näher betrachtet. Hierbei ist zuerst der Verrechnungspreis gemäß der Vorgaben des Fiskus anhand des Rechenbeispiels zu ermitteln. Anschließend werden die aus dieser Vorgehensweise resultierenden Probleme aufgezeigt und eine aus betriebswirtschaftlicher Sicht zweckmäßige Verrechnungspreisbestimmung vorgestellt.

4.5.2.2.1 Verrechnungspreisermittlung nach den Vorgaben der Finanzverwaltung

4.5.2.2.1.1 Bestimmung des Mindestpreises

Im Rahmen des hypothetischen Fremdvergleichs sind zwei Grenzpreise zu ermitteln, der Mindestpreis aus der Sicht des verlagernden Unternehmens (X AG) und der Höchstpreis aus der Sicht des übernehmenden Unternehmens (AS AG). Als erstes werden die Vorgaben der Finanzverwaltung bei der Bestimmung des Mindestpreises betrachtet. Hierfür muss zunächst die zu diskontierende Erfolgsgröße bestimmt werden, die als „Reingewinn nach Steuern" bezeichnet wird.[731] Dieser Begriff führte zu Verwirrungen, da in der Literatur zunächst angenommen wurde, dass Erträge und Aufwendungen und nicht, wie es seit langem in der betriebswirtschaftlichen Literatur anerkannt ist, auf Ein- und Auszahlungen bei der Grenzpreisbestimmung abgestellt wird.[732] Mittlerweile hat die Finanzverwaltung in einem BMF-Schreiben den „Reingewinn" als finanziellen Überschuss nach Steuern und Fremdkapitalzinsen definiert.[733] Für die Herleitung des Reingewinns nach Steuern kann das im Rahmen dieser Arbeit dargestellte IUP-Modell verwendet werden, womit auch eine Forderung der Finanzverwaltung erfüllt wird, nämlich die bewertungsrelevanten Zahlungsströme aus aufeinander abgestimmten Planbilanzen, Plan-Gewinn- und Verlustrechnungen sowie Finanzplänen abzuleiten.[734] Für die betrachtete Funktion der X AG wird der folgende vereinfachte Finanzplan angenommen:[735]

---

731 Vgl. §1 Abs. 4 FVerlV.

732 Vgl. bspw. *Heining* (2009), S. 139 ff. m. w. N.

733 Vgl. *BMF-Schreiben* (2010), Tz. 31.

734 Vgl. ebenda.

735 Zur Vorgehensweise der Herleitung eines Finanzplans im Rahmen des IUP-Modells siehe Abschnitt 4.3.3.3.2. Für die Ermittlung des steuerlich relevanten Zahlungsüberschusses bilden nach § 3 Abs. 2 Satz 2 FVerlV die Unterlagen, die die Grundlage für die Unternehmensentscheidung waren, den Ausgangspunkt. Dabei sind für die ersten Jahre detaillierte Prognoserechnungen aufzustellen, während für die weiteren Jahre Pauschalannahmen zu treffen sind; vgl. *BMF-Schreiben* (2010), Tz. 90.

Periode	1	2	3	4	5	6
Gesamt-Einz. aus Umsatzerlösen	10.750.000	11.250.000	11.050.000	8.875.000	5.250.000	3.250.000
Gesamt-Ausz. für Material	2.150.000	2.250.000	2.210.000	1.775.000	1.050.000	650.000
Ausz. für Gebäude-erhaltung	161.250	168.750	165.750	133.125	78.750	48.750
Lohn- und Gehalts-auszahlungen	3.762.500	3.937.500	3.867.500	2.957.500	2.050.000	852.500
Sonst. Ausz.	430.000	450.000	442.000	355.000	210.000	130.000
Verwaltungs-auszahlungen	123.625	129.375	127.075	102.063	60.375	37.375
Vertriebs-auszahlungen	134.375	140.625	138.125	110.938	65.625	40.625
FK-Zinsen	40.000	46.000	78.711	50.600	10.222	0
Tilgung FK	0	0	275.000	395.000	100.000	0
Aufnahme FK	450.000	320.000	0	0	0	0
ZÜ v. St. (in GE^{Heiml})	4.398.250	4.447.750	3.745.839	2.995.775	1.625.028	1.490.750

Tabelle 4-72: ***Erwartete Zahlungsströme der Funktion aus der Sicht der X AG***

Als nächstes sind die steuerlichen Bemessungsgrundlagen und die daraus resultierenden Steuerbelastungen zu bestimmen, um den bewertungsrelevanten Zahlungsüberschuss zu ermitteln.[736] Dafür ergeben sich die folgenden Werte:

Periode	1	2	3	4	5	6
Ergebnis vor Steuern	3.948.250	4.127.750	4.020.839	3.390.775	1.725.028	1.490.750
BMGL GewSt	3.958.250	4.139.250	4.040.517	3.403.425	1.727.583	1.490.750
GewSt (s_{ge}=14%)	554.155	579.495	565.672	476.480	241.862	208.705
BMGL KSt	3.948.250	4.127.750	4.020.839	3.390.775	1.725.028	1.490.750
KSt (s_k=15,825% inkl. SoliZ)	624.811	653.216	636.298	536.590	272.986	235.911
Bewertungsrelevanter Zahlungsüberschuss (in GE^{Heiml})	**3.219.284**	**3.215.039**	**2.543.869**	**1.982.705**	**1.110.180**	**1.046.134**

Tabelle 4-73: ***Ermittlung des relevanten Zahlungsüberschusses aus der Sicht der X AG***

Die nach § 1 Abs. 4 FVerlV vorgeschriebene Ermittlung des Barwerts der bewertungsrelevanten Zahlungsüberschüsse erfordert die Verwendung eines Diskontierungszinssatzes.[737] Für das Beispiel wird von einem Kapitalisierungszinssatz i. H. v. 7,5% ausgegangen, der sich aus einem quasi-risikolosen Zinssatz i. H. v. 2,5% vor persönlichen Steuern und einem Zuschlag i. H. v. 5% ergibt.[738] Der Mindest- und Höchstpreis wird gemäß den Vorgaben der Finanzverwaltung auf der Basis eines zweistufigen Verfahrens bestimmt, in dem die Besteue-

[736] Hier wird vereinfachend davon ausgegangen, dass die Zahlungsströme in der Tabelle 4-72 bis auf die Tilgung und die Aufnahme von Fremdkapital in gleicher Höhe erfolgswirksam sind.

[737] Nach § 1 Abs. 3 Satz 9 AStG sind funktions- und risikoadäquate Kapitalisierungszinssätze zu verwenden.

[738] Für die Bestimmung des quasi-risikolosen Basiszinssatzes kann man sich bspw. am „Zins für laufzeitäquivalente öffentliche Anleihen im jeweiligen Land, für das Inland die Zinsstrukturkurve der Deutschen Bundesbank" orientieren; *BMF-Schreiben* (2010), Tz. 104.

rungswirkungen gesondert berücksichtigt werden.[739] Auf der ersten Stufe der Mindestpreisberechnung ($MP^{1,FV}$) werden zunächst die aus der Sicht der X AG zu erwartenden relevanten Zahlungsüberschüsse ($ZÜ^{FV}$) zu einem Barwert diskontiert. Unter Berücksichtigung der Daten aus der Tabelle 4-73 und dem Kapitalisierungszinssatz (i^{FV}) ergibt sich ein Barwert in Höhe von 10.760.286 GE^{Invl}.

Auf der zweiten Stufe der Berechnung des Mindestpreises ist die Steuerbelastung durch die Veräußerung von Bestandteilen des Transferpakets zu berücksichtigen.[740] Der Mindestpreis der zweiten Stufe ($MP^{2,FV}$) ergibt sich nach den Vorgaben der Finanzverwaltung wie folgt:[741]

$$MP^{2,FV} = \frac{\sum_{t=1}^{n} ZÜ_t^{FV} \cdot \left(1+i^{FV}\right)^{-t} - s^{Heiml} \cdot BW}{1-s^{Heiml}} \qquad (4\text{-}33)$$

Hierbei gibt s^{Heiml} den Unternehmensteuersatz des Heimatlandes und *BW* den Buchwert der Wirtschaftsgüter des Transferpakets wieder.[742] Nach dieser Formel ergibt sich ein Mindestpreis i. H. v. 13.420.963 GE^{Invl} aus der Sicht der X AG.

4.5.2.2.1.2 Bestimmung des Höchstpreises und des Einigungsbereichs

Für die Ermittlung des Einigungsbereichs im Rahmen des hypothetischen Fremdvergleichs ist nun der Grenzpreis der AS AG zu bestimmen, der gleichzeitig die Obergrenze des Einigungsbereichs darstellt. Die Berechnung erfolgt wie beim Mindestpreis mittels eines zweistufigen Verfahrens. Für die Berechnung des Höchstpreises der ersten Stufe sind wiederum die aus der Sicht der AS AG zu erwartenden relevanten Zahlungsüberschüsse zu diskontieren. Für die Funktion plant die AS AG mit folgenden Zahlungsströmen:

---

739 Vgl. dazu die Rechenbeispiele der Finanzverwaltung im Anhang des *BMF-Schreibens* (2010), S. 74 ff.

740 Vgl. ebenda, Tz. 118.

741 Vgl. ebenda, S. 75.

742 Nach dem *BMF-Schreiben* (2010), Tz. 34 stellen Steuern i. S. d. § 1 Abs. 4 FVerlV nur die Ertragsteuern des Unternehmens dar, so dass s^{Heiml} einem kombinierten Unternehmenssteuersatz aus Gewerbe- und Körperschaftsteuer in Höhe von 29,825% entspricht. Die Besteuerung der Anteilseigner wird gemäß des Wahlrechts der Finanzverwaltung hier vernachlässigt; vgl. ebenda.

Periode	1	2	3	4	5	6
Gesamt-Einz. aus Umsatzerlösen	18.526.549	19.855.409	22.009.311	17.978.685	11.694.061	7.374.105
Gesamt-Ausz. für Material	3.705.310	3.971.082	4.401.862	3.595.737	2.338.812	1.474.821
Ausz. für Gebäude-erhaltung	277.898	297.831	330.140	269.680	175.411	110.612
Lohn- und Ge-haltsausz.	3.242.146	3.474.697	3.851.629	3.146.270	2.046.461	1.290.468
Sonst. Ausz.	741.062	794.216	880.372	719.147	467.762	294.964
Verwaltungs-auszahlungen	213.055	228.337	253.107	206.755	134.482	84.802
Vertriebsausz.	231.582	248.193	275.116	224.734	146.176	92.176
FK-Zinsen	70.796	86.711	152.837	99.704	20.651	0
Tilgung FK	0	0	533.981	778.325	202.020	0
Aufnahme FK	796.460	603.205	0	0	0	0
ZÜ v. St. (in GE^{Invl})	10.841.159	11.357.547	11.330.266	8.938.332	6.162.286	4.026.261

Tabelle 4-74: ***Erwartete Zahlungsströme der Funktion aus der Sicht der AS AG***

Zur Ermittlung des bewertungsrelevanten Zahlungsüberschusses sind wiederum die Steuerzahlungen zu ermitteln:

Periode	1	2	3	4	5	6
Ergebnis v. St.	10.044.699	10.754.343	11.864.247	9.716.658	6.364.306	4.026.261
St. (s^{Invl} = 20%)	2.008.940	2.150.869	2.372.849	1.943.332	1.272.861	805.252
Bewertungsrel. ZÜ (in GE^{Invl})	8.832.220	9.206.679	8.957.417	6.995.001	4.889.425	3.221.009

Tabelle 4-75: ***Ermittlung des relevanten Zahlungsüberschusses aus der Sicht der AS AG***

Der Kapitalisierungszinssatz der AS AG i. H. v. 10% besteht aus dem risikolosen Zinssatz i. H. v. 2,5%[743] und einem Zuschlag i. H. v. 7,5%. Daraus resultiert der Höchstpreis auf der ersten Stufe i. H. v. 31.999.759 GE^{Invl}. Allerdings muss dieser noch mittels des amtlichen Umrechnungskurses zum Betrachtungszeitpunkt in die Währung des Heimatlandes umgerechnet werden. Bei einem angenommenen Umrechnungskurs (wk_0) von 0,55 GE^{Invl}/GE^{Heiml} ergibt sich als Höchstpreis der ersten Stufe in der Währung des Heimatlandes 17.599.868 GE^{Heiml}.

Bei der Berechnung des Höchstpreises auf der zweiten Stufe „sind auch die steuerlichen Auswirkungen der Aufwendungen für den Erwerb von Bestandteilen des Transferpakets der verlagerten Funktion (Abschreibungen auf erworbene Wirtschaftsgüter) zu berücksichtigen".[744] Durch die Übernahme der Funktion erhält die AS AG Wirtschaftsgüter, die in den folgenden Jahren abgeschrieben

[743] Hierbei kann nach dem *BMF-Schreiben* (2010), Tz 104 für die AS AG der risikolose Zinssatz des Heimatlandes verwendet werden, „wenn bestehende Länderrisiken im Wege eines angemessenen Zuschlags berücksichtigt werden."

[744] *BMF-Schreiben* (2010), Tz. 125.

werden können[745] und so die Steuerbemessungsgrundlagen und die sich daraus ergebenden Steuerzahlungen mindern. Diese sich bei der AS AG ergebende Steuerersparnis wird dem Höchstpreis der ersten Stufe zugerechnet und stellt somit den Höchstpreis auf der zweiten Stufe dar. Dementsprechend wird der Höchstpreis der zweiten Stufe nach den Vorgaben der Finanzverwaltung wie folgt bestimmt:

$$HP^{2,FV} = \frac{\left(\sum_{t=1}^{n} Z\ddot{U}_t^{FV,Invl} \cdot \left(1+i^{FV}\right)^{-t}\right) \cdot wk_0}{\left(1 - \frac{s^{Invl}}{n^{Invl}} \cdot RBF\left(i^{FV}; n^{Invl}\right)\right)} \tag{4-34}$$

Der Ausdruck im Nenner berücksichtigt die Steuerersparnis, wobei n^{Invl} für den Zeitraum, in dem die Wirtschaftsgüter im Investitionsland abgeschrieben werden können und *RBF* für den Rentenbarwertfaktor stehen.[746] Es ergibt sich ein Höchstpreis der zweiten Stufe i. H. v. 20.588.863 GE^{Heiml}.

Somit liegt der nach § 1 Abs. 3 Satz 6 AStG zu bestimmende Einigungsbereich, innerhalb dessen der Verrechnungspreis zu bestimmen ist, zwischen 20.588.863 GE^{Heiml} und 13.420.963 GE^{Heiml}. Es ist der Verrechnungspreis im Einigungsbereich anzunehmen, „der dem Fremdvergleichsgrundsatz mit der höchsten Wahrscheinlichkeit entspricht", wobei für den Fall, dass „kein anderer Wert glaubhaft gemacht [wird], [...] der Mittelwert des Einigungsbereichs zugrunde zu legen [ist]."[747] Bei Verwendung des Mittelwerts ergibt sich im Rahmen dieses hypothetischen Fremdvergleichs ein Verrechnungspreis i. H. v. 17.004.913 GE^{Heiml}. Der Verrechnungspreis als Mittelwert des Einigungsbereichs kann auch anhand der folgenden Formel direkt bestimmt werden:

$$VP^{FV} = \frac{HP^{1,FV}}{2 \cdot \left(1 - \frac{s^{Invl}}{n^{Invl}} \cdot RBF\left(i^{FV}; n^{Invl}\right)\right)} + \frac{MP^{1,FV} - s^{Heiml} \cdot BW}{2 \cdot \left(1 - s^{Heiml}\right)} \tag{4-35}$$

[745] Voraussetzung hierfür ist, dass die übertragenen Wirtschaftsgüter im Investitionsland abschreibungsfähig sind.

[746] Es werden lineare Abschreibungen angenommen.

[747] § 1 Abs. 3 Satz 7 AStG (beide Zitate). Hierbei geht *Heining* (2009), S. 132 f. davon aus, dass es den Unternehmen nicht gelingen wird, „diese höchste Wahrscheinlichkeit glaubhaft zu machen", so dass regelmäßig der Mittelwert des Einigungsbereichs dem Verrechnungspreis entsprechen wird.

4.5.2.2.1.3 Kritische Analyse

Die Vorgaben der Finanzverwaltung sind in der Literatur erheblicher Kritik ausgesetzt.[748] Im Mittelpunkt steht insbesondere die Berücksichtigung der steuerlichen Effekte bei der Grenzpreisermittlung.[749] Um diese zu analysieren, werden zunächst die Vorgaben der Finanzverwaltung hinsichtlich der Berücksichtigung der Steuerbelastung bei der Bestimmung des Mindest- und Höchstpreises betrachtet.

Bei der Berechnung des Mindestpreises wird auf der zweiten Stufe die Steuerbelastung aus der Veräußerung der Wirtschaftsgüter des Transferpakets berücksichtigt. Anhand der folgenden Umformung der Formel (4-33) soll die Berücksichtigung der Steuerbelastung bei der Mindestpreisbestimmung näher betrachtet werden:

$$MP^{2,FV} = MP^{1,FV} + \left(MP^{2,FV} - BW\right) \cdot s^{Heiml} \qquad (4\text{-}36)$$

Anhand der Formel (4-36) wird ersichtlich, dass die Differenz aus dem Mindestpreis der zweiten Stufe und dem Buchwert die Bemessungsgrundlage für die Steuerbelastung aus der Veräußerung von Bestandteilen des Transferpakets darstellt. Den Mindestpreis der zweiten Stufe als Bezugsgröße für die Bestimmung der Steuerbelastung heranzuziehen ist inkonsistent. Für die Ermittlung der richtigen Steuerbelastung ist der Wert zu verwenden, für den das Transferpaket veräußert wird, also der Verrechnungspreis.[750] Da der Verrechnungspreis per Definition größer sein muss als der Mindestpreis, kommt es nach der Vorgehensweise der Finanzverwaltung zu einer geringeren Preisuntergrenze des Einigungsbereichs und dementsprechend zu einer niedrigeren Steuerbelastung. Bezogen auf das obige Beispiel ergibt sich eine Steuerbelastung aus der Veräußerung der Produktionsanlagen i. H. v. 2.660.667 GE^{Heiml}.[751] Durch die Hinzurechnung der Steuerbelastung auf den Mindestpreis der ersten Stufe ergibt sich der Mindestpreis der zweiten Stufe i. H. v. 13.420.963GE^{Heiml}.

---

[748] Vgl. bspw. *Baumhoff* (2012), S. 611-675; *Baumhoff/Ditz/Greinert* (2011); *Ditz /Liebchen* (2012); *Luckhaupt* (2012); *Menninger/Wellens* (2012); *Greinert/Reichl* (2011); *Oestreicher* (2010); *Endres/Oestreicher* (2009).

[749] Vgl. hierzu auch *Fischer/Freudenberg* (2012), S. 168-173.

[750] Vgl. dazu *Luckhaupt* (2012), S. 1573.

[751] Der Wert ergibt sich folgendermaßen: (13.420.963 – 4.500.000) · 29,825%.

Bei der Berechnung des Höchstpreises wird auf der zweiten Stufe die Steuerersparnis durch die Abschreibungen auf die erworbenen Wirtschaftsgüter berücksichtigt. Anhand der Umformung der Formel (4-34) werden die Vorgaben der Finanzverwaltung hinsichtlich der Höchstpreisbestimmung näher betrachtet:

$$HP^{2,FV} = HP^{1,FV} + HP^{2,FV} \cdot \frac{s^{Invl}}{n^{Invl}} \cdot RBF\left(i^{FV,Invl};n^{Invl}\right) \qquad (4\text{-}37)$$

Aus der Formel (4-37) wird ersichtlich, dass sich die Abschreibungen auf die erworbenen Wirtschaftsgüter auf den Höchstpreis der zweiten Stufe beziehen. Gemäß den Vorgaben der Finanzverwaltung wird also unterstellt, dass das funktionsübernehmende Unternehmen die Wirtschaftsgüter des Transferpakets zum Höchstpreis der zweiten Stufe aktiviert und über die restliche Nutzungsdauer abschreiben kann. Damit unterstellt die Finanzverwaltung implizit, „dass der ausländische Fiskus einen höheren Betrag als den Verrechnungspreis zur Aktivierung zulassen würde“, wobei realiter „maximal der Verrechnungspreis zuzüglich Anschaffungsnebenkosten als Abschreibungsbasis [...] zugrunde zu legen“[752] ist. Zur Veranschaulichung soll auch hier die Vorgehensweise anhand des obigen Beispiels aufgezeigt werden.

Periode	1	2	3	4	5	6
Abschreibungen (Basis $HP^{2,FV}$)	3.431.477	3.431.477	3.431.477	3.431.477	3.431.477	3.431.477
Steuersatz des Investitionslandes	20%	20%	20%	20%	20%	20%
Periodische Steuerersparnis	686.295	686.295	686.295	686.295	686.295	686.295
Barwert der Steuerersparnis	**2.988.996**					

Tabelle 4-76: ***Bestimmung des Barwerts der Steuerersparnis***

Die periodischen Abschreibungen in Tabelle 4-76 ergeben sich auf Basis des Höchstpreises der zweiten Stufe. Sie mindern die Steuerbemessungsgrundlage, so dass das Produkt aus der Abschreibung und dem Steuersatz des Investitionslandes die periodische Steuerersparnis i. H. v. 2.988.996 GE^{Heiml} wiedergibt. Der Höchstpreis der zweiten Stufe wird bestimmt, indem der Barwert der Steuerersparnis dem Höchstpreis der ersten Stufe hinzugerechnet wird (17.599.868 + 2.988.996 = 20.588.863 GE^{Heiml}). Weil nach den Vorgaben der Finanzverwaltung die Preisobergrenze des Einigungsbereichs als Abschreibungsbasis zugrunde gelegt wird, ergibt sich im Vergleich zum Verrechnungs-

[752] *Luckhaupt* (2012), S. 1574 (1. Zitat) und S. 1575 (2. Zitat).

preis als Abschreibungsbasis, der per Definition niedriger als der Höchstpreis ist, eine höhere Steuerbelastung für die Unternehmung.

Da der Gesetzgeber eine Bestimmung der Grenzpreise „nach betriebswirtschaftlichen Grundsätzen“[753] fordert, sind die hier aufgezeigten fehlerhaften Berechnungen zu korrigieren. Bei der Berücksichtigung der steuerlichen Effekte für die Berechnung des Mindestpreises ist nicht als Mindestpreis der Veräußerungspreis, sondern der Verrechnungspreis anzusetzen. Außerdem ist auch bei der Mindestpreisermittlung aus der Weiternutzung der Funktion die Steuerersparnis durch die Abschreibungen zu berücksichtigen. Somit ist die folgende korrigierte Formel zur Berechnung des Mindestpreises anzuwenden:[754]

$$MP^2 = MP^{1,FV} + \frac{BW}{n^{Heiml}} \cdot s^{Heiml} \cdot RBF\left(i^{FV,Heiml}; n^{Heiml}\right) + s^{Heiml} \cdot (VP - BW) \quad (4\text{-}38)$$

Hinsichtlich der Berechnung des Höchstpreises wird, wie bereits oben aufgezeigt, als Abschreibungsbasis der Höchstpreis der zweiten Stufe unterstellt. Richtigerweise müsste hierfür der Verrechnungspreis zugrunde gelegt werden, wie es in der folgenden Formel der Fall ist:[755]

$$HP^2 = HP^{1,FV} + \frac{VP}{n^{Invl}} \cdot s^{Invl} \cdot RBF\left(i^{FV,Invl}; n^{Invl}\right) \quad (4\text{-}39)$$

Da sowohl der Mindest- als auch der Höchstpreis vom Verrechnungspreis selbst abhängig sind, ergibt sich hier eine Interdependenz. Bei Anwendung des Mittelwerts des Einigungsbereichs als Verrechnungspreis kann der Verrechnungspreis anhand der folgenden Formel direkt bestimmt werden:

$$VP = \frac{MP^{1,FV} + BW \cdot \left(\frac{s^{Heiml}}{n^{Heiml}} \cdot RBF\left(i^{FV,Heiml}; n^{Heiml}\right) - s^{Heiml}\right) + HP^{1,FV}}{2 - \frac{s^{Invl}}{n^{Invl}} \cdot RBF\left(i^{FV,Invl}; n^{Invl}\right) - s^{Heiml}} \quad (4\text{-}40)$$

Für das obige Beispiel würde sich ein Verrechnungspreis i. H. v. 18.031.890 GE^{Heiml} ergeben. Dieser Verrechnungspreis ist, verglichen mit dem Verrechnungspreis nach den Vorgaben der Finanzverwaltung, höher. Der Mindestpreis nach den Vorgaben der Finanzverwaltung fällt stets geringer aus, weil die Steuerersparnis durch die Abschreibung nicht einbezogen und als Ver-

---

753 *BR-Gesetzentwurf Drucksache 220/07*, S. 144.
754 Vgl. *Luckhaupt* (2012), S. 1574.
755 Vgl. ebenda, S. 1575.

äußerungspreis der Mindestpreis der zweiten Stufe anstelle des Verrechnungspreises verwendet wird. Dagegen ist der Höchstpreis nach den Vorgaben der Finanzverwaltung höher, da als Abschreibungsbasis der Höchstpreis der zweiten Stufe unterstellt wird, was zu höheren periodischen Steuerersparnissen führt.[756] Die Ergebnisse sind in der Tabelle 4-77 zusammengefasst.

	Vorgaben der Finanzverwaltung	Korrigierte Vorgehensweise
	Mindestpreis (aus der Sicht der X AG)	
Barwert der Reingewinne	10.760.286	10.760.286
Steuerbelastung aus der Veräußerung	2.660.677	4.035.886
Barwert der Steuerersparnis durch Abschreibungen	0	1.049.955
Summe = Mindestpreis	13.420.963	15.846.127
	Höchstpreis (aus der Sicht der AS AG)	
Barwert der Reingewinne	17.599.868	17.599.868
Barwert der Steuerersparnis durch Abschreibungen	2.988.996	2.617.786
Summe = Höchstpreis	20.588.863	20.217.654
	Verrechnungspreis (Mittelwert des Einigungsbereichs)	
Verrechnungspreis	17.004.913	18.031.890

Tabelle 4-77: ***Gegenüberstellung der Ergebnisse***

Allerdings wird in der Literatur häufig die Auffassung vertreten, dass die Besteuerungseffekte bei der Bestimmung des Mindest- und Höchstpreises nicht berücksichtigt werden dürfen.[757] Dies begründen *Ditz/Liebchen* u. a. damit, dass nur die Ertragsteuern, die auf die zukünftigen Reingewinne entfallen, zu berücksichtigen sind, da im Gesetzeswortlaut eine Veräußerungsgewinnbesteuerung und abschreibungsbedingte Steuerersparnisse nicht explizit vorkommen.[758] Des Weiteren behaupten die Autoren, dass in der Praxis solche Steuereffekte nicht berücksichtigt werden und daher beim hypothetischen Fremdvergleich nicht einzubeziehen sind. Diesen Argumenten ist entgegenzuhalten, dass der Gesetzgeber in der Begründung zum Gesetzesentwurf eine Bestimmung der Grenzpreise nach betriebswirtschaftlichen Grundsätzen fordert, wie sie auch unabhängige Dritte, die als ordentliche und gewissenhafte Geschäftsleiter umschrieben werden, vereinbart hätten.[759] Nach betriebswirtschaftlichen Grundsätzen ist der Einbezug von steuerlichen Wirkungen bei der Grenzpreisermittlung zweifellos zutreffend, weshalb durchaus anzunehmen

756 Vgl. ebenda, S. 1576.

757 Vgl. *Baumhoff* (2012), S. 643-655; *Baumhoff/Ditz/Greinert* (2011), S. 168 f.; *Ditz/ Liebchen* (2012), S. 1471 f.; *Menninger/Wellens* (2012), S. 13 ff.; *Fischer/ Freudenberg* (2012), S. 168-173.

758 Vgl. *Ditz/Liebchen* (2012), S. 1472.

759 Vgl. *BR-Drucksache* 220/07, S. 142 ff.

ist, dass ein ordentlicher und gewissenhafter Geschäftsleiter diese Steuereffekte in seine Grenzpreisermittlung einfließen lässt. Die Berücksichtigung der Veräußerungsbesteuerung und der abschreibungsbedingten Steuerersparnisse steht daher im Einklang mit dem Gesetz.

Im nächsten Abschnitt wird ein alternatives Konzept vorgestellt, das bei Grenzpreisbestimmungen im Kontext von Funktionsverlagerungen angewendet werden kann (sollte) und, wie noch gezeigt wird, gegenüber dem hier vorgestellten Ansatz vorzuziehen ist.

4.5.2.2.2 Grenzpreisermittlung auf Basis der (Standard-) Ertragswertmethode

Im Rahmen dieser Arbeit wurde bereits das Kalkül des Standard-Ertragswertverfahrens für die Bestimmung von Entscheidungswerten bzw. Grenzpreisen beschrieben.[760] Dass das Standard-Ertragswertverfahren Vorzüge nicht nur bei internen Entscheidungssituationen, sondern auch bei steuerlichen Bewertungsanlässen aufweist, wurde bereits von *Dirrigl* dargelegt.[761] Wie dieses Bewertungsverfahren für die Bestimmung steuerlicher Bemessungsgrundlagen im Rahmen von Funktionsverlagerungen verwendet werden kann, soll in diesem Abschnitt näher erläutert werden.

Hierbei kann die Ermittlung der Preisgrenzen des Einigungsbereichs weiterhin wie nach den Vorgaben der Finanzverwaltung zweistufig erfolgen. Auf der ersten Stufe wird der Ertragswert der bewertungsrelevanten Zahlungsüberschüsse nach Unternehmenssteuern bestimmt, während auf der zweiten Stufe die weiteren steuerlichen Effekte berücksichtigt werden. Die Prognose des bewertungsrelevanten Zahlungsstroms erfolgt mehrwertig,[762] wobei dafür im Rechenbeispiel eine Dreiecksverteilung angenommen wird. Die Bewertung des Risikos wird mittels der Sicherheitsäquivalentmethode durchgeführt, so dass Risikoabschlä-

760 Vgl. hierzu Kap. 2.4

761 Vgl. *Dirrigl* (2009), S. 23-38 in Bezug auf einen erbschaftsteuerlichen Bewertungsanlass.

762 Nach § 1 Abs. 3 Satz 6 AStG wird „der Einigungsbereich [...] von den jeweiligen Gewinnerwartungen (Gewinnpotenzialen) bestimmt“, womit im Gesetz explizit der Begriff Erwartungen verwendet wird, so dass die Bestimmung von Grenzpreisen im Rahmen des hypothetischen Fremdvergleichs auf Basis von mehrwertigen Prognosen durchzuführen sind; vgl. *Oestreicher* (2010), S. 1713. Die mehrwertige Erfolgsprognose kann dabei auf Basis des in der Arbeit vorgestellten IUP-Modells erfolgen.

ge bei den erwarteten Zukunftserfolgen vorgenommen werden. Für die X AG ergeben sich folgende periodische Sicherheitsäquivalente aus der Funktion:[763]

Periode		1	2	3	4	5	6
Zahlungsüberschuss nach Unternehmens-steuern	a	2.597.528	2.404.572	1.706.871	1.105.963	256.287	58.965
	m	3.219.284	3.215.039	2.543.869	1.982.705	1.110.180	1.046.134
	b	3.402.635	3.420.656	3.068.765	2.671.206	2.162.299	2.073.601
Erwartungswert		3.073.149	3.013.422	2.439.835	1.919.958	1.176.255	1.059.567
Standardabweichung		172.272	219.315	280.418	320.273	389.764	411.263
Risikoabschlag		103.363	131.589	168.251	192.164	233.858	246.758
SÄ (rak = 0,6)		2.969.786	2.881.833	2.271.584	1.727.794	942.397	812.809

Tabelle 4-78: ***Sicherheitsäquivalente der Funktion aus der Sicht der X AG***

Liegen konkrete Handlungsalternativen vor, können diese bei der Bestimmung von Grenzpreisen seitens des Unternehmens berücksichtigt werden.[764] Nach Vorstellung der Finanzverwaltung „wird ein ordentlicher und gewissenhafter Geschäftsleiter versuchen, seinen infolge der Handlungsalternativen bestehenden Verhandlungsvorteil zu nutzen".[765] Demnach ist es dem Unternehmen erlaubt, die beste Alternativinvestition heranzuziehen.[766] Dabei beruht die Berücksichtigung einer expliziten Alternativinvestition bei der Grenzpreisbestimmung auf dem Kalkül des Standard-Ertragswertverfahrens.[767] Aus der Alternativinvestition der X AG ergeben sich die folgenden periodischen Sicherheitsäquivalente:

Periode		1	2	3	4	5	6
Zahlungsüberschuss nach Unternehmens-steuern (in GE^{Heiml})	a	1.210.247	1.101.254	755.875	505.245	166.287	-25.489
	m	1.618.547	1.605.445	1.285.040	995.482	504.238	445.458
	b	2.180.542	2.250.247	2.055.045	1.905.484	1.630.245	1.578.455
Erwartungswert		3.073.149	3.013.422	2.439.835	1.919.958	1.176.255	1.059.567
Standardabweichung		198.887	235.122	266.707	290.072	312.929	336.572
Risikoabschlag		119.332	141.073	160.024	174.043	187.757	201.943
SÄ (rak = 0,6)		1.550.446	1.511.242	1.205.296	961.360	579.166	464.198

Tabelle 4-79: ***Sicherheitsäquivalente der Alternativinvestition aus der Sicht der X AG***

Die Anschaffungsauszahlung für die Alternativinvestition soll 4.800.000 GE^{Heiml} betragen. Gemäß dem Bewertungskalkül des Standard-Ertragswertverfahrens kann von dem Wert einer äquivalenten Alternativinvestition auf den Grenzpreis der Funktion geschlossen werden.[768] Da in der Literatur üblicherweise für Be-

[763] Die in 4.5.2.2.1.1 ermittelten relevanten Zahlungsüberschüsse stellen hier den wahrscheinlichsten Fall dar.

[764] Vgl. § 3 Abs. 2 Satz 1 FVerlV.

[765] *BMF-Schreiben* (2010), Tz. 96.

[766] Allerdings hat das steuerpflichtige Unternehmen die Voraussetzungen der Handlungsalternative und deren steuerlichen Wirkungen gegenüber der Finanzverwaltung glaubhaft zu machen; vgl. ebenda.

[767] Vgl. *Dirrigl* (2009), S. 41 und *Dreher* (2010), S. 75.

[768] Hinsichtlich der Äquivalenzanforderungen an die Alternativinvestition vgl. *Wollny* (2010), S. 94 ff. Hiergegen wendet *Dirrigl* (2009), S. 31 f. ein, dass eine vollkommene Äquivalenz zwischen dem Bewertungs- und Alternativobjekt realiter nicht gegeben sein wird, allerdings ei-

wertungszwecke eine Alternativrendite herangezogen wird, kann in diesem Fall für die Alternativinvestition die interne Rendite ermittelt werden, mit der die Sicherheitsäquivalente der Funktion diskontiert werden.[769] Für die Alternativinvestition der X AG ergibt sich eine interne Rendite i. H. v. 10,37%. Die interne Rendite bezieht sich auf die Sicherheitsäquivalente der Alternativinvestition, so dass in diesem Fall auch von einer quasi-sicheren Alternativrendite gesprochen werden kann. Unter Verwendung dieser Alternativrendite als Diskontierungszinssatz ergibt sich ein Mindestpreis der ersten Stufe für die Funktion aus der Sicht der X AG i. H. v. 8.935.231 GE^{Heiml}.

Auf der zweiten Stufe werden die abschreibungsbedingten Steuerersparnisse sowie die aus der Veräußerung der Funktion resultierende Steuerbelastung berücksichtigt. Bei einer Abschreibungsbasis i. H. v. 4.500.000 GE^{Heiml} (Buchwert der Produktionsanlagen) und einer restlichen Nutzungsdauer von sechs Perioden ergeben sich periodische Abschreibungen i. H. v. 750.000 GE^{Heiml}. Daraus resultiert eine periodische Steuerersparnis i. H. v. 223.688 GE^{Heiml} und demzufolge ein Barwert i. H. v. 963.709 GE^{Heiml}. Der Besteuerungseffekt aus der Veräußerung der Funktion kann an dieser Stelle noch nicht berücksichtigt werden, da dieser vom Verrechnungspreis abhängig ist und dafür zunächst der Höchstpreis ermittelt werden muss.

Die Vorgehensweise bei der Ermittlung des Höchstpreises der ersten Stufe ist analog zu der des Mindestpreises. Zunächst ist wiederum die Risikostruktur der Funktion aus der Sicht der AS AG abzubilden und zu bewerten:

Periode		1	2	3	4	5	6
ZÜ nach Unternehmenssteuern (in GE^{Invl})	a	7.424.365	7.735.982	6.103.985	4.054.450	1.560.755	250.254
	m	8.832.220	9.206.679	8.957.417	6.995.001	4.889.425	3.221.009
	b	10.192.097	11.558.908	10.256.579	8.542.123	7.016.090	6.804.986
Erwartungswert		8.816.227	9.500.523	8.439.327	6.530.525	4.488.757	3.425.416
Standardabw.		564.989	787.237	867.210	930.645	1.122.540	1.339.929
Risikoabschlag		338.994	472.342	520.326	558.387	673.524	803.958
SÄ (rak = 0,6)		8.477.234	9.028.181	7.919.001	5.972.137	3.815.233	2.621.459

Tabelle 4-80: ***Sicherheitsäquivalente der Funktion aus Sicht der AS AG***

ne Äquivalenz bezüglich der unterschiedlichen Risikostruktur im Kalkül hergestellt werden muss.

[769] Vgl. *Dirrigl* (2009), S. 31. Alternativ zur Alternativrendite-Logik könnte der Ertragswert auch mittels der Kapitalwert-Logik berechnet werden; vgl. *Dirrigl* (2004a), S. 19 ff.

Ebenfalls sind die Sicherheitsäquivalente der Alternativinvestition, für die eine Anschaffungsauszahlung i. H. v. 13.500.000 GE^{Invl} zu tätigen ist, aus der Sicht der AS AG zu berechnen:

Periode		1	2	3	4	5	6
ZÜ nach Unternehmenssteuern (in GE^{Invl})	a	3.228.695	3.155.982	2.504.651	1.386.365	207.469	-285.895
	m	4.642.698	5.245.895	4.335.698	3.356.455	2.305.698	1.410.227
	b	5.802.569	6.435.555	6.528.235	5.865.230	4.959.465	4.645.693
Erwartungswert		4.557.987	4.945.811	4.456.195	3.536.017	2.490.877	1.923.342
Standardabw.		526.243	677.795	822.415	916.446	972.204	1.022.872
Risikoabschlag		315.746	406.677	493.449	549.868	583.322	613.723
SÄ (rak = 0,6)		4.242.242	4.539.134	3.962.746	2.986.149	1.907.555	1.309.618

Tabelle 4-81: ***Sicherheitsäquivalente der Alternativinvestition aus der Sicht der AS AG***

Die quasi-sichere interne Rendite für die Alternativinvestition aus der Sicht der AS AG beträgt 13,16%. Diese Alternativrendite wird wiederum für die Diskontierung der Sicherheitsäquivalente aus der Funktion verwendet, so dass der Höchstpreis der ersten Stufe 26.951.030 GE^{Invl} beträgt. Dieser Betrag ist in die Währung des Heimatlandes mittels des amtlichen Umrechnungskurses, der in diesem Beispiel 0,55 GE^{Invl}/GE^{Heiml} beträgt, zu konvertieren. Daraus ergibt sich ein Höchstpreis der ersten Stufe in der Währung des Heimatlandes i. H. v. 14.823.066 GE^{Heiml}.[770] Für die Berechnung des Höchstpreises sind auf der zweiten Stufe die abschreibungsbedingten Steuerersparnisse einzubeziehen. Diese können noch nicht bestimmt werden, da sie vom Verrechnungspreis abhängen. Wird allerdings wie im vorherigen Abschnitt davon ausgegangen, dass der Verrechnungspreis durch den Mittelwert des Einigungsbereichs dargestellt wird, lässt sich dieser wie folgt bestimmen:

$$VP = \frac{MP^1 + BW \cdot \left(\frac{s^{Heiml}}{n^{Heiml}} \cdot RBF\left(r^{Alt,XAG}; n^{Heiml}\right) - s^{Heiml} \right) + HP^1}{2 - \frac{s^{Invl}}{n^{Invl}} \cdot RBF\left(r^{Alt,ASAG}; n^{Invl}\right) - s^{Heiml}} \qquad (4\text{-}41)$$

Daraus resultiert für die vorliegende Situation ein Mindestpreis aus der Sicht der X AG i. H. v. 13.000.780 GE^{Heiml} und ein Höchstpreis aus der Sicht der AS AG i.

---

[770] Diese Vorgehensweise, bei der zunächst die erwarteten Zahlungen in Fremdwährung diskontiert werden und anschließend eine Umrechnung mittels des zum Bewertungszeitpunkt gegebenen Wechselkurses erfolgt, wird auch als „Spot-Rate-Methode" oder „foreign currency approach" bezeichnet; vgl. *Kesten/Lühn/Schmidt* (2012), S. 23. Dadurch kann das Problem der Wechselkursprognose bei Bewertungen aus steuerrechtlichen Anlässen umgangen werden.

H. v. 16.799.493 GE^{Heiml}, so dass sich ein Verrechnungspreis für die Funktion i. H. v. 14.900.136 GE^{Heiml} ergibt.

4.5.2.2.3 Risikobewertung auf Basis von Risikozuschlägen

Alternativ zu der hier vorgestellten Vorgehensweise auf Basis der Sicherheitsäquivalentmethode, bei der das Risiko durch Abschläge von dem erwarteten Zahlungsüberschuss berücksichtigt wird, kann eine Risikobewertung auf Basis von Risikozuschlägen im Diskontierungszinssatz erfolgen. Bezogen auf die Erwartungswerte der Alternativinvestition der X AG ergibt sich eine interne Rendite i. H. v. 16,07%. Im Unterschied zur obigen Alternativrendite enthält diese einen Risikozuschlag für die Alternativinvestition. Wird der Risikozuschlag für die Alternativinvestition pauschal mit 6,5% angenommen, lässt sich die Alternativrendite in drei Komponenten aufteilen und zwar in den sicheren Basiszins, den Risikozuschlag und die Überrendite.[771] Bei einem sicheren Basiszins i. H. v. 2,5% beträgt die Überrendite 7,07%. Da i. d. R. davon ausgegangen werden kann, dass sich die Risikostruktur der Alternativinvestition von der Risikostruktur der Funktion unterscheidet, ergeben sich unterschiedliche Risikozuschläge für die Alternativinvestition und die Funktion. Wird für die Funktion ein Risikozuschlag i. H. v. 5% angenommen, ergibt sich ein funktionsbezogener Kalkulationszinssatz i. H. v. 14,57%. Mit diesem Kalkulationszinssatz werden die Erwartungswerte der Zahlungsüberschüsse der Funktion aus Sicht der X AG diskontiert und ergeben somit einen Mindestpreis der ersten Stufe i. H. v. 8.778.709 GE^{Heiml}.

Der Höchstpreis der ersten Stufe ergibt sich analog zur Vorgehensweise beim Mindestpreis:

[771] Vgl. hierzu *Dirrigl* (2009), S. 33 sowie *Dreher* (2010), S. 300 ff.

Höchstpreis der ersten Stufe aus der Sicht der AS AG:	
Alternativrendite auf Basis der Erwartungswerte	18,84%
risikoloser Basiszins	2,50%
Überrendite	6,34%
Risikozuschlag für Alternativinvestition	10%
Risikozuschlag für Funktion	7,50%
Kalkulationszinssatz	16,34%
Höchstpreis der ersten Stufe (in GE^{Invl})	27.011.309
Höchstpreis der ersten Stufe (in GE^{Heiml})	**14.856.220**

Tabelle 4-82: ***Höchstpreis der ersten Stufe aus der Sicht der AS AG nach risikozuschlagsorientierter Variante***[772]

Für die Berechnung der Steuereffekte auf der zweiten Stufe und der anschließenden Ermittlung des Verrechnungspreises kann wiederum die Formel (4-41) verwendet werden. Allerdings muss dabei berücksichtigt werden, dass die abschreibungsbedingten Steuerersparnisse faktisch als sicher angesehen werden, was dazu führt, dass die beiden RBF in der Formel anzupassen sind. Im Zähler ist der RBF für eine quasi-sichere Alternativrendite aus der Sicht der X AG zu bestimmen. Dafür wird vom Kalkulationszinssatz von 14,57% der Risikozuschlag der Funktion subtrahiert, so dass sich eine quasi-sichere Alternativrendite von 9,57% ergibt, die aus dem risikolosen Basiszins und der Überrendite besteht. Im Nenner der Formel wird der RBF für eine quasi-sichere Alternativrendite aus der Sicht der AS AG benötigt, die analog 8,84% beträgt. Nach den Anpassungen resultiert ein Verrechnungspreis i. H. v. 15.004.557 GE^{Heiml}.

Hierbei sind die Risikozuschläge für die Funktion und die Alternativinvestitionen „frei gegriffen" und unterliegen somit einer hohen Willkür.[773] Eine entscheidungstheoretisch fundierte Herleitung der Risikozuschläge kann unter Heranziehung der Ergebnisse der Sicherheitsäquivalentmethode erfolgen, wodurch sich allerdings eine Bewertung auf Basis von Risikozuschlägen erübrigt.[774] In der folgenden Tabelle sind die Risikozuschläge für die X AG und AS AG dargestellt, die zu den gleichen Grenzpreisen führen.

[772] In Anlehnung an *Dreher* (2010), S. 301.

[773] Vgl. ebenda mit Verweis auf *Kürsten* (2002), S. 129. Nach *Metz* (2007), S. 16 „[hängen] die frei gegriffenen Risikozuschläge bei der Risikozuschlagsmethode in erheblichem Umfang vom Ermessen des Bewerters ab[...] und [entziehen] sich einer intersubjektiven Nachvollziehbarkeit [...]".

[774] Liegen die Bewertungsergebnisse auf Basis der Sicherheitsäquivalentmethode bereits vor, ist eine weitere Bewertung mittels Risikozuschlägen überflüssig. Da allerdings in der Literatur zumeist die Risikozuschlagsmethode präferiert wird, wird im Folgenden aufgezeigt, wie sich mittels fundierter Risikozuschläge die gleichen Ergebnisse wie bei der Sicherheitsäquivalentmethode erzielen lassen.

	„frei gegriffene" Risikozuschläge		entscheidungstheoretisch fundierte Risikozuschläge	
	X AG	AS AG	X AG	AS AG
risikoäquivalente Alternativrendite	16,07%	18,84%	16,07%	18,84%
risikoloser Basiszins	2,50%	2,50%	2,50%	2,50%
Überrendite	7,07%	6,34%	7,87%	10,66%
Risikozuschlag für Alternativinvestition	**6,50%**	**10,00%**	**5,70%**	**5,67%**
Risikozuschlag für Funktion	**5,00%**	**7,50%**	**3,41%**	**3,27%**
Kalkulationszinssatz	14,57%	16,34%	13,78%	16,44%
Verrechnungspreis	15.004.557		14.900.136	

Tabelle 4-83: ***Frei gegriffene vs. entscheidungstheoretisch fundierte Risikozuschläge***

Wie aus der Tabelle 4-83 ersichtlich ist, sind die auf der Basis der Sicherheitsäquivalentmethode ermittelten Risikozuschläge relativ gering. Dies hängt mit der im Zeitverlauf exponentiell zunehmenden Wirkung der Risikozuschläge zusammen, so dass der risikobedingte Wertabschlag zunimmt, je weiter die Periode in der Zukunft liegt,[775] was im Rahmen der Sicherheitsäquivalentmethode zwar auch modelliert werden kann, aber nicht zwingend erfolgen muss.[776] Bei der Sicherheitsäquivalentmethode bleibt der Risikopreis konstant, weshalb eine periodenspezifische Veränderung von Risikoabschlägen nur durch eine Veränderung der Risikomenge bewirkt wird.

Zusammenfassend kann festgehalten werden, dass der in diesem Abschnitt vorgestellte Ansatz zur Ermittlung von Grenzpreisen im Rahmen des hypothetischen Fremdvergleichs bei Funktionsverlagerungen als geeignet angesehen werden kann. Es erfolgt hier eine Bestimmung der Grenzpreise nach betriebswirtschaftlichen Grundsätzen. Sowohl die mehrwertige Erfolgsprognose auf Basis des IUP-Modells und die Berücksichtigung des Risikos als auch die Beachtung expliziter Alternativinvestitionen ermöglichen, die „richtigen" Grenzpreise aus betriebswirtschaftlicher Sicht zu bestimmen, die maßgeblich für den Verrechnungspreis der Funktion sind. Da nach diesem Ansatz das steuerpflichtige Unternehmen die Möglichkeit erhält, individuelle, deutlich vorteilhafte Alternativen in die Bewertung einzubeziehen,[777] mindern sich die Grenzpreise und damit indirekt auch die Höhe der Steuerbemessungsgrundlage. Dies ist zu begrüßen,

[775] Vgl. *Dreher* (2010), S. 301 f. mit Verweis auf *Dirrigl* (2009), S. 35.

[776] Vgl. *Dirrigl* (2004a), S. 13 ff., der aufzeigt, wie im Rahmen der Sicherheitsäquivalentmethode „beliebige zeitliche Entwicklungen der Risikostruktur erfasst werden" können; ebenda, S. 15.

[777] Mit der Einschränkung, dass Steuerpflichtige die finanziellen Konsequenzen aus der Alternativinvestition der Finanzverwaltung glaubhaft machen müssen.

da „es darum [geht], den Steuerpflichtigen vor der Festsetzung einer zu hohen Steuerbemessungsgrundlage zu schützen und ein Korrektiv zur Bewertung aus Sicht der Finanzverwaltung vorzusehen."[778] Allerdings wird besonders im Rahmen steuerrechtlicher Bewertungsanlässe die Sicherheitsäquivalentmethode hinsichtlich der Bestimmung des Risikoaversionskoeffizienten (rak) kritisiert.[779] Dieser sei nicht objektiv und ermögliche dem steuerpflichtigen Unternehmen, die Höhe der Steuerbemessungsgrundlage zu seinen Vorteilen zu beeinflussen. Daher müsste der rak objektiviert werden, bspw. indem aus einem als objektiv angesehenen Risikozuschlag der äquivalente rak hergeleitet wird.[780] Somit würde der Vorteil der Sicherheitsäquivalentmethode, dass bei einem konstanten rak die Veränderung der Risikoabschläge durch die Veränderung der Risikomenge bewirkt wird, erhalten bleiben. Insofern kann dies kein Grund sein, die Sicherheitsäquivalentmethode mit ihren aufgezeigten Vorteilen zu verwerfen. Letztlich kann dem hier vorgestellten Ansatz für Anlässe der Funktionsverlagerung eine Eignung zugesprochen werden.

---

[778] *Dirrigl* (2009), S. 58 in Zusammenhang mit steuerrechtlichen Bewertungsanlässen. Diesbezüglich kritisiert *Dirrigl* (2009), S. 57 die Anwendung des IDW S 1 im Kontext rechtlicher Bewertungsanlässe, da bei diesem „[t]endenziell [...] eher ein hoher Unternehmenswert" ermittelt wird, um etwaige Interessen von Minderheiten zu schützen, wie es im Zusammenhang mit Abfindungen der Fall ist.

[779] Vgl. *Matschke/Brösel* (2013), S. 175 f.

[780] Vgl. *Dirrigl* (2009), S. 38.

5 Zusammenfassung

Die Generierung quantitativ-fundierter Handlungsempfehlungen an Entscheidungsträger aus der Sicht des Controlling stellte den Gegenstand der vorliegenden Arbeit dar. Hierzu wurde zunächst auf die Aufgaben des strategischen Controlling eingegangen. In diesem Zusammenhang wurde die Wertorientierung im strategischen Controlling deutlich gemacht, wobei die getroffenen Maßnahmen und Entscheidungen dahingehend bewertet werden, ob dadurch eine Wertsteigerung des Unternehmens erreicht wird. Diese Auffassung des strategischen Controlling ist mit der wertorientierten Unternehmensführung kompatibel, die mittlerweile in den meisten Großunternehmen fest verankert ist. In der Literatur wird diese Ausrichtung des strategischen Controlling zum Teil kritisiert, allerdings wurde klargestellt, dass sich die Kritik auf ein anderes Verständnis der Wertorientierung bezieht, worunter eine Ausrichtung auf kurzfristige Größen verstanden wird. Wird allerdings das „richtige" Ziel der Steigerung des nachhaltigen Unternehmenswerts verfolgt, so ist auch eine Quantifizierung im strategischen Controlling notwendig. In Bezug darauf wurde die Bedeutung von quantitativen Modellen hervorgehoben, die in Quantifizierungs-, Optimierungs- und Mindestniveaukalküle eingeteilt wurden.

Die Aufgaben des strategischen Controlling wurden in einen Projekt- und Bereichsbezug gebracht. Gegenstand der projektbezogenen Untersuchung sind Produktprojekte und der bereichsbezogenen Ausführungen Standortalternativen. Dementsprechend sind die Kalküle anzupassen, so dass verschiedene Kalküle für projekt- und bereichsbezogene Aufgabenstellungen anzuwenden sind. Dabei ist für beide Aufgabenstellungen eine Dynamisierung der Erfolgsprognose vorzunehmen und das damit verbundene Risiko zu berücksichtigen. Da das Risiko bei Produktprojekten und insbesondere bei Auslandsinvestitionen ein zentraler Einflussfaktor ist, werden gesondert zwei Möglichkeiten zur Offenlegung der Risikostruktur, die Szenariotechnik und Risikosimulation, dargestellt. Das offengelegte Risiko ist im nächsten Schritt zu bewerten, so dass auf Methoden der Risikobewertung eingegangen wurde, wobei die Anwendung der Sicherheitsäquivalentmethode gegenüber der Risikozuschlagsmethode vorzuziehen ist.

Anschließend wurde das Bewertungskalkül des Standard-Ertragswertverfahrens vorgestellt, welches im Bereichsbezug im Zusammenhang mit Funktionsverlagerungen angewendet wurde.

Das dritte Kapitel hatte zum Ziel, quantitative Handlungsempfehlungen für projektbezogene Aufgabenstellungen abzuleiten. Im Zentrum der Untersuchungen stand das Produktprojekt, das auf dem Lebenszykluskonzept basiert. Daher wurden zunächst die wesentlichen Merkmale eines Produktprojekts genannt, bevor kurz in allgemeiner Form auf das Lebenszykluskonzept eingegangen wurde.
Als erstes wurden Absatzmarkt-bezogene Kalküle dargestellt, wobei zunächst der Fokus auf der Prognose der Marktabsatzmenge lag. Darauf aufbauend wurden verschiedene Werbewirkungsfunktionen eräizert und illustriert, dessen Funktionsverläufe und Annahmen miteinander verglichen wurden. Mit der Anwendung dieser Kalküle wurde das Ziel verfolgt, die Absatzmenge unter Berücksichtigung der Einflussnahme seitens des Unternehmens durch die Werbeauszahlungen sowie der Informationen der Marktabsatzmenge zu prognostizieren. Dabei ist die Betrachtung um den Absatzpreis, der neben den Werbeauszahlungen als weiteres absatzpolitisches Instrument in die Betrachtung eingeht, erweitert worden. Vor diesem Hintergrund konnte gezeigt werden, wie für eine dynamische Modellstruktur der optimale Marketing-Mix berechnet werden kann, bei denen sich ein maximaler Kapitalwert für das Produktprojekt ergibt und dabei auch eine Abhängigkeit zwischen den Instrumenten des Marketing-Mix einbezogen wurde.
Im Rahmen der Darstellung der Wertschöpfungsstruktur-bezogenen Kalküle wurden zwei Themengebiete behandelt, die intertemporale Kostenstruktur und die Bestimmung von Mindestniveaus im Kontext des Target Costing. Die intertemporale Kostenstruktur ergibt sich aus dem Verhältnis von Kapazitäts- zu Produktionsauszahlungen. Mit der als realistisch angesehenen Annahme, dass zwischen Kapazitäts- und Produktionsauszahlungen ein Trade-Off besteht, lässt sich die intertemporale Kostenstruktur gestalten. Die dargestellten Kalküle sind in der Vorlaufphase anzuwenden, so dass alle Auszahlungen als variabel angesehen werden können. Dabei wurden folgende Wirkungszusammenhänge als möglich erachtet: Niedrigere (höhere) Kapazitätsauszahlungen bewirken

höhere (niedrigere) Produktionsauszahlungen. Hierbei wurde das Ziel verfolgt, das Verhältnis von Kapazitäts- und Produktionsauszahlungen zu ermitteln, bei dem der Barwert der Gesamtauszahlungen minimal wird. Neben dem Ansatz von *Schild/Bauerdorf* wurde ein weiteres Kalkül entwickelt, mit dem optimale Investitionsauszahlungen berechnet werden können und das vorgegebene Ziel erreicht wird.
Anschließend wurden Mindestniveaukalküle vorgestellt, bei dem das Mindestniveau einer Einflussgröße aus bestimmten Bedingungen für den Kapitalwert abgeleitet wird. In der vorliegenden Arbeit bezogen sich die Ausführungen auf den Einflussfaktor Stückauszahlungen, weshalb dieses Konzept in eine inhaltliche Nähe zum Target Costing-Ansatz gebracht werden kann. Ein Schwerpunkt wurde auf die Dynamisierung der Einflussgrößen gelegt, wofür von unterschiedlichen Entwicklungen des Absatzpreises und der stückbezogenen Auszahlungen ausgegangen wurde. Als Ergebnis konnten Zielauszahlungen ausgewiesen werden, die bei erwartungskonformer Entwicklung der anderen Einflussgrößen zum angestrebten Zielkapitalwert des Produktprojekts führen.
Abschließend wurde im dritten Kapitel aufgezeigt, wie das Risiko für die dargestellten Aufgabenstellungen berücksichtigt werden kann. Dabei wurde sowohl für die Ermittlung des optimalen Marketing-Mix als auch der Zielauszahlungen unter Risiko auf das Softwareprogramm RISKOptimizer zurückgegriffen, mit dem eine Optimierung bzw. Mindestniveau-Bestimmung unter Risiko möglich ist. Durch die Anwendung konnten unter Berücksichtigung der Mehrwertigkeit der Einflussgrößen ein optimaler Marketing-Mix sowie risikobereinigte Zielauszahlungen bestimmt werden.

Die Bewertung von Standortalternativen bildet den Inhalt des vierten Kapitels und stellt in der vorliegenden Arbeit die bereichsbezogenen Aufgaben des strategischen Controlling dar. Zunächst wurde der Untersuchungsgegenstand dieses Abschnitts erläutert, und zwar wird die Situation betrachtet, dass ein Unternehmen vor der Entscheidung steht, einen in- oder ausländischen Standort zu errichten. Hierzu wurden zunächst die in der Literatur bestehenden Erklärungsansätze für Internationalisierungsbestrebungen der Unternehmen dargelegt, aus denen verschiedene strategische Motive für internationale Standortinvestitionen abgeleitet werden konnten. Im Kontext der wertorientierten Unternehmensführung wird das Ziel mit der Errichtung eines ausländischen Standorts verfolgt, den nachhaltigen Unternehmenswert der Muttergesellschaft zu steigern, so dass eine investorbezogene Perspektive eingenommen wurde, bei der die ausländische Tochtergesellschaft wie ein Investitionsobjekt betrachtet wird. Aufgrund der unendlichen Betrachtung wurde, wie bei der Bewertung von Unternehmen üblich, eine Unterteilung des Bewertungszeitraums in zwei Phasen vorgenommen, der Detailprognose- und Restwertphase. Für die Detailprognosephase ist eine detaillierte, periodendifferenzierte Erfolgsprognose vorzunehmen. Da die Erfolgsprognose insbesondere bei Auslandsinvestitionen für Unternehmen eine Herausforderung bedeutet, lag ein Schwerpunkt in der Darstellung eines Unternehmensplanungsmodells, das leistungs- und finanzwirtschaftliche Unternehmensprozesse berücksichtigt und dazu durch ein Mengengerüst fundiert ist. Dieses Modell wurde um problemspezifische Aspekte einer Auslandsinvestition angepasst. Als Ergebnis resultieren die Ausschüttungen der ausländischen Tochtergesellschaft an die Muttergesellschaft, wobei die im Zusammenhang mit internationalen Ausschüttungen i.d.R. anfallende Quellensteuer zu berücksichtigen war.

Im Anschluss daran erfolgte eine Bewertung des ausländischen Standorts zunächst unter Sicherheit. Die Bewertung wurde auf Basis einer Differenzbetrachtung durchgeführt, bei der der Wert der Muttergesellschaft mit und ohne die Durchführung der Auslandsinvestition verglichen wird. Dafür sind die relevanten Daten der Muttergesellschaft in der status quo-Situation anzugeben. Anschließend konnte die Muttergesellschaft in der status quo-Situation und mit der Durchführung der Auslandsinvestition bewertet werden. Die Differenz der beiden Werte ergab den Kapitalwert für die Auslandsinvestition. Die Vorgehensweise für die Bestimmung des Kapitalwerts der Inlandsinvestition erfolgte analog, so dass die Alternative mit dem höheren Kapitalwert durchzuführen ist.

Anschließend galt es das Risiko sowohl für die Auslands- als auch Inlandsinvestition zu berücksichtigen. Da die Offenlegung der Risikostruktur bei Auslandsinvestitionen einen besonderen Stellenwert einnimmt, erfolgte diese gesondert anhand von zwei Instrumenten, der Szenariotechnik und Risikosimulation. Hierfür ist eine mehrwertige Erfolgsprognose erstellt worden, indem für die unsicheren Größen des Modells Wahrscheinlichkeitsverteilungen geschätzt wurden. Im nächsten Schritt wurde das Risiko mit der Sicherheitsäquivalentmethode bewertet und so der Kapitalwert der Standortalternativen unter Risiko bestimmt.

Im Anschluss wurde gezeigt, wie aus der ex post-Sicht eine Standort-bezogene Performanceanalyse anhand der Erfolgspotenzialrechnung vorgenommen werden kann. Dabei wurde darauf geachtet, dass sich die Prämissen hinsichtlich des Verteilungstyps für die unsicheren Größen in der ex ante- und der ex post-Situation entsprechen, allerdings die Parameter auf den neuen Informationsstand angepasst werden, so dass Konsistenz zwischen Planung und Kontrolle gegeben ist.

Zum Abschluss wurden die mit der Verlagerung von Funktionen verbundenen steuerlichen Konsequenzen behandelt. Es konnte herausgearbeitet werden, wann der Tatbestand der Funktionsverlagerung erfüllt ist und dass internationale Standortinvestitionen nicht zwangsläufig den Tatbestand einer Funktionsverlagerung ergeben. Nur in dem Fall, dass die Verlagerung einer Funktion zu einer Einschränkung der Ausübung der Funktion beim verlagernden Unternehmen führt, liegt eine Funktionsverlagerung vor.

Erst wenn es durch die Verlagerung zu einer Einschränkung der Funktion beim verlagernden Unternehmen kommt, sind die steuerlichen Regelungen zur Funktionsverlagerung zu berücksichtigen. Anschließend wurde aufgezeigt, wie die Grenzpreise im Rahmen des hypothetischen Fremdvergleichs nach den Vorgaben der Finanzverwaltung zu ermitteln sind. In diesem Zusammenhang konnte festgestellt werden, dass insbesondere die Bestimmung der Besteuerungseffekte hinsichtlich des Veräußerungsgewinns und dem Abschreibungspotenzial der Funktion nach den Vorgaben der Finanzverwaltung fehlerhaft sind und eine „korrigierte" Vorgehensweise vorgestellt.

Als Alternative für die Bestimmung der Grenzpreise bietet sich das Standard-Ertragswerverfahren an, dessen Verwendung für die Bestimmung steuerlicher Bemessungsgrundlagen im Rahmen von Funktionsverlagerungen in der Folge dargestellt wurden. Die Bestimmung der Grenzpreise erfolgt analog zu den Vorgaben der Finanzverwaltung auf zwei Stufen, wobei erst auf der zweiten Stufe die Besteuerungseffekte durch den Veräußerungsgewinn und das Abschreibungspotenzial berücksichtigt werden. Abschließend konnte für die Anwendung des Standard-Ertragswertverfahrens im Zusammenhang mit Funktionsverlagerungen konstatiert werden, dass wegen der zugrunde liegenden Erfolgsprognose, die mehrwertig erfolgt, der Risikobewertung mittels der Sicherheitsäquivalentmethode und der Berücksichtigung einer expliziten Alternativinvestition, eine aus betriebswirtschaftlicher Sicht „richtige“ Bestimmung der Grenzpreise ermöglicht wird.

Anhang

Anhang I: Korrelationen zwischen Wahrscheinlichkeitsverteilungen definieren .290

Anhang II: Optimierungsübersicht ... 291

Anhang III: Herleitung der Kostensenkungsfaktoren ... 293

Anhang IV: Aufteilung der Zielauszahlungen auf Produktkomponentenebene ... 294

Anhang V: Bewertung des Produktprojekts unter Risiko: Optimierungsübersicht RISKOptimizer ... 296

Anhang VI: Berücksichtigung des Risikos im Rahmen des dynamischen Target Costing ... 297

Anhang VII: Herstellung des finanziellen Gleichgewichts (Auslandsinvestition) ... 298

Anhang VIII: Erfolgsprognose Inlandsinvestition ... 300

Anhang IX: Koordinationskosten X AG (Inlandsinvestition) ... 306

Anhang X: Bewertung der X AG auf Basis der Risikosimulation: Korrelationen zwischen Absatzmenge und -preise ... 306

Abbildungsverzeichnis des Anhangs

Abbildung 1: *Korrelationsmatrix* 290

Abbildung 2: *Fortschrittsübersicht* 291

Abbildung 3: *Fortschrittsübersicht für den Kapitalwert (optimale Werbeauszahlungen unter Risiko)* 296

Abbildung 4: *Wahrscheinlichkeitsverteilung für den Einzahlungsüberschuss in der ersten Periode der Marktphase (optimale Werbeauszahlungen unter Risiko)* 297

Abbildung 5: *Fortschrittsübersicht für die Zielgröße* 297

Tabellenverzeichnis des Anhangs

Tabelle 1: *Optimierungsübersicht (1. Teil)* 291

Tabelle 2: *Optimierungsübersicht (2. Teil)* 292

Tabelle 3: *Periodenbezogene Zielauszahlungen auf Komponentenebene (Szenario 3)* 294

Tabelle 4: *Periodenbezogene Zielauszahlungen auf Komponentenebene (Szenario 4)* 295

Tabelle 5: *Optimierungsübersicht (optimale Werbeauszahlungen unter Risiko)* 296

Tabelle 6: *Optimierungsübersicht (dynamisches Target Costing unter Risiko)* 298

Tabelle 7: *Vorläufiger Zahlungssaldo I für die Perioden t=2 bis t=6 ff.* 298

Tabelle 8: *Herstellung des finanziellen Gleichgewichts für die Perioden t=2 bis t=6 ff.* 299

Tabelle 9: *Absatzbereich der Z GmbH* 300

Tabelle 10: *Mengen- und Wertgrößen für den Materialbereich (Inlandsinvestition)* 301

Tabelle 11: *Anlagenbereich (Inlandsinvestition)* 302

Tabelle 12: *Berechnung finanzieller und bilanzieller Konsequenzen für die Posten Grundstücke und Gebäude (Inlandsinvestition)* 302

Tabelle 13: *Lohn- und Gehaltsauszahlungen (Inlandsinvestition)* 302

Tabelle 14: *Herstellungskosten, Wert des Bestands an fertigen Erzeugnissen und Bestandsveränderungen (Inlandsinvestition)* 302

Tabelle 15: *Verwaltungskosten (Investitionsland)* 302

Tabelle 16: *Vertriebskosten (Inlandsinvestition)* 303

Tabelle 17: *Zahlungssaldo des leistungswirtschaftlichen Bereichs (Inlandsinvestition)* 303

Tabelle 18: *Ergebnis vor Zinsen und Steuern (Inlandsinvestition)* 303

Tabelle 19: *Vorläufiger Zahlungssaldo I für Perioden t=1 bis t=6 ff. (Inlandsinvestition)* 304

Tabelle 20: *Herstellung des finanziellen Gleichgewichts für die Perioden t=1 bis t=6 ff. (Inlandsinvestition)* 305

Tabelle 21: *Koordinationskosten der X AG (Inlandsinvestition)* 306

Tabelle 22: *Korrelationsmatrix für Absatzmengen und Preise im Heimat- und Investitionsland* 306

Anhang I: Korrelationen zwischen Wahrscheinlichkeitsverteilungen definieren

In der Abbildung 1 sind die Korrelationen angegeben, die im Rahmen der Risikosimulation in Abschnitt 2.3.1.1.3.2 definiert wurden. Hierbei wurden zum einen Korrelationen in einer Periode zwischen dem Preis und der Absatzmenge und zum anderen auch intertemporale Korrelationen zwischen der Höhe des Preises in den einzelnen Perioden berücksichtigt.

Zwischen dem Preis und der Absatzmenge in einer Periode wurde eine negative Korrelation mit einem Koeffizienten i. H. v. -0,6134453 festgelegt. Dadurch wird die Beziehung zwischen dem Absatzpreis und der Absatzmenge (eine positive Veränderung des Absatzpreises führt zu einer negativen Veränderung der Absatzmenge) in die Risikosimulation einbezogen. Für die Entwicklung der Absatzpreise in den einzelnen Perioden wird hier eine positive Korrelation unterstellt. Somit wird in der Risikosimulation berücksichtigt, dass bei einem hohen Absatzpreis in der vergangenen Periode die Wahrscheinlichkeit für einen hohen Absatzpreis in der aktuellen Periode steigt.

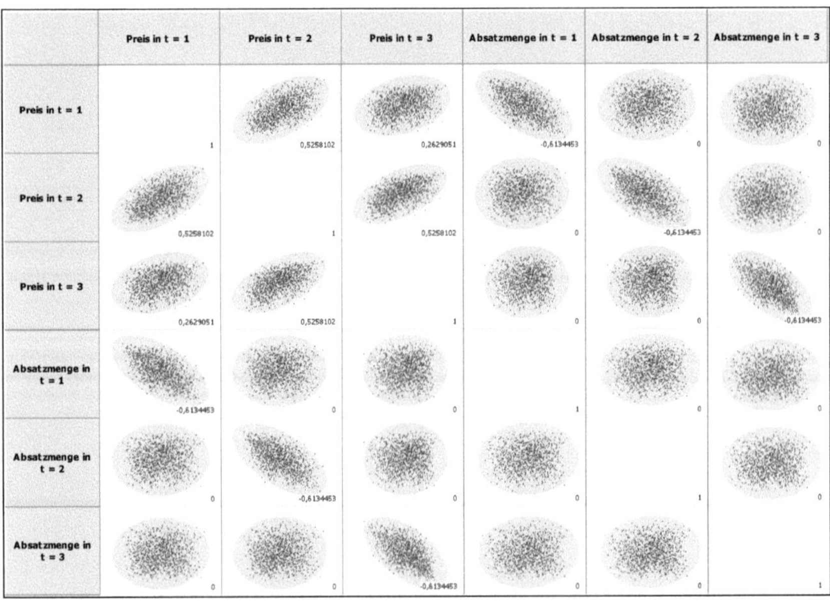

Abbildung 1: ***Korrelationsmatrix***

Anhang II: Optimierungsübersicht

In der Abbildung 2 ist der Fortschritt der Optimierungsversuche dargestellt, während die Optimierungsübersicht des Softwareprogramms Evolver in der Tabelle 1 und Tabelle 2 wiedergegeben wird.

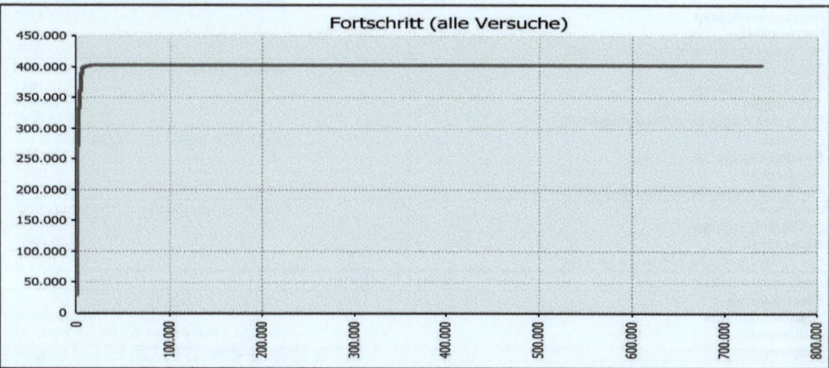

Abbildung 2: ***Fortschrittsübersicht***

Zielwert	
Zu optimierende Zelle **Zielwerttyp**	Kapitalwert Maximum
Ergebnisse	
Gültige Versuche **Versuche insgesamt** **Bester vorgefundener Wert** **Beste Versuchnummer** **Suchzeit, um besten Wert zu finden** **Optimierungszeit insgesamt**	739286 739287 402.809 293007 0:43:37 1:38:35
Anpassbare Zellwerte **Beste**	Preis in t=1 21,76
Anpassbare Zellwerte **Beste**	Preis in t=2 20,78
Anpassbare Zellwerte **Beste**	Preis in t=3 19,83
Anpassbare Zellwerte **Beste**	Preis in t=4 18,91
Anpassbare Zellwerte **Beste**	Preis in t=5 18,02
Anpassbare Zellwerte **Beste**	Preis in t=6 17,15
Anpassbare Zellwerte **Beste**	Werbeauszahlung in t=1 21.202
Anpassbare Zellwerte **Beste**	Werbeauszahlung in t=2 36.263
Anpassbare Zellwerte **Beste**	Werbeauszahlung in t=3 58.863
Anpassbare Zellwerte **Beste**	Werbeauszahlung in t=4 88.706
Anpassbare Zellwerte **Beste**	Werbeauszahlung in t=5 120.591
Anpassbare Zellwerte **Beste**	Werbeauszahlung in t=6 142.874

Tabelle 1: ***Optimierungsübersicht (1. Teil)***

Beschränkungen	
Definition	Preis in t=1>durchschn. Stückkosten in t=1
Beschränkungstyp	Hart
Genauigkeit	0,0001
Für % der Versuche zufrieden gestellt	100,00%
Definition	Preis in t=2>durchschn. Stückkosten in t=2
Beschränkungstyp	Hart
Genauigkeit	0,0001
Für % der Versuche zufrieden gestellt	100,00%
Definition	Preis in t=3>durchschn. Stückkosten in t=3
Beschränkungstyp	Hart
Genauigkeit	0,0001
Für % der Versuche zufrieden gestellt	100,00%
Definition	Preis in t=4>durchschn. Stückkosten in t=4
Beschränkungstyp	Hart
Genauigkeit	0,0001
Für % der Versuche zufrieden gestellt	100,00%
Definition	Preis in t=5>durchschn. Stückkosten in t=5
Beschränkungstyp	Hart
Genauigkeit	0,0001
Für % der Versuche zufrieden gestellt	100,00%
Definition	Preis in t=6>durchschn. Stückkosten in t=6
Beschränkungstyp	Hart
Genauigkeit	0,0001
Für % der Versuche zufrieden gestellt	100,00%
Anpassbare Zellen	
Beschreibung	
Lösungsmethode	Formulierung
Zellbereich	0,00 <= Preis in t=1 bis t=6 <= 1.000,00
Zellbereich	0 <= Werbeauszahlung in t=1 bis t=6 <= 1.000.000

Tabelle 2: ***Optimierungsübersicht (2. Teil)***

Anhang III: Herleitung der Kostensenkungsfaktoren

Die durchschnittlichen Stückkosten der ersten Periode der Marktphase ergeben sich gemäß dem Erfahrungskurvenkonzept wie folgt: $zpk_{v+1} = \frac{a \cdot ZX_{v+1}^{1-b}}{ZX_{v+1} \cdot (1-b)}$. Die Formel für die durchschnittlichen Stückkosten der zweiten Periode der Marktphase lautet: $zpk_{v+2} = \frac{a \cdot \left(ZX_{v+2}^{1-b} - ZX_{v+1}^{1-b}\right)}{(ZX_{v+2} - ZX_{v+1}) \cdot (1-b)}$. Für die Ermittlung des Kostensenkungsfaktors der zweiten Periode der Marktphase ist zpk_{v+2} ins Verhältnis zu setzen zu zpk_{v+1}:

$$\frac{zpk_{v+2}}{zpk_{v+1}} = \frac{a \cdot \left(ZX_{v+2}^{1-b} - ZX_{v+1}^{1-b}\right) \cdot ZX_{v+1}^{1-b} \cdot (1-b)}{(ZX_{v+2} - ZX_{v+1}) \cdot (1-b) \cdot a \cdot ZX_{v+1}^{1-b}}$$

$$\Leftrightarrow \quad \frac{\left(ZX_{v+2}^{1-b} - ZX_{v+1}^{1-b}\right) \cdot ZX_{v+1}^{1-b}}{(ZX_{v+2} - ZX_{v+1}) \cdot ZX_{v+1}^{1-b}} \quad \Leftrightarrow \quad \frac{\left(ZX_{v+2}^{1-b} - ZX_{v+1}^{1-b}\right)}{(ZX_{v+2} - ZX_{v+1})} \cdot ZX_{v+1}^{b} = k_{v+2}.$$

Zur Bestimmung des Kostensenkungsfaktors der dritten Periode sind die durchschnittlichen Stückkosten der dritten Periode ins Verhältnis zu setzen zu zpk_{v+1}:

$$\frac{zpk_{v+3}}{zpk_{v+1}} = \frac{a \cdot \left(ZX_{v+3}^{1-b} - ZX_{v+2}^{1-b}\right) \cdot ZX_{v+1}^{1-b} \cdot (1-b)}{(ZX_{v+3} - ZX_{v+2}) \cdot (1-b) \cdot a \cdot ZX_{v+1}^{1-b}}$$

$$\Leftrightarrow \quad \frac{\left(ZX_{v+3}^{1-b} - ZX_{v+2}^{1-b}\right) \cdot ZX_{v+1}^{1-b}}{(ZX_{v+3} - ZX_{v+2}) \cdot ZX_{v+1}^{1-b}} \quad \Leftrightarrow \quad \frac{\left(ZX_{v+3}^{1-b} - ZX_{v+2}^{1-b}\right)}{(ZX_{v+3} - ZX_{v+2})} \cdot ZX_{v+1}^{b} = k_{v+3}.$$

Daraus kann die allgemeine Formel für die Kostensenkungsfaktoren hergeleitet werden:

$$\boxed{k_t = \frac{\left(ZX_t^{1-b} - ZX_{t-1}^{1-b}\right)}{(ZX_t - ZX_{t-1})} \cdot ZX_{v+1}^{b}}$$

Anhang IV: Aufteilung der Zielauszahlungen auf Produktkomponentenebene

Die Aufteilung des Barwerts der Zielauszahlungen auf Produktkomponentenebene für das Szenario 3 ist in der Tabelle 3 dargestellt:

		Marktphase			
Periode	Barwert	3	4	5	6
Komponente a:					
Barwert Zielauszahlungen	15.326.554				
benötigte Menge		100.000	150.000	170.000	63.000
Senkungsfaktor		1	0,8907	0,8475	0,8283
Modifizierte Menge	348.131	100.000	133.610	144.073	52.184
Stückauszahlungen		44,03	39,21	37,31	36,47
Zielauszahlungen		4.402.526	5.882.233	6.342.872	2.297.397
Komponente b:					
Barwert Zielauszahlungen	9.464.324				
benötigte Menge		75.000	112.500	127.500	47.250
Senkungsfaktor		1,0000	0,8907	0,8475	0,8283
Modifizierte Menge	261.098	75.000	100.208	108.055	39.138
Stückauszahlungen		36,25	32,29	30,72	30,02
Zielauszahlungen		2.718.610	3.632.347	3.916.797	1.418.669
Komponente c:					
Barwert Zielauszahlungen	2.260.137				
benötigte Menge		50.000	75.000	85.000	31.500
Senkungsfaktor		1,0000	0,8907	0,8475	0,8283
Modifizierte Menge	174.065	50.000	66.805	72.037	26.092
Stückauszahlungen		12,98	11,57	11,00	10,76
Zielauszahlungen		649.220	867.426	935.354	338.787
Komponente d:					
Barwert Zielauszahlungen	1.200.698				
benötigte Menge		25.000	37.500	42.500	15.750
Senkungsfaktor		1	0,8907	0,8475	0,8283
Modifizierte Menge	87.033	25.000	33.403	36.018	13.046
Stückauszahlungen		13,80	12,29	11,69	11,43
Zielauszahlungen		344.898	460.820	496.907	179.980
Summe Zielauszahlungen[781]	28.251.713	8.115.255	10.842.826	11.691.930	4.234.834

Tabelle 3: ***Periodenbezogene Zielauszahlungen auf Komponentenebene (Szenario 3)***

Für das Szenario 4 sind die Angaben zu den periodenbezogenen Zielauszahlungen der Tabelle 4 zu entnehmen:

[781] Die Summe der Zielauszahlungen auf Komponentenebene entsprechen den Zielauszahlungen auf Gesamtproduktebene einer Periode.

		Marktphase			
Periode	Barwert	3	4	5	6
Komponente a:					
Barwert Zielauszahlungen	17.495.806				
benötigte Menge		100.000	150.000	170.000	63.000
Senkungsfaktor		1	0,8907	0,8475	0,8283
Modifizierte Menge	348.131	100.000	133.610	144.073	52.184
Stückauszahlungen		50,26	44,77	42,59	41,63
Zielauszahlungen		5.025.639	6.714.778	7.240.614	2.622.561
Komponente b:					
Barwert Zielauszahlungen	10.803.862				
benötigte Menge		75.000	112.500	127.500	47.250
Senkungsfaktor		1,0000	0,8907	0,8475	0,8283
Modifizierte Menge	261.098	75.000	100.208	108.055	39.138
Stückauszahlungen		41,38	36,86	35,07	34,27
Zielauszahlungen		3.103.390	4.146.453	4.471.162	1.619.462
Komponente c:					
Barwert Zielauszahlungen	2.580.027				
benötigte Menge		50.000	75.000	85.000	31.500
Senkungsfaktor		1,0000	0,8907	0,8475	0,8283
Modifizierte Menge	174.065	50.000	66.805	72.037	26.092
Stückauszahlungen		14,82	13,20	12,56	12,28
Zielauszahlungen		741.108	990.198	1.067.740	386.737
Komponente d:					
Barwert Zielauszahlungen	1.370.639				
benötigte Menge		25.000	37.500	42.500	15.750
Senkungsfaktor		1	0,8907	0,8475	0,8283
Modifizierte Menge	87.033	25.000	33.403	36.018	13.046
Stückauszahlungen		15,75	14,03	13,35	13,04
Zielauszahlungen		393.714	526.043	567.237	205.454
Summe Zielauszahlungen	32.250.334	9.263.851	12.377.471	13.346.753	4.834.214

Tabelle 4: ***Periodenbezogene Zielauszahlungen auf Komponentenebene (Szenario 4)***

Anhang V: Bewertung des Produktprojekts unter Risiko: Optimierungsübersicht RISKOptimizer

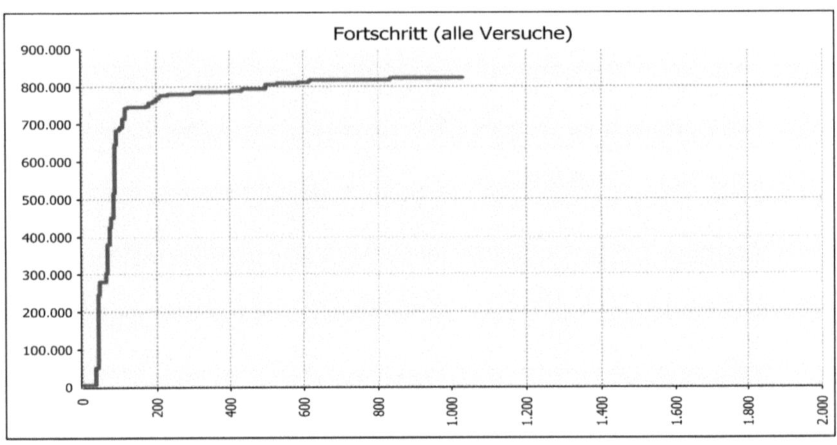

Abbildung 3: ***Fortschrittsübersicht für den Kapitalwert (optimale Werbeauszahlungen unter Risiko)***

Zielwert	
Zu optimierende Zelle	Kapitalwert
Zu optimierende Statistik	Mittelwert
Zielwerttyp	Maximum
Ergebnisse	
Gültige Versuche	1.029
Versuche insgesamt	1.029
Bester vorgefundener Wert	822.388
Optimierungszeit insgesamt	0:37:18
Anpassbare Zellwerte	Werbeauszahlung in t=2
Beste	705.322
Anpassbare Zellwerte	Werbeauszahlung in t=3
Beste	898.281
Anpassbare Zellwerte	Werbeauszahlung in t=4
Beste	872.775
Anpassbare Zellwerte	Werbeauszahlung in t=5
Beste	617.933
Anpassbare Zellwerte	Werbeauszahlung in t=6
Beste	337.581
Simulationseinstellungen	
Anzahl der Iterationen	5.000
Optimierungseinstellungen	
Fortschritt	
Maximale Änderung	2%
Anzahl der Versuche	500

Tabelle 5: ***Optimierungsübersicht (optimale Werbeauszahlungen unter Risiko)***

Wahrscheinlichkeitsverteilung für den Einzahlungsüberschuss in t=3:

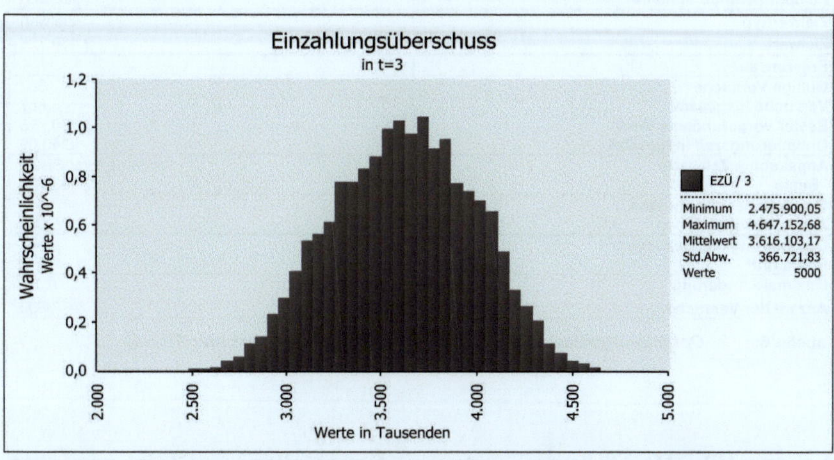

Abbildung 4: ***Wahrscheinlichkeitsverteilung für den Einzahlungsüberschuss in der ersten Periode der Marktphase (optimale Werbeauszahlungen unter Risiko)***

Anhang VI: Berücksichtigung des Risikos im Rahmen des dynamischen Target Costing

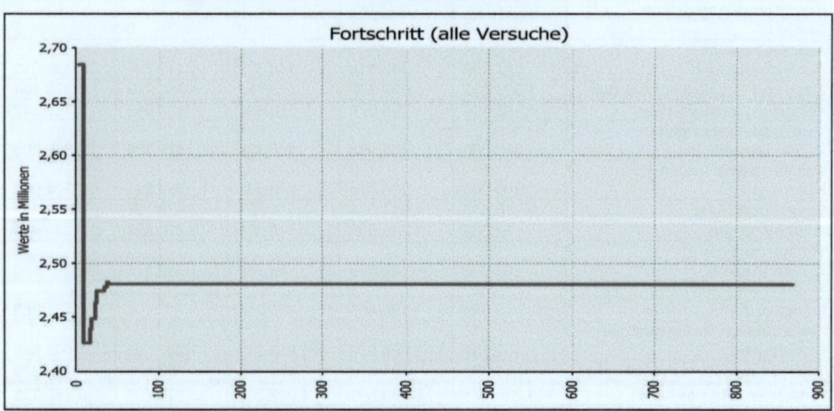

Abbildung 5: ***Fortschrittsübersicht für die Zielgröße***

Zielwert	
Zu optimierende Zelle Zu optimierende Statistik	Kapitalwert nach Risiko Mittelwert
Zielwerttyp	Zielwert
Zielwert	2.480.726
Ergebnisse	
Gültige Versuche Versuche insgesamt Bester vorgefundener Wert Optimierungszeit insgesamt	867 867 2.480.726 0:43:09
Anpassbare Zellwerte Beste	Kapitalwert vor Risiko 2.793.730
Simulationseinstellungen Anzahl der Iterationen	 5.000
Optimierungseinstellungen Fortschritt	
Maximale Änderung	0,1%
Anzahl der Versuche	500

Tabelle 6: ***Optimierungsübersicht (dynamisches Target Costing unter Risiko)***

Anhang VII: Herstellung des finanziellen Gleichgewichts (Auslandsinvestition)

Periode	2	3	4	5	6 ff.
Einzahlungen aus Umsatzerlösen	5.274.664	20.254.834	30.388.372	34.037.515	36.315.256
Zinseinzahlungen aus kurzfr. Finanzanlagen	0	0	0	51.846	0
Materialauszahlungen	1.021.114	3.614.690	5.300.871	6.162.017	6.850.425
Investitionsauszahlungen Maschinen	13.473.180	9.816.174	2.002.499	10.212.747	14.583.803
Investitionsauszahlungen Gebäude	0	0	0	0	0
Auszahlungen für Gebäudeerhaltung	151.500	148.515	145.590	142.722	139.910
Lohn- und Gehaltsauszahlungen	1.923.432	3.687.379	5.072.781	5.764.488	6.378.104
Verwaltungsauszahlungen	167.160	166.324	165.493	164.665	163.842
Vertriebsauszahlungen Investitionsland	360.000	405.900	466.478	529.830	609.305
Vertriebsauszahlungen Heimatland	210.000	236.775	286.821	339.221	394.061
Steuerauszahlung	10.815	1.514.088	2.411.507	2.928.297	2.809.111
Ausschüttungen	34.609	4.845.083	7.716.821	9.370.551	11.236.444
Veränderung des Kassenbestands	240.805	141.099	44.737	32.175	0
Zinsauszahlungen kurzfristiges Fremdkapital	158.546	165.467	180.000	0	161.089
Zinsauszahlungen langfristiges Fremdkapital	502.784	1.268.024	1.668.319	1.584.903	1.505.658
Tilgung langfristiges Fremdkapital	251.392	634.012	834.160	792.452	752.829
vorläufiger Zahlungssaldo I	-13.230.673	-6.388.699	4.092.296	-3.934.707	-9.269.325

Tabelle 7: ***Vorläufiger Zahlungssaldo I für die Perioden t=2 bis t=6 ff.***

Periode	2	3	4	5	6 ff.
vorläufiger ZS I	-13.230.673	-6.388.699	4.092.296	-3.934.707	-9.269.325
bei positivem vorl. ZS I:					
1. wenn kurzfr. $FK_{t-1} > 0$ => Tilgung			1.500.000		
2. wenn kurzfr. $FK_{t-1} = 0$ => Investition in kurzfr. Finanzanlagen			2.592.296		
bei negativem vorl. ZS I:					
1. Verkauf kurzfr. Finanzanlagen		0	0	2.592.296	0
vorläufiger ZS II	-13.230.673	-6.388.699	0	-1.342.410	-9.269.325
2. Prüfung Aufnahme kurzfr. Fremdkapital:					
vorläufiger EK-Bestand I	4.295.712	10.776.180	14.336.018	16.678.655	16.678.655
vorläufiger FK-Bestand I	6.385.888	13.852.152	17.842.528	15.603.613	16.221.598
a) Obergrenze für zusätzl. kurzfr. FK	178.786	121.106	0	1.500.000	157.590
b) Obergrenze für zusätzl. FK bei max. Verschuldungsgrad von 1,5	57.680	2.312.119	3.661.498	9.414.370	8.796.385
Minimum von a) und b)	57.680	121.106	0	1.500.000	157.590
Aufnahme kurzfr. FK	57.680	121.106	0	1.342.410	157.590
vorläufiger ZS III	-13.172.993	-6.267.593	0	0	-9.111.736
3. Prüfung Aufnahme lfr. FK:					
Höhe des Anlagevermögens	22.104.630	27.108.291	23.040.691	28.193.699	36.423.100
a) Obergrenze für Erhöhung des langfr. FK-Bestand (Mindestdeckungsgrad = 1)	22.104.630	27.108.291	23.040.691	28.193.699	36.423.100
b) Obergrenze für zusätzl. FK bei max. Verschuldungsgrad von 1,5	0	2.191.013	5.161.498	8.071.959	8.638.795
Minimum von a) und b)	0	2.191.013	5.161.498	8.071.959	8.638.795
Aufnahme langfr. FK	0	2.191.013	0	0	8.638.795
vorläufiger ZS IV	-13.172.993	-4.076.580	0	0	-472.940
4. Anteilige Eigen- und Fremdkapitalaufnahme					
vorläufiger EK-Bestand I	4.295.712	10.776.180	14.336.018	16.678.655	16.678.655
vorläufiger FK-Bestand II	6.443.568	16.164.270	16.342.528	16.946.024	25.017.983
relativer Anteil EK	0,4	0,4	0	0	0,4
relativer Anteil FK	0,6	0,6	0	0	0,6
anteilige Erhöhung EK	5.269.197	1.630.632	0	0	189.176
anteilige Erhöhung FK	7.903.796	2.445.948	0	0	283.764
Prüfung, ob Mindestdeckungsgrad des AV größer als 1	1,7432	1,6248	1,4537	1,8725	1,5681
endgültiger ZS	0	0	0	0	0

Tabelle 8: ***Herstellung des finanziellen Gleichgewichts für die Perioden t=2 bis t=6 ff.***

Anhang VIII: Erfolgsprognose Inlandsinvestition

Periode	2	3	4	5	6 ff.
Absatzmenge Heimatland	25.000	83.750	122.500	131.250	137.500
Absatzmenge Investitionsland	55.000	231.250	327.500	368.750	392.500
Heimatland:					
Preiswachstumsrate	-1%	-1%	-1%	-1%	-1%
Preis (GE^{Heiml})	68,61	67,92	67,24	66,57	65,90
Umsatzerlöse (GE^{Heiml})	1.715.175	5.688.378	8.237.111	8.737.221	9.061.746
Investitionsland:					
Preiswachstumsrate	-2%	-2%	-2%	-2%	-2%
Preis (GE^{Invl})	48,02	47,06	46,12	45,20	44,29
Umsatzerlöse (GE^{Invl})	2.641.100	10.882.533	15.103.779	16.666.040	17.384.657
Umsatzerlöse der Z (GE^{Heiml})	1.401.103	5.604.504	7.665.167	8.249.689	8.257.711
Heimatland					
Forderungsbestand (GE^{Heiml})	142.931	474.031	686.426	728.102	755.146
EZ. aus Ford. Vorperiode (GE^{Invl})	0	142.931	474.031	686.426	728.102
EZ aus Umsatzerlösen (GE^{Invl})	1.572.244	5.357.278	8.024.716	8.695.545	9.034.703
Investitionsland:					
Forderungsbestand (GE^{Invl})	330.138	1.360.317	1.887.972	2.083.255	2.173.082
Forderungsbestand (GE^{Heiml})	175.138	700.563	958.146	1.031.211	1.032.214
EZ aus Ford. Vorperiode (GE^{Invl})	0	330.138	1.360.317	1.887.972	2.083.255
EZ aus Ford. Vorperiode (GE^{Heiml})	0	170.021	690.361	934.546	989.546
Einz. aus Umsatzerlösen (GE^{Invl})	2.310.963	9.852.353	14.576.123	16.470.757	17.294.830
Einz. aus Umsatzerlösen (GE^{Heiml})	1.225.966	5.073.962	7.397.382	8.153.025	8.215.044
Gesamt:					
Gesamte Einz. aus UE (GE^{Invl})	2.798.209	10.431.240	15.422.099	16.848.570	17.249.747

Tabelle 9: ***Absatzbereich der Z GmbH***

Mengengrößen						
Periode	1	2	3	4	5	6 ff.
Gesamte Absatzmenge für Heimat- und Investitionsland		80.000	315.000	450.000	500.000	530.000
Lagerbestand Fertigprodukte (5%)		15.750	22.500	25.000	26.500	26.500
Produktionsmenge		95.750	321.750	452.500	501.500	530.000
Heimatland:						
Materialverbrauch von a in ME		383.000	1.287.000	1.810.000	2.006.000	2.120.000
Materialzugang in ME	31.917	458.333	1.330.583	1.826.333	2.015.500	2.120.000
Lagerbestand Material	31.917	107.250	150.833	167.167	176.667	176.667
Drittland						
Materialverbrauch von b in ME		287.250	965.250	1.357.500	1.504.500	1.590.000
Materialzugang in ME	23.938	343.750	997.938	1.369.750	1.511.625	1.590.000
Lagerbestand Material	23.938	80.438	113.125	125.375	132.500	132.500
Wertgrößen:						
Heimatland						
Materialpreis für a in GE^{Heiml} pro ME	0,5610	0,5722	0,5837	0,5953	0,6072	0,6194
Gesamt-Verbindlichkeiten	17.905	261.909	775.386	1.085.524	1.221.910	1.310.959
Erhöhung VLL	17.905	61.371	88.036	99.521	107.280	109.425
Tilgung VLL		17.905	61.371	88.036	99.521	107.280
Bestand VLL	17.905	61.371	88.036	99.521	107.280	109.425
Gesamt-Auszahlung Material a (+ VLL Vj.)		218.444	748.721	1.074.040	1.214.152	1.308.814
periodischer Durchschnittspreis		0,5708	0,5818	0,5934	0,6053	0,6174
Materialverbrauch		218.601	748.839	1.074.087	1.214.179	1.308.823
Drittland:						
Materialpreis für b in GE^{Drittl}	1,6585	1,7746	1,8988	2,0317	2,1740	2,3261
Gesamt-Verbindlichkeiten in GE^{Drittl}	39.700	607.238	1.884.908	2.767.931	3.268.374	3.678.387
Wechselkurs Heimat- und Drittland						
Gesamt-Verbindlichkeiten in GE^{Heiml}	14.806	205.512	613.802	860.475	971.679	1.027.784
Erhöhung VLL	14.806	48.310	69.949	79.188	85.636	86.118
Tilgung VLL		13.436	46.483	66.777	75.730	80.484
Bestand VLL	14.806	48.310	69.949	79.188	85.636	86.118
Wechselkursgewinn		1.370	1.827	3.172	3.458	5.152
Gesamt-Auszahlung Material b (+ VLL Vj.) in GE^{Heiml}		170.638	590.336	848.063	961.773	1.022.151
periodischer Durchschnittspreis		0,5992	0,6139	0,6271	0,6416	0,6460
Materialverbrauch in GE^{Heiml}		172.120	592.554	851.297	965.290	1.027.197
Gesamt:						
Gesamt-Ausz. für Material in GE^{Heiml}	**0**	**389.082**	**1.339.058**	**1.922.103**	**2.175.924**	**2.330.965**
Bestand VLL in GE^{Heiml}	**32.711**	**109.680**	**157.985**	**178.709**	**192.916**	**195.544**
Materialverbrauch in GE^{Heiml}	**0**	**390.720**	**1.341.393**	**1.925.384**	**2.179.469**	**2.336.020**
Materialbestand in GE^{Heiml}	**32.711**	**109.412**	**157.208**	**177.823**	**191.944**	**194.668**

Tabelle 10: ***Mengen- und Wertgrößen für den Materialbereich (Inlandsinvestition)***

Periode	1	2	3	4	5	6 ff.
Benötigte Anlagen	4	11	16	17	18	18
Anlagenabgang	0	0	0	0	4	7
Anlagenzugang	4	7	5	1	5	7
Investitionen	4.264.620	7.147.522	5.055.330	1.016.268	5.055.310	6.927.307
Abschreibungen		1.066.155	2.586.497	3.203.705	2.656.846	3.256.462
Bilanzbestand	4.264.620	10.345.987	12.814.820	10.627.383	13.025.848	16.696.692

Tabelle 11: ***Anlagenbereich (Inlandsinvestition)***

Periode	0	1	2	3	4	5	6 ff.
Bestand Grundstück	750.000	750.000	750.000	750.000	750.000	750.000	750.000
Bestand Gebäude		847.500	830.804	814.437	798.393	782.665	767.246
Gebäudeauszahlung			85.598	83.911	82.258	80.638	79.049
Herstellungsaufwand			25.679	25.173	24.677	24.191	23.715
Erhaltungsaufwand			59.918	58.738	57.581	56.446	55.334
Gebäude-abschreibung			42.375	41.540	40.722	39.920	39.133
bilanzieller Gesamtaufwand			102.293	100.278	98.303	96.366	94.468

Tabelle 12: ***Berechnung finanzieller und bilanzieller Konsequenzen für die Posten Grundstücke und Gebäude (Inlandsinvestition)***

Periode	0	1	2	3	4	5	6
Anzahl P^{fix}			40	45	50	50	50
Anzahl P^{var} ($f^{P}=0{,}0001$)			10	33	46	51	53
BV^{fix} (4%)	50.000	52.000	54.080	56.243	58.493	60.833	63.266
Gehaltsauszahlung	0	0	2.163.200	2.530.944	2.924.646	3.041.632	3.163.298
BV^{var} (3%)	30.000	30.900	31.827	32.782	33.765	34.778	35.822
Lohnauszahlung			318.270	1.081.800	1.553.202	1.773.689	1.898.543
Gesamtauszahlung	0	0	2.481.470	3.612.744	4.477.849	4.815.322	5.061.841

Tabelle 13: ***Lohn- und Gehaltsauszahlungen (Inlandsinvestition)***

Gesamte Herstellungskosten pro Stück					
Periode	2	3	4	5	6 ff.
Herstellungskosten pro Stück	19,39	15,82	14,94	13,33	14,28
Lagerbestand in ME	15.750	22.500	25.000	26.500	26.500
Bestand fert. Erz. in GE	305.456	355.938	373.532	353.356	378.330
Bestandsveränderung in GE	305.456	50.482	17.594	-20.176	24.974

Tabelle 14: ***Herstellungskosten, Wert des Bestands an fertigen Erzeugnissen und Bestandsveränderungen (Inlandsinvestition)***

Periode	1	2	3	4	5	6
durchschn. Kosten pro Bestell-vorgang	10.000	9.950	9.900	9.851	9.801	9.752
Anzahl Bestellungen	1	12	12	12	12	12
Verwaltungskosten	10.000	119.400	118.803	118.209	117.618	117.030

Tabelle 15: ***Verwaltungskosten (Investitionsland)***

Periode	2	3	4	5	6
Investitionsland:					
durchschn. Kosten pro Auslieferung	11.141	11.419	11.704	11.997	12.297
Anzahl der Auslieferungen	10	11	13	15	17
Vertriebskosten	111.405	125.609	152.158	179.957	209.049
Heimatland:					
durchschn. Kosten pro Auslieferung	6.366	6.525	6.688	6.855	7.027
Anzahl der Auslieferungen	30	33	37	41	46
Vertriebskosten	190.980	215.330	247.466	281.075	323.236
Summe	302.385	340.939	399.625	461.031	532.286

Tabelle 16: ***Vertriebskosten (Inlandsinvestition)***

Periode	1	2	3	4	5	6 ff.
Einz. aus Umsatzerlösen	0	2.798.209	10.431.240	15.422.099	16.848.570	17.249.747
Materialausz.	0	389.082	1.339.058	1.922.103	2.175.924	2.330.965
Investition Anlagen	4.264.620	7.147.522	5.055.330	1.016.268	5.055.310	6.927.307
Investition Gebäude	1.500.000					
Ausz. für Gebäudeerhaltung	0	85.598	83.911	82.258	80.638	79.049
Lohn- und Gehaltsauszahlungen	0	2.481.470	3.612.744	4.477.849	4.815.322	5.061.841
Zahlungssaldo des leistungswirtschaftlichen Bereichs	-5.764.620	-7.305.462	340.197	7.923.621	4.721.377	2.850.586

Tabelle 17: ***Zahlungssaldo des leistungswirtschaftlichen Bereichs (Inlandsinvestition)***

Periode	1	2	3	4	5	6 ff.
Umsatzerlöse	0	3.116.279	11.292.882	15.902.278	16.986.911	17.319.458
Bestandsveränderung	0	305.456	50.482	17.594	-20.176	24.974
Erhaltungsaufwand Gebäude	0	59.918	58.738	57.581	56.446	55.334
Abschreibungen Gebäude	0	42.375	41.540	40.722	39.920	39.133
Abschreibungen Anlagen	0	1.066.155	2.586.497	3.203.705	2.656.846	3.256.462
Materialverbrauch	0	390.720	1.341.393	1.925.384	2.179.469	2.336.020
Personalaufwand	0	2.481.470	3.612.744	4.477.849	4.815.322	5.061.841
Verwaltungsaufwand	10.000,00	119.400	118.803	118.208	117.617,94	117.029,85
Vertriebsaufwand	0	302.385	340.939	399.624,66	461.031	532.285
Wechselkursgewinn durch Forderungsbegleichung	0	0,00	-5.117	-10.202	-23.599	-41.665
Wechselkursgewinn/-verlust durch Begleichung von Verbindlichkeiten	0	1.369	1.826	3.172	3.458	5.151
operatives Ergebnis vor Zinsen und Steuern	-10.000	- 1.039.319	3.239.420	5.689.769	6.619.941	5.909.814

Tabelle 18: ***Ergebnis vor Zinsen und Steuern (Inlandsinvestition)***

Periode	1	2	3	4	5	6 ff.
Einz. aus Umsatzerlösen	0	2.798.209	10.431.240	15.422.099	16.848.570	17.249.747
Zinseinz. aus kurzfr. Finanzanlagen	0	0	0	0	8.916	0
Materialauszahlungen	0	389.082	1.339.058	1.922.103	2.175.924	2.330.965
Investitionen Maschinen	4.264.620	7.147.522	5.055.330	1.016.268	5.055.310	6.927.307
Investitionen Gebäude	847.500	0	0	0	0	0
Ausz. für Gebäude-erhaltung	0	85.598	83.911	82.258	80.638	79.049
Lohn- und Gehaltsausz.	0	2.481.470	3.612.744	4.477.849	4.815.322	5.061.841
Verwaltungsausz.	10.000	119.400	118.803	118.209	117.618	117.030
Vertriebsausz. Investitionsland	0	111.405	125.609	152.158	179.957	209.049
Vertriebsausz. Heimatland	0	190.980	215.330	247.466	281.075	323.236
Steuerauszahlung	0	0	762.408	1.435.689	1.773.852	1.519.389
Ausschüttungen	0	0	1.362.430	2.609.237	3.266.479	3.466.539
Veränderung des Kassenbestands	-153.256	122.649	69.141	16.269	4.988	0
Zinsauszahlungen kurzfristiges FK	0	91.175	91.175	180.000	0	180.000
Zinsauszahlungen langfristiges FK	23.750	277.245	682.800	812.533	771.907	743.886
Tilgung langfristiges FK	11.875	138.622	341.400	406.267	385.953	371.943
vorläufiger Zahlungssaldo I	-5.004.489	-8.356.938	-3.428.899	1.945.791	-2.051.536	-4.080.486

Tabelle 19: ***Vorläufiger Zahlungssaldo I für Perioden t=1 bis t=6 ff. (Inlandsinvestition)***

Periode	1	2	3	4	5	6 ff.
vorläufiger ZS I	-5.004.489	-8.356.938	-3.428.899	1.945.791	-2.051.536	-4.080.486
bei positivem vorl. ZS I:						
1. wenn kurzfr. $FK_{t-1} > 0$ => Tilgung				1.500.000		
2. wenn kurzfr. $FK_{t-1} = 0$ => Investition in kurzfr. Finanzanlagen				445.791		
bei negativem vorl. ZS I:						
1. Verkauf kurzfr. Finanzanlagen			0	0	445.791	0
vorläufiger ZS II	-5.004.489	-8.356.938	-3.428.899	0	-1.605.745	-4.080.486
2. Prüfung Aufnahme kurzfr. Fremdkapital:						
vorläufiger EK-Bestand I	678.750	968.892	5.472.256	7.174.522	7.991.142	7.991.142
vorläufiger FK-Bestand I	258.336	3.503.292	7.404.377	9.397.776	7.526.030	8.762.460
a) Obergrenze für zusätzl. kurzfr. FK	1.500.000	740.211	740.211	0	1.500.000	0
b) Obergrenze für zusätzl. FK bei max. Verschuldungsgrad von 1,5	759.789	0	804.007	1.364.007	4.460.682	3.224.252
Minimum von a) und b)	759.789	0	740.211	0	1.500.000	0
Aufnahme kurzfr. FK	759.789	0	740.211	0	1.500.000	0
vorläufiger ZS III	-4.244.700	-8.356.938	-2.688.688	0	-105.745	-4.080.486
3. Prüfung Aufnahme lfr. FK:						
Höhe des Anlagevermögens	7.264.620	13.316.437	15.756.302	13.540.468	15.911.095	19.554.650
a) Obergrenze für Erhöhung des langfr. FK-Bestand (Mindestdeckungsgrad = 1)	7.264.620	13.316.437	15.756.302	13.540.468	15.911.095	19.554.650
b) Obergrenze für zusätzl. FK bei max. Verschuldungsgrad von 1,5	0	0	63.796	2.864.007	2.960.682	3.224.252
Minimum von a) und b)	0	0	63.796	2.864.007	2.960.682	3.224.252
Aufnahme langfr. FK	0	0	63.796	0	105.745	3.224.252
vorläufiger ZS IV	-4.244.700	-8.356.938	-2.624.892	0	0	-856.234
4. Anteilige Eigen- und Fremdkapitalaufnahme						
vorläufiger EK-Bestand I	678.750	968.892	5.472.256	7.174.522	7.991.142	7.991.142
vorläufiger FK-Bestand II	1.018.125	3.503.292	8.208.384	7.897.776	9.131.775	11.986.712
relativer Anteil EK	0,4	0,4981	0,4	0	0	0,4
relativer Anteil FK	0,6	0,5019	0,6	0	0	0,6
anteilige Erhöhung EK	1.697.880	4.162.757	1.049.957	0	0	342.494
anteilige Erhöhung FK	2.546.820	4.194.181	1.574.935	0	0	513.740
Prüfung, ob Mindestdeckungs-grad des AV größer als 1	2,620294	1,950268	1,939157	1,754159	2,138916	1,809793
endgültiger ZS	0	0	0	0	0	0

Tabelle 20: ***Herstellung des finanziellen Gleichgewichts für die Perioden t=1 bis t=6 ff. (Inlandsinvestition)***

Anhang IX: Koordinationskosten X AG (Inlandsinvestition)

Periode	1	2	3	4	5	6
Anzahl Koordinatoren	4	2	1	1	1	1
Jahresgehalt (3%)	72.100	74.263	76.491	78.786	81.149	83.584
Verwaltungskosten	288.400	148.526	76.491	78.786	81.149	83.584

Tabelle 21: *Koordinationskosten der X AG (Inlandsinvestition)*

Anhang X: Bewertung der X AG auf Basis der Risikosimulation: Korrelationen zwischen Absatzmenge und -preise

Korrelationen:	Absatz-menge Heimatland in t=2	Absatz-menge Heimatland in t=3	Absatz-menge Heimatland in t=4	Absatz-menge Heimatland in t=5	Absatz-menge Heimatland in t=6	Preis-steigerungs-satz Heimat-land
Absatzmenge HL in t=2	1					
Absatzmenge HL in t=3	0,7	1				
Absatzmenge HL in t=4	0,4	0,7	1			
Absatzmenge HL in t=5	0,1	0,4	0,7	1		
Absatzmenge HL in t=6	0	0,1	0,4	0,7	1	
Preis-steigerungs-satz HL	-0,4	-0,4	-0,4	-0,4	-0,4	1
Korrelationen	Absatz-menge Investitions-land in t=2	Absatz-menge Investitions-land in t=3	Absatz-menge Investitions-land in t=4	Absatz-menge Investitions-land in t=5	Absatz-menge Investitions-land in t=6	Preissteiger-ungssatz Investitions-land
Absatzmenge IL in t=2	1,00					
Absatzmenge IL in t=3	0,70	1,00				
Absatzmenge IL in t=4	0,40	0,70	1,00			
Absatzmenge IL in t=5	0,10	0,40	0,70	1,00		
Absatzmenge IL in t=6	0,00	0,10	0,40	0,70	1,00	
Preis-steigerungs-satz IL	-0,50	-0,50	-0,50	-0,50	-0,50	1,00

Tabelle 22: *Korrelationsmatrix für Absatzmengen und Preise im Heimat- und Investitionsland*

Literaturverzeichnis

Adam, Dietrich (2002): Investitionscontrolling, in: Küpper, Hans-Ulrich / Wagenhofer, Alfred (Hrsg.): Handwörterbuch Unternehmensrechnung und Controlling, 4. Aufl., Stuttgart 2002, Sp. 838-847.

Aders, Christian / Hebertinger, Martin / Wiedemann, Florian (2003): Value Based Management (VBM): Lösungsansätze zur Schließung von Implementierungslücken, in: Finanz Betrieb, 5. Jg. 2003, S. 356-372.

Ahn, Heinz (1999): Ansehen und Verständnis des Controlling in der Betriebswirtschafts-lehre – Grundlegende Ergebnisse einer empirischen Studie, in: Controlling, 11. Jg. 1999, S. 109–114.

Alter, Roland (2011): Strategisches Controlling – Unterstützung des strategischen Managements, München 2011.

Arbeitskreis „Finanzierung" der Schmalenbach-Gesellschaft (1996): Wertorientierte Unternehmenssteuerung mit differenzierten Kapitalkosten, in: Zeitschrift für betriebswirtschaftliche Forschung, 48. Jg. 1996, S. 543-578.

Asenkerschbaumer, Stefan (2012): Strategisches Controlling bei Bosch: Volatilität ist die neue Normalität, in: Zeitschrift für Controlling & Management, 56. Jg. 2012, S. 336-340.

Baden, Axel (1997): Strategische Kostenrechnung – Einsatzmöglichkeiten und Grenzen, Wiesbaden 1997, zugl. Diss., Univ. Lüneburg, 1997.

Bärtl, Oliver / Pfaff, Dieter (1997): Wertorientierte Unternehmenssteuerung mit differenzierten Kapitalkosten – Stellungnahme zum Beitrag des Arbeitskreises „Finanzierung" der Schmalenbach-Gesellschaft – Deutsche Gesellschaft für Betriebswirtschaft e. V., in: Zeitschrift für betriebswirtschaftliche Forschung, 49. Jg. 1997, S. 370-378.

Baetge, Jörg / Niemeyer, Kai / Kümmel, Jens / Schulz, Roland (2012): Darstellung der Discounted Cashflow-Verfahren (DCF-Verfahren) mit Beispiel, in: Peemöller, Volker H. (Hrsg.): Praxishandbuch der Unternehmensbewertung, 5. Aufl., Herne 2012, S. 339-477.

Ballwieser, Wolfgang (1981): Die Wahl des Kalkulationszinsfußes bei der Unternehmensbewertung unter Berücksichtigung von Risiko und Geldentwertung, in: Betriebswirtschaftliche Forschung und Praxis, 33. Jg., S. 97-114.

Ballwieser, Wolfgang (2011): Unternehmensbewertung – Prozeß, Methoden und Probleme, 3. Aufl., Stuttgart 2011.

Ballwieser, Wolfgang / Leuthier, Rainer (1986): Betriebswirtschaftliche Steuerberatung: Grundprinzipien, Verfahren und Probleme der Unternehmensbewertung (Teil I und II), in: Deutsches Steuerrecht, 24. Jg. 1986, S. 545-551 (Teil I) bzw. S. 604-610 (Teil II).

Bamberg, Günter / Coenenberg, Adolf G. / Krapp, Michael (2012): Betriebswirtschaftliche Entscheidungslehre, 15. Aufl., München 2012.

Bass, Frank M. (1969): A New Product Growth Model for Consumer Durables, in: Management Science, 15 Jg. 1969, S. 215-227.

Bauer, Hans H. / Stokburger, Gregor / Hammerschmidt, Maik (2006): Marketing Performance – Messen, Analysieren, Optimieren, Wiesbaden 2006.

Baum, Heinz-Georg / Coenenberg, Adolf G. / Günther, Thomas (2007): Strategisches Controlling, 4. Aufl., Stuttgart 2007.

Baumhoff, Hubertus (2012): Verrechnungspreise zwischen international verbundenen Unternehmen, in: Mössner, Jörg M. (Hrsg): Steuerrecht international tätiger Unternehmen, 4. Aufl., Köln 2012, S. 373-691.

Baumhoff, Hubertus / Ditz, Xaver / Greinert, Markus (2011): Die Besteuerung von Funktionsverlagerungen nach den Verwaltungsgrundsätzen Funktionsverlagerung vom 13.10.2010, in: Die Unternehmensbesteuerung, 4. Jg. 2011, S. 161-171.

Bea, Franz Xaver / Haas, Jürgen (2013): Strategisches Management, 6. Aufl., Konstanz 2013.

Bea, Franz Xaver / Scheurer, Steffen / Hesselmann, Sabine (2008): Projektmanagement, Stuttgart 2008.

Berens, Wolfgang / Dörges, Claudia E. / Hoffjan, Andreas (2000): Fundierung eines Verständnisses des Controlling multinationaler Unternehmen, in: Berens, Wolfgang / Born, Axel / Hoffjan, Andreas (Hrsg.): Controlling international tätiger Unternehmen, Stuttgart 2000, S. 13-42.

Bleuel, Hans-H. / Schmitting, Walter (2000): Konzeptionen eines Risikomanagements im Rahmen der internationalen Geschäftstätigkeit, in: Berens, Wolfgang / Born, Axel / Hoffjan, Andreas (Hrsg.): Controlling international tätiger Unternehmen, Stuttgart 2000, S. 65-122.

BMF-Schreiben (2010): Grundsätze für die Prüfung der Einkunftsabgrenzung zwischen nahestehenden Personen in Fällen von grenzüberschreitenden Funktionsverlagerungen (Verwaltungsgrundsätze Funktionsverlagerungen), Schreiben des Bundesministeriums der Finanzen vom 13.10.2010, unter: http://www.bundesfinanzministerium.de/Content/DE/Downloads/BMF_Schreiben/Internationales_Steuerrecht/Allgemeine_Informationen/002_a_1.pdf?__blob=publicationFile&v=3, (abgerufen am: 07.02.2013).

Bofinger, Peter (2011): Grundzüge der Volkswirtschaft – Eine Einführung in die Wissenschaft von Märkten, 3. Aufl., München et al. 2011.

Bofinger, Peter / Schmidt, Robert (2003): Wie gut sind professionelle Wechselkursprognosen? Eine empirische Analyse für den Euro/US-Dollar-Wechselkurs, in: ifo Schnelldienst, 56. Jg. 17/2003, S. 7-14.

BR-Gesetzentwurf Drucksache 220/07: Entwurf eines Unternehmensteuerreformgesetzes 2008, vom 30.03.2007, unter: http://www.bundesrat.de/cln_320/sid_E88798EF9A7DBAA72046D3E2E36 FBE58/SharedDocs/Drucksachen/2007/0201-300/220-07,templateId=raw,property=publicationF ile.pdf/220-07.pdf, (abgerufen am: 07.02.2013).

Brähler, Gernot (2012): Internationales Steuerrecht – Grundlagen für Studium und Steuerberaterprüfung, 7. Aufl., Wiesbaden 2012.

Brealey, Richard A. / Myers, Stewart C. / Allen, Franklin (2011): Principles of Corporate Finance, 10. Aufl. New York et al. 2011.

Breid, Volker (1994): Erfolgspotentialrechnung – Konzeption im System einer finanzierungstheoretisch fundierten, strategischen Erfolgsrechnung, Stuttgart 1994, zugl. Diss., Univ. München, 1994.

Bretzke, Wolf-Rüdiger (1975): Das Prognoseproblem bei der Unternehmensbewertung – Ansätze zu einer risikoorientierten Bewertung ganzer Unternehmungen auf der Grundlage modellgestützter Erfolgsprognosen, Düsseldorf 1975.

Brünger, Christian / Faupel, Christian (2010): Target Costing - Pragmatische Ansätze für eine erfolgreiche Anwendung, in: Zeitschrift für Controlling und Management, 54. Jg. 2010, S. 170-174.

Bruner, Robert F. / Conroy, Robert M. / Li, Wie / O´Halloran, Elizabeth F. / Palacios Lleras, Miguel (2003): Investing in Emerging Markets, veröffentlicht unter: http://www.cfapubs.org/doi/pdf/10.2470/rf.v2003.n2.3923, (abgerufen am 2.10.2012).

Buchholz, Liane (2009): Strategisches Controlling – Grundlagen, Instrumente, Konzepte, Wiesbaden 2009.

Buckley, Adrian (2004): Multinational Finance, 5. Aufl., Harlow et al. 2004.

Büter, Clemens (2010): Internationale Unternehmensführung – Entscheidungsorientierte Einführung, München 2010.

Büttner, Thiess / Ruf, Martin (2005): Tax incentives and the location of FDI – evidence from a panel of German multinationals, Frankfurt am Main 2005.

Buhmann, Michael (2006): Kompetenzorientiertes Management multinationaler Unternehmen – Ein Ansatz zur Integration von strategischer und internationaler Managementforschung, Wiesbaden 2006, zugl. Diss., Univ. Stuttgart, 2005.

Buhmann, Michael / Schön, Michael (2009): Dynamische Standortbewertung – Denken in Szenarien und Optionen, in: Kinkel, Steffen (Hrsg.): Erfolgsfaktor Standortplanung - In- und ausländische Standorte richtig bewerten, 2. Aufl., Berlin 2009, S. 279-299.

Buhmann, Michael / Kinkel, Steffen / Jung-Erceg, Petra (2002): Dynamische Bewertung von Standortfaktoren, in: Industrie Management, 18. Jg. 2002, S. 9-13.

Buhmann, Michael / Schön, Michael / Kinkel, Steffen (2004): Dynamische Standortbewertung und Standortcontrolling, in: Controlling, 16. Jg. 2004, S. 19-26.

Burger, Anton (1999): Kostenmanagement, 3. Aufl., München 1999.

Burr, Wolfgang / Stephan, Michael / Werkmeister, Clemens (2011): Unternehmensführung – Strategien der Gestaltung und des Wachstums von Unternehmen, 2. Aufl., München 2011.

Busse von Colbe, Walther (1957): Der Zukunftserfolg – Die Ermittlung des künftigen Unternehmungserfolges und seine Bedeutung für die Bewertung von Industrieunternehmen, Wiesbaden 1957.

Chmielewicz, Klaus (1972): Integrierte Finanz- und Erfolgsplanung – Versuch einer dynamischen Mehrperiodenplanung, Stuttgart 1972.

Coenenberg, Adolf G. / Fischer, Thomas M. / Günther, Thomas (2012): Kostenrechnung und Kostenanalyse, 8. Aufl., Stuttgart 2012.

Coenenberg, Adolf G. / Fischer, Thomas M. / Schmitz, Jochen (1997): Target Costing und Product Life Cycle Costing als Instrumente des Kostenmanagements, in: Freidank, Carl-Christian / Götze, Uwe / Huch, Burkhard / Weber, Jürgen (Hrsg.): Kostenmanagement, Berlin, Heidelberg, New York 1997, S. 195-232.

Coenenberg, Adolf G. / Salfeld, Rainer (2007): Wertorientierte Unternehmensführung – Vom Strategieentwurf zur Implementierung, 2. Aufl., Stuttgart 2007.

Copeland, Tom / Koller, Tim / Murrin, Jack (2002): Unternehmenswert – Methoden und Strategien für eine wertorientierte Unternehmensführung, 3. Aufl., Frankfurt a. M., New York 2002.

Däumler, Klaus-Dieter (2010): Anwendung von Investitionsrechnungsverfahren in der Praxis, 5. Aufl., Herne 2010.

Davies, Howard / Ellis, Paul (2000): Porter´s competitive advantage of nations: time for the final judgement, in: Journal of Management Studies, 37. Jg. 2000, S. 1189-1213.

Diedrich, Ralf (2003): Die Sicherheitsäquivalentmethode der Unternehmensbewertung: Ein (auch) entscheidungstheoretisch wohlbegründbares Verfahren – Anmerkungen zu dem Beitrag von Wolfgang Kürsten in der zfbf (März 2002, S. 128-144), in: Zeitschrift für betriebswirtschaftliche Forschung, 55. Jg. 2003, S. 281-286.

Dinstuhl, Volkmar (2003): Konzernbezogene Unternehmensbewertung, Wiesbaden 2003, zugl.: Diss., Univ. Bochum, 2002.

Dirrigl, Hans (1988): Die Bewertung von Anteilen an Kapitalgesellschaften unter Berücksichtigung der Besteuerung, Hamburg 1988, zugl. Diss., Univ. Hohenheim, 1987.

Dirrigl, Hans (1994): Konzepte, Anwendungsbereiche und Grenzen einer strategischen Unternehmensbewertung, in: Betriebswirtschaftliche Forschung und Praxis, 46. Jg. 1994, S. 409-432.

Dirrigl, Hans (1995): Koordinationsfunktion und Principal-Agent-Theorie als Fundierung des Controlling? – Konsequenzen und Perspektiven -, in: Elschen, Rainer/Siegel, Theodor/Wagner, Franz W. (Hrsg.): Unternehmenstheorie und Besteuerung – Festschrift zum 60. Geburtstag von Dieter Schneider, Wiesbaden 1995, 129-170.

Dirrigl, Hans (1998a): Kollektive Investitionsrechnung und Unternehmensbewertung, in: Kruschwitz, Lutz / Löffler, Andreas (Hrsg.): Ergebnisse des Berliner Workshops „Unternehmensbewertung" vom 7. Februar 1998, Berlin 1998, S. 3-24.

Dirrigl, Hans (1998b): Wertorientierung und Konvergenz in der Unternehmensrechnung, in: Betriebswirtschaftliche Forschung und Praxis, 50. Jg. 1998, S. 540-579.

Dirrigl, Hans (2002): Erfolgspotenzialrechnung, in: Küpper, Hans-Ulrich / Wagenhofer, Alfred (Hrsg.): Handwörterbuch Unternehmensrechnung und Controlling, 4. Aufl., Stuttgart 2002, Sp. 419-431.

Dirrigl, Hans (2003): Unternehmensbewertung als Fundament bereichsorientierter Performancemessung, in: Richter, Frank / Schüler, Andreas / Schwetzler, Bernhard (Hrsg.): Kapitalgeberansprüche, Marktwertorientierung und Unternehmenswert – Festschrift für Jochen Drukarczyk zum 65. Geburtstag, München 2003, S. 143-186.

Dirrigl, Hans (2004a): Die Besteuerung in Kalkülen zur Unternehmensbewertung bei Wachstum und Risiko, in: Dirrigl, Hans / Wellisch, Dietmar / Wenger, Ekkehard (Hrsg.): Steuern, Rechnungslegung und Kapitalmarkt – Festschrift für Franz W. Wagner zum 60. Geburtstag, Wiesbaden 2004, S. 1-26.

Dirrigl, Hans (2004b): Entwicklungsperspektiven unternehmenswertorientierter Steuerungssysteme, in: Ballwieser, Wolfgang (Hrsg.): Shareholder Value-Orientierung bei Unternehmenssteuerung, Anreizgestaltung, Leistungsmessung und Rechnungslegung (Zeitschrift für betriebswirtschaftliche Forschung, 56. Jg. 2004, Sonderheft 51), Düsseldorf, Frankfurt a.M. 2004, S. 93-135.

Dirrigl, Hans (2009): Unternehmensbewertung für Zwecke der Steuerbemessung im Spannungsfeld von Individualisierung und Kapitalmarkttheorie – Ein aktuelles Problem vor dem Hintergrund der Erbschaftsteuerreform, Arbeitskreis Quantitative Steuerlehre (arqus), Diskussionsbeitrag Nr. 68, Mai 2009, veröffentlicht unter: www.arqus.info, zugl. Beitrag zur Festschrift für Franz W. Wagner zum 65. Geburtstag.

Dirrigl, Hans /Große-Frericks (2011): Allokation des Goodwill-Impairments im Kontext der wertorientierten Performancemessung, in: Seicht, Gerhard (Hrsg.): Jahrbuch für Controlling und Rechnungswesen 2011, Wien 2011, S. 103-129.

Ditz, Xaver / Liebchen, Daniel (2012): Bewertung von Transferpaketen im Rahmen von Funktionsverlagerungen, in: Der Betrieb, 65. Jg. 2012, S. 1469-1472.

Dolny, Oliver (2003): Controlling von Beteiligungen auf Basis einer integrierten Unternehmenswertrechnung, Büren 2003, zugl. Diss., Univ. Bochum, 2002.

Dorfman, Robert / Steiner, Peter (1954): Optimal Advertising and Optimal Quality, in: American Economic Review, 44. Jg. 1954, S. 826-836.

Dreher, Marco (2010): Unternehmenswertorientiertes Beteiligungscontrolling – Aufgabenspezifische Fundierung auf Basis entscheidungs- und kapitalmarktorientierter Konzepte der Unternehmensbewertung, Köln 2010, zugl. Diss., Univ. Bochum, 2010.

Drukarczyk, Jochen / Schüler, Andreas (2000): Approaches to Value-based Performance-Measurement, in: Glen, Arnold / Matt, Davies (Hrsg.): Value-based Management: Context and Application, Chichester, New York 2000, S. 255-303.

Drukarczyk, Jochen / Schüler, Andreas (2009): Unternehmensbewertung, 6. Aufl., München 2009.

Dudenhöffer, Ferdinand (2010): Eurokurs und starre Listenpreise: Gewinnschub für deutsche Autobauer, in: Wirtschaftsdienst, 90. Jg. 2010, S. 624-628.

Dunning, John H. (1981): International production and the multinational enterprise, London 1981.

Dunning, John H. (1988): Trade, location, of economic activity and the multinational enterprise: a search for an eclectic approach, in: Dunning, John H. (Hrsg.): Explaining international production, London 1988, S. 13-40.

Ehrlenspiel, Klaus / Kiewert, Alfons / Lindemann, Udo (2007): Kostengünstig Entwickeln und Konstruieren – Kostenmanagement bei der integrierten Produktentwicklung, 6. Aufl., Berlin, Heidelberg 2007.

Emmrich, Volkhard (2002): Globale Produktionsstandortstrategien, in: Krystek, Ulrich / Zur, Eberhard (Hrsg): Handbuch Internationalisierung: Globalisierung – eine Herausforderung für die Unternehmensführung, 2. Aufl., Berlin et al. 2002, S. 331-348.

Endres, Dieter / Oestreicher, Andreas (2009): Die Besteuerung von Funktionsverlagerungen in zehn Fällen – Zugleich eine Stellungnahme zum Entwurf der Verwaltungsgrundsätze-Funktionsverlagerung, in: Internationales Steuerrecht, Beihefter zu Heft 20, 18. Jg. 2009, S. 3-19.

Engels, Wolfram (1962): Die gewinnabhängigen Steuern in der Kalkulation, der Unternehmens-Ertragswertberechnung und der Wirtschaftlichkeitsrechnung, in: Die Wirtschaftsprüfung, 15 Jg. 1962, S. 553-558.

Esch, Franz-Rudolf / Herrmann, Andreas / Sattler, Henrik (2011): Marketing – eine managementorientierte Einführung, 3. Aufl., München 2011.

Ewert, Ralf / Wagenhofer, Alfred (2008): Interne Unternehmensrechnung, 7. Aufl., Berlin et al. 2008.

Fantapié Altobelli, Claudia (1991): Die Diffusion neuer Kommunikationstechniken in der Bundesrepublik Deutschland – Erklärung, Prognose und marketingpolitische Implikationen, Heidelberg 1991, zugl. Diss., Univ. Tübingen, 1990.

Fasse, Markus (2013): Klassiker kommen unter die Räder, 05.04.2013, unter: http://www.deutschland-made-by-mittelstand.de/news/handelsblatt/953 (abgerufen am: 10.04.2013).

Fasse, Markus / Herz, Christian / Schneider, Mark (2013): Von der Modellflut überrollt, 21.03.2013, unter: http://www.wiso-net.de/webcgi?START=A20&T_FORMAT=5&DO KM=1293519_HB_0&TREFFER_NR=1&WID=35452-9030613-81829_4 (abgerufen am 10.04.2013).

Faupel, Christian / Kornacker, Julia (2012): Einheitliche Steuerung des Auslandsgeschäfts, in: Controlling, 24. Jg. 2012, S. 692-697.

Faupel, Christian / Stremmel, Florian (2011): Berücksichtigung von Nachhaltigkeit im Rahmen einer wertorientierten Unternehmensführung, in: Zeitschrift für Controlling & Management, 55. Jg. 2011, S. 299-304.

Fickert, Reiner (1992): Shareholder Value – Ansatz zur Bewertung von Strategien, in: Weilenmann, Paul / Fickert, Reiner (Hrsg.): Strategie-Controlling in Theorie und Praxis, Bern et al. 1992, S. 47-92.

Fischer, Wolfgang Wilhelm /Freudenberg, Michael (2012): Berücksichtigung von Besteuerungseffekten bei der Verrechnungspreisermittlung im Rahmen von Funktionsverlagerungen, in: Internationales Steuerrecht, 21. Jg. 2012, S. 168-173

Fox, Jürgen (1999): Integration des Controlling in den Entscheidungsprozeß bei Auslandsinvestitionen, Frankfurt a. M. et al. 1999, zugl. Diss., Univ. Rostock, 1999.

Franz, Klaus-Peter (1992): Moderne Methoden der Kostenbeeinflussung, in: Männel, Wolfgang (Hrsg.): Handbuch Kostenrechnung, Wiesbaden 1992, S. 1492-1505.

Frotscher, Gerrit (2009): Internationales Steuerrecht, 3. Aufl., München 2009.

Fuchs, Manfred / Apfelthaler, Gerhard (2009): Management internationaler Geschäftstätigkeit, 2. Aufl., Wien 2009.

Gann, Jochen (1996): Internationale Investitionsentscheidungen multinationaler Unternehmungen – Einflußfaktoren – Methoden – Bewertung, Wiesbaden 1996, zugl. Diss., Univ. Hohenheim, 1995.

Garlick, Andy (2007): Estimating Risk – A Management Approach, Aldershot 2007.

Gausemeier, Jürgen / Grote, Anne-Christin (2012): Strategische Führung mit Szenarien, in: Controlling, 24. Jg. 2012, S. 516-522.

Gedenk, Karen / Skiera, Bernd (1993): Marketing-Planung auf der Basis von Reaktionsfunktionen, Elastizitäten und Absatzreaktionsfunktionen, in: Wirtschaftswissenschaftliches Studium, 22 Jg. 1993, S. 637-641.

Gedenk, Karen / Skiera, Bernd (1994): Marketing-Planung auf der Basis von Reaktionsfunktionen – Funktionsschätzung und Optimierung, in: Wirtschaftswissenschaftliches Studium, 23 Jg. 1994, S. 258-262.

Gerlach, Lutz / Brussig, Martin (2004): Wenn der Kunde ins Ausland geht – Option einer Globalisierungsstrategie für Zulieferer, in: von Behr, Marhild / Semlinger, Klaus (Hrsg.): Internationalisierung kleiner und mittlerer Unternehmen – Neue Entwicklungen bei Arbeitsorganisation und Wissensmanagement, Frankfurt 2004, S. 99-138.

Geschka, Horst / Hammer, Richard (1997): Die Szenario-Technik in der strategischen Unternehmensplanung, in: Hahn, Dietger / Taylor, Bernard (Hrsg.): Strategische Unternehmensplanung – Strategische Unternehmensführung: Stand und Entwicklungstendenzen, 7. Aufl., Heidelberg 1997, S. 464-489.

Gleißner, Werner (2004): Die Aggregation von Risiken im Kontext der Unternehmensplanung, in: Zeitschrift für Controlling & Management, 48. Jg. 2004, S. 350-359.

Gleißner, Werner (2011): Grundlagen des Risikomanagements im Unternehmen – Controlling, Unternehmensstrategie und wertorientiertes Management, 2. Aufl., München 2011.

Götze, Uwe (1993): Szenario-Technik in der strategischen Unternehmensplanung, 2. Aufl., Wiesbaden 1993, zugl. Diss., Univ. Göttingen, 1990.

Götze, Uwe (1998): Beurteilung von Direktinvestitionen mit der Methode der vollständigen Finanzpläne, in: Bogaschewsky, Ronald / Götze, Uwe (Hrsg.): Unternehmensplanung und Controlling, Heidelberg 1998, S. 165-199.

Götze, Uwe (2000): Lebenszykluskosten, in: Fischer, Thomas M. (Hrsg.): Kosten-Controlling – Neue Methoden und Inhalte, Stuttgart 2000, S. 265-289.

Götze, Uwe (2001): Life Cycle Costing: Benziner oder Diesel, in: Burchert, Heiko / Hering, Thomas / Keuper, Frank (Hrsg.): Controlling – Aufgaben und Lösungen, München 2001, S. 135-147.

Götze, Uwe (2008): Investitionsrechnung – Modelle und Analysen zur Beurteilung von Investitionsvorhaben, 6. Aufl., Berlin et al. 2008.

Götze, Uwe (2010): Kostenrechnung und Kostenmanagement, 5. Aufl., Berlin, Heidelberg 2010.

Götze, Uwe / Linke, Constanze (2008): Interne Unternehmensrechnung als Instrument des marktorientierten Zielkostenmanagements – ausgewählte Probleme und Lösungsansätze, in: Zeitschrift für Planung & Unternehmenssteuerung, 19. Jg. 2008, S. 107-132.

Götze, Uwe / Mikus, Barbara (2002): Standorte als Ressourcen – Implikationen des „Resource Based View" für die Standortplanungslehre, in: Zeitschrift für Planung, 13. Jg. 2002, S. 401-429.

Grant, Robert M. (1991): Porter´s competitive advantage of nations: an assessment, in: Strategic Management Journal, 12. Jg. 1991, S. 535-548.

Grant, Robert M. / Nippa, Michael (2006): Strategisches Management – Analyse, Entwicklung und Implementierung von Unternehmensstrategien, 5. Aufl., München et al. 2006.

Greinert, Markus / Reichl, Alexander (2011): Einfluss von Besteuerungseffekten auf die Verrechnungspreisermittlung bei Funktionsverlagerungen, in: Der Betrieb, 64. Jg. 2011, S. 1182-1187.

Grotherr, Siegfried / Herfort, Claus / Strunk, Günther (2010): Internationales Steuerrecht, 3. Aufl., Achim 2010.

Günther, Thomas (1991): Erfolg durch strategisches Controlling? – Eine empirische Studie zum Stand des strategischen Controlling in deutschen Unternehmen und dessen Beitrag zu Unternehmenserfolg und –risiko, München 1991, zugl. Diss., Univ., Augsburg 1990.

Hahn, Dietger / Hungenberg, Harald (2001): PuK: Wertorientierte Controllingkonzepte – Planung und Kontrolle, Planungs- und Kontrollsysteme, Planungs- und Kontrollrechnung, 6. Aufl., Wiesbaden 2001.

Hahn, Dietger / Steinmetz, Dieter (1977): Gesamtunternehmungsmodelle als Entscheidungshilfe im Rahmen der Zielplanung, strategischen und operativen Planung, in: Plötzeneder, Hans D. (Hrsg.): Computergestützte Unternehmensplanung, Stuttgart 1977, S. 23-54.

Hansmann, Karl-Werner (1974): Entscheidungsmodelle zur Standortplanung der Industrieunternehmen, Wiesbaden 1974.

Hayn, Marc (2012): Bewertung junger Unternehmen, in: Peemöller, Volker (Hrsg.): Praxishandbuch der Unternehmensbewertung, 5. Aufl., Herne 2012, S. 673-706.

Hebous, Shafik / Ruf, Martin / Weichenrieder, Alfons (2010): The effects of taxation on the location decision of multinational firms: M&A vs. greenfield investments, CESifo Working Paper No. 3076, München 2010.

Heckemeyer, Jost H. / Overesch, Michael (2012): Auswirkungen der Besteuerung auf Entscheidungen international tätiger Unternehmen, in: Die Betriebswirtschaft, 72. Jg. 2012, S. 451-472.

Heining, Bernd (2009): Funktionsverlagerung ins Ausland – Entscheidungsfindung aus investitionstheoretischer Sicht, Köln 2009, zugl. Diss., Univ. Hohenheim, 2009.

Henselmann, Klaus (1999): Unternehmensrechnungen und Unternehmenswert, Aachen 1999, zugl. Habil., Bayreuth 1997.

Hering, Thomas **(2006):** Unternehmensbewertung, 2. Aufl., München 2006.

Hering, Thomas / Vincenti, Aurelio J. F. (2004): Investitions- und finanzierungstheoretische Grundlagen des wertorientierten Controllings, in: Scherm, Ewald / Pietsch, Gotthard (Hrsg.): Controlling – Theorien und Konzeptionen, München 2004, S. 342-363.

Hermann, Hendrik / Stadtmann, Georg / Weigand, Jürgen (2003): Wie Sie erfolgreich in neue Märkte investieren, in: Harvard Business Manager, 11/2003, S. 48-63.

Herter, Roland N. (1994): Unternehmenswertorientiertes Management – Strategische Erfolgsbeurteilung von dezentralen Organisationseinheiten auf der Basis der Wertsteigerungsanalyse, München 1994, zugl. Diss., Univ. Stuttgart, 1994.

Hinterhuber, Andreas (2002): Strategische Erfolgsfaktoren bei der Unternehmensbewertung – ein konzeptionelles Rahmenmodell, 2. Aufl., Wiesbaden 2002, zugl. Diss., Univ. Wien, 1996.

Höhn, Nicole / Höring, Johannes (2010): Das Steuerrecht international agierender Unternehmen – Grenzüberschreitende Steuerplanung, Wiesbaden 2010.

Hönninger, Jochen A. (2010): Wertorientierte Steuerung dezentraler Entscheidungsträger im Produktlebenszyklus – Integration von wertorientierter Unternehmenssteuerung und strategischem Kosten- und Erlösmanagement auf Produktebene, Frankfurt am Main et al. 2010, zugl. Diss., Univ. Gießen, 2010.

Hoffjan, Andreas (2009): Internationales Controlling, Stuttgart 2009.

Holtbrügge, Dirk / Welge, Martin K. (2010): Internationales Management – Theorien, Funktionen, Fallstudien, 5. Aufl., Stuttgart 2010.

Homburg, Christian (2000): Quantitative Betriebswirtschaftslehre – Entscheidungsunterstützung durch Modelle, 3. Aufl., Wiesbaden 2000.

Horsch, Jürgen (2010): Kostenrechnung – klassische und neue Methoden in der Unternehmenspraxis, Wiesbaden 2010.

Horváth, Péter (2011): Controlling, 12. Aufl., München 2011.

Hruschka, Harald (1991): Marktreaktionsfunktionen mit Interaktionen zwischen Marketing-Instrumenten, in: Zeitschrift für Betriebswirtschaft, 61. Jg. 1991, S. 339-356.

Hruschka, Harald (1996): Marketing-Entscheidungen, München 1996.

Hummel, Boris (1997): Internationale Standortentscheidung – Einflussfaktoren, informatorische Fundierung und Unterstützung durch computergestützte Informationssysteme, Freiburg 1997, zugl. Diss., Freiburg 1996.

Hungenberg, Harald (2008): Strategisches Management in Unternehmen: Ziele – Prozesse – Verfahren, 6. Aufl., Wiesbaden 2008.

Hymer, Stephen H. (1976): The international operations of national firms: a study of direct foreign investment, Cambridge (Massachusetts) 1976, zugl. Diss., Cambridge MIT 1960.

IDW (Institut der Wirtschaftsprüfer) (2008): IDW Standard: Grundsätze zur Durchführung von Unternehmensbewertungen (IDW S 1 i.d.F. 2008), in: IDW-Fachnachrichten 7/2008, S. 271-292.

Jacobs, Otto (2011): Internationale Unternehmensbesteuerung, 7. Aufl., München 2011.

Jödicke, Dirk (2007): Risikosimulation in der Unternehmensbewertung, in: Finanz Betrieb, 9. Jg. 2007, S. 166-171.

Joos-Sachse, Thomas (2006): Controlling, Kostenrechnung und Kostenmanagement – Grundlagen, Instrumente, Neue Ansätze, 4. Aufl., Wiesbaden 2006.

Jung Erceg, Petra / Lay, Gunter (2009): Ziele und Aufbau einer „Historieninventur" für Standortentscheidungen, in: Kinkel, Steffen (Hrsg.): Erfolgsfaktor Standortplanung – In- und ausländische Standorte richtig bewerten, 2. Aufl., Berlin et al. 2009, S. 105-115.

Kajüter, Peter (2005): Kostenmanagement in der deutschen Unternehmenspraxis - Empirische Befunde einer branchenübergreifenden Feldstudie, in: Zeitschrift für betriebswirtschaftliche Forschung, 57. Jg. 2005, S. 79-100.

Kaminski, Bert / Strunk, Günther (2006): Steuern in der internationalen Unternehmenspraxis: Grundlagen – Auswirkungen – Beispiele, Wiesbaden 2006.

Kanacher, Jens / Rademacher, Michael / Werners, Brigitte (2010): Risikosimulation als Teil des Projektcontrollings, in: Zeitschrift für Controlling & Management, 54. Jg. 2010, S. 191-198.

Kemminer, Jörg (1999): Lebenszyklusorientiertes Kosten- und Erlösmanagement, Wiesbaden 1999, zugl. Diss., Univ. Duisburg, 1999.

Kesten, Ralf / Lühn, Michael / Schmidt, Steffen (2012): Einfluss von Wechselkursen auf die Grenzpreisermittlung bei Auslandsakquisitionen, Arbeitspapier der Nordakademie, unter:

https://www.nordakademie.de/fileadmin/downloads/ Arbeitspapiere/ AP_2012_01.pdf (abgerufen am 19.11.2012).

Kinkel, Steffen (2009): Erfolgskritische Standortfaktoren ableiten – eine erfahrungsbasierte Auswahlhilfe, in: Kinkel, Steffen (Hrsg.): Erfolgsfaktor Standortplanung – In- und ausländische Standorte richtig bewerten, 2. Aufl., Berlin 2009, S. 57-80.

Kinkel, Steffen / Maloca, Spomenka (2009): Ausmaß und Motive von Produktionsverlagerungen und Rückverlagerungen im deutschen Verarbeitenden Gewerbe, in: Kinkel, Steffen (Hrsg.): Erfolgsfaktor Standortplanung - In- und ausländische Standorte richtig bewerten, 2. Aufl., Berlin 2009, S. 23-34.

Kinkel, Steffen (2003): Dynamische Standortbewertung und strategisches Standortcontrolling – Erfolgsmuster, kritische Faktoren, Instrumente, Frankfurt a. M. 2003, zugl. Diss., Univ. Stuttgart, 2003.

Kinkel, Steffen / Zanker, Christop (2007): Globale Produktionsstrategien in der Automobilzulieferindustrie – Erfolgsmuster und zukunftsorientierte Methoden zur Standortbewertung, Berlin et al. 2007.

Klien, Wolfgang (1995): Wertsteigerungsanalyse und Messung von Managementleistungen – Technik, Logik und Anwendung, Wiesbaden 1995, zugl. Diss., Univ. Wien, 1993.

Knauer, Thorsten / Drünkler, Kristina (2012): Lebenszykluskostenrechnung als Instrument des Kostenmanagements, in: WiSt, 42. Jg. 2012, S. 677-680.

Kolbe, Christoph (1989): Investitionsrechnungen zur Beurteilung von Auslandsinvestitionen, Bergisch Gladbach, Köln 1989, zugl. Diss., Univ. Köln, 1989.

Kotler, Philip / Keller, Kevin Lane / Bliemel, Friedhelm (2007): Marketing-Management – Strategien für wertschaffendes Handeln, 12. Aufl., München et al. 2007.

Kremin-Buch, Beate (2007): Strategisches Kostenmanagement – Grundlagen und moderne Instrumente, 4. Aufl., Wiesbaden 2007.

Kruschwitz, Lutz (2001): Risikoabschläge, Risikozuschläge und Risikoprämien in der Unternehmensbewertung, in: Der Betrieb, 54. Jg. 2001, S. 2409-2413.

Kruschwitz, Lutz (2011): Investitionsrechnung, 13. Aufl., München 2011.

Kruschwitz, Lutz / Löffler, Andreas (1998): Unendliche Probleme bei der Unternehmensbewertung, in: Der Betrieb, 51. Jg. 1998, S. 1041-1043.

Kruschwitz, Lutz / Löffler, Andreas / Essler, Wolfgang (2009): Unternehmensbewertung für die Praxis, Stuttgart 2009.

Küpper, Hans-Ulrich (2013): Controlling – Konzeption, Aufgaben, Instrumente, 6. Aufl., Stuttgart 2013.

Kürsten, Wolfgang (2002): „Unternehmensbewertung unter Unsicherheit", oder: Theoriedefizit einer künstlichen Diskussion über Sicherheitsäquivalent- und Risikozuschlagsmethode – Anmerkungen (nicht nur) zu dem Beitrag von Bernhard Schwetzler in der zfbf (August 2000, S. 469-486), in: Zeitschrift für betriebswirtschaftliche Forschung, 54. Jg. 2002, S. 128-144.

Kürsten, Wolfgang (2003): Grenzen und Reformbedarfe der Sicherheitsäquivalentmethode in der (traditionellen) Unternehmensbewertung – Erwiderung auf die Anmerkungen von Ralf Diedrich und Jörg Wiese in der zfbf, in: Zeitschrift für betriebswirtschaftliche Forschung, 55. Jg. 2003, S. 306-314.

Kuhner, Christoph / Maltry, Helmut (2006): Unternehmensbewertung, Berlin et al. 2006.

Kußmaul, Heinz (2010): Betriebswirtschaftliche Steuerlehre, 6. Aufl., München 2010.

Kutschker, Michael / Schmid, Stefan (2008): Internationales Management, 6. Aufl., München 2008.

Laux, Helmut (1995): Erfolgssteuerung und Organisation, Berlin et al. 1995.

Laux, Helmut / Gillenkirch, Robert M. / Schenk-Mathes, Heike (2012): Entscheidungstheorie, 8. Aufl., Berlin et al. 2012.

Laux, Helmut / Schabel, Matthias M. (2009): Subjektive Investitionsbewertung, Marktbewertung und Risikoteilung – Grenzpreise aus Sicht börsennotierter Unternehmen und individueller Investoren im Vergleich, Berlin, Heidelberg 2009.

Lay, Gunter / Kinkel, Steffen / Eggers, Thorsten / Schulte, Anja / Le, Peter (2001): Leitfaden: Globalisierung erfolgreich meistern, Frankfurt (2001).

Lessard, Donald / Lorange, Peter (1977): Currency changes and management control – Resolving the centralization/decentralization dilemma, in: Accounting Review, 53. Jg. 1977, S. 628-637.

Littkemann, Jörn (1998): Standortwahl und Besteuerung, in: NWB Rechnungswesen BBK, Heft 11/1998, S. 529-533.

Littkemann (2006): Unternehmenscontrolling: Konzepte, Instrumente, praktische Anwendungen mit durchgängiger Fallstudie, Herne/Berlin 2006.

Little, John (1970): Models and Managers - The Concept of a Decision Calculus, in: Management Science: A Journal of the Institute for Operations Research and the Management Sciences, 16. Jg. 1970, S. 466-485.

Luckhaupt, Hagen (2012): Fragwürdige Vorgaben der Finanzverwaltung bei der Grenzpreisermittlung bei Funktionsverlagerungen ins Ausland, in: Deutsches Steuerrecht, 50. Jg. 2012, S. 1571-1576.

Lücke, Wolfgang (1955): Investitionsrechnungen auf der Grundlage von Ausgaben oder Kosten?, in: Zeitschrift für handelswissenschaftliche Forschung, 7. Jg.1955, S. 310-324.

Lüder, Klaus / Küpper, Willi (1983): Unternehmerische Standortplanung und regionale Wirtschaftsförderung – Eine empirische Analyse des Standortverhaltens industrieller Großunternehmen, Göttingen 1983.

Mäder, Olaf Bernd / Hirsch, Bernhard (2011): Controlling – Strategischer Erfolgsfaktor für die Internationalisierung von KMU, in: Keuper, Frank / Schunk, Henrik A. (Hrsg.): Internationalisierung deutscher Unternehmen – Strategien, Instrumente und Konzepte für den Mittelstand, 2. Aufl., Wiesbaden 2011, S. 107-138.

Malik, Fredmund (2005): Vorwort, in: Gälweiler, Aloys: Strategische Unternehmensführung, Frankfurt, New York 2005.

Mandl, Gerwald / Rabel, Klaus (1997): Unternehmensbewertung – eine praxisorientierte Einführung, Wien et al. 1997.

Matschke, Manfred (1969): Der Kompromiß als betriebswirtschaftliches Problem bei der Preisfestsetzung eines Gutachters im Rahmen der Unternehmungsbewertung, in: Zeitschrift für betriebswirtschaftliche Forschung, 21. Jg. 1969, S. 57-77.

Matschke, Manfred (1975): Der Entscheidungswert der Unternehmung, Wiesbaden 1975, zugl. Diss., Univ. Köln, 1973.

Matschke, Manfred Jürgen / Brösel, Gerrit (2013): Unternehmensbewertung – Funktionen, Methoden, Grundsätze, 4. Aufl., Wiesbaden 2013.

Matschke, Manfred Jürgen / Hering, Thomas (1999): Unendliche Probleme bei der Unternehmensbewertung? – Erwiderung zu *Kruschwitz/Löffler*, DB 1998 S. 1041-1043, in: Der Betrieb, 52. Jg. 1999, S. 920-923.

Meffert, Heribert / Burmann, Christoph / Kirchgeorg, Manfred (2012): Marketing – Grundlagen marktorientierter Unternehmensführung, 11. Aufl., Wiesbaden 2012.

Meissner, Günther /Gerber, Stephan (1980): Die Auslandsinvestition als Entscheidungsproblem, in: Betriebswirtschaftliche Forschung und Praxis, 32. Jg. 1980, S. 217-228.

Menninger, Jutta / Wellens, Ludger (2012): Grundsätzliche Bewertungsfragen im Zusammenhang mit der Funktionsverlagerung gem. § 1 Abs. 3 AStG, in: Der Betrieb, 65. Jg. 2012, S. 10-15.

Menzel, Stefan (2010): Audi bekennt sich zu Ungarn, 24. September 2010, im Internet veröffentlicht unter: http://www.handelsblatt.com/unternehmen/industrie/milliarden investitionen-audi-bekennt-sich-zu-ungarn;2660934, (abgerufen am 10.04.2013).

Merten, Hans-Lothar (2004): Standortverlagerung: Durch Brückenschlag ins Ausland Steuern und Kosten sparen – Mit zahlreichen Checklisten und aktuellen Länderinformationen, Wiesbaden 2004.

Mertens, Peter (2012): Mittel- und langfristige Absatzprognose auf der Basis von Sättigungsmodellen, in: Mertens, Peter / Rässler, Susanne (Hrsg.): Prognoserechnung, 7. Aufl., Heidelberg 2012, S. 183-224.

Metz, Volker (2007): Der Kapitalisierungszinssatz bei der Unternehmensbewertung – Basiszinssatz und Risikozuschlag aus betriebswirtschaftlicher Sicht und aus der Rechtsprechung, Wiesbaden 2007, zugl. Diss., Univ. Mannheim, 2006.

Missler-Behr, Magdalena (1993): Methoden der Szenarioanalyse, Wiesbaden 1993, zugl. Diss., Univ. Augsburg, 1993.

Moxter, Adolf (1983): Grundsätze ordnungsmäßiger Unternehmensbewertung, 2. Aufl., Wiesbaden 1983.

Mrotzek, Rüdiger (1989): Bewertung direkter Auslandsinvestitionen mit Hilfe betrieblicher Investitionskalküle, Wiesbaden 1989, zugl. Diss., Univ. Bochum, 1988.

Müller-Stewens, Günter / Lechner, Christoph (2011): Strategisches Management - Wie strategische Initiativen zum Wandel führen, 4. Aufl., Stuttgart 2011.

Münstermann, Hans (1970): Wert und Bewertung der Unternehmung, 3. Aufl., Wiesbaden 1970.

Neumair, Simon-Martin / Werneck, Till (2006): Theorie der Direktinvestitionen, in: Haas, Hans-Dieter / Eschlbeck, Daniela (Hrsg.): Internationale Wirtschaft – Rahmenbedingungen, Akteure, räumliche Prozesse, München 2006, S. 215-242.

Obermaier, Robert (2009): Bewertung von Auslandsinvestitionen: Wechselkurstheorie und Basiszinssatz, in: WiSt 38. Jg. 2009, S. 617-622.

Obermaier, Robert / Schüler, Andreas (2006): Eine Mischung aus Unternehmensbewertung und Risikoanalyse als Rezept für verbesserte Eigenkapitalausstattung und niedrigere Kapitalkosten?, in: Finanz Betrieb 8. Jg. 2006, S. 28-31.

OECD (2008): OECD benchmark definition of foreign direct investment, 4. Aufl., Paris 2008.

Oestreicher, Andreas (2010): Funktionsverlagerung, Grenzpreise und Preisanpassungen, in: Der Betrieb, 63. Jg. 2010, S. 1713-1718.

Olbert Gerd (1976): Der Standortentscheidungsprozess in der industriellen Unternehmung, zugl. Diss., Univ. Würzburg, 1976.

Pausenberger, Ehrenfried (2002): Ansätze zur situationsgerechten Erfolgsbeurteilung von Auslandsgesellschaften, in: Macharzina, Klaus / Oesterle, Michael-Jörg (Hrsg.): Handbuch Internationales Management: Grundlagen – Instrumente – Perspektiven, 2. Aufl., Wiesbaden 2002, S. 1163-1175.

Peemöller, Volker H. (2005): Controlling – Grundlagen und Einsatzgebiete, 5. Aufl., Herne/Berlin 2005.

Peemöller, Volker H. (2012): Grundlagen der Unternehmensbewertung – Wert und Werttheorien, in: Peemöller, Volker H. (Hrsg.): Praxishandbuch der Unternehmensbewertung, 5. Aufl., Herne 2012, S. 1-15.

Pellens, Bernhard / Tomaszewski, Claude / Weber, Nicolas (2000): Beteiligungscontrolling in Deutschland – eine empirische Untersuchung der DAX-100-Unternehmen, Bochum 2000.

Perlitz, Manfred (2004): Internationales Management, 5. Aufl., Stuttgart 2004.

Perridon, Louis / Steiner, Manfred / Rathgeber, Andreas W. (2012): Finanzwirtschaft der Unternehmung, 16. Aufl., München 2012.

Pfaff, Dieter / Bärtl, Oliver (1999): Wertorientierte Unternehmenssteuerung - Ein kritischer Vergleich ausgewählter Konzepte, in: Zeitschrift für betriebswirtschaftliche Forschung – Sonderheft, 41. Jg. 1999, S. 85-115.

***Pfeiffer, Werner / Bischof, Peter* (1975):** Überleben durch Produktplanung auf der Basis von Produktlebenszyklen, in: Zeitschrift für Unternehmensentwicklung und Industrial Engineering, 24. Jg. 1975, S. 343-348.

Porter, Michael E. (1989): Der Wettbewerb auf globalen Märkten: Ein Rahmenkonzept; in: Porter, Michael E. (Hrsg.): Globaler Wettbewerb – Strategien der neuen Internationalisierung, Wiesbaden 1989, S. 17-68.

Porter, Michael E. (1991): Nationale Wettbewerbsvorteile – Erfolgreich konkurrieren auf dem Weltmarkt, München 1991.

Posner, Michael V. (1961): International trade and technical change, in: Oxford Economic Papers, 13. Jg. 1961, S. 323-341.

Preinreich, Gabriel A. D. (1937): Valuation and Amortization, in: The Accounting Review, Vol. 12, 1937, No. 3, S. 209-226.

Rappaport, Alfred (1998): Creating Shareholder Value – the new standard for business performance, 2. Aufl., New York et al. 1998.

Rappaport, Alfred (1999): Shareholder Value – Ein Handbuch für Manager und Investoren, 2. Aufl., Stuttgart 1999.

Reiß, Michael / Corsten, Hans (1992): Gestaltungsdomänen des Kostenmanagements, in: Männel, Wolfgang (Hrsg.): Handbuch Kostenrechnung, Wiesbaden 1992, S. 1478-1491.

Riegler, Christian (2000): Hierarchische Anreizsysteme im wertorientierten Management – eine agency-theoretische Untersuchung, Stuttgart 2000.

Riezler, Stephan (1996): Lebenszyklusrechnung – Instrument des Controlling strategischer Projekte, Wiesbaden 1996, zugl. Diss., Univ. Bochum, 1995.

Ringling, Wilfried (2010): Bewertung des Unternehmens, in: Brück, Michael / Sinewe, Patrick (Hrsg.): Steueroptimierter Unternehmenskauf, 2. Aufl., Wiesbaden 2010, S. 48-68.

Robichek, Alexander A. / Myers, Stewart C. (1966): Conceptual Problems in the Use of Risk-Adjusted Discount Rates, in:The Journal of Finance, 21. Jg. 1966, S. 727-730.

Rosenkranz, Friedrich / Missler-Behr, Magdalena (2005): Unternehmensrisiken erkennen und managen, Berlin et al. 2005.

Rullkötter, Nils (2010): Unternehmensbewertung nach dem DCF-Verfahren in Emerging Markets, Arbeitspapier 3, unter: www.fh-muenster.de/wirtschaft/ubm/downloads/ Arbeitspapier _3_Emerging_Markets.pdf

Sander, Matthias (2004): Marketing-Management – Märkte Marktinformationen und Marktbearbeitung, Stuttgart 2004.

Schäfer, Thomas (1995): Auslandsinvestitionen und Währungsrisiken, Wiesbaden 1995, zugl. Diss., Univ. Köln, 1995.

Schild, Ulrich (2005): Lebenszyklusrechnung und lebenszyklusbezogenes Zielkostenmanagement – Stellung im internen Rechnungswesen, Rechnungsausgestaltung und modellgestützte Optimierung der intertemporalen Kostenstruktur, Wiesbaden 2005, zugl. Diss., Univ. Göttingen, 2004.

Schild, Ulrich / Bauerdorf, Ina (2005): Optimierung der intertemporalen Kostenstruktur von Produktprojekten unter Berücksichtigung phasenbezogener Interdependenzen, in: Zeitschrift für Planung & Unternehmenssteuerung, 16. Jg. 2005, S. 91-114.

Schmidbauer, Rainer (1998): Konzeption eines unternehmenswertorientierten Beteiligungs-Controlling im Konzern, Frankfurt am Main et al. 1998, zugl. Diss., Univ. Frankfurt (Oder), 1998.

Schmidt, Felix R. (2000): Life Cycle Target Costing – Ein Konzept zur Integration der Lebenszyklusorientierung in das Target Costing, Aachen 2000, zugl. Diss., Univ. Leipzig, 1999.

Schneider, Dieter (1987): Allgemeine Betriebswirtschaftslehre, 3. Aufl., Oldenbourg, 1987.

Schneider, Dieter (1992): Investition, Finanzierung und Besteuerung, 7. Aufl., Wiesbaden 1992.

Schoss, Niels-Peter (2011): Betriebsstätte oder Tochtergesellschaft im Ausland, in: Grotherr, Siegfried (Hrsg.): Handbuch der internationalen Steuerplanung, 3. Aufl., Herne 2011, S. 51-74.

Schreiber, Ulrich (2012): Besteuerung der Unternehmen – eine Einführung in Steuerrecht und Steuerwirkung, 3. Aufl., Wiesbaden 2012.

Schumann, Jörg (2008): Unternehmenswertorientierung in Konzernrechnungslegung und Controlling – Impairment of Assets (IAS 36) im Kontext bereichsbezogener Unternehmensbewertung und Performancemessung, Wiesbaden 2008, zugl. Diss., Univ. Bochum, 2008.

Schwetzler, Bernhard (2000): Unternehmensbewertung unter Unsicherheit – Sicherheitsäquivalent- oder Risikozuschlagsmethode?, in: Zeitschrift für betriebswirtschaftliche Forschung, 52. Jg. 2000, S. 469-486.

Schwetzler, Bernhard (2002): Das Ende des Ertragswertverfahrens? – Replik zu den Anmerkungen von Wolfgang Kürsten zu meinem Beitrag in der zfbf (August 2000, S. 469-486), in: Zeitschrift für betriebswirtschaftliche Forschung, 54. Jg. 2002, S. 145-158.

Seidel, Philipp (2011): Ertragsbesteuerung periodischer Auslandseinkünfte aus Direktinvestitionen, Frankfurt a. M. 2011, zugl. Diss., Univ. Siegen, 2010.

Seidenschwarz, Werner (2002): Target Costing, in: Küpper, Hans-Ulrich / Wagenhofer, Alfred (Hrsg.): Handwörterbuch Unternehmensrechnung und Controlling, 4. Aufl., Stuttgart 2002, Sp. 1933-1946.

Shields, M. D. / Young, S. M. (1991): Managing product life cycle costs: An organizational model, in: Journal of Cost Management, 5. Jg. 1991, S. 39-52.

Sieben, Günter (1963): Der Substanzwert der Unternehmung, Wiesbaden 1963.

Sieben, Günter (1976): Der Entscheidungswert in der Funktionenlehre der Unternehmensbewertung, in: Betriebswirtschaftliche Forschung und Praxis, 28. Jg. 1976, S. 491-504.

Siegel, Theodor (1994): Unternehmensbewertung, Unsicherheit und Komplexitätsreduktion, in: Betriebswirtschaftliche Forschung und Praxis, 46. Jg. 1994, S. 457-476.

Sperber, Herbert / Sprink, Joachim (2007): Internationale Wirtschaft und Finanzen, München 2007.

Steven, Marion (2007): Handbuch Produktion: Theorie, Management, Logistik, Controlling, Stuttgart 2007.

Stibbe, Rosemarie (2009): Kostenmanagement – Methoden und Instrumente, 3. Aufl., München 2009.

Stocker, Klaus (2006): Management internationaler Finanz- und Währungsrisiken, 2. Aufl., Wiesbaden 2006.

Stüker, David (2008): Evaluierung und Steuerung von Kundenbeziehungen aus Sicht des unternehmenswertorientierten Controlling, Wiesbaden 2008, zugl. Diss., Univ. Bochum, 2008.

Taylor, Winston B. (1981): The Use of Life Cycle Costing in Acquiring Physical Assets, in: Long Range Planning, 14. Jg. 1981, S. 32-43.

Timmreck, Christian (2006): Kapitalmarktorientierte Sicherheitsäquivalente – Konzeption und Anwendung bei der Unternehmensbewertung, Wiesbaden 2006, zugl. Diss., Univ. Witten/Herdecke, 2005, u. d. T.: Zur Konzeption und Anwendung kapitalmarktorientierter Sicherheitsäquivalente bei der Unternehmensbewertung.

Tinz, Oliver (2010): Die Abbildung von Wachstum in der Unternehmensbewertung – Eine theoretische und empirische Analyse der Möglichkeiten und Grenzen einer objektivierten und transparenten Abbildung von Wachstum nach IDW S I, Köln 2010, zugl. Diss., Univ. Münster, 2010.

Troßmann, Ernst (1998): Investition, Stuttgart 1998.

United Nations Conference on Trade and Development (UNCTAD) (2002): World Investment Report 2002 – Transnational Corporations and Export Competitiveness, New York 2002.

Unzeitig, Eduard / Köthner, Dietmar (1995): Shareholder Value Analyse – Entscheidungen zur unternehmerischen Nachhaltigkeit – wie Sie die Schlagkraft Ihres Unternehmens steigern, Stuttgart 1995.

Vernon, Raymond (1966): International investment and international trade in the product cycle, in: Quarterly Journal of Economics, 80. Jg. 1966, S. 190-207.

Volkswagen (2011): Nachhaltigkeit – Bericht 2011, unter: http://www.volkswagenag.com/ content/vwcorp/info_center/de/publications/2012/04/SR_2011.bin.html/binarystorageitem/file/VWAG_NHB_2011_d_web_neu.pdf, (abgerufen am 2.10.2012).

von Bartenwerffer, Michael (2000): Direktinvestition als Internationalisierungsstrategie im mittelständischen Produktionsunternehmen, in: Berens, Wolfgang / Born, Axel / Hoffjan, Andreas (Hrsg.): Controlling international tätiger Unternehmen, Stuttgart 2000, S. 43-64.

Vose, David (2008): Risk Analysis - A quantitative guide, 3. Aufl., Chichester 2008.

Wagner, Franz W. (2010): Unternehmensbewertung und Marktpreise – modelltheoretische und empirische Begründungen der gegenseitigen Maßstabsfunktion, in: Königsmaier, Heinz / Rabel, Klaus (Hrsg.): Unternehmensbewertung – theoretische Grundlagen, praktische Anwendung – Festschrift für Gerwald Mandl zum 70. Geburtstag, Wien 2010, S. 635-657.

Wagner, Franz W. / Dirrigl, Hans (1980): Die Steuerplanung der Unternehmung, Stuttgart 1980.

Wameling, Hubertus (2004): Die Berücksichtigung von Steuern im Rahmen der Unternehmensbewertung, Wiesbaden 2004, zugl. Diss., FernUniv. Hagen, 2004.

Weiß, Matthias (2006): Wertorientiertes Kostenmanagement – Zur Integration von wertorientierter Unternehmensführung und strategischem Kostenmanagement, Wiesbaden 2006, zugl. Diss., Univ. Köln, 2005.

Weizsäcker, Robert K. Freiherr von / Krempel, Katja (2004): Risikoadäquate Bewertung nicht-börsennotierter Unternehmen – ein alternatives Konzept, in: Finanz Betrieb, 6. Jg. 2004, S. 808-814.

Welge, Martin K. / Eulerich, Marc (2007): Die Szenario-Technik als Planungsinstrument in der strategischen Unternehmenssteuerung, in: Controlling, 19. Jg. 2007, S. 69-74.

Welge, Martin K. / Al-Laham, Andreas (2012): Strategisches Management – Grundlagen, Prozess, Implementierung, 6. Aufl., Wiesbaden 2012.

Wiese, Jörg (2003): Zur theoretischen Fundierung der Sicherheitsäquivalentmethode und des Begriffs der Risikoauflösung bei der Unternehmensbewertung – Anmerkungen zu dem Beitrag von Wolfgang Kürsten in der zfbf (März 2002, S. 128-144), in: Zeitschrift für betriebswirtschaftliche Forschung, 55. Jg. 2003, S. 287-305.

Wildemann, Horst / Baumgärtner, Gerhard (2007): Standortmanagement als neue Kernkompetenz globalisierter Unternehmen, in: Industrie Management, 23. Jg. 2007, S. 23-26.

Wilken, Carsten / Menze, Steffen (2011): Dynamisierung des Target Controlling, in: Zeitschrift für Controlling und Management, 55. Jg. 2011, S. 45-50.

Willeke, Andreas (1998): Risikoanalyse in der Energiewirtschaft, in: Zeitschrift für betriebswirtschaftliche Forschung, 50. Jg. 1998, S. 1146-1164.

Wintz, Tobias (2010): Neuproduktprognose mit Wachstumskurvenmodellen – Prognoseprozess, Modellauswahl und Schätzung, Lohmar et al. 2010, zugl. Diss., Univ. Eichstätt et al., 2009.

Wolf, Klaus (2009): Monte-Carlo-Simulation – Einsatz im Rahmen der Unternehmensplanung, in: Controlling, 21. Jg. 2009, S. 545-552.

Wolf, Klaus / Runzheimer, Bodo (2009): Risikomanagement und KonTraG – Konzeption und Implementierung, 5. Aufl., Wiesbaden 2009.

Wolke, Thomas (2008): Risikomanagement, 2. Aufl., München 2008.

Wollny, Christoph (2010): Der objektivierte Unternehmenswert – Unternehmensbewertung bei gesetzlichen und vertraglichen Bewertungsanlässen, 2. Aufl., Herne 2010.

Wübbenhorst, Klaus L. (1992): Lebenszykluskosten, in: Schulte, Christof (Hrsg.): Effektives Kostenmanagement – Methoden und Implementierung, Stuttgart 1992, S. 245-272.

Wulf, Torsten / Stubner, Stephan (2012): Strategische Planung und strategisches Controlling mit Szenarien, in: Controlling, 24. Jg. 2012, S. 523-528.

Zagmutt, Francisco (2008): Optimisation in risk analysis, in: Vose, David (Hrsg.):Risk Analysis – A Quantitative Guide, 3. Aufl., Chichester et al. 2008, S. 435-450.

Zanker, Christoph (2011): Planung und Steuerung von Produktionssystemen im Kontext der strategischen Unternehmensplanung – Entwicklung eines anwendungsorientierten Referenzkonzepts und Erprobung in Fallbeispielen, Frankfurt a. M. 2011, zugl. Diss., Techn. Univ. Dortmund, 2010.

Zapkau, Florian B. / Schwens, Christian / Kabst, Rüdiger (2010): Die Wirkung ausländischer Direktinvestitionen auf die Beschäftigung im Heimatmarkt: Eine empirische Analyse des deutschen Mittelstands, in: Zeitschrift für Betriebswirtschaft, 80. Jg. 2010, S. 797-819.

Zschiedrich, Harald (2006): Ausländische Direktinvestitionen und regionale Industriecluster in Mittel- und Osteuropa, München 2006.

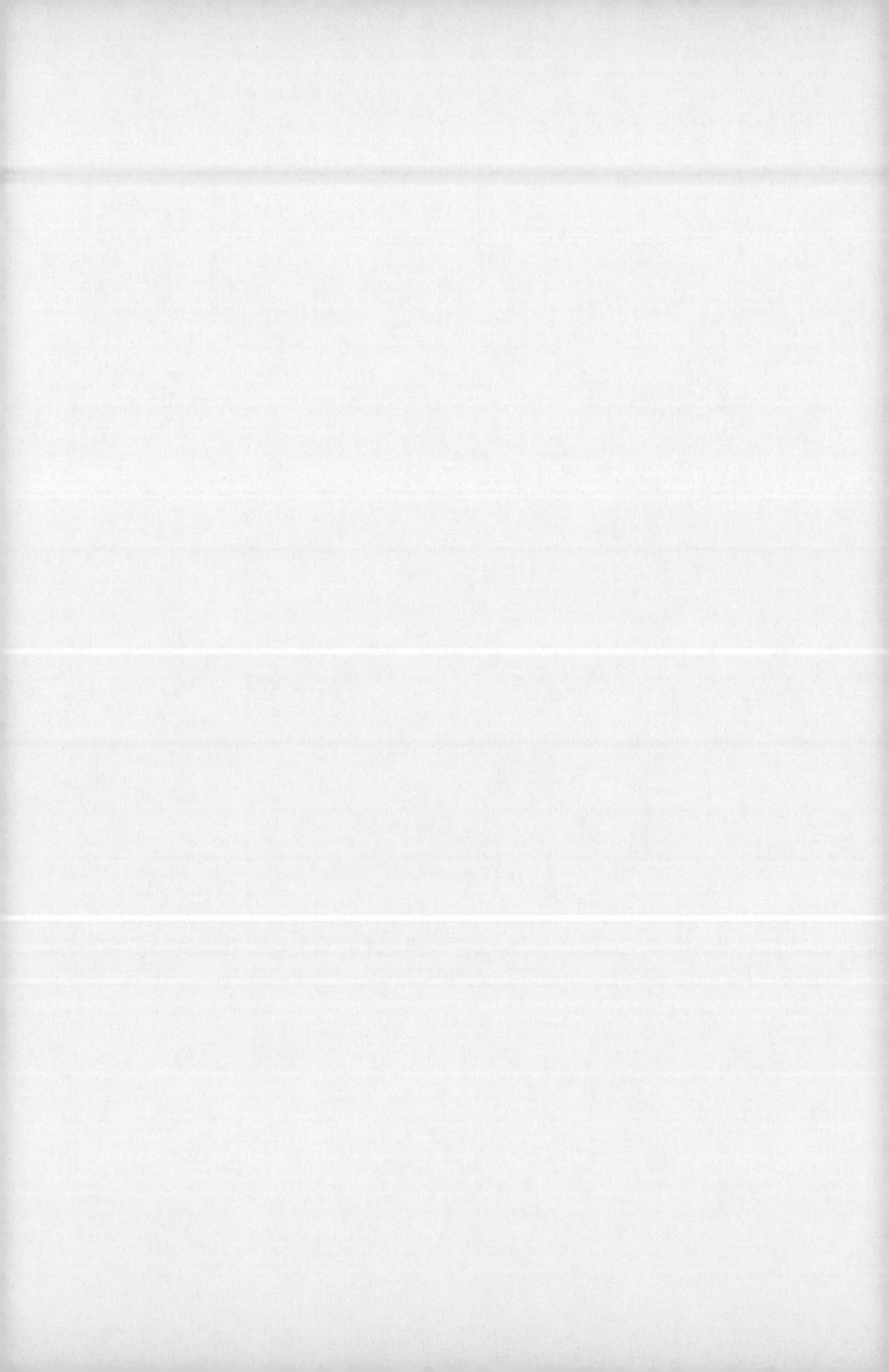